测 量 学

（第 2 版）

主　编　　张　序
副主编　　连达军
参　编　　袁　铭　　王　颖

东南大学出版社
·南京·

内容提要

本书为高等院校相关专业的专业基础课“测量学”教材。全书共分15章。第1～5章为测量基本知识、测量仪器的使用和测量基本原理与方法、电子全站仪测量;第6章为测量误差的基本知识;第7～9章为小地区控制测量、大比例尺地形图测绘方法和应用;第10～12章为建筑工程测量、道路与桥梁工程测量和管道工程测量;第13～15章介绍了全球定位系统(GPS)、摄影测量与遥感(RS)和地理信息系统(GIS)等基本知识。

本书可作为高等院校测绘工程、土木工程、城市规划、交通工程、工程管理、园林建筑、给排水工程和地理信息科学等专业的教材,也可作为工程测量技术人员的参考用书。

图书在版编目(CIP)数据

测量学/张序主编. —2版. —南京:东南大学出版社,2013.1(2024.1重印)

ISBN 978-7-5641-4097-7

Ⅰ. ①测… Ⅱ. ①张… Ⅲ. ①测量学—高等学校—教材 Ⅳ. ①P2

中国版本图书馆CIP数据核字(2013)第023364号

测量学(第2版)

出版发行 东南大学出版社
社　　址 江苏省南京市四牌楼2号(210096)
出 版 人 白云飞
网　　址 http://www.seupress.com
电子邮箱 press@seupress.com
经　　销 江苏省新华书店
印　　刷 江苏扬中印刷有限公司
版　　次 2012年12月第2版　2024年1月第8次印刷
书　　号 ISBN 978-7-5641-4097-7
开　　本 787 mm×1 092 mm　1/16
印　　张 21.5
字　　数 524千字
印　　数 31001~33000册
定　　价 49.00元

(若有印装质量问题,请与营销部联系。电话:025-83791830)

第2版前言

《测量学》第一版自2007年2月出版以来，受到广大读者的关注和支持。近年来，测绘科学技术取得了日新月异的发展，全站仪、电子水准仪、GNSS接收机已逐步成为当今测绘工作的常规仪器，同时，全球定位系统(GPS)、地理信息系统(GIS)、遥感(RS)技术——即3S技术，在工程各领域中得到广泛应用，因此，对测绘工程、土木工程、城市规划、交通工程、工程管理和地理信息科学等专业学生学习测绘知识提出了新的要求。为了适应测绘技术的新变化和新要求，我们对原《测量学》内容进行了较大幅度的增删，重新修订出版。

修订后的教材依然结合各专业制定的宽口径、创新性人才培养方案，适应高素质、强能力的工程应用型人才培养的需要而编写，在修订的过程中，删除了原先的一些陈旧内容，更加注重对当前测绘科技进展的及时反映，注重培养学生的实际工作能力。第二版增加了电子水准仪及其应用，数字测图内业——南方测绘CASS编辑成图系统及应用介绍；删除了小地区控制测量章节中的小三角测量内容，增加了导线测量的查错方法实用内容；在测量误差的基本知识章节内容中，对测量中误差进行了重新定义，以反映误差理论最新理论研究；在卫星定位章节中，通过全球导航卫星系统(GNSS)引入GPS定位系统理论与方法的学习内容；对摄影测量与遥感、地理信息系统章节内容也进行了必要的增补和精简。

本书着重阐述了测量学的基本理论、基本概念和基本方法，详细介绍了测量仪器的使用方法和测量技术的工程应用，对重点和难点进行详细的论述和分析，力求理论联系实际，反映当代测绘科学技术发展方向，各章内容由浅入深，循序渐进，同时都给出了内容小结和习题，便于读者自学。

本书第1～9章为基本测量理论、方法和技术部分，各专业方向可通用；第10～12章为应用工程测量部分，各专业可根据培养目标选用；第13～15章为GPS、RS和GIS技术部分，集中反映了当今测绘技术发展的方向和应用，旨在为学生拓宽知识面、培养创新能力打下良好基础。本书适用于土木工程、交通工程、城市规划、园林、给排水工程、工程管理、地理信息科学、城乡规划建设与管理、地理科学和环境科学等专业的教学，也可供相关专业的工程技术人员参考。

本书编写分工如下：张序编写第1、2、3、5、11、15章及第8章的8.3节；连达军编写第4、7、10、12章；袁铭编写第6、13章；王颖编写第8、9、14章；第1章的1.1节、1.2节由张序、袁铭编写。全书由张序负责统稿工作。

本书有配套教学资料《测量学实验与实习指导书》，由东南大学出版社出版。

感谢同济大学潘国荣教授担任本书的审稿工作，并对本书提出了许多宝贵的意见和建议，为保证本书的质量起到了重要作用，在此谨致谢意。

本书在编写过程中，参考了书末所列的文献，在此向相关作者致谢。

由于编者水平有限，书中难免会有错误和不足之处，诚请广大读者批评指正。

编　者

2012年10月于石湖

目　　录

1 绪 论

1.1 测量学的任务和在国民经济建设中的应用

测量学主要研究对象是地球局部地区内的地形信息的采集、处理与应用和工程设计施工定位的基本理论、技术与方法。它的主要任务包括测定和测设两个部分。测定是指使用测量仪器设备和工具，通过测量采集得到一系列地球表面空间点位的几何数据和属性信息，经过计算处理与整理，把地球表面的地形缩绘成地形图，供经济建设、规划设计、科学研究和国防建设使用；测设是指在实施工程建设的规划、管理和设计时，需要将图纸上规划设计好的建筑物、构筑物的位置在地面上标定出来，作为施工的依据。

测量学在国民经济和社会发展规划中应用很广，测绘信息是最重要的基础信息之一。在城市规划、市政工程、工业厂房与民用建筑等工作中有着广泛的应用。例如：在工程勘测设计的各个阶段，要求有各种比例尺的地形图，供城镇规划、厂址选择、管道和交通线路选线以及总平面图设计和竖向设计之用。在施工阶段，要将设计的建筑物、构筑物的平面位置和高程测设于实地，以便进行施工。施工结束后，还要进行竣工测量，绘制竣工图，供日后扩建和维修之用。即使是竣工以后，对某些大型及重要的建筑物和构筑物还要进行变形观测，以保证建筑物的安全使用。

在铁路、公路、桥梁和隧道建设中，要选择确定一条经济合理的线路和地址，需要预先测绘选址线路上条带状地形图，在地形图上进行线路设计，然后将设计好的线路位置标定在实际地面上，用以指导工程施工；当线路跨越河流时，需建设桥梁，对建设桥梁的河流区域需要测绘地形图，供桥位选择、桥台和桥墩位置确定使用；当线路穿过山岭时需要开挖隧道，开挖前，应在地形图上确定开挖隧道的位置，根据设计和测量数据确定其开挖的长度和方向，保证正确贯通。

另外，在城市建设中的房地产开发、管理与经营中，在国土资源和地籍调查中，在各项工农业基本建设中，从勘测设计阶段到施工、竣工阶段，都需要进行大量的测绘工作。在国防建设中，军事测量和军用地图是现代大规模的诸兵种协同作战不可缺少的重要保障。至于要导弹命中目标，除了应测算出发射点和目标点的精确坐标、方位和距离外，还必须掌握地球形状、大小的精确数据和有关地域的重力场资料。在空间科学技术的研究，地面沉降、山体滑坡变形的研究，救灾和突发事件应急等方面，都要应用测绘资料。在国家的各级政府管理工作中，测量和地图资料也是不可缺少的重要工具。

1.2 测绘科学定义及发展概况

1.2.1 测绘科学的定义与研究内容

随着测绘科学技术的发展和应用领域的扩大，近代的测绘学已发展为一门综合学科，它在一系列测绘新技术和新设备的帮助下，能够解决许多复杂的科学、技术与工程问题。

现代科技条件下的测绘学，是研究测定和推算地面及其外层空间点的几何位置，确定地球形状，获取地表自然形态和人工设施的几何分布及属性，并缩绘成图的学科。现代测绘学主要研究地球空间信息的采集，并具有信息处理、管理、更新等过程，是地球科学的一个分支学科。

测绘学科根据研究的重点内容和应用范围来分类，包括以下几门主要学科：

1）大地测量学

大地测量学是研究地球形状、大小和变化，测定地球表面广大地区点的位置及地球重力场的理论和方法的学科。近年来，因人造地球卫星的发射和科学技术的发展，大地测量学又分为常规大地测量学和卫星大地测量学。

2）摄影测量学

摄影测量学是利用摄影像片来测定物体的形状、大小和空间位置的一门学科。根据获得像片方式的不同，摄影测量学又可分为地面摄影测量学、航空摄影测量学、水下摄影测量学和航天摄影测量学等。

3）海洋测绘学

海洋测绘学是以海洋水体和海底为研究对象所进行的测量理论、方法和海图编制工作的一门学科。

4）工程测量学

工程测量学是研究工程建设和自然资源开发各个阶段中的各种测量工作的一门学科。

5）地图制图学

地图制图学是研究地图及其编制和应用的一门学科。随着计算机技术引入地图制图中，出现了计算机地图制图技术。

1.2.2 测绘科学发展概况

测绘学是一门历史悠久的科学，早在几千年前，由于当时社会生产发展的需要，中国、埃及、希腊等国家的人民就开始创造与运用测量工具进行测量。测量工作一开始是用于土地整理。古埃及尼罗河洪水泛滥，水退之后两岸土地重新划分时，已经有了测量工作。我国汉代司马迁在《史记》“夏本纪”中就有叙述公元前22—前21世纪时禹治理洪水、开发国土时“左准绳，右规矩，载四时，以开九州，通九州，陂九泽，度九山”，北宋时期，我国就发明了指南针，以后又创制了浑天仪等测量仪器，并绘制了相当精确的全国地图。指南针于中世纪由阿拉伯人传到欧洲，以后在全世界得到广泛应用，到今天仍然是利用地磁测定方位的简便测量工具。我国古代劳动人民为测量学的发展做出了重要的贡献。

随着社会生产力的发展，测量逐渐应用到社会的许多生产部门。17 世纪发明望远镜后，人们利用光学仪器进行测量，使测量科学迈进了一大步。自 19 世纪末发展了航空摄影测量后，又使测量学增添了新的内容，现代光学及电子学理论在测量中的应用，创制了一系列激光、红外光、微波测距、测高、准直和定位的仪器。惯性理论在测量学中的应用，又创制了陀螺定向、定位仪器。20 世纪 60 年代以来，由于电子计算技术的飞速发展，出现了自动化程度很高的电子水准仪、电子经纬仪、电子全站仪和自动绘图仪等。人造地球卫星的成功发射，使其很快就被应用于大地测量，自 1957 年前苏联第一颗人造地球卫星发射成功后，测绘学科中出现了“卫星大地测量”的分支。此后由美国卫星建立的全球定位系统（GPS——Global Positioning System）技术在测绘科学中得到广泛应用，建立了利用卫星无线电导航原理的全球定位系统，同时，卫星遥感（RS——Remote Sensing）技术在测绘科学中的应用，可以获得丰富的地面信息，为自动化制图提供了大面积的、全球性的资料。随着现代科学技术的发展，测绘科学也必然会向更高层次的电子化和自动化方向发展。

1.3 地面点位的确定

1.3.1 地球的形状和大小

测量工作是在地球表面的较大范围内进行的，地球的形状和大小直接与测量工作有关。

地球的自然表面有高山、丘陵、盆地、平原、海洋等起伏形态，是一个不规则的曲面。就整个地球表面积而言，海洋面积约占 71%，陆地面积约占 29%。

假设某一个静止不动的水面延伸而穿过陆地，包围整个地球，形成一个闭合曲面，称为水准面。水准面是作为流体的水受地球重力影响而形成的重力等势面，它的特点是面上任意一点的铅垂线都垂直于该点曲面的切面。

水面可高可低，符合这个特点的水准面有无数个，其中与平均海水面相吻合的水准面称为大地水准面。大地水准面所包围的形体，可以近似地代表地球的形体，称之为大地体。

由于地球自转产生的离心力，使地球形体在赤道处较为突出，在两极处较为扁平，如图 1-1 所示，其中，PP_1 为地球自转轴。

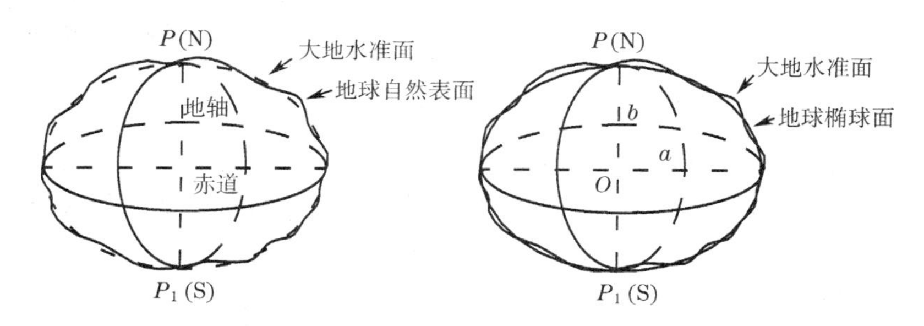

图 1-1 地球自然表面、大地水准面和地球椭球面

地球内部质量分布不均匀，重力受其影响，致使大地水准面成为一个不规则的、复杂的曲面。如果将地球表面的点位图形投影到这样一个不完全均匀变化的曲面上，将无法进行计算和绘图。为解决这个问题,可选用一个非常接近大地水准面,并可用数学公式表示的几何形体来建立一个投影面,作为测量上计算、绘图的基准面。

这个数学形体是以地球自转轴 PP_1 为短轴的椭圆 PFP_1Q 绕 PP_1 旋转而成的椭球体,如图 1-2 所示。其表面称为旋转椭球面,它与大地水准面虽不能完全重合,但是最为接近。

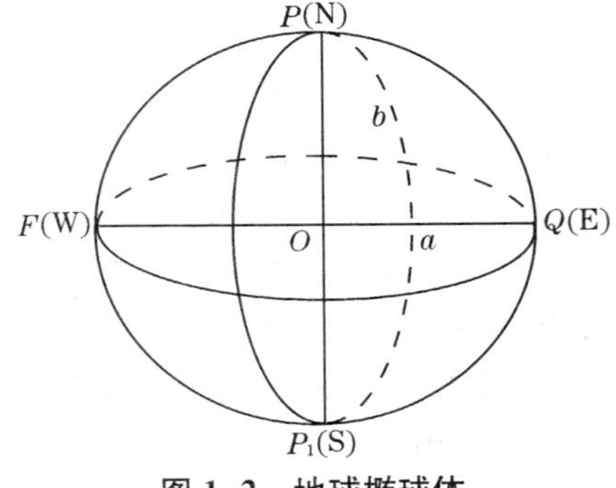

图 1-2　地球椭球体

决定地球椭球体形状大小的参数为椭圆的长半径 a 和短半径 b,由此可以计算出另一个参数——扁率 α:

$$\alpha=\frac{a-b}{a} \tag{1-1}$$

我国目前采用的参考椭球体是 1975 年国际大地测量与地球物理联合会推荐的 IUGG—75 参数:$a=6\,378\,140$ m, $\alpha=1/298.257$, $b=6\,356\,755.288$ m。

由于地球的扁率很小,因此当测区范围不大时,可以近似地把地球视为圆球,其平均半径 R 为 6 371 km。

1.3.2　确定地面点位的方法

测量工作的根本任务是确定地面点位。要确定某地面点的空间位置,就是将地面点沿铅垂线投影到某基准面上,求出相对于基准面和基准线的三维坐标或二维坐标。下面介绍几种用以确定地面点位的坐标系。

1) 地理坐标系

地理坐标系属球面坐标系,根据不同的投影面,又分为天文地理坐标系和大地地理坐标系。

(1) 天文地理坐标系

天文地理坐标又称天文坐标,用天文经度 λ 和天文纬度 φ 来表示地面 P 点投影在大地水准面上的位置,如图 1-3 所示。自首子午线向东 0°～180°称为东经,向西 0°～180°称为西经;自赤道起向南 0°～90°称为南纬,向北 0°～90°称为北纬。

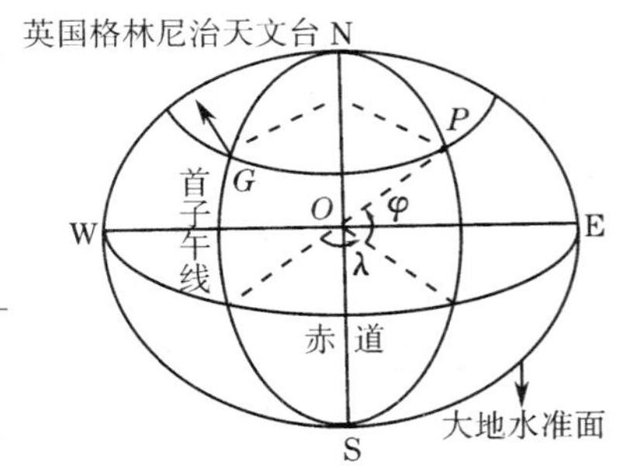

图 1-3　地理坐标系

(2) 大地地理坐标系

大地地理坐标系用大地经度 L 和大地纬度 B 表示地面点投影在地球椭球面上的位置。

确定球面坐标(L, B)所依据的基本线为椭球球面的法线,基本面为包含法线及南北极的大地子午面。

2) 地心坐标系

地心坐标系属空间三维直角坐标系,用于卫星大地测量。由于人造地球卫星围绕地球运动,地心坐标系取地球质心(地球的质量中心)为坐标系原点,X、Y 轴在地球赤道平面内,首子午面与赤道平面的交线为 X 轴,Z 轴与地球自转轴相重合,如图 1-4 所示。地面点 P

的空间位置用三维直角坐标(x_p, y_p, z_p)表示。

3) 平面直角坐标系

地理坐标系或地心坐标系是球面坐标,而工程建设的规划、设计和施工均在平面上进行绘图和计算,因此,球面坐标的使用非常不方便。测量的计算、绘图和工程建设的规划、设计和施工一样,最好是在平面上进行。但是地球表面是一个不可展平的曲面,把球面上的点位换算到平面上,称为地图投影。我国普遍采用高斯(Gauss)投影的方法。

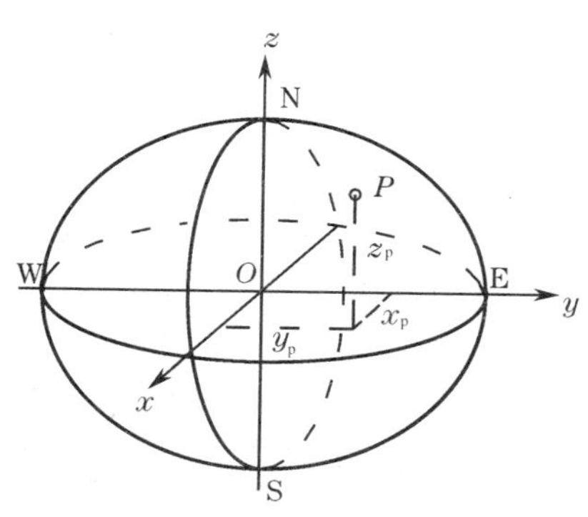

图 1-4 地心坐标系

(1) 高斯平面直角坐标系

高斯投影的方法首先是将地球按经线划分成带,称为投影带。投影带是从首子午线起,每隔经度 6°划为一带(称为 6°带),如图 1-5 所示,自西向东将整个地球划分为 60 个带。带号从首子午线开始,用阿拉伯数字表示,位于各带中央的子午线称为该带的中央子午线(或称为主子午线),如图 1-6 所示,第一个 6°带的中央子午线的经度为 3°,任意一个带中央子午线经度 λ_0 可按下式计算:

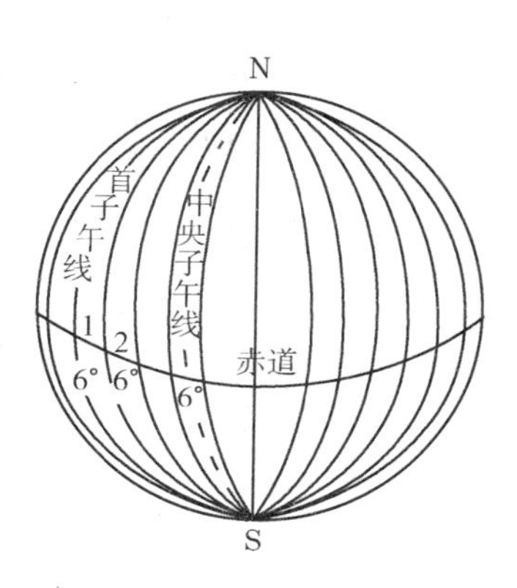

图 1-5 高斯投影带

$$\lambda_0 = 6°N - 3° \tag{1-2}$$

式中:N——投影带号。

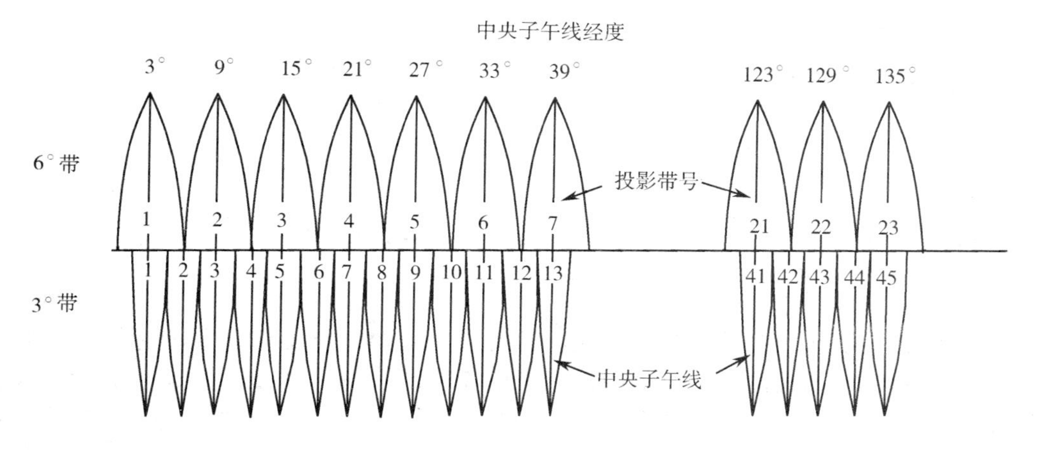

图 1-6 6°带和 3°带中央子午线及带号

高斯投影中,虽然能使球面图形的角度和平面图形的角度保持不变,但任意两点间的长度却产生变形(投影在平面上的长度大于球面长度),称为投影长度变形。离中央子午线愈远,则变形愈大。变形过大,对于测图和用图都是不方便的。6°带投影后,其边缘部分的变形能满足 1∶25 000 或更小比例尺测图的精度。当进行 1∶10 000 或更大比例尺测图时,要求投影变形更小,可采用 3°分带投影法或 1.5°分带投影法。3°分带从东经 1.5°开始,自西向东每隔 3°划分一个投影带,将整个地球划分为 120 个带,如图 1-6 所示,每带中央子午线的

经度 λ_0' 按下式计算：

$$\lambda_0' = 3n \tag{1-3}$$

式中：n——投影带号。

采用高斯投影时，设想取一个空心圆柱体与地球椭球体相切于某一投影带的中央子午线，如图 1-7 所示。在球面图形与柱面图形保持等角的条件下，将球面图形投影在圆柱面上；然后将柱体沿着通过南、北极的母线切开，并展开成平面。在这个平面上，中央子午线与赤道成为相互垂直的直线，分别作为高斯平面直角坐标系的纵轴（X 轴）和横轴（Y 轴），两轴的交点作为坐标的原点，如图 1-8(a)所示。

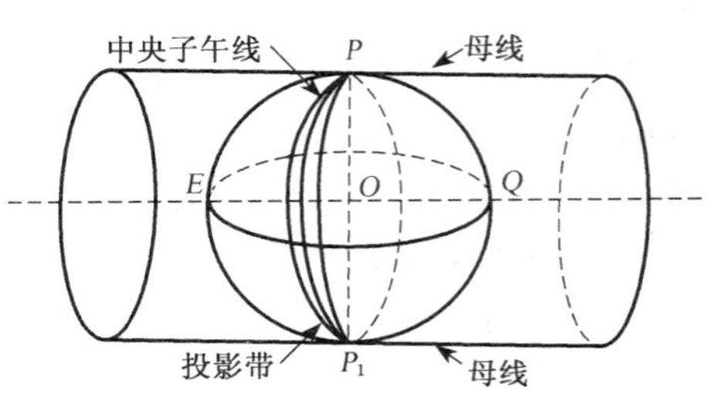

图 1-7　高斯平面直角坐标系的建立

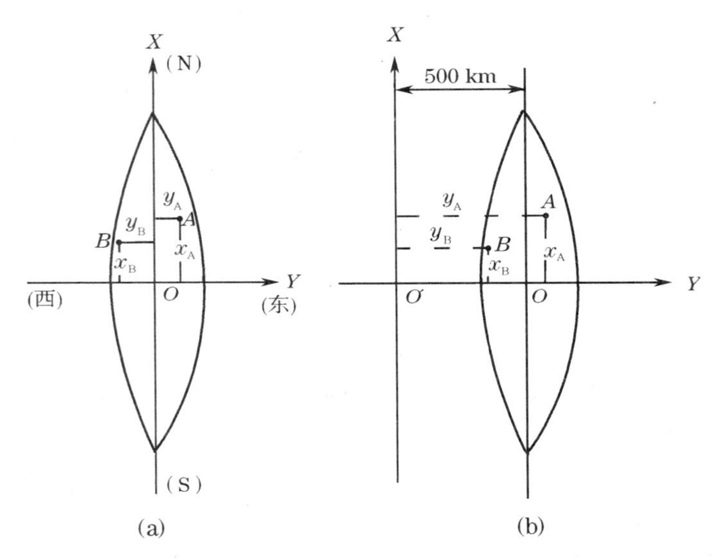

图 1-8　高斯平面直角坐标系

在坐标系内，规定 X 轴向北为正，Y 轴向东为正。我国位于北半球，X 坐标值均为正，Y 坐标值则有正有负。例如，图 1-8(a)中，$y_A = +37\ 585$ m，$y_B = -36\ 262$ m。为避免出现负值，将每个投影带的坐标原点向西移 500 km，则投影带中任一点的横坐标也均为正值。例如，图 1-8(b) 中，$y_A = 500\ 000 + 37\ 585 = 537\ 585$ m，$y_B = 500\ 000 - 36\ 262 = 463\ 738$ m。

为了能确定某点在哪一个 6°带内，在横坐标值前冠以带的编号。例如，设 A 点位于第 19 带内，则其横坐标值 $y_A = 19\ 537\ 585$ m。

（2）独立平面直角坐标系

当测量区域较小时，可以把该区域的地球表面当作平面看待，并在该面上建立独立平面直角坐标系，如图 1-9(a)所示。将坐标原点选在测区西南角使坐标均为正值，坐标系原点可以是假定坐标值。

独立平面直角坐标系的坐标轴方向和象限编号顺序与高斯平面直角坐标系相同，如图

1-9(b)所示。

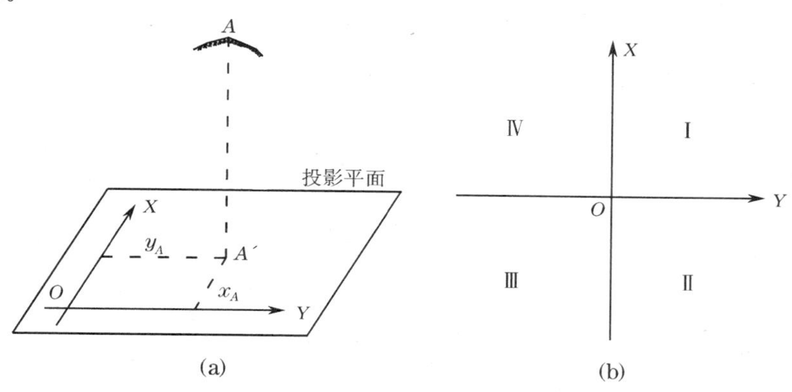

图 1-9　独立平面直角坐标系

4) 地面点的高程

地面点位置的高低,是用地面点的高程来描述的。由于地面点投影的基准面不同,因此描述地面点高程有绝对高程和相对高程两种。

我国在青岛设立了潮汐站,长期观测和记录黄海海水面的高低变化,取其平均值作为我国的大地水准面位置(其高程为零),并在青岛建立了水准原点。目前,我国采用的是“1985年国家高程基准”,青岛水准原点的高程为 72.260 m,全国各地的高程都以它为基准进行测算。但在 1987 年以前我国使用的是“1956 年黄海高程系”,其青岛水准原点的高程为72.289 m。

(1) 绝对高程

绝对高程是以大地水准面为基准面的。地面点到大地水准面的铅垂距离称为绝对高程(简称高程,又称为海拔)。图 1-10 中 A、B 两点的绝对高程分别为 H_A、H_B。

在大地水准面上,绝对高程为零。

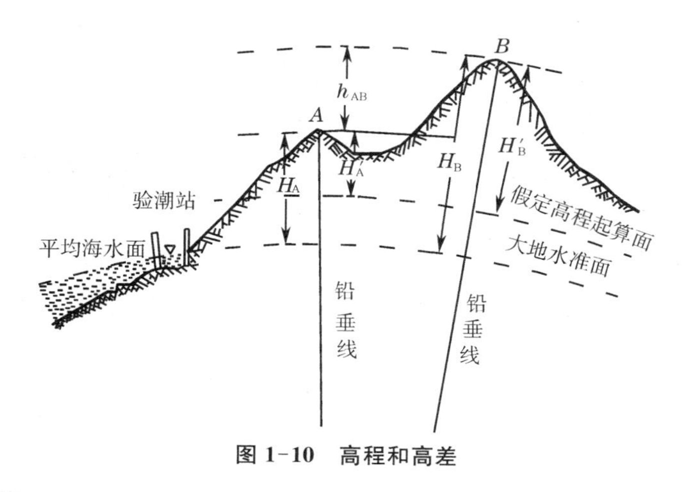

图 1-10　高程和高差

(2) 相对高程

在局部地区,有时采用绝对高程有困难或不方便时,可假定一个高程起算面(水准面),地面点到该水准面的垂直距离称为相对高程或假定高程。如图 1-10 所示,H'_A、H'_B 分别表

示 A 点和 B 点的相对高程。

(3) 高差

地面上两点间绝对高程或相对高程之差称为高差，用 h 表示。如图 1-10 所示，A、B 两点间的高差为

$$h_{AB}=H_B-H_A \tag{1-4}$$

$$h_{AB}=H'_B-H'_A \tag{1-5}$$

1.4 水平面代替水准面的限度

地球表面是一个弯曲的球面，但其半径很大，如果测量区域较小，可以用一个水平面代替水准面。下面通过讨论用水平面代替水准面后对距离和高程的影响，给出水平面代替水准面的限度。

1.4.1 对距离的影响

设大地水准面 P 与水平面 P' 在 A 点相切，如图 1-11 所示。A、B 两点在大地水准面上的距离为 D(弧长)，在水平面上的距离为 D'(切线长)，球面半径为 R，D 所对的圆心角为 θ，则以水平面上的距离 D' 代替球面上弧长 D 所产生的误差为 ΔD，则

$$\Delta D=D'-D=R\tan\theta-R\theta=R(\tan\theta-\theta) \tag{1-6}$$

将 $\tan\theta$ 按级数展开，得

$$\tan\theta=\theta+\frac{1}{3}\theta^3+\frac{2}{15}\theta^5+\cdots \tag{1-7}$$

因 θ 值很小，取至第二项，代入式(1-6)，得

$$\Delta D=R\left(\theta+\frac{1}{3}\theta^3-\theta\right)=\frac{1}{3}R\theta^3 \tag{1-8}$$

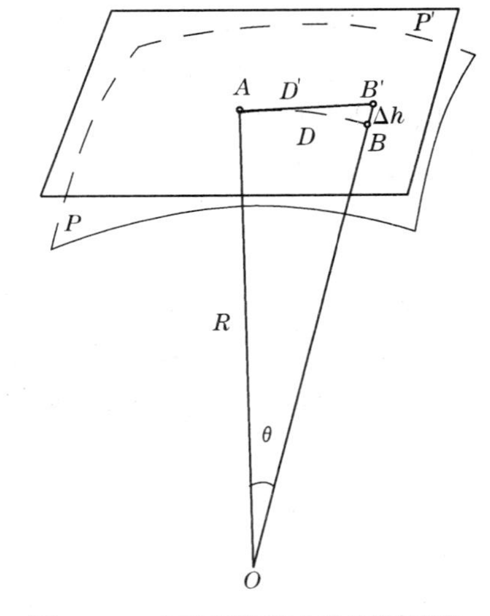

图 1-11 水平面代替水准面的影响

以 $\theta=\dfrac{D}{R}$ 代入上式，得

$$\Delta D=\frac{D^3}{3R^2} \tag{1-9}$$

或

$$\frac{\Delta D}{D}=\frac{D^2}{3R^2} \tag{1-10}$$

若取地球的半径 $R=6\ 371$ km，并以不同的 D 值代入式(1-9)或式(1-10)，则可得距离误差 ΔD 和相对误差 $\Delta D/D$，如表 1-1 所示。

表 1-1　水平面代替水准面的距离误差和相对误差

距离　D(km)	距离误差　ΔD(mm)	相对误差　$\Delta D/D$
5	1	1∶4 870 000
10	8	1∶1 220 000
25	128	1∶200 000
50	1 026	1∶49 000

由表 1-1 可见，用切线长 D' 代替弧长 D，在距离不到 10 km 时产生的最大误差约为 1 cm，这样的误差即使在地球表面上作精密的水平距离测量时也认为是可以允许的。所以，在半径为 10 km 的小区域内，地球曲率对于水平距离的影响可以忽略不计。在精度要求较低的测量中，则测量范围的半径可扩大到 25 km。

1.4.2　对高程的影响

如图 1-11 中，由于 A、B 两点位于同一水准面上，所以其高程相等。B 点在水平面上的投影为 B' 点，则 BB' 即为水平面代替水准面所产生的高程误差。设 $BB'=\Delta h$，则

$$(R+\Delta h)^2=R^2+D'^2 \tag{1-11}$$

整理后得

$$\Delta h=\frac{D'^2}{2R+\Delta h} \tag{1-12}$$

由于 D' 与 D 相差很小，可以用 D 代替 D'，同时 Δh 与 $2R$ 相比可以忽略不计，则

$$\Delta h=\frac{D^2}{2R} \tag{1-13}$$

同样，以不同的 D 值代入式(1-13)中，取 $R=6\ 371$ km，可以得相应的高程误差，如表 1-2所示。

表 1-2　水平面代替水准面的高程误差

距离 D(km)	0.1	0.2	0.3	0.4	0.5	1	2	5	10
Δh(mm)	0.8	3	7	13	20	78	314	1 962	7 848

由表 1-2 可知，用水平面代替水准面，在 1 km 的距离上高程误差为 78 mm。因此，在水准测量时，即使很短的距离也应考虑地球曲率的影响，采用相应的措施减小误差。

1.5　测量工作概述

1.5.1　测量工作的基本原则

地球表面的外形是复杂多样的，在测量工作中，一般将其分为两大类：地面上自然形成的高低起伏变化，例如山岭、溪谷、平原、河海等称为地貌；地面上由人工建造的固定附着物，

例如房屋、道路、桥梁、界址等称为地物。地物和地貌统称为地形。测量任务之一就是要把这些地物和地貌缩小表示在图纸上，这张图称为地形图。

例如测绘一个地区的地形图，要在地面的某些点上安置测绘仪器(这些点称为测站)，测定地形特征点，缩绘成图。如果一开始就从测区内的第一点 A 起连续进行测量，如图 1-12 所示，即在测完 A 站附近地形之后，测定第二点 B 的位置，然后搬到 B 站测绘地形，继而测定 C 点位置，又在 C 站继续测绘，如此直至测完全测区。采取这种方法由于测定每一测站均有误差存在，且前一站的误差将传递给后一站，误差逐站积累。如图中测定 B 点时有误差 $\Delta\theta_1$ 及 ΔD_1，使它的平面位置移至 B'；测 C 点时，由于前站 B 的误差，C 点的位置移至 C'；又因测定 C 点时的误差 $\Delta\theta_2$ 与 ΔD_2，致使它的位置最后移至 C''。假定测量房屋中没有误差，由此所测得的房屋将从正确位置 5、6、7、8 移至 5″、6″、7″、8″。如测站越多，误差积累越大，不可能得到一张合乎精度要求的地形图，因此不能采用这种方法进行测量。

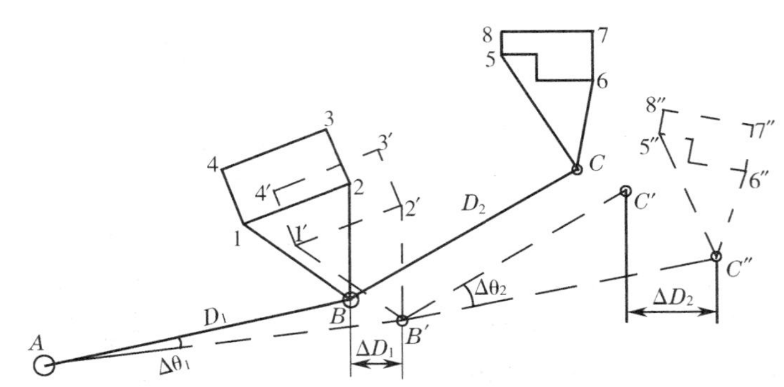

图 1-12　测站误差积累对测图的影响

为了防止误差积累和传播，保证测区内点位之间具有规定的精度，在实际测量工作中应遵循“布局上‘由整体到局部’，次序上‘先控制后碎部’，精度上‘从高级到低级’”的基本原则。

1.5.2　测量工作的基本内容

根据测量次序上遵循“先控制后碎部”的原则，先要进行控制测量，然后再进行碎部测量。

1) 控制测量

控制测量分为平面控制测量和高程控制测量。控制测量首先在测区范围内选定若干控制点作为骨干，组成控制网，如图 1-13 中选择 A、B、C、D、E、F 等点，组成一个闭合多边形。先进行比较精确的距离、水平角和高程等测量，然后按照控制网图形的几何条件，进行某些必要的计算，精确地求出这些控制点的平面位置和高程，并将点位展绘在图上，最后再以这些控制点作为测站来测绘地形。前者测定控制点位置的工作称为控制测量，后者测绘地形的工作称为碎部测量。由于控制点的位置比较准确，在每个控制点上测绘地形的误差只影响局部，不致影响整个测区。

2) 碎部测量

在控制测量的基础上，再进行碎部测量。碎部测量是以控制点为依据，以较低的精度(保证必要的精度)由控制点测定碎部点(地形特征点)的位置，如图 1-14 所示。例如，在控制点 A 附近房屋角点 1、2、3，当测定一定数量的碎部点位置后，可按一定比例尺将这些碎部点标绘在纸上，绘制成图。

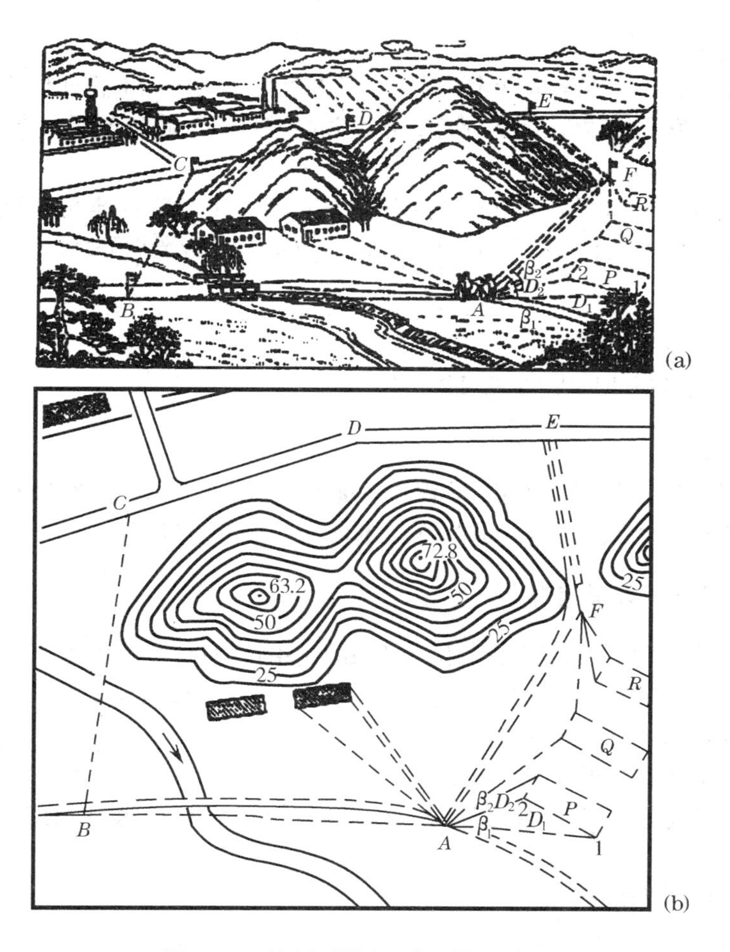

图 1-13　控制测量和细部测量示意图

在地面有高低起伏的地方，根据控制点，可以测定一系列地形特征点的平面位置和高程，据此绘制用等高线表示的地貌，如图 1-15 所示，注于线上的数字为地面的高程。

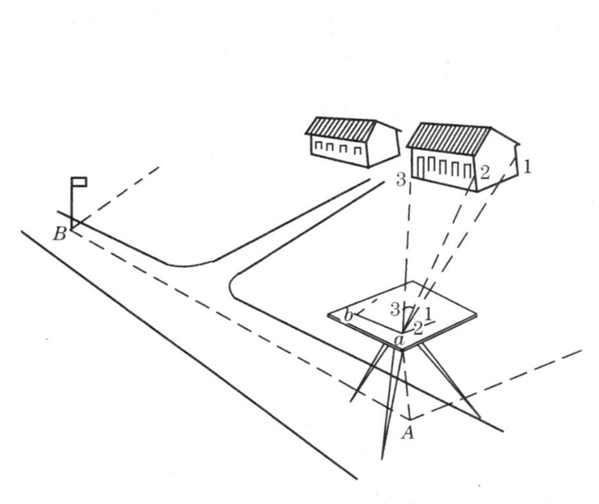

图 1-14　地物的细部测绘

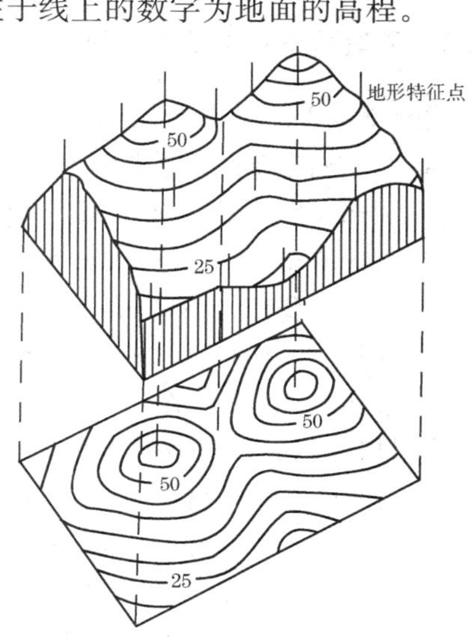

图 1-15　用等高线表示地貌

3）测量的基本工作

综上所述，控制测量和碎部测量的基本任务都是为了确定点的空间位置，所进行的基本工作都是量距、测角、测高差。因此，距离、角度和高差这三个确定地面点位的量称为基本观测量。

测量工作分为内业和外业。在野外利用测量仪器和工具测定地面上两点的距离、角度和高差，称为测量的外业工作；在室内将外业的测量成果进行数据处理、计算和绘图，称为测量的内业工作。

1.6 测量常用计量单位及其换算

测量工作中，常用的长度、面积、体积和角度的计量单位的名称、符号及单位换算，必须依据的是《中华人民共和国法定计量单位》(1984 年 2 月 27 日国务院公布)。

1.6.1 测量长度单位及其换算

我国测量工作的法定长度计量单位为米(m)制单位，具体换算如下：

1 m(米)=10 dm(分米)=100 cm(厘米)=1 000 mm(毫米)

1 hm(百米)=100 m

1 km(千米或公里)=1 000 m

在测量工作过程中，还会用到英制的长度计量单位，它与米制长度单位的换算关系如下：

1 in(英寸)=2.54 cm

1 ft(英尺)=12 in=0.304 8 m

1 yd(英码)=3 ft=0.914 4 m

1 mi(英里)=1 760 yd=1.609 3 km

1.6.2 测量面积单位及其换算

我国测量工作的法定面积单位为平方米(m^2)，大面积采用公顷(hm^2)，平方公里或平方千米(km^2)；我国农业土地常用亩(mu^2)为面积计量单位，它们的换算关系如下：

1 m^2(平方米)=100 dm^2=10 000 cm^2=1 000 000 mm^2

1 mu(亩)=10 分=100 厘=666.666 7 m^2

1 are(公亩)=100 m^2=0.15 mu

1 hm^2(公顷)=10 000 m^2=15 mu

1 km^2(平方千米)=100 hm^2=1 500 mu

美制与英制面积单位的换算关系如下：

1 in^2(平方英寸)=6.451 6 cm^2

1 ft^2(平方英尺)=144 in^2=0.092 9 m^2

1 yd^2(平方码)=9 ft^2=0.836 1 m^2

1 acre(英亩)=4 840 yd^2=40.467 2 are=6.07 mu

1 mi²(平方英里)=640 acre=2.59 km²

1.6.3 测量体积单位

我国测量工作的法定体积单位为立方米(m^3)。1 m^3(立方米)也可称为1立方或1方。

1.6.4 测量角度单位及其换算

我国测量工作的法定角度计量单位有60进制的度、分、秒制和弧度制,具体换算关系如下:

1) 度分秒制

$$1\text{圆周}=360°(\text{度}),1°(\text{度})=60'(\text{分}),1'=60''(\text{秒})$$

2) 弧度制

$$2\pi\cdot\rho°=360° \qquad \rho°=\frac{180°}{\pi}$$

式中,取π=3.141 592 654。

1弧度(rad)对于度分秒制的角度值为

$$\rho°=\frac{180°}{\pi}=57.295\,779\,5°\approx 57.3°$$

$$\rho'=\frac{180°}{\pi}\times 60=3\,437.746\,77'\approx 3\,438'$$

$$\rho''=\frac{180°}{\pi}\times 360=206\,264.806''\approx 206\,265''$$

角度单位的度、分、秒值,可按下式化为弧度值

$$\hat{a}=\frac{a°}{\rho°}=\frac{a'}{\rho'}=\frac{a''}{\rho''}$$

本章小结

测量学是一门研究地球的形状和大小以及确定地面(包含空中、地下和海底)点位的学科。它的内容包括测定和测设两个部分。

测量工作的根本任务是确定地面点位。为了确定地点的位置,首先要建立确定地点位置的基准。

假设某一个静止不动的水面延伸而穿过陆地,包围整个地球,形成一个闭合曲面,称为水准面。水准面是作为流体的水受地球重力影响而形成的重力等势面,它的特点是面上任意一点的铅垂线都垂直于曲面在该点的切面。

水面可高可低,符合这个特点的水准面有无数个,其中与平均海平面相吻合的水准面称为大地水准面。大地水准面所包围的形体,可以近似地代表地球的形体,称为大地体。

确定地面点位的坐标系有:天文地理坐标系、大地地理坐标系、地心坐标系、高斯平面直角坐标系、独立平面直角坐标系。

地面点位置的高低,是用地面点的高程来描述的。由于地面点投影的基准面不同,因此

描述地面点高程有绝对高程和相对高程两种。

地面点到大地水准面的铅垂距离称为绝对高程。地面点到假定水准面的垂直距离称为相对高程或假定高程。地面上两点间绝对高程或相对高程之差称为高差。

地球表面是一个弯曲的球面，但其半径很大，如果测量区域较小，可以用一个水平面代替水准面。

测量工作中应遵循“布局上‘由整体到局部’，次序上‘先控制后碎部’，精度上‘从高级到低级’”的基本原则。

根据测量次序上遵循“先控制后碎部”的原则，先要进行控制测量，然后再进行碎部测量。控制测量分为平面控制测量和高程控制测量。选取一系列控制点构成控制网，进行控制测量。碎部测量是以控制点为依据，以较低的精度(保证必要的精度)由控制点测定碎部点(地形特征点)的位置。

距离、角度和高差这三个确定地面点位的量称为基本观测量。

测量工作分为内业和外业。在野外利用测量仪器和工具测定地面上两点的距离、角度和高差，称为测量的外业工作；在室内将外业的测量成果进行数据处理、计算和绘图，称为测量的内业工作。

习题与思考题

1. 测量学研究的对象是什么?
2. 测量学的任务是什么? 测定与测设有何区别?
3. 测量学在工程建设中有什么作用?
4. 何谓水准面? 何谓大地水准面? 何谓大地体?
5. 确定地面点位常采用哪几种坐标系?
6. 高斯平面直角坐标系是怎样建立的?
7. 测量上的平面直角坐标系和数学上的平面直角坐标系有何区别?
8. 已知某点的高斯平面直角坐标为 x=3 102 467.28 m，y=20 592 538.69 m，试问该点位于6°带的第几带? 该带的中央子午线经度是多少? 该点在中央子午线的哪一侧? 在高斯投影面上，该点距中央子午线和赤道的距离约为多少?
9. 何谓绝对高程? 何谓相对高程? 何谓高差?
10. 用水平面代替水准面时，地球的曲率对距离、高差有何影响?
11. 测量工作的基本原则是什么? 为什么要遵循这些基本原则?
12. 确定地面点位的三项基本工作是什么?

2 水准测量

测量地面上各点高程的工作，称为高程测量。高程测量根据所使用的仪器和测量方法的不同，可分为水准测量、三角高程测量和气压高程测量。水准测量是精确测定地面点高程的一种主要方法，在国家高程控制测量、工程勘测和施工测量中被广泛应用。

2.1 水准测量基本原理

水准测量原理是：利用一台能够提供水平视线的仪器——水准仪，并借助水准尺，来测定地面两点间的高差，由已知点的高程推算出未知点的高程。如图 2-1 所示。

设已知点 A 的高程为 H_A，求 B 点的高程 H_B。在 A、B 两点间安置一架水准仪，并在 A、B 两点上分别竖立水准尺（尺子零点在底端），根据水准仪望远镜的水平视线在 A 点的水准尺上读数为 a，在 B 点的水准尺上读数为 b，则 A、B 两点间的高差为

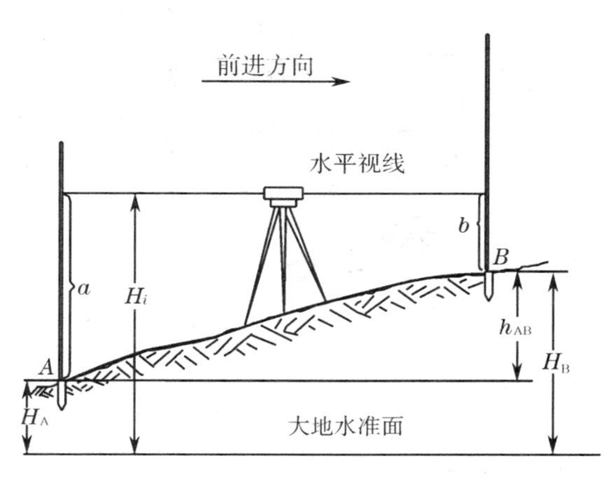

图 2-1 水准测量原理

$$h_{AB}=a-b \tag{2-1}$$

设水准测量是从 A 点向 B 点进行，规定 A 点为后视点，其水准尺读数为后视读数；B 点为前视点，其水准尺读数为前视读数。由此可知，两点间的高差为：后视读数－前视读数。如果后视读数大于前视读数，则高差为正，表示 B 点比 A 点高；如果后视读数小于前视读数，则高差为负，表示 B 点比 A 点低。

如果已知 A 点的高程 H_A，则 B 点的高程 H_B 可按下式计算：

$$H_B=H_A+h_{AB} \tag{2-2}$$

B 点的高程也可以通过水准仪的视线高程 H_i 计算，即

$$\begin{cases} H_i=H_A+a \\ H_B=H_i-b \end{cases} \tag{2-3}$$

按式(2-3)计算高程的方法，称为仪器高程法。利用仪器高程法可以方便地在同一测

站上测出若干个前视点的高程，这种方法常用于工程的施工测量中。

2.2 水准仪和水准尺

水准仪按其精度可分为DS05、DS1、DS3、DS10等四个等级。"D"和"S"是"大地"和"水准仪"的汉语拼音的第一个字母，其后标的数值为：每千米水准测量的误差，以毫米计。（"05"代表0.5 mm，"1"代表1 mm，依此类推） DS05、DS1级水准仪一般称为精密水准仪，DS3、DS10级水准仪一般称为工程水准仪或普通水准仪。本节主要介绍DS3级水准仪。

2.2.1 水准仪的基本结构

水准仪由望远镜、水准器和基座三部分组成，如图2-2所示。

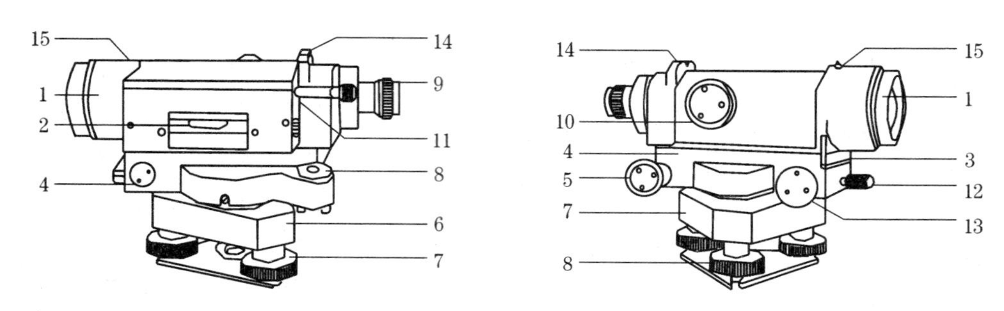

图 2-2 DS3 级微倾式水准仪

1. 望远镜物镜；2. 管水准器；3. 簧片；4. 支架；5. 微倾螺旋；6. 基座；7. 脚螺旋；8. 圆水准器；9. 望远镜目镜；10. 物镜调焦螺旋；11. 气泡观察镜；12. 制动螺旋；13. 微动螺旋；14. 照门；15. 准星

1）望远镜

DS3级微倾式水准仪望远镜主要由物镜、目镜、调焦透镜和十字丝分划板组成，其构造如图2-3所示。

物镜和目镜多采用复合透镜组。物镜的作用是和调焦透镜一起将远处的目标在十字丝分划板上形成缩小而明亮的实像，目镜的作用是将物镜所成的实像与十字丝一起放大成虚像。十字丝分划板是一块刻有分划线的透明薄平板玻璃片。分划板上互相垂直的两条长丝，称为十字丝。纵丝亦称竖丝，横丝亦称中丝。上下两条对称的短丝称为视距丝，用于测量距离。操作时利用十字丝交叉点和中丝瞄准目标，读取水准尺上的读数。

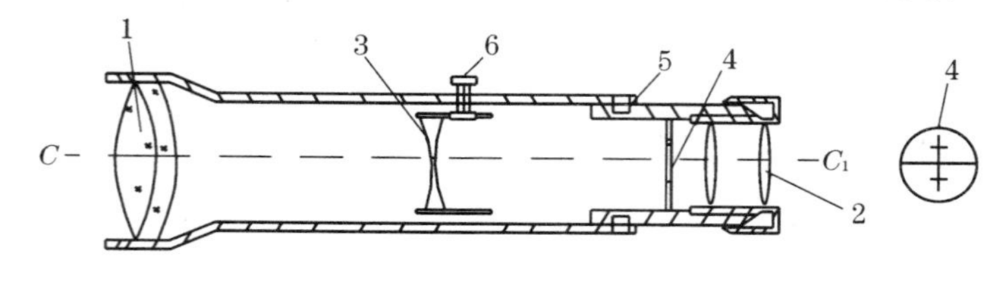

图 2-3 望远镜

1. 物镜；2. 目镜；3. 调焦透镜；4. 十字丝分划板；5. 连接螺钉；6. 调焦螺旋

十字丝交叉点与物镜光心的连线，称为望远镜的视准轴(图 2-3 中的 $C—C_1$)。延长视准轴并使其水平，即得水准测量中所需的水平视线。

2) 水准器

水准器是操作人员判断水准仪安置是否正确的重要部件。水准仪通常装有圆水准器和管水准器，分别用来指示仪器竖轴是否竖直和视准轴是否水平。

(1) 圆水准器

如图 2-4，圆水准器顶面的内壁是球面，其中有圆形分划圈，圆圈的中心为水准器的零点。通过零点的球面法线为圆水准器轴线，当圆水准器气泡居中时，该轴线处于竖直位置。水准仪竖轴应与该轴线平行。当气泡不居中时，气泡中心偏移零点 2 mm，轴线所倾斜的角值称为圆水准器分划值，一般为 8′～10′。圆水准器的功能是用于仪器的粗略整平。

(2) 管水准器

管水准器又称水准管，是把纵向内壁磨成圆弧形(圆弧半径一般为 7～20 m)的玻璃管，管内装酒精和乙醚的混合液，加热融封冷却后留有一个近于真空的气泡(图 2-5)。

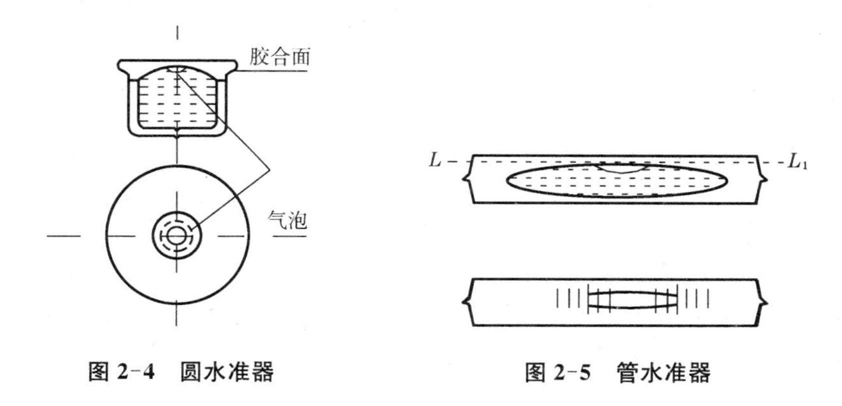

图 2-4　圆水准器　　　图 2-5　管水准器

水准管上一般刻有间隔 2 mm 的分划线，分划线的对称中点称为水准管零点。通过零点作水准管圆弧的纵切线，称为水准管轴(图 2-5 中的 $L—L_1$)。当水准管的气泡中点与水准管零点重合时气泡居中，这时水准管轴处于水平位置，否则水准管轴处于倾斜位置。水准管圆弧 2 mm 所对的圆心角 τ 称为水准管分划值，即

$$\tau=\frac{2}{R}\cdot\rho'' \tag{2-4}$$

式中：ρ''——1 弧度相应的秒值，$\rho''=206\,265''$；

R——水准管圆弧半径(mm)。

水准管的圆弧半径越大，分划值越小，灵敏度(即整平仪器的精度)就越高。常用的测量仪器的水准管分划值为 10″、20″，分别计作 10″/2 mm、20″/2 mm。

为提高水准管气泡居中的精度，DS3 水准仪在水准管的上方安装一组符合棱镜，如图 2-6(a)所示。通过符合棱镜的折光作用，使气泡两端的像反映在望远镜旁的符合气泡观察窗中。若两端半边气泡的像吻合时，表示气泡居中，如图 2-6(b)所示；若成错开状态，则表示气泡不居中，如图 2-6(c)所示。对于后者，应转动目镜下方右侧的微倾螺旋，使气泡的像吻合。

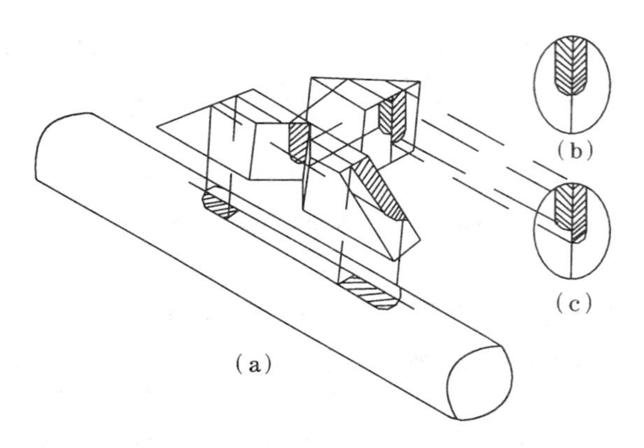

图 2-6 水准管与符合棱镜

3) 基座

基座主要由轴座、脚螺旋、底板和三角压板构成(见图 2-2)。其作用是支承仪器的上部,即将仪器竖轴插入轴座内旋转。脚螺旋用于调整圆水准器气泡居中。底板通过连接螺旋与下部三脚架连接。

2.2.2 水准尺和尺垫

水准尺是水准测量时使用的标尺,常用干燥的优质木料或玻璃钢或铝合金等材料制成。根据它们的构造又可分为直尺、折尺和塔尺,如图 2-7 所示。水准尺又有单面水准尺和双面水准尺两种。

塔尺(图 2-7(a))和折尺(图 2-7(b))仅用于等外水准测量。折尺一般长度为 5 m。塔尺可以伸缩,其长度有 2 m、3 m 和 5 m,分两节或三节套接而成。尺底为零点,尺上黑白格相间,每格宽度为 1 cm,有的为 0.5 cm,每米和分米处皆注有数字。数字有正字和倒字两种。

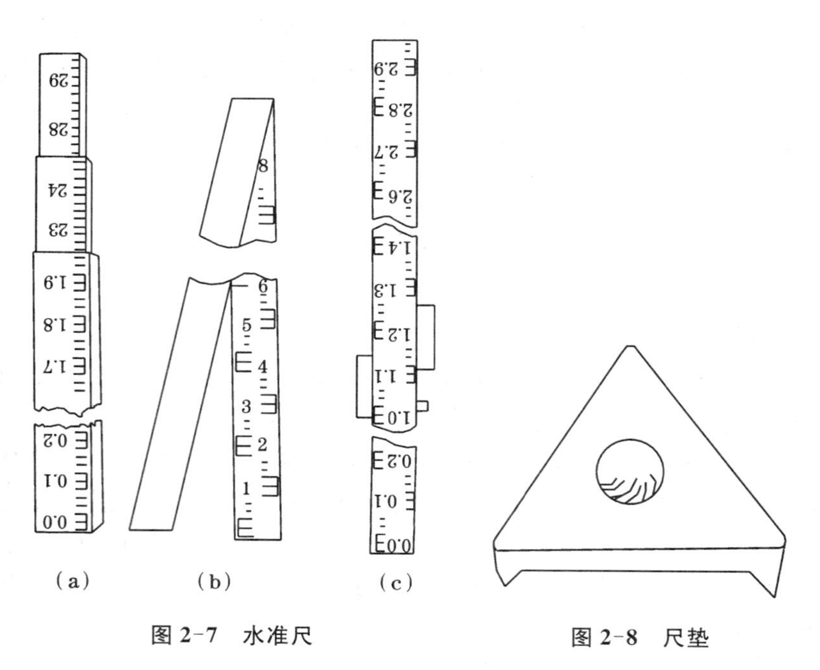

图 2-7 水准尺

图 2-8 尺垫

双面水准尺(图 2-7(c))多用于三、四等水准测量。其长度有 2 m 和 3 m 两种,两根尺为一对。尺的两面均有刻度,一面为红白相间称为红面尺,另一面为黑白相间称为黑面尺。两面的刻度的宽度均为 1 cm,并在分米处注字。两根尺的黑面底部均为零;而红面底部,一根尺为 4.687 m,另一根尺为 4.787 m。

尺垫是用生铁铸成,一般为三角形,中央有一凸起的半球体,下部有三个支脚,如图 2-8 所示。水准测量时,将支脚牢固地踩入地下,然后将水准尺立于半球体上,用以保持尺底高度不变。尺垫仅在转点处竖立水准尺时使用。

2.3 水准测量方法

2.3.1 水准仪的使用

水准仪的使用包括仪器的安置、粗略整平、瞄准水准尺、精确整平和读数等操作步骤。

1) 安置仪器

首先打开三脚架,并根据观测者的身高调节架腿长度,目估使架头大致水平。将三脚架安置稳固,然后打开仪器箱取出水准仪,将其置于三脚架头上,接着用连接螺旋将仪器固连在三脚架头。

2) 粗略整平

粗平即粗略地整平仪器。转动脚螺旋,使圆水准器气泡居中,使仪器的纵轴大致铅垂,为在各个方向精密定平仪器创造条件。

粗平是借助圆水准器的气泡居中,使仪器纵轴大致铅垂,从而使视准轴粗略水平。如图 2-9(a)所示,气泡未居中而位于左下口处,则先按图上箭头所指的方向用两手相对转动脚螺旋①和②,使气泡移到如图 2-9(b)的位置;再转动脚螺旋③,即可使气泡居中。在整平的过程中,气泡的移动方向与左手大拇指的运动方向一致。

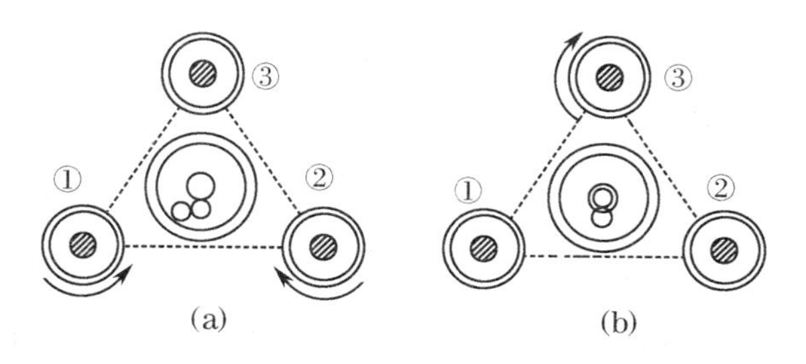

图 2-9 使圆水准气泡居中

3) 瞄准水准尺

瞄准是把望远镜对准水准尺,进行目镜和物镜调焦,使十字丝和水准尺像十分清晰,消除视差,以便在水准尺上进行正确读数。首先进行目镜对光,即把望远镜对着明亮的背景,转动目镜对光螺旋,使十字丝清晰;再松开制动螺旋,转动望远镜,用望远镜筒上的照门和准星瞄准水准尺,拧紧制动螺旋;然后从望远镜中观察,转动物镜对光螺旋进行对光,使目标清晰,再转动微动螺旋,使竖丝对准水准尺。当眼睛在目镜端上下微微移动时,若发现十字丝与目标影像有相对运动,如图 2-10(b)所示,这种现象称为视差。产生视差的原因是目标成像的平面和十字丝平面不重合。由于视差的存在会影响到读数的正确性,因此必须加以消除。消除的方法是重新仔细地进行物镜对光,直到眼睛上下移动,读数不变为止。此时,从目镜端见到十字丝与目标的像都十分清晰，如图 2-10(a)所示。

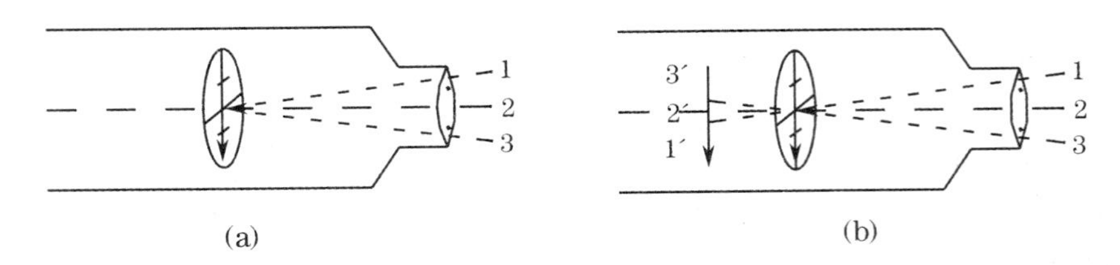

图 2-10　消除视差

4）精确整平

精确整平是转动微倾螺旋，使水准管气泡居中，即两端半边气泡的像吻合，如图 2-11(a) 所示，从而使望远镜的视准轴处于水平位置。如果水准管气泡不居中，则眼睛通过位于目镜左方的符合气泡观察窗看水准管气泡，右手转动微倾螺旋，使气泡两端的像吻合，如图 2-11(b)或(c)所示，即表示水准仪的视准轴已精确水平。

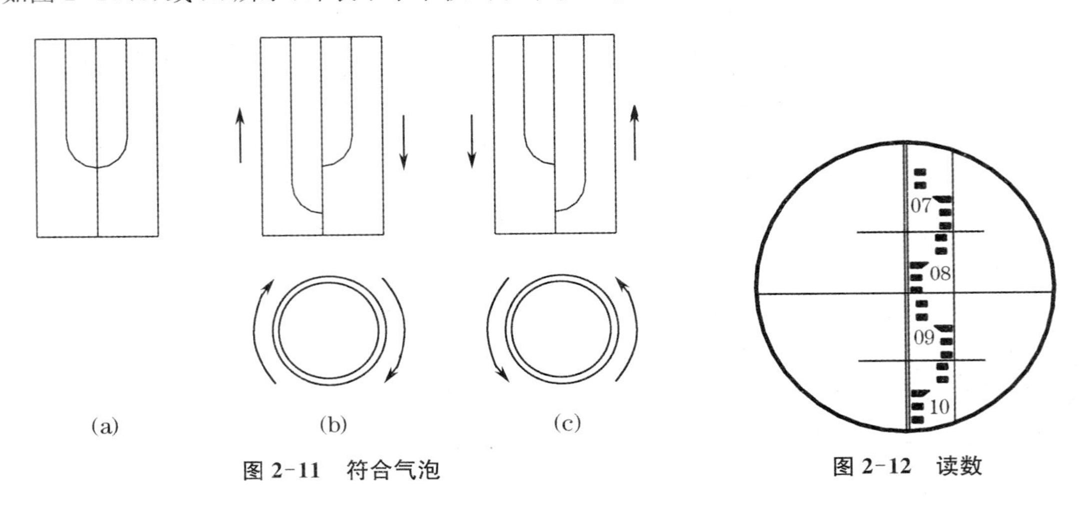

图 2-11　符合气泡　　**图 2-12　读数**

5）读数

水准仪精平后，应立即用十字丝的中横丝在水准尺上读数。现在的水准仪多采用倒像望远镜，因此读数时应从小往大，即从上往下读。先估读毫米数，然后报出全部读数。如图 2-12 所示，读数为 0.851 m。

2.3.2　水准测量的实测方法

1）水准点

为了统一全国的高程系统和满足各种测量的需要，测绘部门在全国各地埋设并用水准测量的方法测定了很多高程点，这些点称为水准点(Bench Mark)，简记为 BM。水准点有永久性和临时性两种。

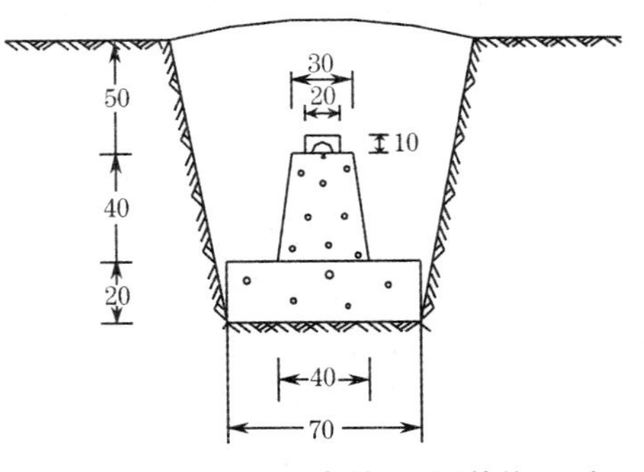

图 2-13　标石水准点的埋设(单位:cm)

国家等级水准点如图 2-13 所示，一般用石料或钢筋混凝土制成，深埋到地面冻结线以下。在标石的顶面设有用不锈钢或其他不易锈蚀的材料制成的半球状标志。有些水准点也可设置在坚固稳定的永久性建筑物的墙脚上，如图 2-14 所示，称为墙上水准点。

在工程上的永久性水准点一般用混凝土或钢筋混凝土制成，如图 2-15(a)所示。临时性水准点可用地面上突出的坚硬的岩石或用大木桩打入地面，桩顶钉为半球形铁钉，如图 2-15(b)所示。

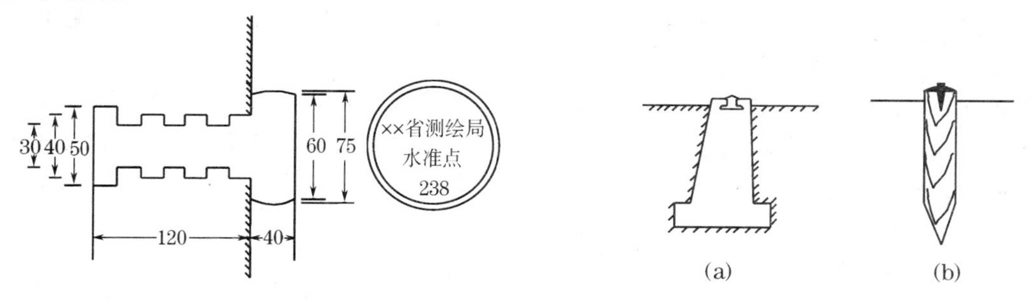

图 2-14　墙上水准点(单位:mm)　　**图 2-15　混凝土、木桩水准点**

2) 水准路线

在水准点之间进行水准测量所经过的路线，称为水准路线。根据测区已知高程水准点分布情况和实际需要，水准路线可以布设成以下几种形式：

(1) 闭合水准路线

如图 2-16(a)所示，从已知水准点 BM.A 出发，经过各高程待定点 1、2、3、4，最后测回到 BM.A 点，这种水准路线称为闭合水准路线。从理论上来说，闭合水准路线各段高差的代数和应等于零，即

$$\sum h_{理} = 0 \tag{2-5}$$

这是闭合水准路线应满足的检核条件，用来检核闭合水准路线测量成果的正确性。

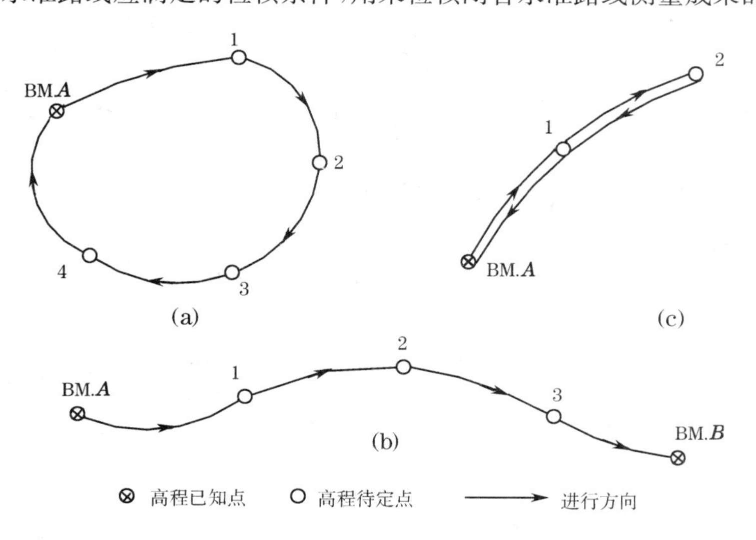

图 2-16　水准路线

(2) 附合水准路线

如图 2-16(b)所示，从已知水准点 BM. A 出发，经过各高程待定点 1、2、3 之后，最后测到另一已知水准点 BM. B 上，这种水准路线称为附合水准路线。从理论上来说，附合水准路线中各段实测高差的代数和应等于 BM. A 和 BM. B 两点间的已知高差，即

$$\sum h_{理} = H_{B} - H_{A} \tag{2-6}$$

这是附合水准路线应满足的检核条件，用来检核附合水准路线测量成果的正确性。

(3) 支水准路线

如图 2-16(c)所示，由已知水准点 BM. A 出发，经过高程待定点 1、2 之后，不自行闭合，也不附合到另一已知水准点上，这种形式的水准路线称为支水准路线。支水准路线通常要进行往返观测，以便检核。从理论上来说，往测高差与返测高差应大小相等符号相反，即

$$\sum h_{往} = -\sum h_{返} \tag{2-7}$$

这是支水准路线应满足的检核条件，用来检核支水准路线测量成果的正确性。

3) 水准测量方法

(1) 水准测量方法

当欲测的高程点与已知水准点相距较远或高差较大，不可能安置一次仪器就能测得两点间的高差时，可在水准路线中加设若干个临时的立尺点，称为转点(代号为 TP，英文 Turning Point 的缩写)，依次连续安置水准仪测定相邻各点间的高差，最后取各个高差的代数和，可得到起、终两点间的高差，从而计算出待求点的高程。

如图 2-17 所示，在 A、B 两个水准点之间，由于距离远或高差大，依次设置四个临时性的转点 $TP_1 \sim TP_4$，连续地在相邻两点间安置水准仪和在点上竖立水准尺，依次测定相邻间的高差：

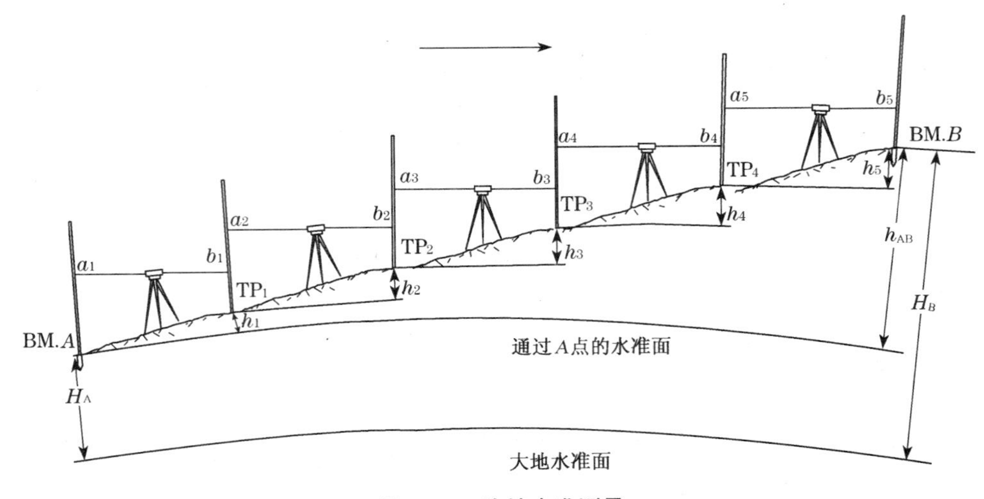

图 2-17 连续水准测量

$$h_1 = a_1 - b_1$$

$$h_2 = a_2 - b_2$$

…

$$h_5 = a_5 - b_5$$

A、B 两点间的高差计算公式为:

$$h_{AB} = \sum_{i=1}^{n} h_i = \sum_{i=1}^{n} a_i - \sum_{i=1}^{n} b_i \tag{2-8}$$

式中:n——安置水准仪的测站数。

由此可见,两水准点之间设置若干个转点,起着高程传递的作用。为了保证高程传递的准确性,在相邻测站的观测过程中,必须使转点保持稳定(高程不变)。

(2) 测站检核

一般情况下(如图 2-17 所示),从一已知高程的水准点 BM. A 出发,要用连续水准测量的方法,才能测算出另一待定水准点的高程。在进行连续水准测量时,若其中测错任何一个高差,待定点高程就不会正确。因此,对每一站的高差,都必须采取措施进行检核测量。这种检核称为测站检核。测站检核通常采用变动仪器高法或双面尺法。

① 变动仪器高法:就是在同一个测站上用两次不同的仪器高度,测得两次高差以相互比较进行检核。即测得第一次高差后,改变仪器高度重新安置,改变量应大于 10 cm,再测一次高差。两次所测高差之差不超过容许值(例如等外水准容许值为 6 mm),则认为符合要求,取其平均值作为最后结果(记录、计算列于表 2-1 中),否则必须重测。

表 2-1 水准测量手簿

日 期__________ 仪器型号__________ 观 测__________

天 气__________ 地 点__________ 记 录__________

测站	测点	后视读数(mm)	前视读数(mm)	高差(m)		平均高差(m)	高程(m)	备注
				正	负			
1	BM. A TP_1	1 890 1 992	1 145 1 251	0.745 0.741		+0.743	43.578	
2	TP_1 TP_2	2 515 2 401	1 413 1 301	1.102 1.100		+1.101		
3	TP_2 TP_3	2 001 2 114	1 151 1 260	0.850 0.854		+0.852		
4	TP_3 TP_4	1 012 1 142	1 613 1 745		0.601 0.603	−0.602		
5	TP_4 BM. B	1 318 1 421	2 224 2 325		0.906 0.904	−0.905	44.767	
计算检核	$\sum$	17 806	15 428					

② 双面尺法:就是仪器的高度不变,而立在前视点和后视点上的水准尺分别用黑面和红面各进行一次读数,测得两次高差,相互进行检核。若同一水准尺红面与黑面读数(加常数后)之差不超过 3 mm,且两次高差之差未超过 5 mm,则取其平均值作为该测站的观测高差。否则,需要检查原因,重新观测。

2.3.3 水准测量的成果计算

水准测量的外业数据，在计算之前，应全面检查外业测量记录，如发现有计算错误或超出限差之处，应及时改正或重测。如经检核无误，满足了规定等级的精度要求，就可以进行成果整理工作。其主要内容是调整高差闭合差，计算出各待定点的高程。以下分别介绍各种水准路线的成果整理方法。

1）高差闭合差计算

（1）闭合水准路线的计算

如图 2-16(a)所示，当测区附近只有一个水准点 BM. A 时，欲求得 1、2、3 的高程。可以从 BM. A 点起实施水准测量，经过 1、2、3 点后，再重新闭合到 BM. A 点上，显然，理论上闭合水准路线的高差和应等于零，即

$$\sum h_{理} = 0 \tag{2-9}$$

但实际上总会有误差，致使高差闭合差不等于零，则高差闭合差为

$$f_{\mathrm{h}} = \sum h_{测} \tag{2-10}$$

（2）附合水准路线的计算

如图 2-16(b)，BM. A 和 BM. B 为已知高程的水准点，1、2、3 为待定高程点。从水准点 BM. A 出发，沿各个待定高程的点进行水准测量，最后附合到另一水准点 BM. B。因此，在理论上附合水准路线中各待定高程点间高差的代数和，应等于始、终两个已知水准点的高程之差，即

$$\sum h_{理} = H_{终} - H_{始} \tag{2-11}$$

如果不相等，两者之差称为高差闭合差。

$$f_{\mathrm{h}} = \sum f_{测} - (H_{终} - H_{始}) \tag{2-12}$$

（3）支水准路线的计算

如图 2-16(c)所示，由已知水准点 BM. A 出发，沿各待定点进行水准测量，既不闭合也不附合到其他水准点上。因此，支水准路线要进行往返观测，往测高差与返测高差值的绝对值应相等而符号相反，所以，把它作为支水准路线测量正确性与否的检验条件。如不等于零，则高差闭合差为

$$f_{\mathrm{h}} = \left| \sum f_{往} \right| - \left| \sum f_{返} \right| \tag{2-13}$$

2）高差闭合差调整

（1）允许高差闭合差

各种路线形式的水准测量，其高差闭合差均不应超过规定容许值，否则即认为水准测量结果不符合要求。高差闭合差容许值的大小与测量等级有关。测量规范中，对不同等级的水准测量做了高差闭合差容许值的规定。等外水准测量的高差闭合差容许值规定为：

$$f_{\mathrm{h}允} = \pm 40\sqrt{L}(\mathrm{mm})(平地)$$

$$f_{h允} = \pm 12\sqrt{N}(\text{mm})(山地) \tag{2-14}$$

式中：L——水准路线长度，单位：km；

N——水准路线总的测站数。

（2）高差闭合差调整

一般认为，高差闭合差与水准路线的长度或水准路线的测站数成正比。因此，调整闭合差的原则是，将闭合差反号，按各测段的测站数多少或路线长短成正比例计算出高差改正数，加入各测段的观测高差之中，并计算出各测段的改正高差，由此推算出各未知点的高程。

按路线长度进行高差闭合差调整。即

$$v_i = -\frac{f_h}{\sum L} \cdot L_i \tag{2-15}$$

式中：$\sum L$——水准路线总长度；

L_i——第 i 测段水准路线的长度；

v_i——第 i 测段的高差改正数。

按测站数进行高差闭合差调整。即

$$v_i = -\frac{f_h}{\sum n} \cdot n_i \tag{2-16}$$

式中：$\sum n$——水准路线的总测站数；

n_i——第 i 测段的测站数；

v_i——第 i 测段的高差改正数。

求出各段高差改正数后，应按 $\sum v_i = -f_h$ 进行检核，再按下式计算各测段改正后高差。即

$$h_{i改} = h_{i测} + v_i \tag{2-17}$$

3）计算待定点的高程

根据已知点的高程和各测段的改正高差即可推算出各未知点的高程。即

$$H_{后} = H_{前} + h_{改} \tag{2-18}$$

图 2-18 为某一附合水准路线观测成果略图。BM. A 和 BM. B 为已知高程的水准点，BM. 1～BM. 3 为待测高程点，各测段高差、测站数、距离如图所示。计算步骤见表 2-2。

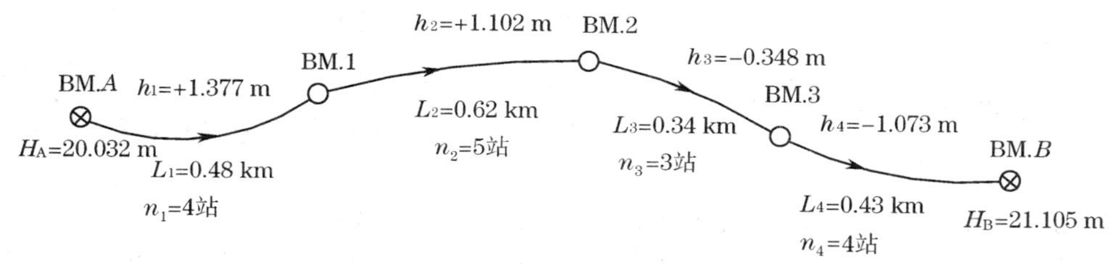

图 2-18 附合水准路线图

表 2-2　附合水准测量成果计算表

测段编号	点号	距离(km)	测站数	实测高差(m)	改正数(m)	改正后高差(m)	高程(m)	备注
	BM. A						20.032	
1		0.48	4	+1.377	+0.004	+1.381		
	BM. 1						21.413	
2		0.62	5	+1.102	+0.005	+1.107		
	BM. 2						22.520	
3		0.34	3	−0.348	+0.003	−0.345		
	BM. 3						22.175	
4		0.43	4	−1.073	+0.003	−1.070		
	BM. B						21.105	
$\sum$		1.87	16	+1.058	+0.015	+1.073		
辅助计算	高差闭合差　$f_h=\sum h_{测}-(H_{终}-H_{始})=+1.058-(21.105-20.032)=-0.015(\text{m})$ 容许值　$f_{h允}=\pm 40\sqrt{L}=\pm 40\sqrt{1.87}=\pm 54.7(\text{mm})$ 每千米高差改正数 $v_i=-\dfrac{f_h}{\sum L}\times 1000=-\dfrac{-0.015}{1.87}\times 1000=8.02(\text{mm})$							

2.4　水准仪的检验与校正

2.4.1　水准仪的轴线及其应满足的条件

水准仪的轴线如图 2-19 所示，图中 CC_1 为视准轴，LL_1 为水准管轴，$L'L'_1$ 为圆水准轴，VV_1 为仪器旋转轴(纵轴)。

根据水准测量原理，水准仪必须提供一条水平视线，据此在水准尺上读数，才能正确地测定地面两点间的高差。为此，水准仪的轴线应满足下列条件：

(1) 圆水准器轴应平行于仪器的纵轴，即 $L'L'_1//VV_1$。

(2) 十字丝的中丝(横丝)应垂直于仪器的纵轴。

(3) 水准管轴应平行于视准轴，即 $LL_1//CC_1$。

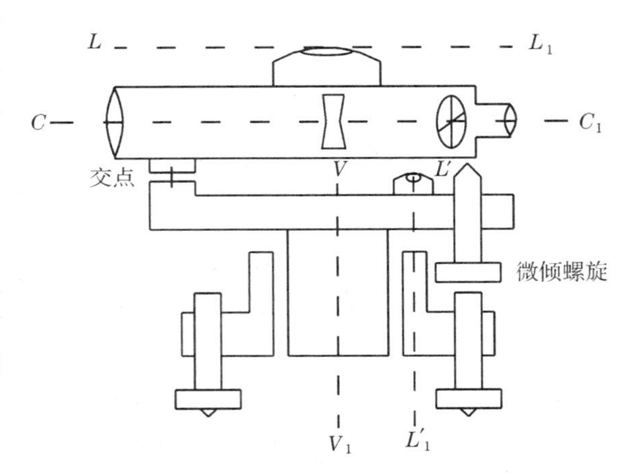

图 2-19　水准仪的轴线

2.4.2　水准仪的检验和校正

1) 圆水准器的检验和校正

目的：使圆水准器轴平行于纵轴($L'L'_1//VV_1$)。

检验：旋转脚螺旋，使圆水准气泡居中，如图 2-20(a)所示；然后将仪器绕纵轴旋转 180°，如果气泡偏于一边，如图 2-20(b)所示，说明 $L'L'_1$不平行于 VV_1，需要校正。

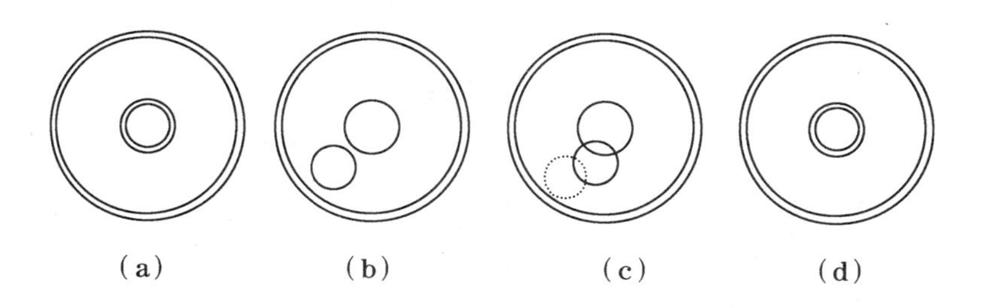

图 2-20 圆水准器的检验与校正

校正：转动脚螺旋，使气泡向圆水准器中心移动偏距的一半，如图 2-20(c)所示，然后用校正针拨圆水准器底下的三个校正螺丝，使气泡居中，如图 2-20(d)所示。

在圆水准器底下，除了有三个校正螺丝外，中间还有一个松紧螺丝(图 2-21)。在拨动各个校正螺丝以前，应先稍转松一下这个松紧螺丝，然后再拨动校正螺丝。旋紧某个校正螺丝，气泡即往该螺丝的方向移动。校正完毕，勿忘把松紧螺丝再旋紧。

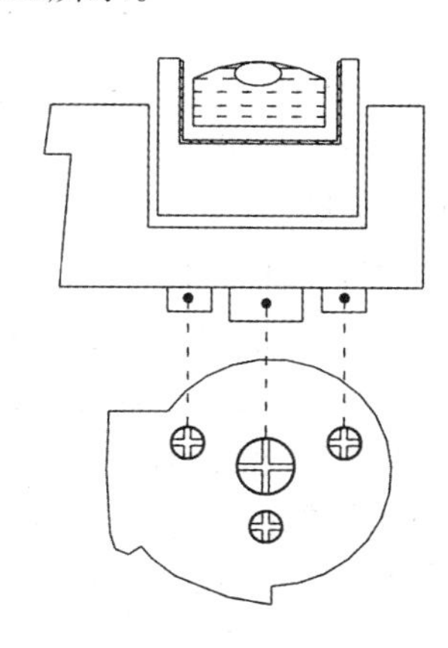

图 2-21 圆水准器的校正螺丝

检校原理：设圆水准轴不平行于纵轴，两者的交角为 α，转动脚螺旋，使圆水准器气泡居中，则圆水准轴位于铅垂方向，而纵轴倾斜了一个角 α(图 2-22(a))。当仪器绕纵轴旋转 180°后，圆水准器已转到纵轴的另一边，而圆水准轴与纵轴的夹角 α 未变，故此时圆水准轴相对于铅垂线就倾斜了 2α 的角度(图 2-22(b))，气泡偏离中心的距离相应于 2α 的倾角。因为仪器的纵轴相对于铅垂线仅倾斜了一个 α 角，所以，旋转脚螺旋使气泡向中心移动偏距的一半，纵轴即处于铅垂位置(图 2-22(c))，然后再拨动圆水准器校正螺丝，使气泡居中，导致圆水准轴也处于铅垂位置，从而达到了使圆水准轴平行于纵轴的目的(图 2-22(d))。

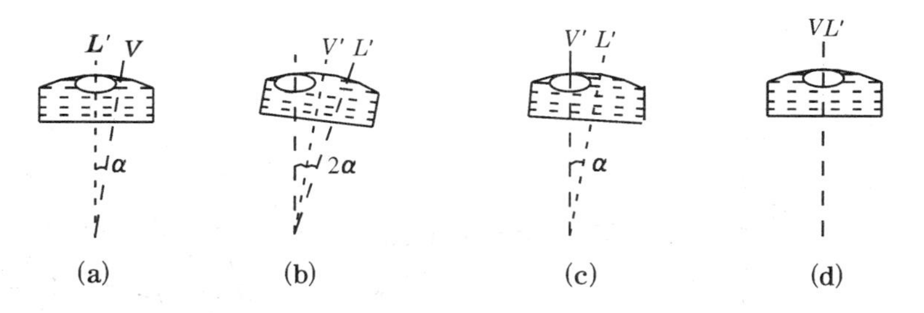

图 2-22 圆水准器校正原理

2) 十字丝的检验和校正

目的：当水准仪整平后，十字丝的横丝应该水平，纵丝应该铅垂，即横丝应该垂直于仪器的纵轴。

检验：整平仪器后，用十字丝交点瞄准一个点 P，旋紧制动螺旋，转动微动螺旋，如果 P 点在望远镜中左右移动时离开横丝(图 2-23(a))，表示纵轴铅垂时横丝不平，需要校正。

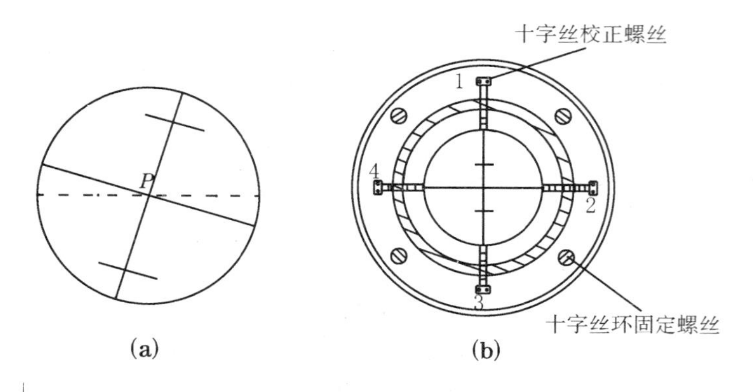

图 2-23　十字丝的检验和校正

校正：旋下靠目镜处的十字丝环外罩，用螺丝刀松开十字丝组的四个固定螺丝（图 2-23(b)），按横丝倾斜的反方向转动十字丝组，再进行检验。如果 P 点始终在横丝上移动，则表示横丝已水平，（纵丝自然铅垂）最后旋紧十字丝组固定螺丝。

3）水准管轴平行于视准轴的检验和校正

目的：使水准管轴平行于视准轴（$LL_1//CC_1$）。

检验：设水准管轴不平行于视准轴，它们之间的交角为 i，如图 2-24 所示。当水准管气泡居中时，视准轴不在水平线上而倾斜了 i 角，水准仪至水准尺的距离越远，由此引起的读数偏差越大。当仪器至尺子的前后视距离相等时，则在两根尺子上的读数偏差也相等，因此对所求高差不受影响。前、后视距离相差越大，则 i 角对高差的影响也越大。视准轴不平行于水准管轴的误差也称 i 角误差。

检验时，在平坦地面上选定相距 60～80 m 的 A、B 两点，打好木桩或安放尺垫，竖立水准尺。先将水准仪安置于 A、B 的中点 C，精平仪器后分别读取 A、B 点上水准尺的读数 a_1'、b_1'；改变水准仪高度 10 cm 以上，再重读两尺的读数 a_1''、b_1''。前后两次分别计算高差，高差之差如果不大于 5 mm，则取其平均数，作为 A、B 两点间不受 i 角影响的正确高差：

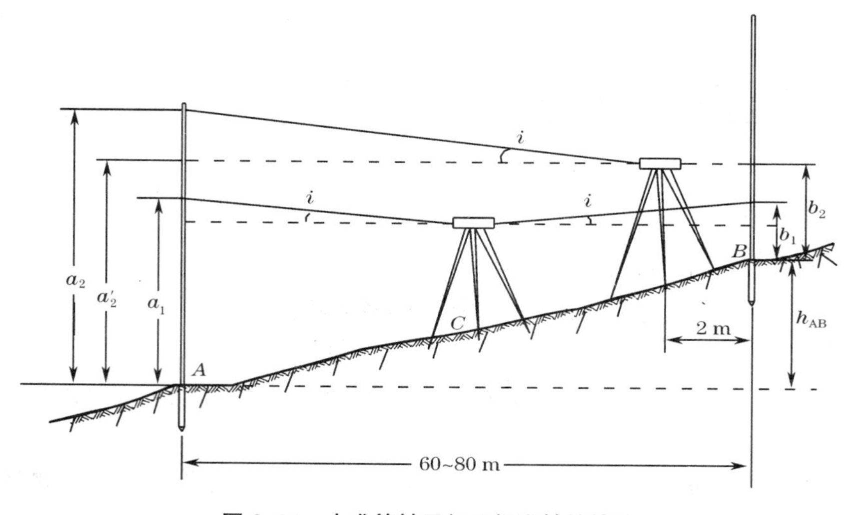

图 2-24　水准管轴平行于视准轴的检验

$$h'_{AB}=\frac{1}{2}[(a_1'-b_1')+(a_1''-b_1'')] \quad (2\text{-}19)$$

将水准仪搬到与 B 点相距约 2 m 处，精平仪器后分别读取 A、B 点水准尺读数 a_2、b_2，又测得高差 $h''_{AB}=a_2-b_2$。如果 $h'_{AB}=h''_{AB}$，说明水准管轴平行于视准轴；否则，按下列公式计算 A 尺上的应有读数以及水准管轴与视准轴的交角(视线的倾角)i：

$$a_2'=h'_{AB}+b_2$$

$$i=\frac{|a_2-a_2'|}{D_{AB}}\cdot\rho'' \quad (2\text{-}20)$$

式中：D_{AB}——A、B 两点间的距离；

$\rho''=206\,265''$。

校正：对于 DS3 级水准仪，当 i 角值$>20''$时，需要进行水准管轴平行于视准轴的校正。转动微倾螺旋，使横丝在 A 尺上的读数从 a_2 移到 a_2'。此时，视准轴已水平，但水准管气泡不居中，用校正针拨动水准管位于目镜一端的上、下两个校正螺丝，如图 2-25 所示，使水准管两端的影像符合(居中)，即水准管轴处于水平位置，满足 $LL_1//CC_1$ 的条件。

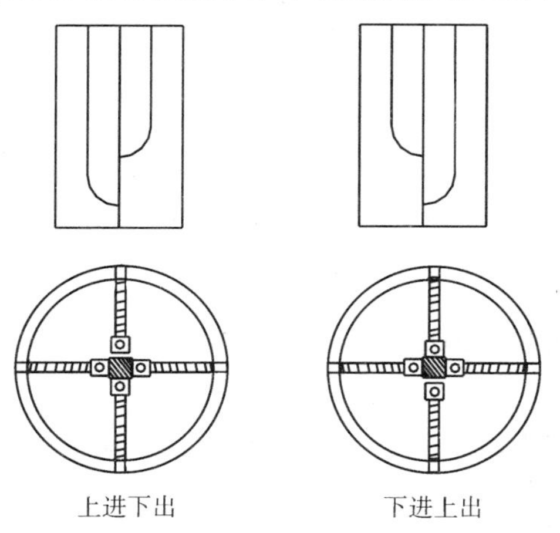

图 2-25　水准管的校正

2.5　水准测量误差及注意事项

水准测量误差包括仪器误差、观测误差和外界条件的影响等三个方面。在水准测量作业中应根据产生误差的原因，采取措施，尽量减少或消除其影响。

2.5.1　仪器误差

1) 仪器校正后的残余误差

例如水准管轴与视准轴不平行，虽经校正但仍然残存少量误差等。这种误差的影响与距离成正比，只要观测时注意使前、后视距相等，便可消除或减弱此项误差的影响。

2) 水准尺误差

由于水准尺刻划不准确、尺长变化、弯曲等影响，会影响水准测量的精度。因此，水准尺须经过检验才能使用。对于尺的零点差，可采用在起、终点之间设置偶数测站数的方法予以消除。

2.5.2 观测误差

1) 水准管气泡居中误差

设水准管分划值为 τ，居中误差一般为 $\pm 0.15\tau$，采用符合式水准器时，气泡居中精度可提高一倍，故居中误差 m_τ 为

$$m_\tau = \pm \frac{0.15\tau}{2 \cdot \rho''} \cdot D \tag{2-21}$$

式中：D——水准仪到水准尺的距离；

$\rho''=206\,265''$。

2) 读数误差

在水准尺上估读毫米数的误差 m_v，与人眼的分辨能力、望远镜的放大倍率以及视线长度有关，通常按下式计算：

$$m_v = \frac{60''}{V} \cdot \frac{D}{\rho''} \tag{2-22}$$

式中：V——望远镜的放大倍率；

$60''$——人眼的极限分辨能力；

$\rho''=206\,265''$；

D——水准仪到水准尺的距离。

3) 视差影响

当存在视差时，十字丝平面与水准尺影像不重合，若眼睛观察的位置不同，便会读出不同的读数，因而也会产生读数误差。

4) 水准尺倾斜影响

水准尺倾斜将使尺上读数增大，如水准尺倾斜 3° 30′，在水准尺上 1 m 处读数时，将会产生 2 mm 的误差；若读数大于 1 m，误差将超过 2 mm。

2.5.3 外界条件的影响

1) 仪器下沉

由于仪器下沉，使视线降低，从而引起高差误差。如果采用“后、前、前、后”的观测顺序，可减弱其影响。

2) 尺垫下沉

如果在转点发生尺垫下沉，将使下一站后视读数增大，这将引起高差误差。采用往返观测的方法，取成果的中数，可以减弱其影响。

3) 地球曲率及大气折光影响

如图 2-26 所示，用水平视线代替大地水准面在尺上读数产生的误差为 Δh，此处用 C 代替 Δh，则

$$C=\frac{D^2}{2R}$$

式中：D——仪器到水准尺的距离；

R——地球的平均半径为 6 371 km。

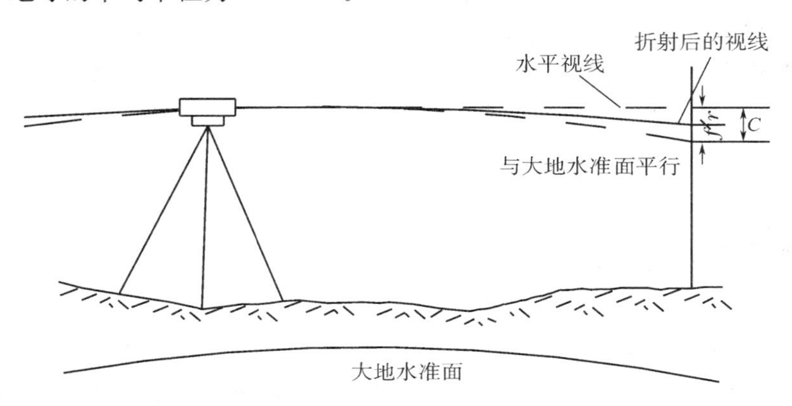

图 2-26　地球曲率及大气折光的影响

实际上，由于大气折光，视线并非是水平的，而是一条曲线，如图 2-26 所示。曲线的曲率半径约为地球半径的 7 倍，其折光量的大小对水准尺读数产生的影响为

$$r=\frac{D^2}{2\times 7R} \tag{2-23}$$

折光影响与地球曲率影响之和为

$$f=C-r=\frac{D^2}{2R}-\frac{D^2}{14R}=0.43\frac{D^2}{R} \tag{2-24}$$

如果使前后视距离相等，由公式(2-24)计算的 f 值则相等，地球曲率和大气折光的影响将得到消除或大大减弱。

4) 温度影响

温度的变化不仅引起大气折光的变化，而且当烈日照射水准管时，由于水准管本身和管内液体温度的升高，气泡向着温度高的方向移动而影响仪器水平，产生气泡居中误差。观测时应注意撑伞遮阳，避免阳光直接照射。

2.5.4　水准测量的注意事项

为防止出错，保证测量成果的质量，在进行水准测量时，每个测量人员应严格遵守操作规程，认真去做。全组必须紧密配合，团结一致，才能做好这一工作。同时，应注意以下几点：

(1) 观测之前，必须对水准仪进行认真的检验和校正。

(2) 观测时，仪器要安置稳当，仪器和三脚架要用连接螺旋连接好，以免搬站时仪器从三脚架上摔落下来。

(3) 仪器应安置在土质坚实的地方，并将三脚架踩紧，防止仪器下沉；同时，水准仪至前、后视水准尺的距离应尽量相等。

（4）每次读数前，望远镜必须严格消除视差，水准管气泡要严格居中，尺上读数应按十字丝交点处的横丝读取，毫米数应精确估读。

（5）记录员听到观测员读数后，要回报读数以免错听、错记。记录读数后应立即计算，经测站校核后，确认测量成果合格后方可迁站。

（6）水准尺应竖直，尺垫应踏实，尺子应立在尺垫突起的半球顶上。在观测中，转点的尺垫只有当其作为后视点的那一站测完后才能移动。在固定标志点上不得使用尺垫。

（7）测站检核和路线检核必须严格按照限差要求，控制每一项检核条件。误差超限，必须重测。

2.6 自动安平水准仪

自动安平水准仪是一种不用符合水准器和微倾螺旋，而只需用圆水准器进行粗略整平，然后借助安平补偿器自动地把视准轴置平，读出视线水平时的读数。因此，自动安平水准仪是一种操作比较方便、有利于提高观测速度的仪器。

2.6.1 自动安平原理

自动安平水准仪的自动安平原理如图 2-27(a)所示，当视准轴水平时在水准尺上的读数为 a，即 a 点的水平视线经望远镜光路到达十字丝中心。当视准轴倾斜了一个小角度 α 时，如图 2-27(b)所示，则按视准轴读数为 a'。为了能使根据十字丝横丝的读数仍为视准轴水平时的读数 a，在望远镜的光路中加一补偿器，使通过物镜光心的水平视线经过补偿器的光学元件后偏转一个 β 角，使之仍能成像于十字丝中心。由于 α、β 都是很小的角度，如果下式成立，即能达到补偿的目的：

$$f \cdot \alpha = d \cdot \beta \tag{2-25}$$

式中：f——物镜焦距；

d——补偿器至十字丝的距离。

2.6.2 自动安平补偿器

自动安平补偿器的种类很多，但一般是采用吊挂光学零件的方法，借助重力的作用达到视线自动补偿的目的。

图 2-28(a)所示为 DSZ2 型自动安平水准仪（苏州一光仪器有限公司产品）。该仪器是

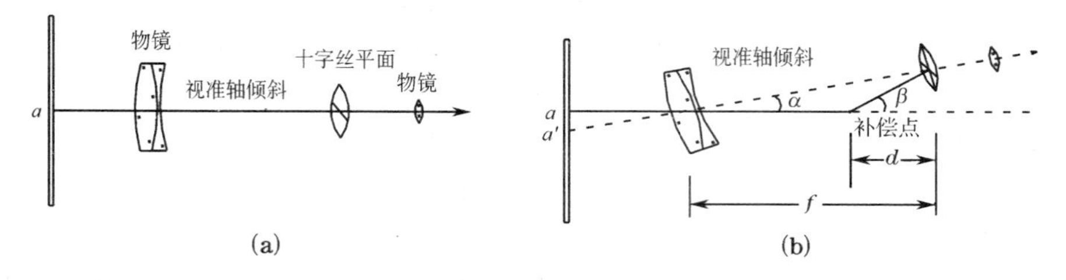

图 2-27　自动安平水准仪基本原理图

在对光透镜与十字丝分划板之间装置一套补偿器。

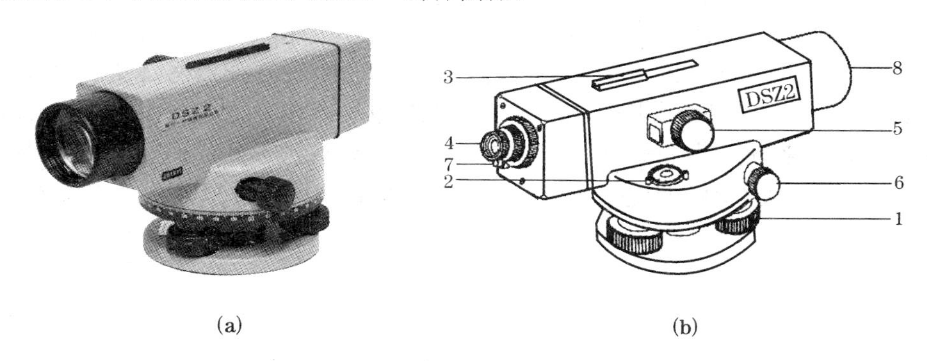

图 2-28　DSZ2 型自动安平水准仪

1. 脚螺旋；2. 圆水准器；3. 瞄准器；4. 目镜调焦螺旋；5. 物镜调焦螺旋；
6. 微动螺旋；7. 补偿器检查按钮；8. 物镜

图 2-29 为 DSZ2 型自动安平水准仪的光路图。该自动安平水准仪的构造是：将屋脊棱镜固定在望远镜筒内，在屋脊棱镜的下方，用金属丝吊挂着一个梯形棱镜，该棱镜在重力作用下，能与望远镜作相对的偏转。为了使吊挂的棱镜尽快地停止摆动，还设置了阻尼器。

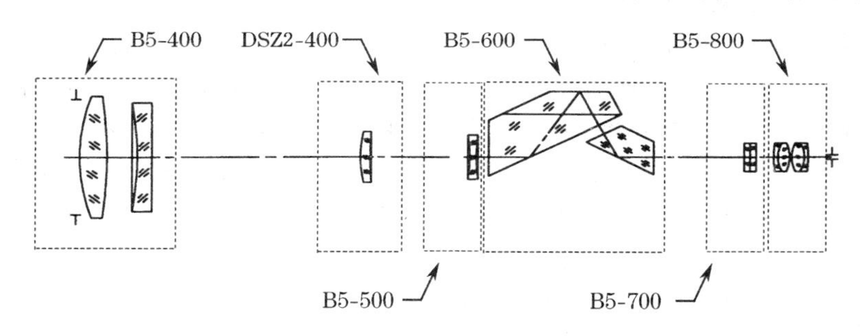

B5—400 物镜组　DSZ2—400 调焦镜组　B5—500 后物镜组
B5—600 补偿器组　B5—700 分划板组　B5—800 目镜组

图 2-29　DSZ2 型自动安平水准仪光路

2.6.3　自动安平水准仪的使用

使用自动安平水准仪观测时，首先用脚螺旋使圆水准器气泡居中(仪器粗平)，然后用望远镜瞄准水准尺，由十字丝中丝在水准尺上读得的数，就是视线水平时的读数。自动安平水准仪操作步骤比普通微倾式水准仪简便，是因为它不需要"精平"这一项操作。

图 2-28(b)所示 DSZ2 型自动安平水准仪，使用时，转动脚螺旋，使圆水准器气泡居中，用瞄准器对准水准尺，转动目镜调焦螺旋，使十字丝清晰，旋转物镜调焦螺旋，使水准尺像清晰，检查视差，用微动螺旋使十字丝纵丝紧靠水准尺边，轻按补偿器检查按钮，证明其作用正常，然后在水准尺上读数。

自动安平水准仪的圆水准器，其灵敏度一般为(8′—10′)/2 mm，而补偿器的作用范围约为±15′。因此，安置自动安平水准仪时，只要转动脚螺旋，把圆水准器整平(一般使水准气泡不越出水准器玻璃面板上小圆圈的范围)，补偿器即能起自动安平的作用。补偿器相当于一个重摆，只有在自由悬挂时才能起补偿作用。在安置仪器时，如果由于操作不当，例如圆水准器气泡未按规定要求整平或因圆水准器未校正好等原因使补偿器搁住，则观测结果将是错误的。因此，这类仪器一般设有补偿器检查按钮，可轻触补偿摆，察看目镜视场中水准尺成像相对于十字丝是否有均匀的浮动。由于有阻尼器在对重摆起作用，这种浮动能在 2 s 内迅速静止下来，这种情况证明补偿器是处于自由悬挂状态。按检查钮时，如果发现成像有不规则的跳动或不动，则说明补偿摆已被搁住，应检查原因，使其恢复正常功能。

2.7 精密水准仪介绍

精密水准仪主要用于国家一、二级水准测量和高精度的工程测量中，例如建筑物沉降观测、大型精密设备安装等测量工作。

精密水准仪的构造与 DS3 级水准仪基本相同，也是由望远镜、水准器和基座三部分组成。其不同点是：水准管分划值较小，一般为 10″/2 mm；望远镜亮度好而且放大率较大，一般不小于 40 倍；仪器结构稳定，受温度的变化影响小等。

精密水准仪上设有光学测微器，其工作原理如图 2-30 所示，它由平行玻璃板、传动杆、测微螺旋和测微分划尺等部件组成。平行玻璃板装置在望远镜物镜前，其旋转轴与平行玻璃板的两个平面相平行，并与望远镜的视准轴成正交。平行玻璃板通过传动杆与测微分划尺相连。测微尺上有 100 个分格，它与水准尺上的分格(宽度为 1 cm 或 5 mm)相对应，所以测微时能直接读到 0.1 mm(或 0.05 mm)。当转动测微螺旋时，传动杆推动平行玻璃板向前倾斜，视线透过平行玻璃板产生平行位移，移动数值可由读数显微镜在测微尺上读出。

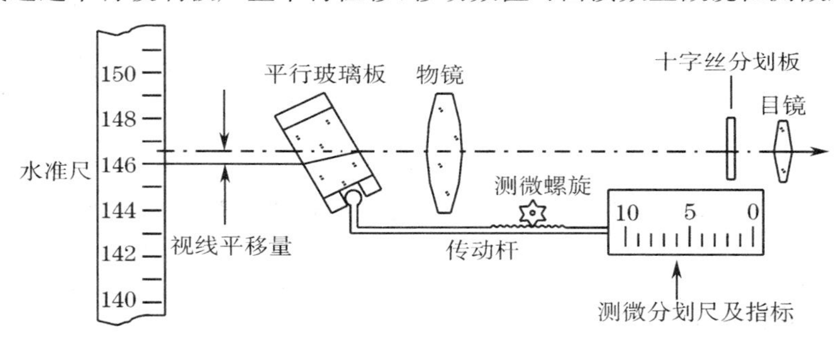

图 2-30　水准仪的平行玻璃板测微装置

图 2-31 是我国靖江测绘仪器厂生产的 DS1 级水准仪，光学测微器最小读数为 0.05 mm。

精密水准仪必须配有精密水准尺，这种水准尺一般都是在木质尺身的槽内，引张一根因瓦合金带。在带上标有刻划，数字注在木尺上，如图 2-32 所示。水准尺的分划值有 10 mm 和 5 mm 两种。10 mm 分划的精密水准尺如图 2-32(a)所示。它有两排分划，右边一排注记为 0～300 cm，称为基本分划；左边一排注记为 300～600 cm，称为辅助分划。同一高度的基本分划与辅助分划相差一个常数 301.55 cm，称为基辅差，又称尺常数，用以检查读数中是否存在错误。5 mm 分划的精密水准尺如图 2-32(b)所示。它也有两排分划，彼此错开 5 mm。实际上，左边是单数分划，右边是双数分划；右边注记是米数，左边注记是分米数。

分划注记值比实际数值大了一倍，所以，用这种水准尺所测得的读数应除以 2 才代表实际的高度。

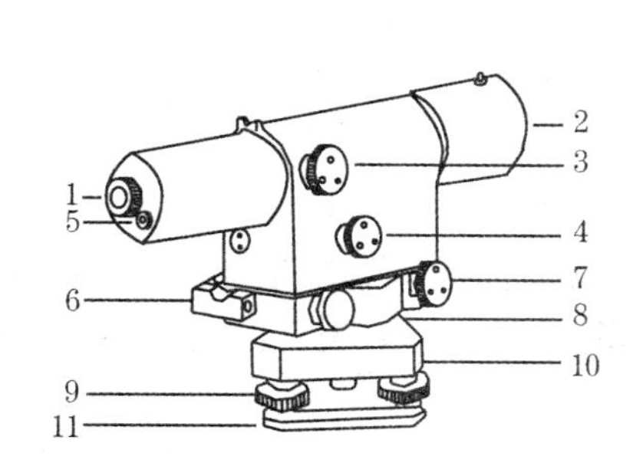

图 2-31　DS1 级精密水准仪

1. 目镜调焦螺旋；2. 物镜；3. 物镜调焦螺旋；4. 测微螺旋；5. 测微器读数镜；6. 粗平水准管；7. 微动螺旋；8. 微倾螺旋；9. 脚螺旋；10. 基座；11. 底板

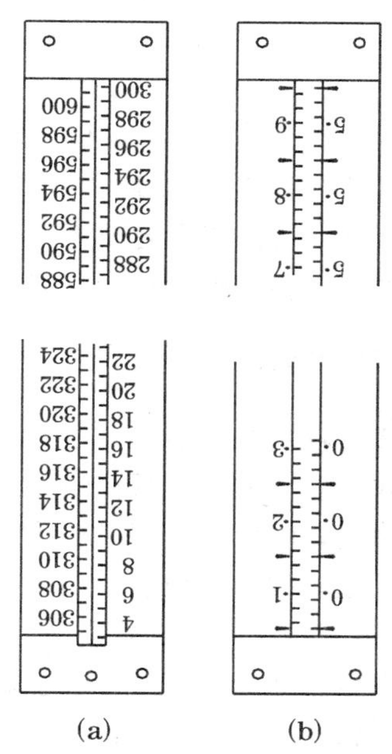

图 2-32　精密水准尺

精密水准仪的操作方法与一般水准仪基本相同，不同之处是用光学测微器测出不足一个分格的数值。即在仪器精确整平(用微倾螺旋使目镜视场左面的符合水准气泡的两个半像吻合)后，十字丝横丝往往不恰好对准水准尺上某一整分划线，这时需要转动测微螺旋使视线上、下平行移动，使十字丝的楔形丝正好夹住一个整分划线，如图 2-33 所示，被夹住的分划线读数为 1.97 m。视线在对准整分划线过程中平移的距离显示在目镜右下方的测微尺读数窗内，读数为 1.50 mm，所以水准尺的全读数为 1.97＋0.001 5＝1.971 5 m，而其实际读数是全读数除以 2，即 0.985 75 m。

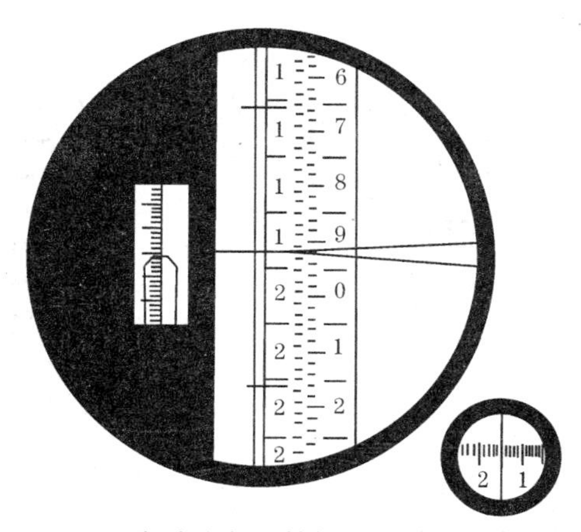

图 2-33　DS1 级水准仪目镜视场及测微器读数镜视场

2.8 电子水准仪测量

电子水准仪又称数字水准仪。它具有自动对条码水准尺读数、自动记录和计算、数据通讯等功能，因此有测量速度快、精度高、易于实现水准测量内外业工作的一体化等优点。第一台电子水准仪是由徕卡公司 1987 年推出的 NA2000 型，随后蔡斯公司的 NIDI 系列、拓普康公司的 DL 系列和索佳公司的 SDL 系列电子水准仪相继推出。

2.8.1 电子水准仪的基本原理

电子水准仪是在水准仪的望远镜光路中增加分光棱镜和安装了 CCD(charge coupled device，即电荷耦合器件)线阵传感器的数字图像识别处理系统，配合使用条码水准尺。进行水准测量时，在尺上自动读数、计算并记录。

当用人工将望远镜照准水准尺并完成调焦后，水准尺成像于望远镜目镜的十字丝分划板上，供目视观测。但成像光线又可通过分光棱镜将水准尺上的条码图像送至线阵传感器，并将条码图像转变为电信号传送至信息处理器，经处理后，即可求得水平视线在条码水准尺上的读数和仪器至水准尺的距离(视距)。如果采用传统的具有长度分划的水准尺，电子水准仪也可以像一般自动安平水准仪一样，用目视方法在水准尺上读数。

各厂家生产的条码水准尺由于条码图案不同，读数原理和方法也不相同，主要有相关法、几何法、相位法等。下面以索佳仪器厂的条码水准尺为例，介绍 RAD(random bidirectional code，即随机双向码)编码和相关法读数原理：图 2-34(a)所示为该条码水准尺的一段，条码宽度分别为 3 mm，4 mm，7 mm，8 mm，11 mm 和 12 mm；条码间的中心距为 15 mm，如图 2-34(b)所示；采用六进制和三进制两种编码形式，如图 2-34(c)所示。尺上的相关数码信息预置在仪器的 CPU 内。对于 1.6～9 m 的近距离测量，取六进制码的 5 个以上的数码作为计算依据；对于 9～100 m 的中长距离测量，取三进制码的 8 个以上的数码作为计算依据。

水准尺的另一面为一般的水准尺的长度分划，可用于目视对水准尺的读数。

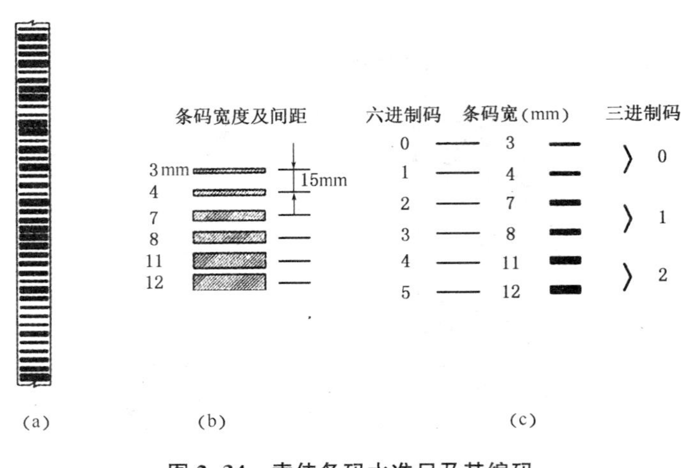

图 2-34 索佳条码水准尺及其编码

望远镜瞄准水准尺后，尺上的条码影像经过物镜和分光棱镜到达CCD线阵传感器的光敏面，面上共有3 500个像素，用于识别条码影像。经过信号的模数转换等一系列步骤后，得到水平视线的精确读数和视距读数。

2.8.2 电子水准仪的功能和使用方法

1)电子水准仪的构造

电子水准仪的主要组成部分是望远镜、水准器、自动补偿系统、计算存储系统和显示系统。图2-35(a)、(b)为索佳厂的SDL30M型电子水准仪的外形及各外部构件的名称。望远镜的放大率为32倍，由自动补偿系统自动安平，配合使用条形码水准尺能自动读数、记录和计算，并以数字形式显示、贮存和传输，可用于进行二、三、四等水准测量。

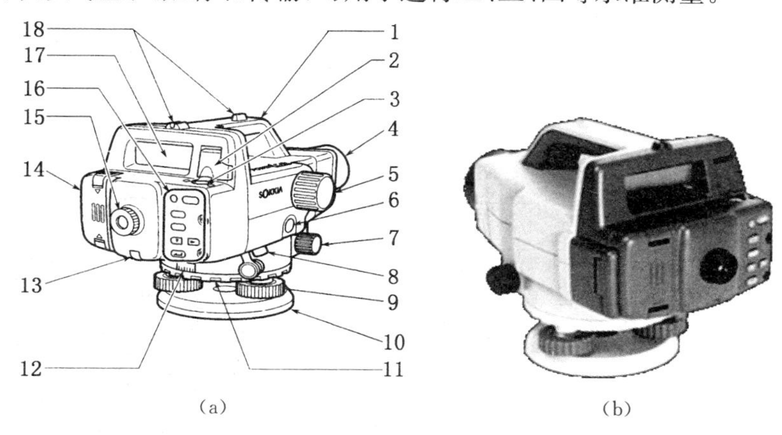

图2-35 SDL30M型电子水准仪

1. 提柄；2. 圆水准器观测镜；3. 圆水准器；4. 物镜；5. 调焦手轮；6. 测量键；7. 水平微动手轮；8. 数据输出插口；9. 脚螺旋；10. 底板；11. 水平度盘设置环；12. 水平度盘；13. 分划板校正螺丝及护盖；14. 电池盒护盖；15. 目镜；16. 键盘；17. 显示屏；18. 粗照准器

图2-36所示为SDL30M型电子水准仪的目镜端和操作面板。主要操作键的功能如下：

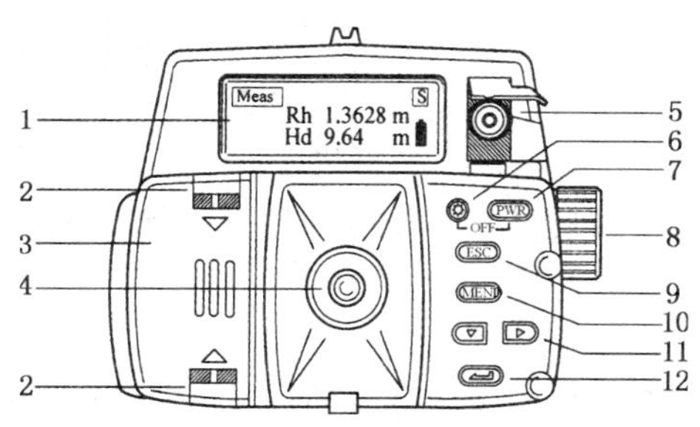

图2-36 SDL30M型水准仪操作面板

1. 显示屏；2. 电池护盖开启按钮；3. 电池护盖；4. 目镜及调焦螺旋；5. 圆水准器观察镜；6. 照明键；7. 电源键；8. 物镜调焦螺旋；9. 返回键；10. 菜单键；11. 光标移动键；12. 回车键

照明键——按此键，可照明显示屏，再按此键，则关闭照明；

电源键——仪器的电源开关，单按此键为开机，同时按照明键和电源键为关机；

返回键——按此键可返回原显示屏幕，或取消输入数值；

菜单键——按此键显示菜单屏幕，用光标移动键及回车键选择菜单项；

光标移动键——可使显示屏中的光标移动，或增减数值，或改变数值的正负号；

回车键——选定菜单项后按此键，可进入所选菜单功能，或将输入数值送入仪器内存；

测量键——按此键(图 2-35(b)所示仪器右侧圆形按钮)开始测量作业。

2) 电子水准仪的功能

电子水准仪有测量和放样等多种功能，并可以自动读数、计算和记录，通过各种操作模式来实现。图 2-37 所示为 SDL30M 型电子水准仪的操作模式结构图。图中表示仪器的功能菜单、各种模式的屏幕显示和操作路径。

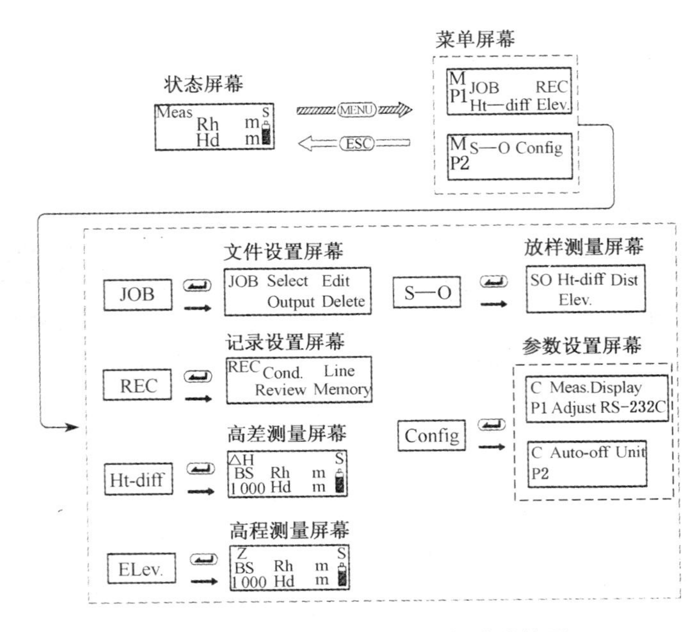

图 2-37　SDL30M 型的操作模式结构图

仪器开机后，显示可以进行一般水准测量的"状态屏幕"，按菜单键使显示"菜单屏幕"(共 2 页，再次按菜单键可使其轮流显示)，按返回键可返回状态屏幕。菜单屏幕共有 6 个菜单项，选取某一菜单项后按回车键，分别显示其工作模式(内容)："JOB"为文件设置模式，包含有 4 个选项的子菜单；"REC"为记录设置模式，包含有 4 个选项的子菜单；"Ht—diff"为高差测量模式；"Elev."为高程测量模式；"S—O"为放样测量模式，包含有 3 个选项的子菜单；"Config"为参数设置模式，包含有 6 个选项的子菜单(分 2 页)。

3) 电子水准仪和条形码水准尺的安置

电子水准仪的操作步骤基本同自动安平水准仪，分为：粗平、瞄准、读数。与普通水准仪一样，在选好的测站上安置仪器。按"电源键"开机。

(1) 粗平。粗平即粗略地定平仪器，转动脚螺旋，使圆水准器气泡居中，仪器粗略整平，使补偿棱镜在补偿范围内自动使得视线水平。粗平的具体操作方法同普通水准仪。

(2) 瞄准。瞄准是把望远镜对准水准尺，进行目镜和物镜调焦，使十字丝和水准尺的成像清晰，消除视差。具体操作方法同普通水准仪。

(3) 水准尺安置和读数。条形码水准尺应立于测点上，利用尺子上的圆水准器来保证尺子竖直。如尺面的反射光过强，将尺子稍为旋转以减少对仪器的反射光。测量时，应确保无阴影投射在尺面上。按测量键自动进行读数。

2.8.3 电子水准仪的水准测量方法

电子水准仪可进行高差测量、高程测量、高差放样测量、距离放样测量和高程放样测量等水准测量作业。常用的测量方法如下：

1) 一般测量方法

(1) 测站安置好仪器，开机后屏幕显示为“状态模式”。瞄准水准尺后按测量键，如图 2-36 仪器上部屏幕中所示：水准尺读数 Rh 为 1.362 8 m，仪器至立尺点平距 Hd 为 9.64 m。

(2) JOB(工作文件)和 REC(记录方法)的设置。SDL30M 型电子水准仪共有 20 个文件(JOB01—JOB20)，可记录 2 000 个数据。工作文件设置方法如下：在菜单模式选项中选取“JOB”，按回车键后在 JOB 菜单中选取“Select”，如图 2-38(a)所示。按回车键后显示文件名录，如图 2-38(b)所示，第一行为文件名，第二行显示已记录的数据个数。

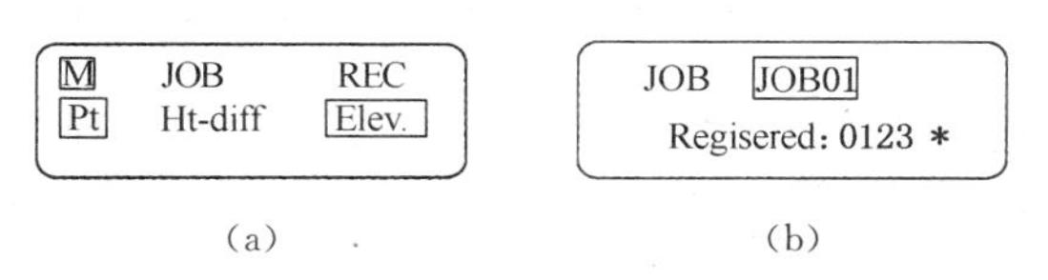

(a) (b)

图 2-38 选取工作文件的屏幕

(3) 测量数据记录方法设置方法如下：在菜单模式选项中选取“REC”，按回车键后在记录设置菜单中选取“Cond.”(记录条件)，如图 2-39 所示。按回车键后显示子菜单为：Manual(手动记录)，Auto(自动记录)，Off(不记录)。如果选择手动记录，则在每次测得数据后，屏幕提示：“Yes/No(Y/N?)”，选择“Yes(Y)”才确定数据记录于工作文件；如果选择自动记录，则所测数据将自动记录于文件。一般选取“Manual”，以便掌握观测数据的取舍。

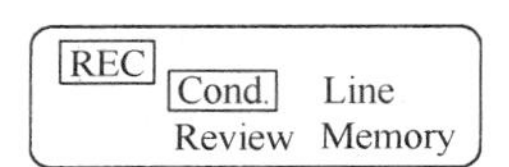

图 2-39 选取记录方法的屏幕

2) 高差测量

高差测量结果直接得到的是两测点间的高差。其方法如下：

(1) 按菜单键，显示菜单屏幕，选取“Ht-diff”(高差测量)，按回车键进入高差测量模式，如图 2-40(a)所示。

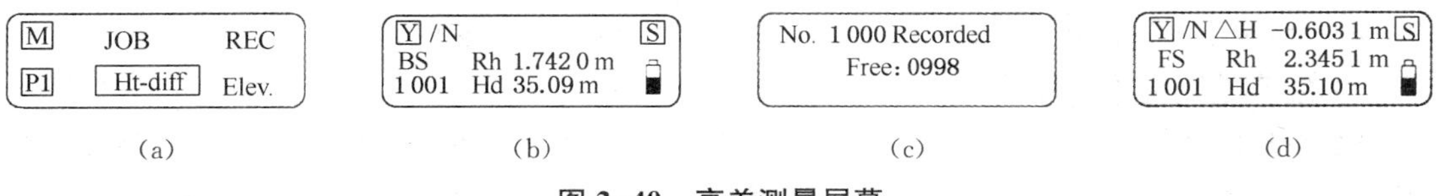

(a) (b) (c) (d)

图 2-40 高差测量屏幕

(2) 将仪器安置于后视和前视立尺点的中间，瞄准后视尺，调焦后按测量键，检查所显示的观测值，选取“Yes”后按回车键，则点号、目标属性(后视 BS 或前现 FS)及观测值(尺上读数 Rh 和仪器至尺子平距 Hd)均被储存，并显示内存中已储存和尚可储存的数据个数。屏幕显示如图 2-40(b)、(c)所示。

(3) 瞄准前视标尺，调焦后按测量键，仪器计算出高差 ΔH，将结果显示于屏幕，如图 2-

40(d)所示,并将观测和计算数据储存。

3) 高程测量

高程测量直接得到的是前视点的高程。其方法如下:

(1) 已知地面上 A 点的高程 H_A。需测定 B 点的高程 H_B;将仪器安置于 A、B 点之间,在菜单模式下选取"Elev."(高程测量),按回车键后进入高程测量模式,屏幕显示见图 2-41(a)。

(2) 提示输入后视点的高程,其方法如下:用"向下光标移动键"改变光标处的正负号或增大数值,用"向右光标移动键"将光标移至下一位,直至得到已知点高程值,然后按回车键将高程值输入内存,屏幕显示见图 2-41(b)所示。

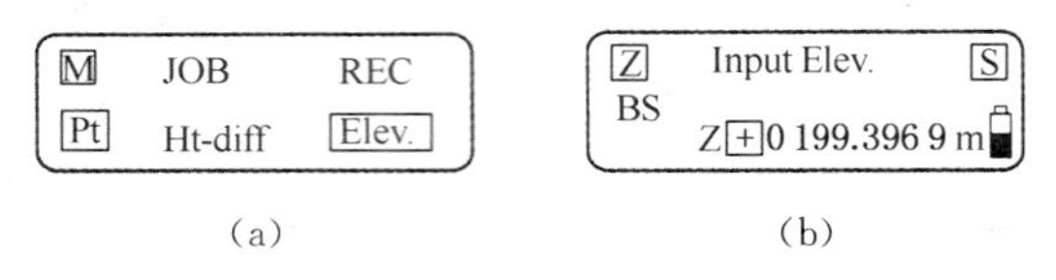

(a) (b)

图 2-41 高程测量模式选择和已知点高程输入屏幕

(3) 瞄准后视尺,调焦后按测量键,检查所显示的观测值,选取"Yes"后按回车键,仪器记录观测数据并显示已记录和尚可记录的数据数,如图 2-42(a)、(b)所示。

(4) 瞄准前视尺,调焦后按测量键,仪器计算前视点的高程(Z)并显示观测结果,选取"Yes"后按回车键,仪器记录观测和计算结果如图 2-42(c)、(d)所示。

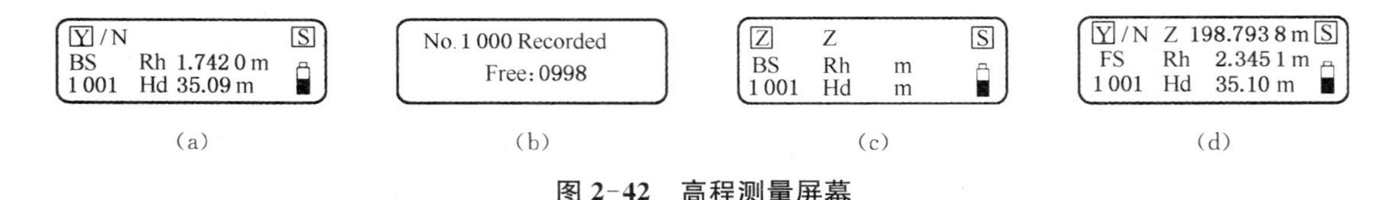

(a) (b) (c) (d)

图 2-42 高程测量屏幕

(5) 按菜单键,屏幕提问:"是否移动测站?",见图 2-43。如果是,则选取"Yes"后按回车键,则前视点作为转点,其高程作为转点的高程。移站后可继续进行高程测量。

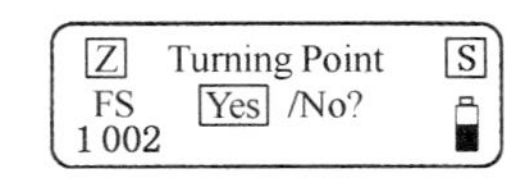

图 2-43 高程测量的迁站信息屏幕

2.8.4 电子水准仪的检验与校正

1) 圆水准轴的检验和校正

电子水准仪圆水准轴检验和校正的原理和方法与普通水准仪相同。

2) 视准轴的检验和校正

仪器整平后视准轴不水平或自动读数与人工读数不一致时,应校正视准轴。先进行视准轴的参数设置校正,即校正 CCD 线阵传感器的参数值,然后再进行十字丝机械校正。

(1) CCD 参数设置值校正

按菜单键显示菜单屏幕,用光标选取"Config"后按回车键,显示"参数设置模式"(第一页),见图 2-37,用光标选取"Adjust"(校正)后按回车键;屏幕显示仪器安置的"引导提示",见图 2-44(a)。

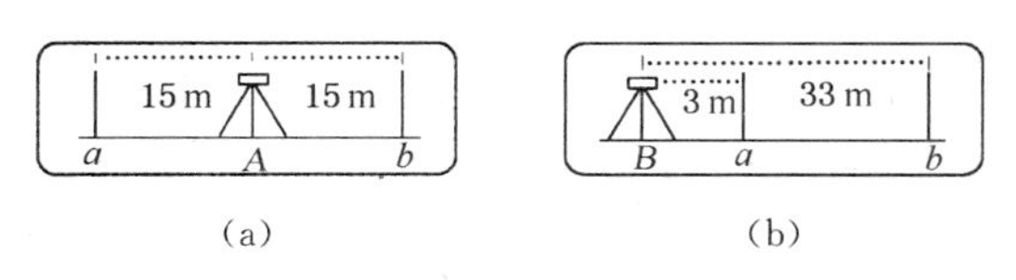

(a)　　　　　　　　(b)

图 2-44　视准轴检验的引导屏幕

按提示将仪器安置于相隔 30 m 的标尺 a、b 的中点 A，瞄准水准尺 a，调焦后按测量键，选取“Yes”后按回车键，见图 2-45(a)；瞄准水准尺 b，调焦后按测量键，选取“Yes”后按回车键，见图 2-45(b)。

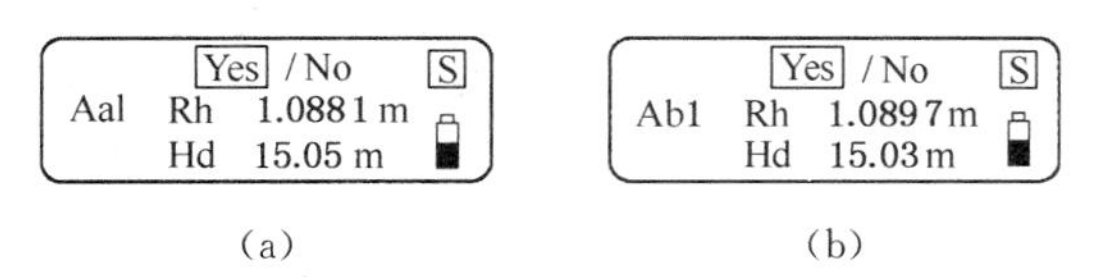

(a)　　　　　　　　(b)

图 2-45　视准轴检验的读数显示屏幕

屏幕提问：“是否旋转三脚架？”，见图 2-46(a)，选取“Yes”后按回车键；屏幕“引导提示”三脚架的旋转位置，见图 2-46(b)；重复以上对 a、b 尺的观测。

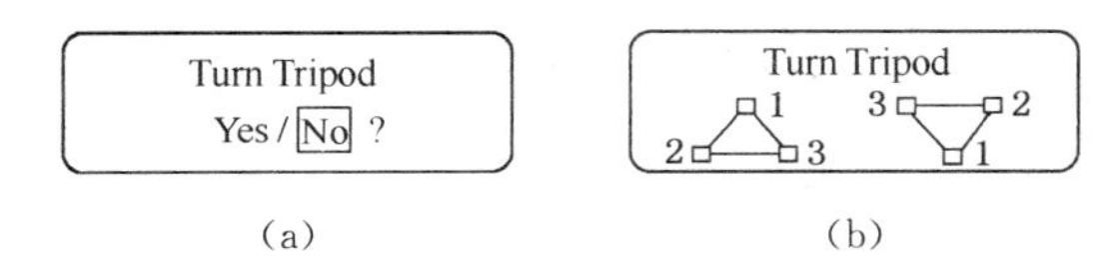

(a)　　　　　　　　(b)

图 2-46　三脚架转动的引导屏幕

根据屏幕的引导提示，将仪器安置于标尺 a、b 的连线上，距标尺口约 3 m 的位置 B，见图 2-44(b)；重复以上对 a，b 标尺的观测和读取读数；屏幕显示对视准轴的检验结果——仪器安置于 a、b 中间和一端所测得高差的差值(diff)，见图 2-47(a)；如果差值小于 3 mm，则不需校正，选取“No”后按回车键，屏幕提问：“是否退出校正？”见图 2-47(b)选取“Yes”后按回车键，返回菜单模式；如果差值大于 3 mm，见图 2-47(c)，选取“Yes”后按回车键，仪器根据观测结果计算并储存“视准轴校正值”后返回菜单模式，完成 CCD 参数设置值的校正。

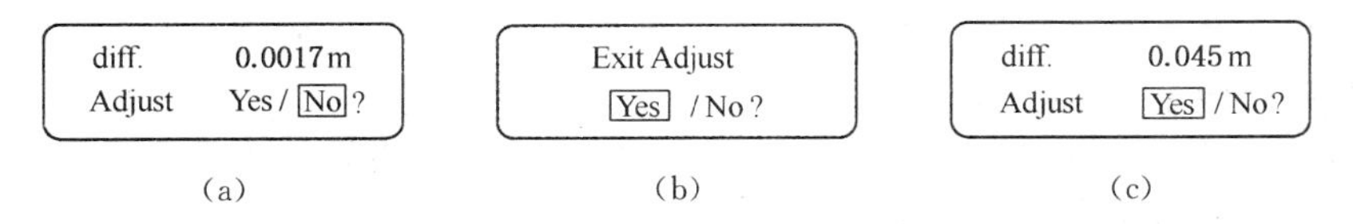

(a)　　　　　　　　(b)　　　　　　　　(c)

图 2-47　视准轴检验的结果确认屏幕

(2) 十字丝机械校正

在测站 B 瞄准水准尺 b 的条形码尺面进行自动读数，再瞄准水准尺 b 的长度分划尺面进行人工目视读数。如果两个读数的差值不大于 2 mm，则不需要进行十字丝的机械校正。否则应按以下步骤进行机械校正：卸下位于目镜下方的十字丝校正螺丝护盖，见图 2-48，用六角扳手调整校正螺丝。当人工读数值大于自动读数值时，少许旋松校正螺丝来调低十字丝位置；当人工读数值小于自动读数值时，通过少许旋紧校正螺丝来调高十字丝位置。均调整至人工和自动读数差值不大于 2 mm 时为止，然后安装好校正螺丝护盖。

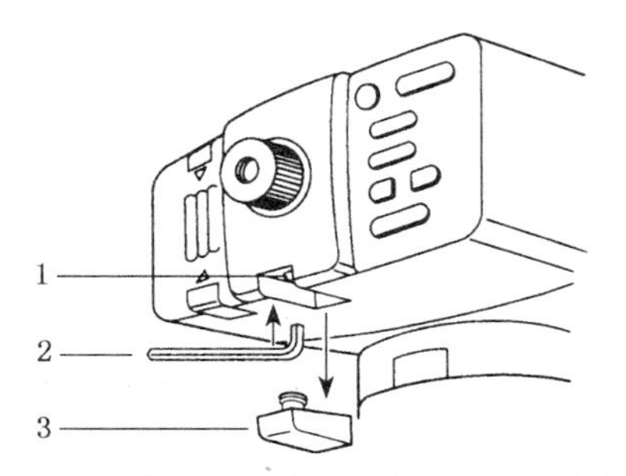

1. 十字丝校正螺丝；2. 六角扳手；3. 校正螺丝护盖

图 2-48　电子水准仪的十字丝机械校正

本章小结

测量地面上各点高程的工作，称为高程测量。高程测量根据所使用的仪器和测量方法的不同，可分为水准测量、三角高程测量和气压高程测量三种。

水准测量原理是：利用一台能够提供水平视线的仪器——水准仪，并借助水准尺，来测定地面两点间的高差，由已知点的高程推算出未知点的高程。

水准测量所用的仪器是水准仪、水准尺和尺垫。水准仪主要由三部分组成：望远镜、水准器和基座。

水准仪的使用包括仪器的安置、粗略整平、瞄准水准尺、精确整平和读数等五个操作步骤。

水准测量的外业工作水准测量的实测方法是：首先设置水准点，水准点有永久点和临时点两种；其次，布设水准路线，水准路线布设形式有闭合水准路线、附合水准路线和支水准路线三种；布设好水准路线后，进行水准连续测量的实测，在实测中对于每一测站都要做测站检核。测站检核方法有两种，变更仪器高法和双面尺法。当一测站检核合格后，方可迁站进行下一测站测量。

水准测量的内业工作：当水准测量的外业工作完成，经检查数据符合各项限差要求后，可进行水准测量的内业成果整理和计算，首先进行高差闭合差的计算，符合限差要求后，进行高差闭合差的调整，最后进行高程的计算。

水准测量误差包括仪器误差、观测误差和外界条件的影响等三个方面。

水准仪在使用前要进行检验与校正，检验与校正的主要项目是：圆水准器的检验和校正；十字丝的检验和校正；水准管轴平行于视准轴的检验和校正。

精密水准仪的构造和使用。

自动安平水准仪的构造和使用。

电子水准仪及电子水准仪测量。

习题与思考题

1. 进行水准测量时，设 A 点为后视点，B 点为前视点，A 点的高程为 20.016 m。测得后视水准尺读数为 1.124 m，前视水准尺读数为 1.428 m，问 A、B 两点的高差 h_{AB} 是多少？B 点比 A 点高还是低？B 点高程是多少？并绘图说明。

2. 水准仪由哪些主要部分组成？各起什么作用？

3. 何谓视准轴？何谓视差？产生视差的原因是什么？怎样消除视差？

4. 转点在水准测量中起什么作用？

5. 何谓水准路线？何谓高差闭合差？如何计算容许的高差闭合差？

6. 如图 2-49 所示，为一闭合水准路线。BM. A 为已知高程的水准点，BM. 1、BM. 2、BM. 3 为高程待定水准点，各点间的路线长度、测站数、高差实测值及已知点高程如图所示。试按水准测量精度要求，进行闭合差的计算与调整，最后计算各待定水准点的高程。（要求列表计算）

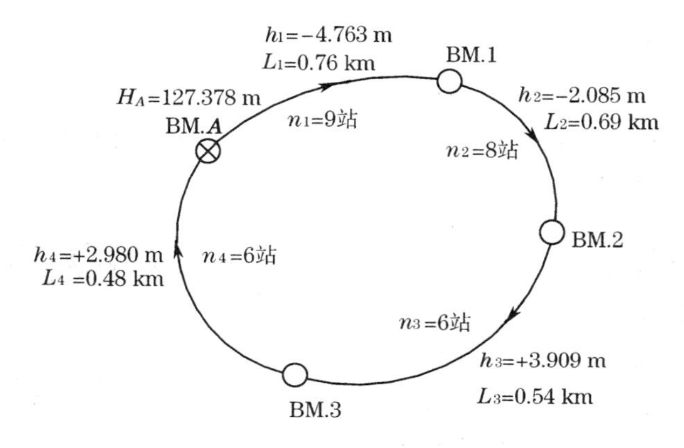

图 2-49　闭合水准路线略图

7. 水准测量有哪些误差来源？进行水准测量时，有哪些注意事项？

8. 水准仪有哪几条轴线？它们之间应满足什么条件？

9. 对一水准仪进行水准管轴平行于视准轴的检验与校正。首先将仪器放在相距 80 m 的 A、B 两点中间，用两次仪器高法测得 A、B 两点的高差为 $h_1=+0.310$ m，然后将仪器移至 A 点附近，测得 A、B 两点的尺读数为 $a_2=1.527$ m，$b_2=1.245$ m。试问经检验水准管轴是否平行于视准轴？如不平行，应如何校正？

10. 精密水准仪有什么特点？

11. 自动安平水准仪有什么特点？如何使用？

12. 电子水准仪有什么特点？如何使用？

3 角度测量

3.1 角度测量原理

角度测量是确定点位的基本测量工作之一，用于角度测量的仪器是经纬仪，它既可以测量水平角，又可以测量竖直角。

3.1.1 水平角观测原理

如图 3-1 所示，A、O、B 为地面上任意三点，将三点沿铅垂线方向投影到水平面 H 上得到相应的 A'、O'、B' 点，则水平线 $O'A'$ 与 $O'B'$ 的夹角 β 即为地面 OA 与 OB 两方向线间的水平角。由此可见，地面上任意两直线间的水平角的度数等于通过这两条直线所作铅垂面间的二面角的度数。

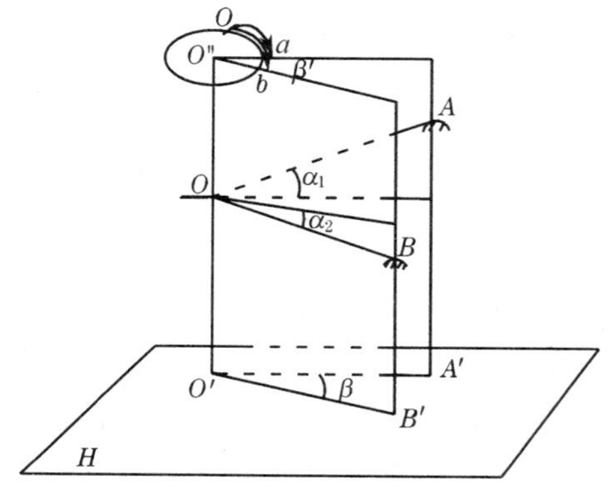

图 3-1 水平角和竖直角

为了测定水平角值，可在角顶的铅垂线上安置一台经纬仪，仪器必须有一个能水平放置的刻度圆盘——水平度盘，度盘上有顺时针方向 0°～360°的刻度，度盘的中心放在 O 点的铅垂线上；另外，经纬仪还必须有一个能够瞄准远方目标的望远镜，望远镜不但可以在水平面内转动，而且还能在竖直面内旋转。通过望远镜分别瞄准高低不同的目标 A 和 B 点其在水平度盘上相应读数为 a 和 b，则水平角 β 即为两个读数之差。即

$$\beta = b - a \tag{3-1}$$

3.1.2 竖直角观测原理

在同一竖直面内，某方向的视线与水平线的夹角称为竖直角（又称垂直角、高度角），其角值为 0°～90°。视线与铅垂线的夹角称为天顶距 Z，角值为 0°～180°。

目标视线在水平线以上的竖直角称为仰角，角值为正；目标视线在水平线以下的竖直角称为俯角，角值为负，如图 3-1 所示。为了测定竖直角，经纬仪还必须在铅垂面内装有一个刻度盘——竖直度盘。

竖直角与水平角一样，其角值为度盘上两个方向的读数之差，所不同的是，竖直角的两个方向中必有一个是水平方向。对任一经纬仪来说，视线水平时的竖盘读数应为 0°、90°、

180°、270°四个数值中的一个，所以，测量竖直角时，只要瞄准目标，读出竖盘读数，即可计算出竖直角。

3.2 光学经纬仪

3.2.1 DJ6 级经纬仪基本结构

目前，经纬仪的种类很多，但按其结构不同可分为光学经纬仪和电子经纬仪两类。经纬仪若按其精度可划分为 DJ1、DJ2、DJ6 等级别。其中 D、J 分别为“大地测量”和“经纬仪”的汉语拼音的第一个字母，1、2、6 分别为该经纬仪一测回方向观测中误差，即表示该仪器所能达到的精度指标。

1) DJ6 级光学经纬仪的基本构造

各种等级和型号的光学经纬仪，其结构有所不同，因厂家生产而有所差异，但是它们的基本构造是相同的，主要由基座、度盘和照准部三部分组成，如图 3-2 所示。

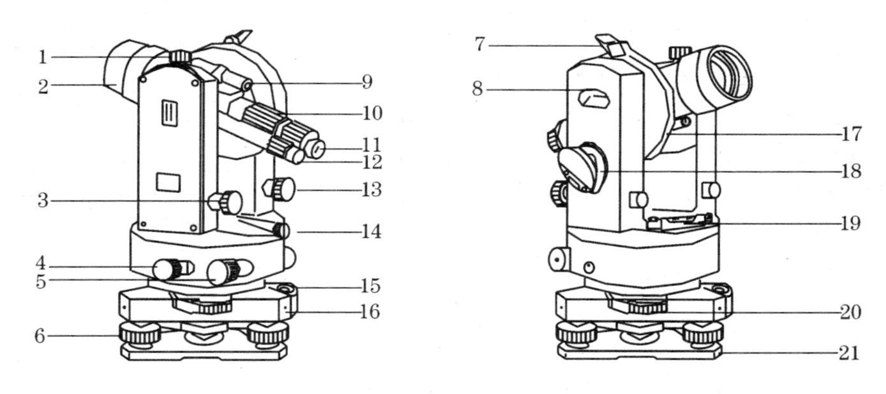

图 3-2　DJ6 级光学经纬仪

1. 望远镜制动螺旋；2. 望远镜物镜；3. 望远镜微动螺旋；4. 水平制动螺旋；5. 水平微动螺旋；6. 脚螺旋；7. 竖盘水准管观察镜；8. 竖盘水准管；9. 瞄准器；10. 物镜调焦环；11. 望远镜目镜；12. 度盘读数镜；13. 竖盘水准管微动螺旋；14. 光学对中器；15. 圆水准器；16. 基座；17. 竖直度盘；18. 度盘照明镜；19. 平盘水准管；20. 水平度盘位置变换轮；21. 基座底板

(1) 基座

基座用来支承整个仪器，并借助中心螺旋使经纬仪与三脚架相连接，其上有三个脚螺旋用来整平仪器。轴座连接螺旋拧紧后，可将仪器上部固定在基座上。使用仪器时，切勿松动该螺旋，以免照准部与基座分离而坠地。另外，有的经纬仪基座上还装有圆水准器，用来粗略整平仪器。

(2) 度盘

度盘包括水平度盘和竖直度盘，它们都是用光学玻璃制成的圆环，周边刻有间隔相等的度数分划，用于测量角度。水平度盘的刻划从 0°～360°按顺时针方向注记，测角时，水平度盘不动；若需要其转动时，可通过度盘变换手轮或复测器（复测钮或复测扳手）实现。竖直度盘的刻划注记有顺时针和逆时针两种形式；竖直度盘固定在横轴（望远镜的旋转轴，亦称水平轴，常用“*HH*”表示）的一端，随望远镜一起在竖直面内转动。

（3）照准部

照准部是指仪器上部可水平转动的部分（其旋转轴称为竖轴）。照准部有平盘水准管、光学对中器、支架、横轴、竖直度盘、望远镜和度盘读数镜等构件。照准部在水平方向转动，瞄准目标时，由水平制动螺旋和水平微动螺旋来控制。望远镜的转动轴为横轴，望远镜在竖直平面内转动，瞄准目标时，由竖直制动螺旋和竖直微动螺旋来控制。

2）光学经纬仪的读数系统和读数方法

光学经纬仪的水平度盘和竖直度盘分划线通过一系列棱镜和透镜，成像于望远镜旁的读数显微镜内，观测者通过读数显微镜读取度盘上的读数。

各种光学经纬仪因读数系统不同，读数方法也不一样。DJ6 级光学经纬仪一般有测微尺读数系统和单平板玻璃测微器读数系统两种。

（1）测微尺读数系统及读数方法

如图 3-3 所示，在读数显微镜中可以看到两个读数窗：注有“H”（或“▭”）的是水平度盘读数窗；注有“V”（或“⊥”）的是竖直度盘读数窗。度盘分划值为度。每个读数窗上都刻有分成 60 小格的测微尺，其长度等于度盘间隔 1°的两分划线之间的影像宽度，因此测微尺上一格的分划值为 1′，可估读到 0.1′，即 6″。

读数时，先调节反光镜和读数显微镜目镜，看清读数窗内度盘的影像；然后读出位于测微尺上的度盘分划线的注记度数，再以该度盘分划线为指标，在测微尺上读取不足度盘分划值的分数，并估读秒数，二者相加即得度盘读数。如图 3-3 中，水平度盘读数为 215° 01′ 48″，竖直度盘读数为65°55′18″。

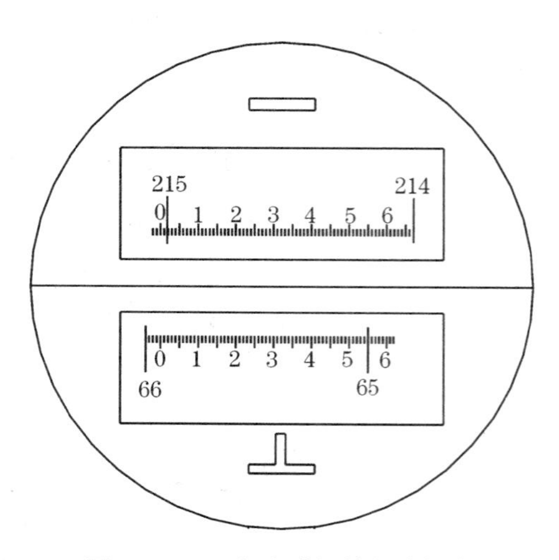

图 3-3　DJ6 级光学经纬仪读数窗

（2）单平板玻璃测微器读数系统及读数方法

如图 3-4 所示为单平板玻璃测微器读数窗的影像。下面为水平度盘读数窗，中间为竖直度盘读数窗，上面为两度盘合用的测微尺读数窗。水平度盘和竖直度盘分划值为 30，测微尺共分为 30 大格，一大格又分为三个小格。当度盘分划线影像移动 30 间隔时，测微尺转动 30 大格。因此，测微尺上每

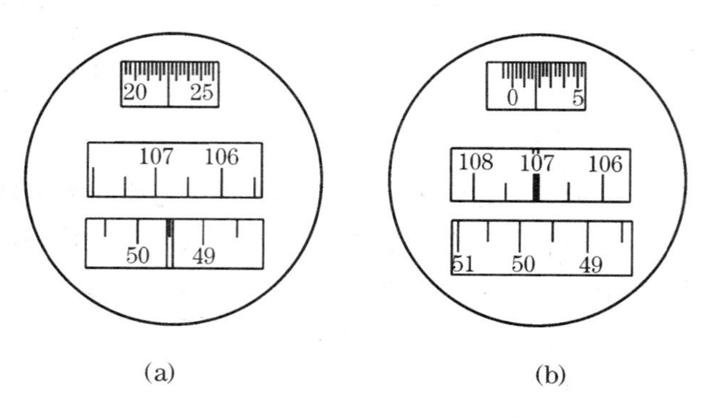

图 3-4　DJ6-1 型光学经纬仪读数窗

一大格为 1′，每一小格为 20″，因此可估读到 2″。读数时先转动测微轮，使度盘分划线精确地移到双指标线的中间；然后读出该分划线的度数，再利用测微尺上的单指标线读出分数和秒数，二者相加即得度盘读数。如图 3-4(a)中的水平度盘读数为 49°30′＋22′30″＝49°52′30″，图 3-4(b)中的竖直度盘读数为 107°＋01′45″＝107°01′45″。

3.2.2 DJ2 级光学经纬仪

图 3-5 所示为 J2-1 型光学经纬仪（苏州一光仪器有限公司产品）的外形及各外部构件的名称，它属于 DJ2 级经纬仪。

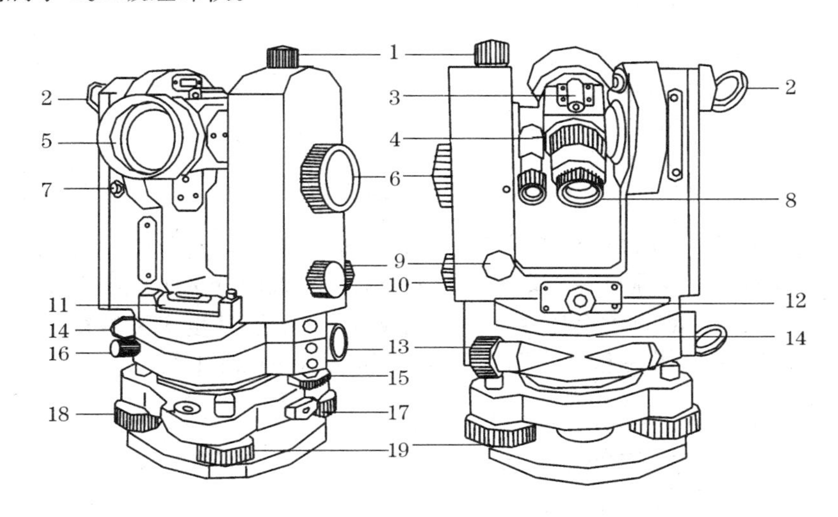

图 3-5 J2-1 型光学经纬仪

1. 望远镜制动螺旋；2. 竖直度盘照明镜；3. 瞄准器；4. 读数目镜；5. 望远镜物镜；6. 测微轮；7. 补偿器按钮；8. 望远镜目镜；9. 望远镜微动螺旋；10. 度盘换像轮；11. 平盘水准管；12. 光学对中器；13. 水平微动螺旋；14. 水平度盘照明镜；15. 水平度盘位置变换轮；16. 水平制动螺旋；17. 仪器锁定钮；18. 基座圆水准器；19. 脚螺旋

这类仪器的基本构造同 DJ6 级经纬仪，但是在度盘读数方面有下列几点不同之处：

(1) DJ2 级光学经纬仪采用重合读数法，相当于取度盘对径（直径两端）相差 180°处的两个读数的平均值，由此可以消除照准部偏心误差的影响，以提高读数精度。

(2) 在读数显微镜中只能看到水平度盘或竖直度盘一种影像，但是可以用旋转度盘换像轮（见图 3-5 中之 10）来转换使其分别出现。

(3) 设置双光楔测微器，分为固定光楔与活动光楔两组楔形玻璃，活动光楔与测微分划板相连。入射光线经过一系列棱镜和透镜后，将度盘某一直径两端的分划像同时反映到读数显微镜内，并被横线分隔为正像和倒像，图 3-6 为 010 型经纬仪读数镜中的度盘对径分划像（右边）和测微器分划像（左边），度盘的数字注记为“度”数，测微分划左边注记为“分”数，右边注记为“十秒”数。

进行度盘读数前，先转动测微轮，使上、下分划线连成一线（重合），找出正像与倒像注字相差 180°的分划线（正像分划线在左，倒像分划线在右），读取正像注字的度数，并将该两线之间的度盘分格数乘以度盘分格值之半（10′），得整 10′数，不足 10′的分、秒数在左边测微器窗口中读出，然后将两窗口的读数相加，得到完整的度盘读数。如图 3-6(a)所示的度盘读数为 174°02′02″.3，图 3-6(b)中的读数为 42°57′38″.5。

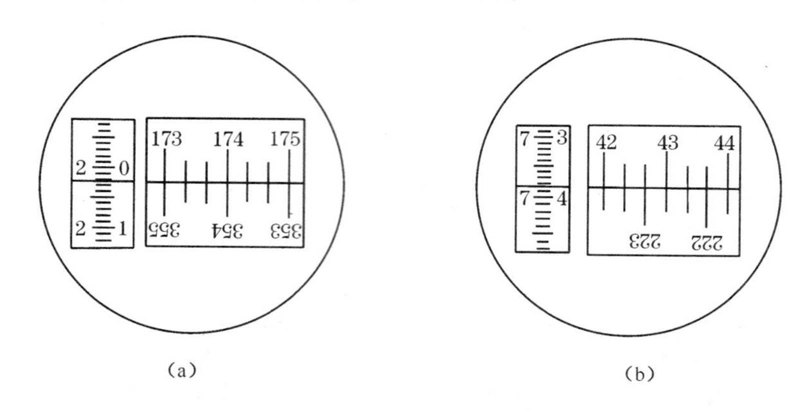

图 3-6　010 型经纬仪读数窗

为使读数方便和不易出错，有些 DJ2 级光学经纬仪，如 T2 型和 J2-1 型经纬仪，采用如图 3-7 所示的读数窗。度盘对径分划像及度数和 10′的影像分别出现于两个窗口，另一窗口为测微器读数。当转动测微轮使对径上、下分划对齐以后，从度盘读数窗读取度数和 10′数，从测微器窗口读取分数和秒数。图 3-7(a)的读数为 94°12′44″.7，图 3-7(b)的读数为 142°47′16″.0。

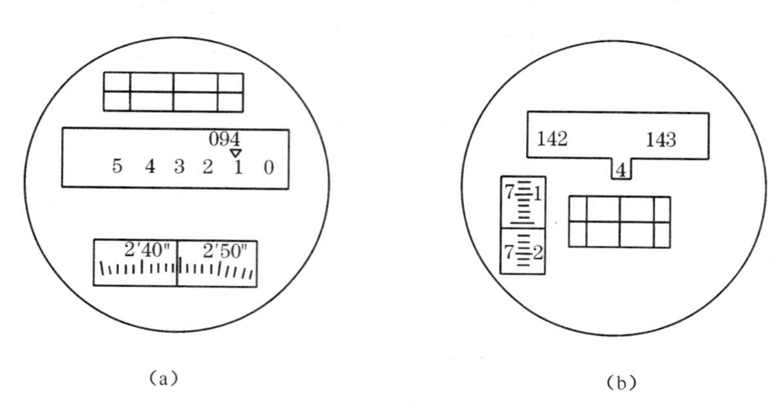

图 3-7　T2 型经纬仪读数窗

3.2.3　经纬仪的使用

1) 经纬仪的安置

经纬仪的安置包括对中和整平，具体操作方法如下：

(1) 对中

对中的目的是要把仪器的纵轴安置到测站的铅垂线上。

具体做法是：按观测者的身高调整好三脚架的高度，张开三脚架，使三个脚尖的着地点大致与测站点等距离，使三脚架头大致水平，如图 3-8 所示。从箱中取出经纬仪，放到三脚架头上，一手握住经纬仪支架，一手将三脚架上的连接螺旋旋入基座底板。对中可利用垂球或光学对中器。

① 用垂球对中。把垂球挂在连接螺旋中心的挂钩上，调整垂球线长度，使垂球尖与地面点的高差约 1～2 mm。如果偏差较大，可平移三脚架，使垂球尖大约对准地面点，将三脚架的脚尖踩入土中（在硬性地面，则用力踩一下），使三脚架稳定。当垂球尖与地面点偏差不大时，可稍微松动连接螺旋，在三脚架头上移动仪器，使垂球尖准确地对准测站点，再将连接螺旋转紧。用垂球对中的误差一般应小于 2 mm。

② 用光学对中器对中（光学对中）。光学对中器是装在照准部的一个小望远镜，光路中装有直角棱镜，使通过仪器纵轴中心的光轴由铅垂方向折成水平方向，便于观察对中情况，如图 3-9 所示。光学对中的步骤如下：

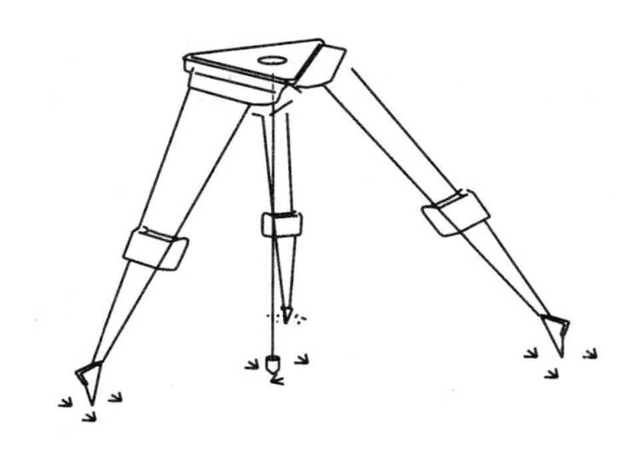

图 3-8　垂球对中

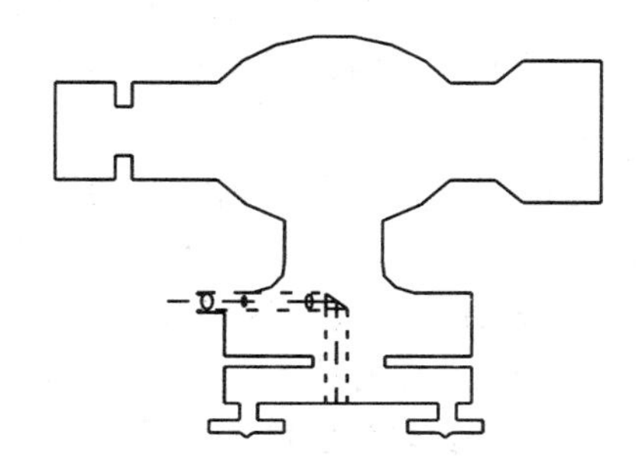

图 3-9　光学对中

a）三脚架头大致水平，目估初步对中。

b）转动光学对中器目镜调焦螺旋，使对中标志（小圆圈或十字丝）清晰；转动物镜调焦螺旋（对某些仪器为伸缩目镜），使地面点清晰。

c）旋转脚螺旋，使地面点的像位于对中标志中心，此时，基座上的圆水准器气泡已不居中。

d）伸缩三脚架的相应架腿，使圆水准器气泡居中，再旋转脚螺旋，使平盘水准管在相互垂直的两个方向气泡居中。

e）从光学对中器检查与地面点的对中情况，可略松动连接螺旋，做微小的平移，使对中误差小于 1 mm。

（2）整平

整平的目的是使经纬仪的纵轴铅垂，从而使水平度盘和横轴处于水平位置，垂直度盘位于铅垂平面内。

整平工作是利用基座上的三个脚螺旋，使照准部水准管在相互垂直的两个方向上气泡都居中。整平的具体步骤如下：

① 先松开水平制动螺旋，转动照准部，使水准管大致平行于任意两个角螺旋，如图3-10(a)所示，两手同时向内（或向外）转动脚螺旋使气泡居中。气泡移动的方向与左手大拇指方向一致。

② 将照准部旋转 90°，旋转另一脚螺旋，使气泡居中，如图 3-10(b)所示。如此反复几次，直到照准部旋转至任何位置气泡都居中为止。整平误差一般不应大于水准管分划值一格。

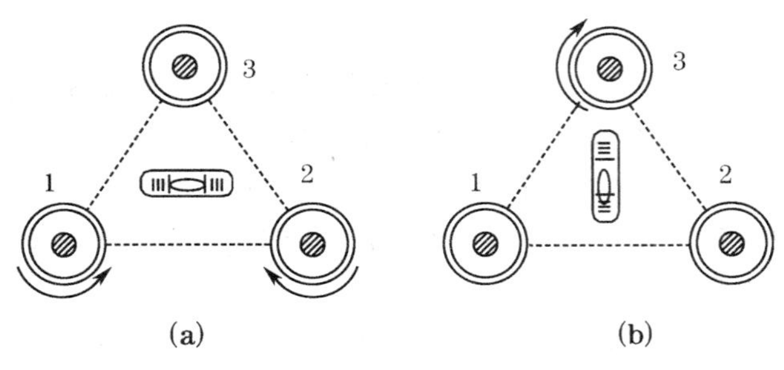

图 3-10　仪器整平

2）目标点上的照准标志及瞄准方法

用望远镜瞄准目标的方法和步骤如下：

（1）目镜调焦。将望远镜对向明亮的背景(例如白墙、天空等)，转动目镜调焦螺旋，使十字丝最清晰。

（2）粗瞄目标。松开望远镜制动螺旋和水平制动螺旋，通过望远镜上的瞄准器(缺口和准星)，旋转望远镜，对准目标，然后旋紧制动螺旋。

（3）物镜调焦。转动物镜调焦环，使目标的像十分清晰，再旋转望远镜微动螺旋和水平微动螺旋，使目标像靠近十字丝。

（4）消除视差。左、右或上、下微移眼睛，观察目标像与十字丝之间是否有相对移动。如果存在视差，则需要重新进行物镜调焦，直至消除视差为止。

（5）精确瞄准。用水平微动螺旋，使十字丝纵丝对准目标，如图 3-11 所示。

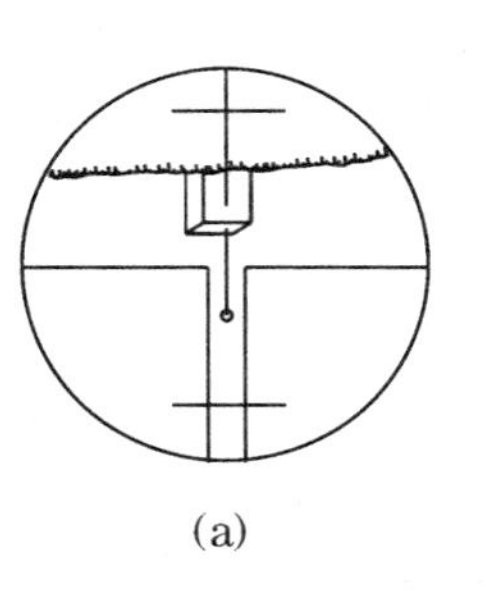

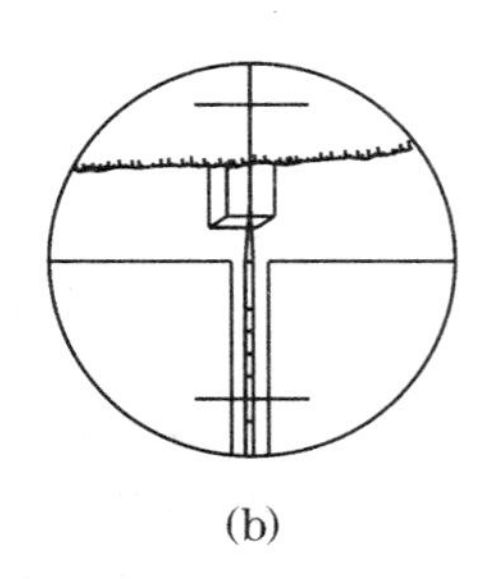

图 3-11　瞄准目标

3.3　水平角测量

常用的水平角观测方法有测回法和方向观测法两种。

3.3.1　测回法

如图 3-12 所示，在测站点 O，需要测出 OA、OB 两方向间的水平角 β，在 O 点安置经纬仪后，按下列步骤进行观测：

（1）盘左位置(竖盘在望远镜左边)瞄准左目标 A，得读数 $a_{左}$。

（2）松开照准部制动螺旋，瞄准右目标 B，得读数 $b_{左}$，则盘左位置半测回角值为

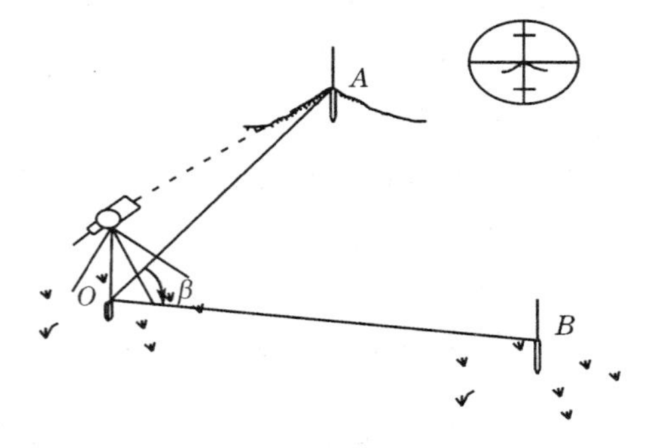

图 3-12　测回法观测水平角

$$\beta_{左}=b_{左}-a_{左} \tag{3-2}$$

(3) 倒转望远镜成盘右位置(竖盘在望远镜右边),瞄准右目标 B,得读数 $b_{右}$。

(4) 瞄准左目标 A,得读数 $a_{右}$,则盘右位置半测回角值为

$$\beta_{右}=b_{右}-a_{右} \tag{3-3}$$

用盘左、盘右两个位置观测水平角,可以抵消仪器误差对测角的影响,同时可作为观测中有无错误的检核。盘左瞄准目标称为正镜,盘右瞄准目标称为倒镜。

对于用 DJ6 级光学经纬仪,如果 $\beta_{左}$ 与 $\beta_{右}$ 的差数不大于 40″,则取盘左、盘右角值的平均值作为一测回观测的结果:

$$\beta=\frac{\beta_{左}+\beta_{右}}{2} \tag{3-4}$$

表 3-1 为测回法观测记录。

表 3-1 测回法观测手簿

测站	测回数	竖盘位置	目标	水平度盘读数 ° ′ ″	半测回角值 ° ′ ″	一测回角值 ° ′ ″	各测回平均角值 ° ′ ″	备注
O	1	左	A	0 14 48	125 20 24	125 20 30	125 20 27	
			B	125 35 12				
		右	A	180 15 00	125 20 36			
			B	305 35 36				
	2	左	A	90 14 42	125 20 36	125 20 24		
			B	215 35 18				
		右	A	270 15 06	125 20 12			
			B	35 35 18				

3.3.2 方向观测法

在测量中,有时在一个测站上往往需要观测两个或两个以上的角度,此时,可采用方向观测法观测水平方向值。两相邻方向的方向值之差即为这两个方向间的水平角值。

如图 3-13 所示,设在 O 点要观测 A、B、C、D 四个目标的水平方向值,用方向法观测水平方向的步骤和方法如下:

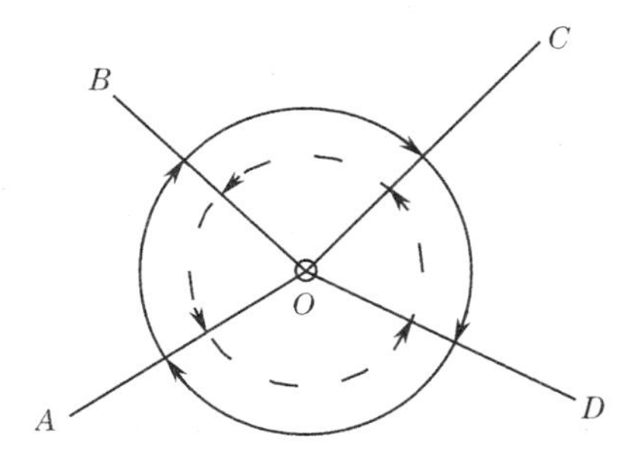

图 3-13 方向法观测水平方向

1) 经纬仪盘左位置

(1) 大致瞄准目标 A,旋转水平度盘位置变换轮,使水平度盘读数置于 0°附近,精确瞄准目标 A,水平度盘读数为 a_1。

(2) 顺时针旋转照准部,依次瞄准 B、C、D,得到相应的水平度盘读数 b、c、d。

(3) 继续顺时针方向旋转照准部,再次瞄准目标 A,水平度盘读数为 a_2;读数 a_1 与 a_2

之差称为“半测回归零差”。对于 DJ6 级经纬仪，半测回归零差允许为 18″。若在允许范围内，取 a_1 和 a_2 的平均数。

2）经纬仪盘右位置

（1）倒转望远镜成盘右位置，逆时针方向转动照准部，瞄准目标 A，水平度盘读数 a_1'。

（2）继续逆时针方向转动照准部，依次瞄准目标 D、C、B，得相应的读数 d'、c'、b'。

（3）继续逆时针方向旋转照准部，再次瞄准目标 A，得读数 a_2'；a_1'与 a_2'之差为盘右半测回的归零差，其限差规定同盘左，若在允许范围内，则取其平均值。

以上完成方向观测法一个测回的观测，其观测记录如表 3-2 所示。

表 3-2　方向观测法观测手簿

测站	测回数	目标	水平度盘读数		2c	平均读数	一测回归零方向值	各测回归零平均方向值	角　值
			盘　左	盘　右					
			°　′　″	°　′　″	″	°　′　″	°　′　″	°　′　″	°　′　″
O	1					(0　00　34)			
		A	0　00　54	180　00　24	+30	0　00　39	0　00　00	0　00　00	
		B	79　27　48	259　27　30	+18	79　27　39	79　27　05	79　26　59	79　26　59
		C	142　31　18	322　31　00	+18	142　31　09	142　30　35	142　30　29	63　03　30
		D	288　46　30	108　46　06	+24	288　46　18	288　45　44	288　45　47	146　15　18
		A	0　00　42	180　00　18	+24	0　00　30			71　14　13
	2					(90　00　52)			
		A	90　01　06	270　00　48	+18	90　00　57	0　00　00		
		B	169　27　54	349　27　36	+18	169　27　45	79　26　53		
		C	232　31　30	52　31　00	+30	232　31　15	142　30　23		
		D	18　46　48	198　46　36	+12	18　46　42	288　45　50		
		A	90　01　00	270　00　36	+24	90　00　48			

当测角精度要求较高时，往往需要观测几个测回。为了减小度盘分划误差的影响，各测回间要按 180°/n 变动水平度盘的起始位置。

方向观测法的技术要求见表 3-3 中的规定。当水平角观测误差不符合表中规定的要求时，应在原来的度盘位置上进行重测。

表 3-3　方向观测法的各项限差

经纬仪级别	半测回归零差(″)	一测回内 2c 值变化范围(″)	同一方向值各测回互差(″)
DJ2	8	13	9
DJ6	18	—	24

3.4　竖直角测量

3.4.1　竖直度盘的构造

如图 3-14 所示，经纬仪上的竖直度盘称为竖盘，它被固定在望远镜横轴的一端上，竖盘的平面与横轴相垂直。当望远镜瞄准目标在竖直面内转动时，便带动竖盘在竖直面内一起转动。

竖盘指标与竖盘水准管联结在一起，不随望远镜而转动。通过竖盘水准管微动螺旋，能使竖盘指标和水准管一起做微小的转动。在正常情况下，当竖盘水准管气泡居中时，竖盘指标就处于正确位置。

现代经纬仪的竖盘指标利用重摆补偿原理(同自动安平水准仪)，设计制成竖盘指标自动归零，可以使竖直角观测的操作简化。

竖盘刻度通常有 0°～360°顺时针注记和逆时针注记两种形式，望远镜水平放置时，0°～180°的对径线位于水平方向，如图 3-15 所示。

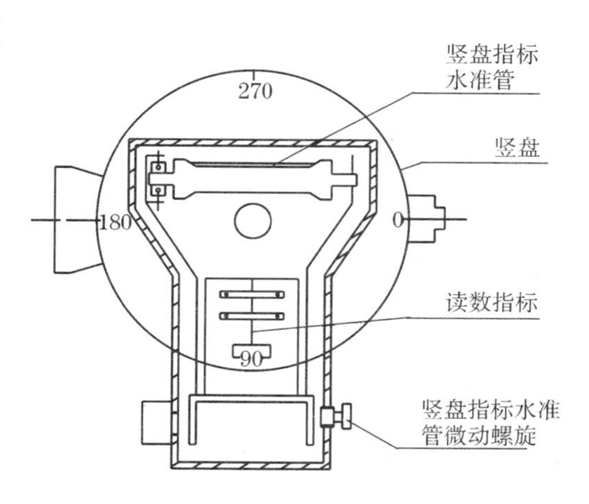

图 3-14　竖直度盘的构造

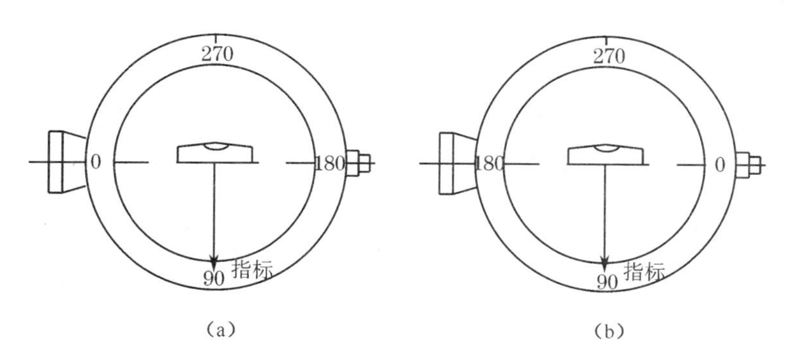

图 3-15　竖盘刻度注记形式

3.4.2　竖直角计算

竖盘注记不同，则根据竖盘读数计算竖直角的公式也不同，如图 3-16 所示为 0°～360°

顺时针注记的一种。盘左，视线水平时的竖盘读数 $L_0=90°$。盘右，视线水平时的竖盘读数为 $R_0=270°$。当望远镜向上(或向下)瞄准目标时，竖盘也随之一起转动了同样的角度。因此，瞄准目标时的竖盘读数与视线水平时的竖盘读数之差，即所求的竖直角。

设盘左竖直角为 $\alpha_{左}$，瞄准目标时的竖盘读数为 L；盘右竖直角为 $\alpha_{右}$，瞄准目标时的竖盘读数为 R，则竖直角的计算公式为

$$\begin{cases}\alpha_{左}=90°-L \\ \alpha_{右}=R-270°\end{cases} \tag{3-5}$$

同理，当竖盘为 0°～360°逆时针注记时，竖直角的计算公式为

$$\begin{cases}\alpha_{左}=L-90° \\ \alpha_{右}=270°-R\end{cases} \tag{3-6}$$

从上面两式可以归纳出竖直角计算的一般公式。根据竖盘读数计算竖直角时，首先应看清物镜向上抬高时，(竖直角是仰角) 竖盘读数是增加还是减少，当:

物镜抬高时，读数增加，则

$$\alpha=(\text{瞄准目标时读数})-(\text{视线水平时读数})$$

物镜抬高时，读数减少，则

$$\alpha=(\text{视线水平时读数})-(\text{瞄准目标时读数})$$

以上规定，不论是何种竖盘形式，不论是盘左还是盘右，都是适用的。

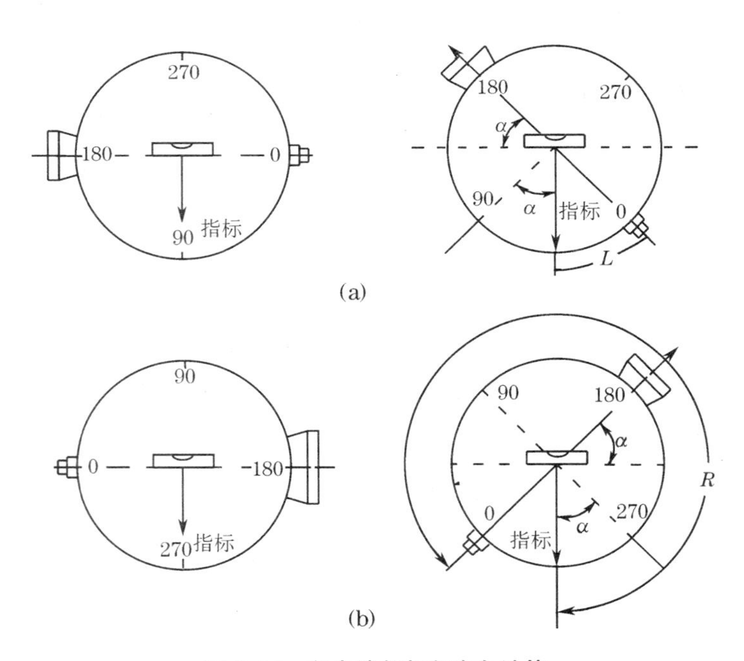

图 3-16　竖盘读数与竖直角计算

3.4.3 竖盘指标差

从以上介绍竖盘构造及竖直角计算中可知：竖盘水准管气泡居中，望远镜的视线水平时（竖直角为零），读数指标处于正确位置，即正好指向 90°或 270°。但是，由于竖盘水准管与竖盘读数指标的关系不正确，使视线水平时的读数与应有读数有一个小的角度差 x，称为竖盘指标差，如图 3-17 所示。由于指标差的存在，则计算竖直角的式(3-5)在盘左时应改为

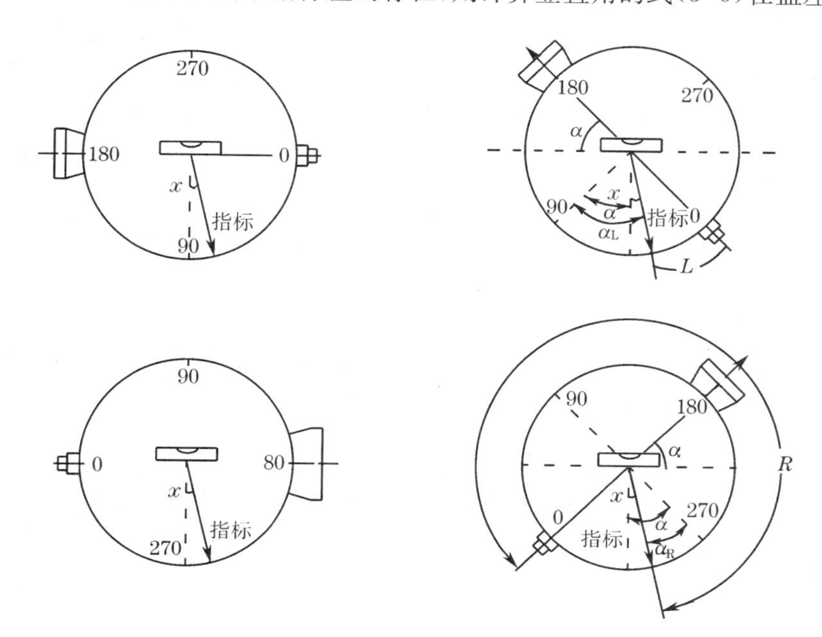

图 3-17 竖盘指标差

$$\alpha=90°-L-x=\alpha_{左}-x \tag{3-7}$$

在盘右时应改为

$$\alpha=R-270°+x=\alpha_{右}+x \tag{3-8}$$

将式(3-7)与式(3-8)联立求解可得

$$\alpha=\frac{1}{2}(\alpha_{左}+\alpha_{右}) \tag{3-9}$$

$$x=\frac{1}{2}(\alpha_{左}-\alpha_{右}) \tag{3-10}$$

由式(3-9)可知，通过盘左、盘右竖直角取平均值，可以消除竖盘指标差的影响，得到正确的竖直角。

指标差互差可以反映观测成果的质量。对于 DJ6 级光学经纬仪，规范规定，同一测站上不同目标的指标差互差或同一方向各测回指标差互差，不应超过 25″。当允许半测回测定竖直角时，可先测定仪器的指标差，然后按式(3-7)或式(3-8)计算竖直角。

观测竖直角时，只有当竖盘指标水准管气泡居中时指标才处于正确位置，否则读数就有误差。近年来，一些经纬仪的竖盘指标采用自动归零补偿装置来代替水准管结构，简化了操作程序。当经纬仪的安置稍有倾斜时，这种装置会自动地调整光路，便能读得相当于水准管

气泡居中时的竖盘读数。

3.4.4 竖直角观测

竖直角观测前应看清竖盘的注记形式，确定竖直角的计算公式。

竖直角观测时，应用横丝瞄准目标的特定位置，例如标杆的顶部或标尺上的某一位置。

竖直角观测的方法如下：

(1) 安置经纬仪于测站点，经过对中、整平，用钢卷尺量出仪器高 i(从地面桩顶到望远镜旋转轴的高度)。

(2) 盘左位置瞄准目标，使十字丝的中横丝切于目标某一位置(对准标尺，则读出中丝在尺上的读数，这就是目标高 l)，转动竖盘水准管微动螺旋使竖盘水准管气泡居中，读取竖盘读数 L。

(3) 盘右位置仍瞄准该目标，方法同第(2)步，读取竖盘读数 R。

以上盘左、盘右观测构成一竖直角测回。

竖直角记录和计算见表 3-4。对于同一目标，盘左、盘右测得竖直角之差称为“两倍指标差”。用同一架仪器在某一段时间内连续观测，竖盘指标差应为固定值。但由于观测误差的存在，使两倍指标差有所变化，计算时，需算出该数值，以检查观测成果的质量。

表 3-4 竖直角观测手簿

测站	目标	竖盘位置	竖盘读数			半测回竖直角			指标差	一测回竖直角			备 注
			°	′	″	°	′	″	″	°	′	″	
O	J	左	72	18	18	+17	41	42	+9	+17	41	51	270 180 0 x 指标 90
		右	287	42	00	+17	42	00					
	K	左	96	32	18	−6	32	18	+15	−6	32	33	
		右	263	27	12	−6	32	48					

3.5 经纬仪的检验与校正

经纬仪在使用之前要经过检验，必要时应对可调部件进行校正。经纬仪检验和校正的项目较多，但通常只进行主要轴线间几何关系的检校。

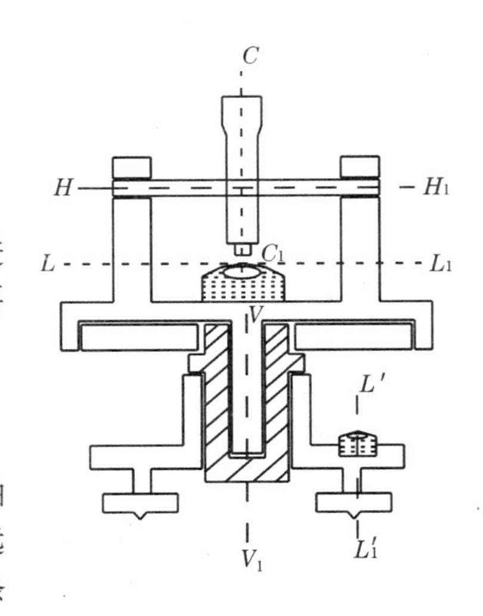

图 3-18 经纬仪的轴线

3.5.1 经纬仪应满足的几何条件

如图 3-18，经纬仪的主要轴线有：照准部水准管轴 LL_1、仪器的旋转轴(即纵轴)VV_1、望远镜视准轴 CC_1、望远镜的旋转轴(即横轴)HH_1。各轴线之间应满足的几何条件有：

(1) 照准部水准管轴应垂直于仪器纵轴，即 $LL_1 \perp VV_1$。

(2) 望远镜十字丝竖丝应垂直于仪器横轴 HH_1。

(3) 望远镜视准轴应垂直于仪器横轴，即 $CC_1 \perp HH_1$。

(4) 仪器横轴应垂直于仪器纵轴，即 $HH_1 \perp VV_1$。

除以上条件外，经纬仪一般还应满足竖盘指标差为零，以及光学对点器的光学垂线与仪器纵轴重合等条件。

仪器在出厂时，以上各条件一般都能满足。但由于在搬运或长期使用过程中的震动、碰撞等原因，各项条件往往会发生变化。因此，在使用仪器作业前，必须对仪器进行检验与校正，即使新仪器也不例外。

3.5.2 经纬仪的检验与校正

在经纬仪检校之前，先检查仪器、三脚架各部分的性能，确认性能良好后，可继续进行仪器检验和校正。否则，应查明原因并及时处理所发现的各种问题。

1) 水准管轴垂直于纵轴的检验与校正

(1) 检验

首先将仪器粗略整平，然后转动照准部使水准管平行于任意两个脚螺旋连线方向，调节这两个脚螺旋使水准管气泡居中，再将仪器旋转 180°，如果气泡仍然居中，表明条件满足；否则，需要校正。

(2) 校正

如图 3-19(a)所示，纵轴与水准管轴不垂直，偏离了 α 角。当仪器绕纵轴旋转 180°后，纵轴不垂直于水准管轴的偏角为 2α，如图 3-19(b)所示。角 2α 的大小由气泡偏离的格数来度量。

校正时，转动脚螺旋，使气泡退回偏离中心位置的一半，即图 3-19(c)所示的位置，再用校正针调节水准管一端的校正螺丝(注意先放松一个，再旋紧另一个)，使气泡居中，如图 3-19(d)所示。

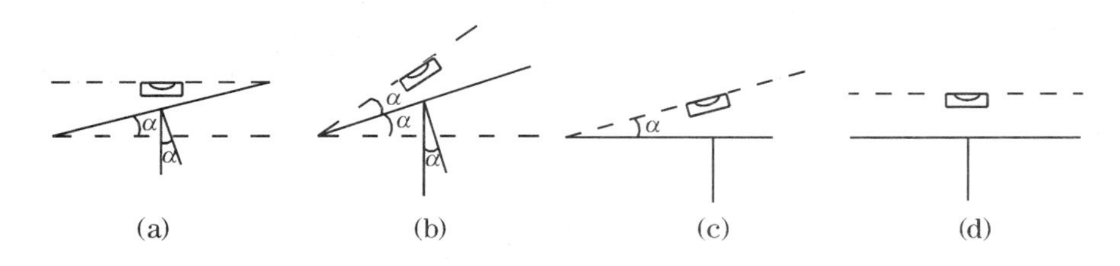

图 3-19　水准管轴垂直于纵轴的检验与校正

此项检校比较精细，需反复进行，直至仪器旋转到任意方向，气泡仍然居中，或偏离不超过一个分划格。

2) 十字丝的竖丝垂直于横轴的检验与校正

(1) 检验

用十字丝竖丝的上端或下端精确对准远处一明显的目标点，固定水平制动螺旋和望远镜制动螺旋，用望远镜微动螺旋使望远镜上下作微小俯仰，如果目标点始终在竖丝上移动，说明条件满足。否则，需要校正，如图 3-20(a)。

(2) 校正

卸下目镜处的十字丝环罩，如图 3-20(b)，微微旋松十字丝环的四个固定螺丝，转动十字丝环，直至望远镜上下俯仰时竖丝与点状目标始终重合为止。最后拧紧各固定螺丝，并旋上环罩。

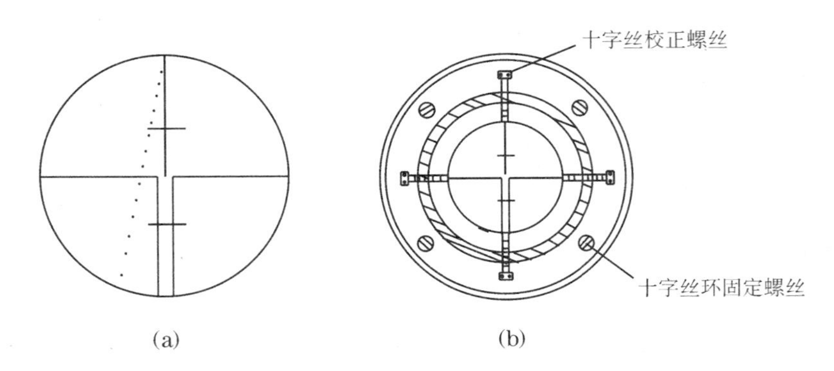

图 3-20　十字丝的检验与校正

3) 视准轴垂直于横轴的检验与校正

(1) 检验

在平坦地面上选择一条长为 60～100 m 的直线 AB，将经纬仪安置在 A、B 中间的 O 点处，并在 A 点设置一瞄准标志，在 B 点横置一支有毫米刻划的尺子，如图 3-21 所示。盘左瞄准 A 点，固定照准部，倒转望远镜瞄准 B 点的横尺，用竖丝在横尺上读数，设为 B_1；盘右瞄准 A 点，固定照准部，倒转望远镜，在 B 点横尺上读得 B_2。若 B_1、B_2 两点重合，说明条件满足；否则，需要校正。

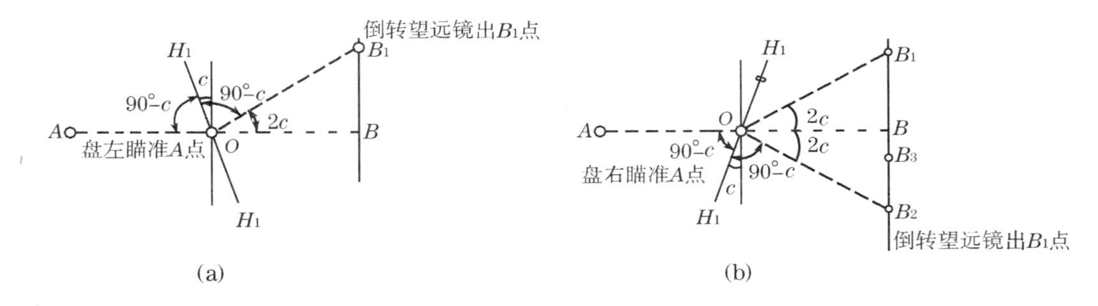

图 3-21　视准轴的检验与校正

(2) 校正

由 B_2 点向 B_1 点量 $B_1B_2/4$ 的长度，定出 B_3 点，先取下十字丝环的保护罩，再通过调节十字丝环的校正螺丝，使十字丝交点对准 B_3 点。反复检校，直至图 3-21 中 c 值不超过 $\pm 1'$ 为止。

4) 横轴垂直纵轴的检验与校正

(1) 检验

在距墙壁 15～30 m 处安置经纬仪，在墙面上设置一明显的目标点 P(可事先做好贴在墙面上)，如图 3-22 所示，要求望远镜瞄准 P 点时的仰角在 30°以上。盘左位置瞄准 P 点，固定照准部，调整竖盘指标水准管气泡居中后，读得竖盘读数 $\alpha_{左}$，然后放平望远镜，照准墙上与仪器同高度的一点 P_1，做出标志。盘右位置同样瞄准 P 点，读得竖盘读数 $\alpha_{右}$，放平望远镜后在墙上与仪器同高处得出另一点 P_2，也做出标志。若 P_1、P_2 两点重合，说明条件满足。也可用带毫米刻划的横尺代替与望远镜同高时的墙上标志。若 P_1、P_2 两点不重合，则需要校正。

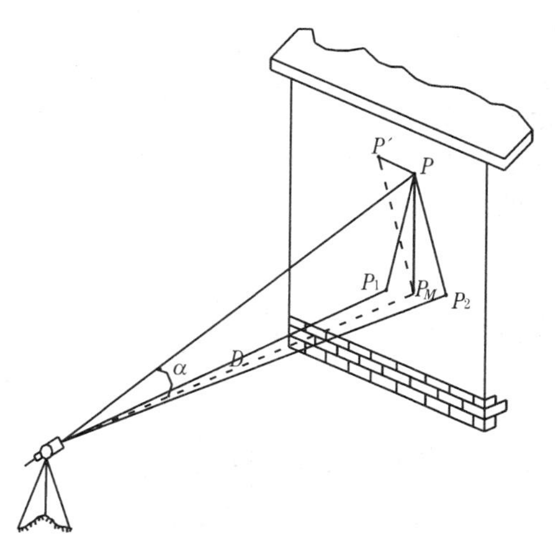

图 3-22 横轴的检验与校正

(2) 校正

如图 3-22 所示，在墙上定出 P_1P_2 的中点 P_M。调节水平微动螺旋使望远镜瞄准 P_M 点，再将望远镜往上仰，此时，十字丝交点必定偏离 P 点而照准 P' 点。校正横轴一端支架上的偏心环，使横轴的一端升高或降低。移动十字丝交点位置，并精确照准 P 点。

由于近代光学经纬仪的制造工艺能确保横轴与竖轴垂直，且将横轴密封起来，故使用仪器时，一般对此项目只进行检验，如需校正，应由仪器修理人员进行。

5) 竖盘指标差的检验与校正

(1) 检验

在地面上安置好经纬仪，用盘左、盘右分别瞄准同一目标，正确读取竖盘读数 $\alpha_{左}$ 和 $\alpha_{右}$，并按式(3-9)和式(3-10)分别计算出竖直角 α 和指标差 x。当 x 值超过规定值时，应加以校正。

(2) 校正

盘右位置，照准原目标，调节竖盘指标水准管微动螺旋，使竖盘读数对准正确读数 $\alpha_{右正}$：

$$\alpha_{右正}=\alpha+\text{盘右视线水平时的读数} \tag{3-11}$$

此时，竖盘指标水准管气泡不居中，调节竖盘指标水准管校正螺丝，使气泡居中，注意勿使十字丝偏离原来的目标。反复检校，直至指标差在 $\pm 1'$ 以内为止。

6) 光学对中器的检验与校正

(1) 检验

光学对中器是由目镜、分划板、物镜和直角棱镜组成，如图 3-23 所示。检验时，将仪器架于一般工作高度，严格整平仪器，在脚架的中央地面放置一张白纸，在白纸上画一"十"字形的标志 A。移动白纸，使对中器视场中的小圆圈中心对准标志，将照准部在水平方向旋转 180°，如果小圆圈中心偏离标志 A，而得到另外一点 A'，则说明对中器的视准轴没有和仪器的纵轴相重合，需要校正。

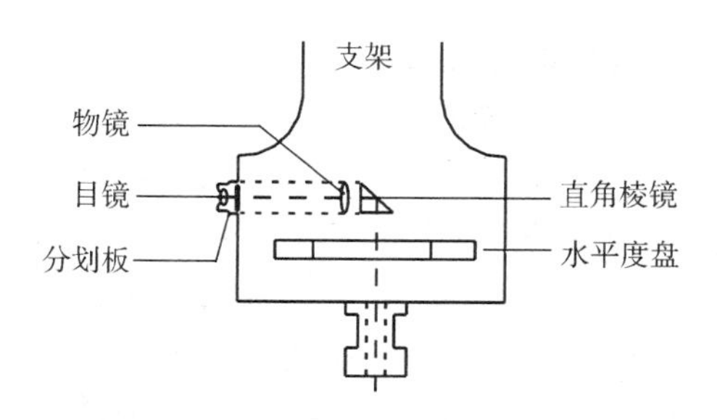

图 3-23 光学对中器的结构

(2) 校正

定出 A、A' 两点的中点 O，调节对中器的校正螺丝移动小圆圈中心，直至小圆圈中心与

O点重合为止。

经纬仪的各项检校均需反复进行，直至满足应具备的条件，但要使仪器完全满足理论上的要求是相当困难的。在实际检校中，一般只要求达到实际作业所需要的精度，这样必然存在仪器的残余误差。通过采用合理的观测方法，大部分残余误差是可以相互抵消的。

3.6 角度测量误差及注意事项

3.6.1 水平角测量误差

在水平角测量中影响测角精度的因素很多，主要有仪器误差、观测误差，以及外界条件的影响。

1）仪器误差

仪器误差的来源有两方面：一方面是仪器检校不完善所引起的，如视准轴不垂直于横轴或横轴不垂直于纵轴等；另一方面是由于仪器制造加工不完善所引起的，如度盘偏心差、度盘刻划误差等。

（1）视准轴不垂直于横轴的误差

尽管仪器进行了检校，但校正不可能绝对完善，总是存在一定的残余误差。在观测过程中，通过盘左、盘右两个位置观测取平均值，可以消除此项误差的影响。

（2）横轴不垂直于纵轴的误差

与视准轴不垂直于横轴的误差一样，横轴不垂直于纵轴的误差通过盘左、盘右观测取平均值，可以消除此项误差的影响。

（3）纵轴倾斜误差

由于水准管轴应垂直于仪器纵轴的校正不完善而引起纵轴倾斜误差，此项误差不能用盘左、盘右取平均值的方法来消除。这种残余误差的影响与视线竖直角的正切成正比。因此，在山区进行测量时，应特别注意水准管轴垂直于纵轴的检校。在观测过程中，应特别注意仪器的整平。

（4）度盘偏心差

照准部旋转中心与水平度盘分划中心不重合，使读数指标所指的读数含有误差，称为度盘偏心差，如图 3-24 所示。

采用对径分划符合读数可以消除度盘偏心差的影响。对于单指标读数的仪器，可通过盘左、盘右取平均值的方法来消除此项误差的影响。在图 3-24 中，由于O与O'不重合，当盘左瞄准某目标时，经纬仪一侧的水平度盘读数Ⅰ′（实线箭头读数）比无偏心时的读数Ⅰ（虚线箭头读数）大一个小角度x。在盘右位置，仍瞄准该目标时，实线箭头读数Ⅱ′比无偏心时的虚线箭头读数Ⅱ小一个同样大小的x小角度。因此，若盘左、盘右观测同一目标时，读数不相差 180°，就可能存在有照准部偏心误差，取盘左盘右读数的平均值，可消除其影响。

（5）度盘刻划误差

度盘的刻划总是或多或少地存在误差。在观测水平角时，多个测回之间按一定方式变换度盘起始位置的读数，可以有效地削弱度盘刻划误差的影响。

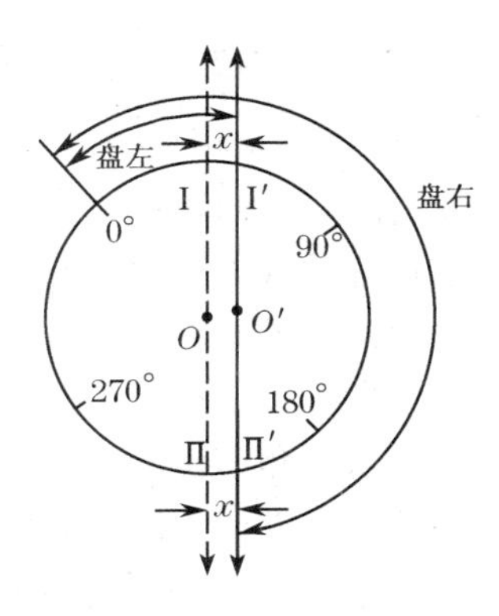

图 3-24　度盘偏心差

2) 观测误差

(1) 仪器对中误差

如图 3-25，设 C 为测站点，A、B 为两目标点。由于仪器存在对中误差，仪器中心偏至 C'，设偏离量 CC' 为 e，β 为无对中误差时的正确角度，β' 为有对中误差时的实测角度。设 $\angle AC'C$ 为 θ，测站 C 至 A、B 的距离分别为 S_1、S_2。由对中误差所引起的角度偏差为

$$\Delta\beta=\beta-\beta'=\varepsilon_1+\varepsilon_2 \tag{3-12}$$

而

$$\varepsilon_1\approx\frac{e\cdot\sin\theta}{S_1}\rho''$$

$$\varepsilon_2\approx\frac{e\cdot\sin(\beta'-\theta)}{S_2}\rho''$$

则

$$\Delta\beta\approx e\rho''\left[\frac{\sin\theta}{S_1}+\frac{\sin(\beta'-\theta)}{S_2}\right] \tag{3-13}$$

图 3-25　仪器对中误差影响

由上式可知，仪器对中误差对水平角观测的影响与下列因素有关：

① 与偏心距 e 成正比，e 越大，$\Delta\beta$ 越大；

② 与边长的长短有关，边越短，误差越大；

③ 与水平角的大小有关，θ、$\beta'-\theta$ 越接近 90°，误差越大。

【例 3-1】 当 $e=3\,\text{mm}$，$\theta=90°$，$\beta'=180°$，$S_1=S_2=100\,\text{m}$ 时，由对中误差引起的角度偏差是多少？

解： $\Delta\beta=\dfrac{3\times206\,265''}{100\,000}\times2=12.4''$

因此，在观测目标较近或水平角接近 180°时，应特别注意仪器对中。

(2) 目标偏心误差

如图 3-26 所示，O 为测站点，A、B 为目标点。若立在 A 点的标杆是倾斜的，在水平角观测中，因瞄准标杆的顶部，则投影位置由 A 偏离至 A'，产生偏心距 λ，所引起的角度误差为

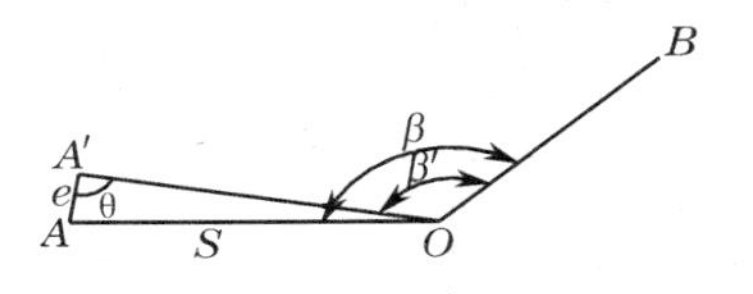

图 3-26　目标偏心误差影响

$$\Delta\beta=\beta-\beta'=\frac{\lambda\rho''}{S}\sin\theta \tag{3-14}$$

由式(3-14)可知，$\Delta\beta$ 与偏心距 λ 成正比，与距离 S 成反比。偏心距的方向直接影响 $\Delta\beta$ 的大小，当 $\theta=90°$时，偏心误差最大。

【例 3-2】 当 $\lambda=10\,\text{mm}$，$S=50\,\text{m}$，$\theta=90°$时，目标偏心引起的角度误差是多少？

解： $\Delta\beta=\frac{10\times206\,265''}{50\,000}=41.3''$

可见，目标偏心误差对水平角的影响不能忽视。尤其是当目标较近时，影响更大。因此，在竖立标杆或其他照准标志时，应立在通过测点的铅垂线上。观测时，望远镜应尽量瞄准目标的底部。当目标较近时，可在测站点上悬吊垂球线作为照准目标，以减少目标偏心对角度的影响。

(3) 仪器整平误差

水平角观测时必须保持水平度盘水平、竖轴竖直。若气泡不居中，导致竖轴倾斜而引起的角度误差，不能通过改变观测方法来消除。因此，在观测过程中，应特别注意仪器的整平。在同一测回内，若气泡偏离超过 2 格，应重新整平仪器，并重新观测该测回。

(4) 照准误差

望远镜照准误差一般用下式计算：

$$m_v=\pm\frac{60''}{V} \tag{3-15}$$

式中：V——望远镜的放大率。

照准误差除取决于望远镜的放大率以外，还与人眼的分辨能力，目标的形状、大小、颜色、亮度和清晰度等有关。因此，在水平角观测时，除适当选择经纬仪外，还应尽量选择适宜的标志、有利的气候条件和观测时间，以削弱照准误差的影响。

(5) 读数误差

读数误差与读数设备、照明情况和观测者的经验有关，其中主要取决于读数设备。一般认为，对 DJ6 级经纬仪最大估读误差不超过$\pm6'$，对 DJ2 级经纬仪一般不超过$\pm1'$。但如果照明情况不佳，显微镜的目镜未调好焦距或观测者技术不够熟练，估读误差可能大大超过上述数值。

3）外界条件影响带来的误差

外界环境的影响比较复杂，一般难以由人来控制。大风可使仪器和标杆不稳定，雾气会使目标成像模糊；松软的土质会影响仪器的稳定；烈日暴晒可使三脚架发生扭转，影响仪器的整平，温度变化会引起视准轴位置变化；大气折光变化致使视线产生偏折等。这些都会给角度测量带来误差。因此，应选择有利的观测条件，尽量避免不利因素，使其对角度测量的影响降低到最小限度。

3.6.2 竖直角测量误差

测量竖直角时，同样因受到仪器误差、观测误差及外界条件的影响而产生测角误差。

1）仪器误差

仪器误差主要是竖盘的指标差。如果考虑指标差改正，则影响测角精度的是指标差的测定误差。由竖直角测量可知，当用盘左、盘右观测取平均值时，则指标差的影响可以自动消除。

2）观测误差

观测误差主要是指标水准管的整平误差、照准误差及读数误差。在每次读数时，都要十分注意指标水准管的气泡是否居中。因为气泡偏移的角值，就是竖直角观测误差的相应影响值。关于照准和读数误差，与测水平角的影响相同。

3) 外界条件的影响

除了有与水平角测量的一些共同因素外，主要是地面的竖直折光。因为视线通过不同高度的大气层时，由于大气密度的变化会引起视线的弯曲，产生竖直折光差。

3.6.3 角度测量的注意事项

为了保证测角的精度，角度观测时应注意下列事项：

(1) 角度观测前必须检验仪器，如发现仪器有误差，应进行校正，或采用正确的观测方法，减少或消除误差对观测结果的影响。

(2) 安置仪器要稳定，三脚架应踩紧，对中要仔细，整平误差应在一格以内。

(3) 观测时必须严格遵守各项操作规定。例如，瞄准目标前必须消除视差；水平角观测时，不可误动度盘；竖直角观测时，必须在读数前先使竖盘水准管气泡居中等。

(4) 水平角观测时，应以望远镜十字丝的竖丝对准目标根部；竖直角观测时，应以十字丝的横丝切准目标。

(5) 读数应准确，观测成果应及时记录和计算，各项误差必须符合规定的要求，若误差超限，必须重测。

3.7 电子经纬仪介绍

近年来，电子经纬仪作为商品出现，标志着经纬仪的发展到了一个新的阶段。光学经纬仪是利用光学的放大和折射用人工来进行度盘读数的，而电子经纬仪则利用光电转换原理微处理器自动对度盘进行读数并显示于读数屏幕，使观测时操作简单，避免产生读数误差。电子经纬仪能自动记录、储存测量数据和完成某些计算，还可以通过数据通讯接口直接将数据输入计算机。

3.7.1 电子经纬仪的结构以及与光学经纬仪的主要区别

(1) 光学经纬仪直接从度盘分划读取度数，而电子经纬仪从度盘上取得电信号，将电信号转换成角度，自动显示在显示器上或记录在电子手簿中，因此它比光学经纬仪多了电子显示器，少了读数显微镜管。图 3-27 为苏州一光仪器有限公司推出的 DT200 系列电子经纬仪的外形。

(2) 可以单次测量，也可以连续测量。

(3) 一台仪器可以设置几种不同的角度计量单位，根据测量的需要供使用者选用。电子经纬仪设有 360°、400 gon、6 400 mil(密位)度制。而光学经纬仪一般只有 360°度制一种，仅个别高精度仪器设有 360°和 400 gon 两种。

(4) 竖直角测量时可根据作业需要进行初始设置，选择天顶方向为 0°或水平方向为 0°，分别测得天顶距和竖直角。

(5) 如仪器的充电电池用完、操作者操作错误、仪器竖轴倾斜超过自动补偿器补偿范围等问题发生，显示器将显示错误的原因，操作者可以及时纠正，以保证操作正常进行。

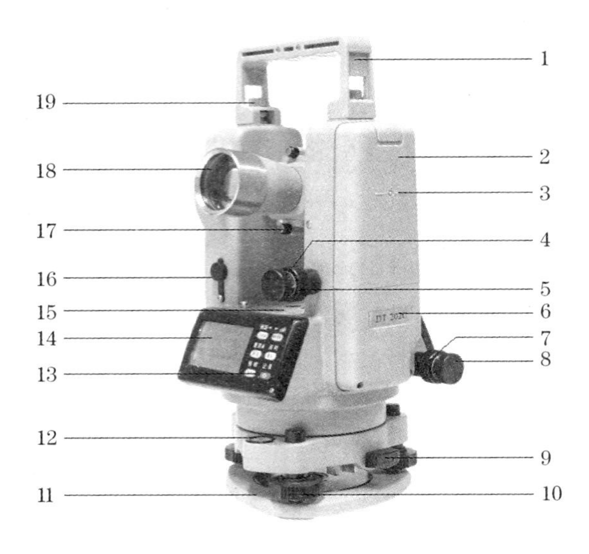

图 3-27　DT202C 电子经纬仪的外形

1. 提手；2. 电池；3. 仪器中心；4. 垂直微动螺旋；5. 垂直制动螺旋；6. 仪器型号；
7. 水平制动螺旋；8. 水平微动螺旋；9. 基座锁紧钮；10. 基座脚螺旋；11. 基座；
12. 圆水准器；13. 按键；14. 显示屏；15. 长水准器；16. 测距仪通信接口；
17. 望远镜粗瞄准器；18. 望远镜物镜；19. 提手紧固螺旋

3.7.2　电子经纬仪测角原理

电子经纬仪的电子测角度盘根据取得信号的不同，可分为编码度盘、光栅度盘和格区式度盘三种。

1）编码度盘测角原理

编码度盘属于绝对式度盘，即度盘的每一个位置均可读出绝对的数值。如图 3-28 所示为一编码度盘。整个圆盘被均匀地分成 16 个扇形区间，每个扇形区间由里到外分成四个环带，称为四条码道。图中黑色部分表示透光区，白色部分表示不透光区。透光表示二进制代码“1”，不透光表示“0”。这样通过各区间的四条码道的透光和不透光，即可由里向外读出四位二进制数来。

利用这样一种度盘测量角度，关键在于识别照准方向所在的区间。例如，已知角度的起始方向在区间 1 内，某照准方向在区间 8 内，则中间所隔六个区间所对应的角度值即为该角角值。

2）光栅度盘测角原理

在光学玻璃圆盘上全圆 360° 均匀而密集地刻划出许多径向刻线，构成等间隔的明暗条纹——光栅，称做光栅度盘，如图 3-29 所示。通常光栅的刻线宽度与缝隙宽度相同，二者之和称为光栅的栅距。栅距所对应的圆心角即为栅距的分划值。如在光栅度盘上下对应位置安装照明器和光电接收管，光栅的刻线不透光，缝隙透光，即可把光信号转换为电信号。当照明器和接收管随照准部相对于光栅度盘转动时，由计数器计出转动所累计的栅距数，就可得到转动的角度值。因为光栅度盘是累计计数的，所以通常称这种系统为增量式读数系统。

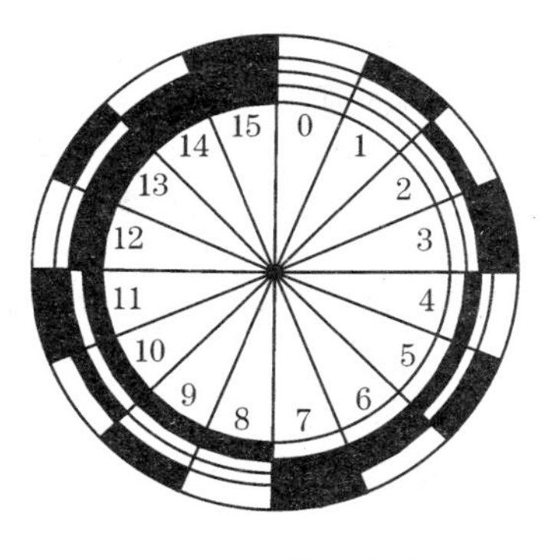

图 3-28　编码度盘

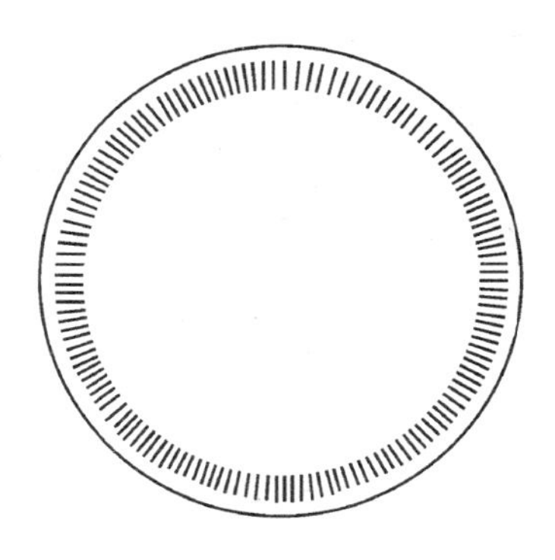

图 3-29　光栅度盘

仪器在操作中会发生顺时针转动和逆时针转动，因此计数器在累计栅距数时也有增有减。例如在瞄准目标时，如果转动过了目标，当反向回到目标时，计数器就会减去多转的栅距数。所以这种读数系统具有方向判别的能力，顺时针转动时就进行加法计数，而逆时针转动时就进行减法计数，最后结果为单纯顺时针转动时目标相应的角值。

在 80 mm 直径的度盘上刻线密度已经达到 50 线/mm，如此之密，而栅距的分划值仍很大(为 1′43″)，为了提高测角精度，还必须用电子方法对栅距进行细分，分成几十至上千等份。由于栅距太小，细分和计数都不易准确，所以在光栅测角系统中采用了莫尔条纹技术，借以将栅距放大，再细分和计数。莫尔条纹如图 3-30 所示，是用与光栅度盘相同密度和栅距的一段光栅(称为指示光栅)与光栅度盘以微小的间距重叠起来，并使两光栅刻线互成一微小的夹角 θ，这时就会出现放大的明暗交替的条纹，这些条纹就是莫尔条纹。通过莫尔条纹，即可使栅距 d 放大至 D。

图 3-27 所示 DT200 系列电子经纬仪采用的就是光栅度盘，其水平角、竖直角度数显示分辨率为 1″，测角精度可达 2″。

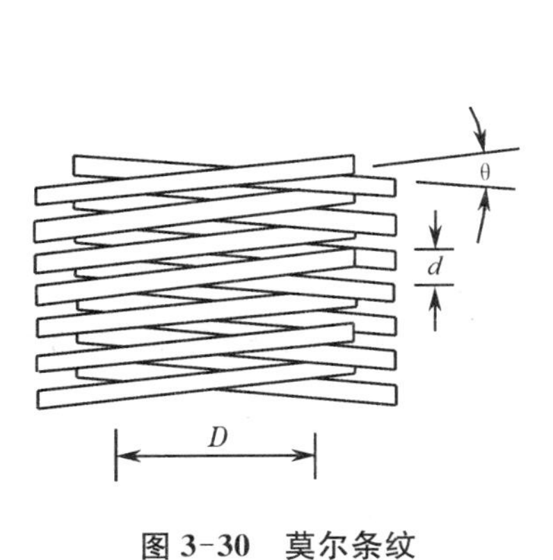

图 3-30　莫尔条纹

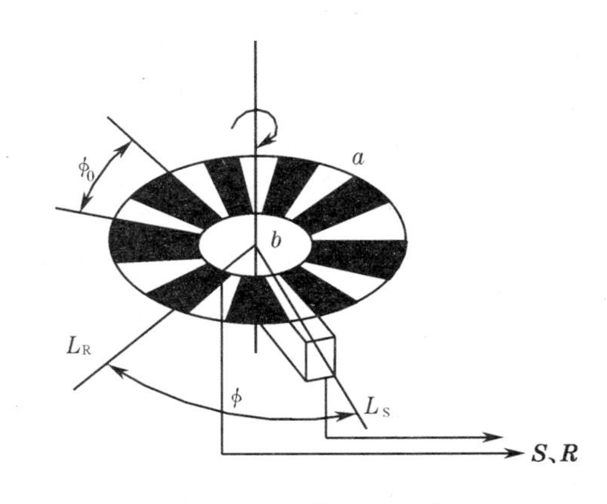

图 3-31　格区式度盘

3) 格区式度盘动态测角原理

如图 3-31 所示为格区式度盘，度盘刻有 1 024 个分划，每个分划间隔包括一条刻线和一个空隙(刻线不透光,空隙透光),其分划值为 ϕ_0。测角时度盘以一定的速度旋转,因此称为动态测角。度盘上装有两个指示光栏, L_S 为固定光栏, L_R 可随照准部转动,为可动光栏。两光栏分别安装在度盘的内、外缘。测角时,可动光栏 L_R 随照准部旋转, L_S 和 L_R 之间构成角度 ϕ。度盘在电动机带动下以一定的速度旋转,其分划被光栏上 L_S 和 L_R 扫描而计取两个光栏之间的分划数,从而求得角度值。

瑞士徕卡公司威尔特厂生产的 T—2002 型即采用动态测角系统。

本章小结

角度测量是确定点位的基本测量工作之一,用于角度测量的仪器是经纬仪,它既可以测量水平角,又可以测量竖直角。

目前,经纬仪的种类很多,但按其结构不同可分为光学经纬仪和电子经纬仪两类。各种等级和型号的光学经纬仪,其结构有所不同,因厂家生产而有所差异,但是它们的基本构造是相同的,主要由基座、度盘和照准部三部分组成。

经纬仪的使用步骤是:经纬仪的安置、瞄准目标和读数。经纬仪的安置包括对中和整平。对中的目的是要把仪器的纵轴安置到测站的铅垂线上。整平的目的是使经纬仪的纵轴铅垂,从而使水平度盘和横轴处于水平位置,竖直度盘位于铅垂平面内。

水平角测量常用的方法有两种:测回法和方向观测法。测量两个方向所夹的水平角采用测回法;测量三个或三个以上方向所夹的水平角采用方向观测法。

同一竖直面内,某方向的视线与水平线的夹角称为竖直角。竖盘刻度通常有 0°～360°顺时针注记和逆时针注记两种形式。其竖直角计算根据竖盘注记形式的不同而不同。

由于竖盘水准管与竖盘读数指标的关系不正确,使视线水平时的读数与应有读数有一个小的角度差 x,称为竖盘指标差。

影响角度测量精度的因素很多,但主要有仪器误差、观测误差以及外界条件等三项因素。

经纬仪在使用前要进行检验与校正,检验与校正的主要项目是:水准管轴垂直于竖轴的检验与校正;十字丝的竖丝垂直于横轴的检验与校正;视准轴垂直于横轴的检验与校正;横轴垂直竖轴的检验与校正;竖盘指标差的检验与校正;光学对中器的检验与校正。

电子经纬仪的电子测角度盘根据取得信号的不同可分为编码度盘、光栅度盘和格区式度盘三种。

习题与思考题

1. 什么是水平角？在同一铅垂面内,瞄准不同高度的目标,在水平度盘上的读数是否一样？

2. 什么是竖直角？为什么瞄准一个目标即可测得竖直角？

3. 经纬仪由哪几部分组成？各起什么作用？

4. 观测水平角时,为什么要进行对中和整平？简述光学经纬仪对中和整平的方法。

5. 试述用测回法、方向观测法测量水平角的操作步骤。

6. 整理表 3-5 中测回法观测水平角的记录。

表 3-5　测回法观测手簿

测站	测回数	竖盘位置	目标	水平度盘读数			半测回角值			一测回角值			各测回平均角值			备注
				°	′	″	°	′	″	°	′	″	°	′	″	
O	1	左	A	01	12	00										
			B	91	45	00										
		右	A	181	11	30										
			B	271	45	00										
	2	左	A	91	11	24										
			B	181	44	30										
		右	A	271	11	48										
			B	01	45	00										

7. 整理表 3-6 中方向观测法观测水平角的记录。

表 3-6　方向观测法观测手簿

测站	测回数	目标	水平度盘读数						2c	平均读数			一测回归零方向值			各测回归零平均方向值			角　值		
			盘　左			盘　右															
			°	′	″	°	′	″	″	°	′	″	°	′	″	°	′	″	°	′	″
O	1	A	0	01	12	180	01	18													
		B	96	53	06	276	53	00													
		C	143	32	48	323	32	48													
		D	214	06	12	34	06	06													
		A	0	01	24	180	01	18													
	2	A	90	01	22	270	01	24													
		B	186	53	00	6	53	18													
		C	233	32	54	53	33	06													
		D	304	06	36	124	06	48													
		A	90	01	36	270	01	36													

8. 整理表 3-7 中竖直角观测的记录。

表 3-7　竖直角观测手簿

测站	目标	竖盘位置	竖盘读数			半测回竖直角			指标差	一测回竖直角			备　注
			°	′	″	°	′	″	″	°	′	″	
O	J	左	92	47	30								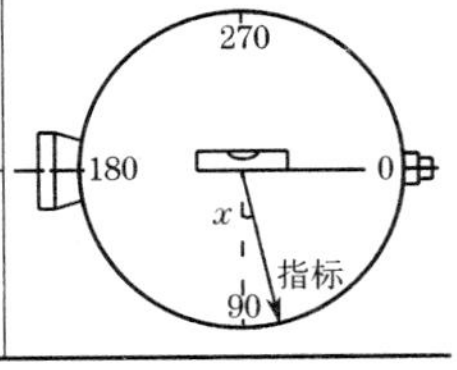
		右	267	12	10								
	K	左	84	15	30								
		右	275	45	30								

9. 什么是竖直度盘指标差？在观测中如何抵消指标差？

10. 水平角测量的误差来源有哪些？在观测中如何抵消或削弱这些误差的影响？

11. 经纬仪有哪些轴线？各轴线之间应满足什么几何条件？为什么？

12. 电子经纬仪有哪些主要特点？它与光学经纬仪的根本区别是什么？

4　距离测量与直线定向

距离测量是确定地面点位的基本测量工作之一，按照测量原理和手段的不同，可分为卷尺量距、视距测量、电磁波测距等方法。卷尺量距是用钢尺或皮尺沿地面丈量距离，属于直接量距，适用于平坦地区的距离测量。视距测量是利用经纬仪或水准仪中的视距丝和视距标尺按几何光学原理进行距离测量，适合于低精度的近距离测量。电磁波测距是用仪器发射与接收电磁波测量距离，适用于高精度的距离测量。全球导航卫星系统(GNSS)测量利用 GNSS 接收机接收卫星发射的电磁波测距信号，同时测定测站至若干卫星的距离，也属于电磁波测距。视距测量和电磁波测距属于间接量距。

4.1　卷尺量距

4.1.1　量距工具

卷尺量距的工具主要包括钢卷尺、皮尺以及丈量时的辅助工具。

1) 钢卷尺(钢尺)

普通钢尺是钢制带状尺，宽 10～15 mm，厚 0.4 mm，有 30 m 和 50 m 两种，可卷放在圆形尺壳内或金属尺架上。钢尺的基本分划为厘米，每分米和米处刻有数字注记，全长都刻有毫米分划。钢尺的零分划位置有两种，一种是在钢尺前端有一条零分划线，称为刻线尺；另一种零点位于钢尺拉环外沿，称为端点尺，如图 4-1 所示。

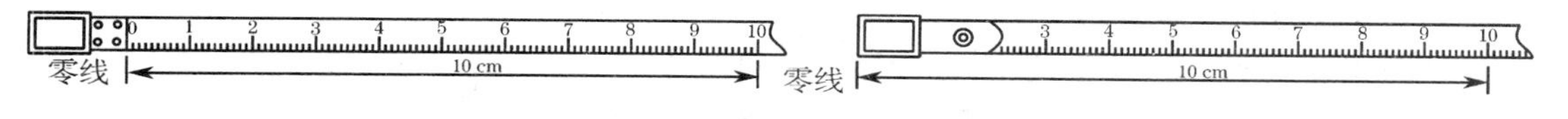

图 4-1　刻线尺和端点尺

2) 皮尺(布卷尺)

皮尺是用麻线或加入金属丝织成的带状尺，有 20 m、30 m、50 m 数种，基本分划为厘米，尺面每 10 cm 和整米注有数字。皮尺量距精度较钢尺低，适用于碎部测量、施工放样、土方工程等测量中精度要求较低的距离丈量。

3) 辅助工具

钢尺量距中辅助的工具还有标杆、测钎、垂球、弹簧秤和温度计等。标杆长 3 m，杆上涂以 20 cm 间隔的红、白漆，用于直线定线；测钎是用直径 5 mm 左右的粗铁丝磨尖制成，长约 30 cm，用来标志所量尺段的起、止点；垂球用于不平坦地面量距时将尺的端点垂直投影到地面；弹簧秤和温度计用于钢尺精密量距时的拉力控制和地表温度测定。

4.1.2 直线定线

当地面上两点相距较远时，用卷尺一次（一尺段）不能量完，需在两点连线方向上标定若干点，使其位于直线上，称为直线定线。直线定线分目测定线法和经纬仪定线法。

1）两点间目测定线

如图 4-2 所示，设 A、B 两点互相通视，需在 AB 方向线上标出“1”点。步骤如下：在 A、B 两点上竖立标杆，甲站在 A 点标杆后约 1 m 处，指挥乙左右移动标杆，直到甲从 A 点沿标杆的同一侧看到 A、1、B 三支标杆共线为止。

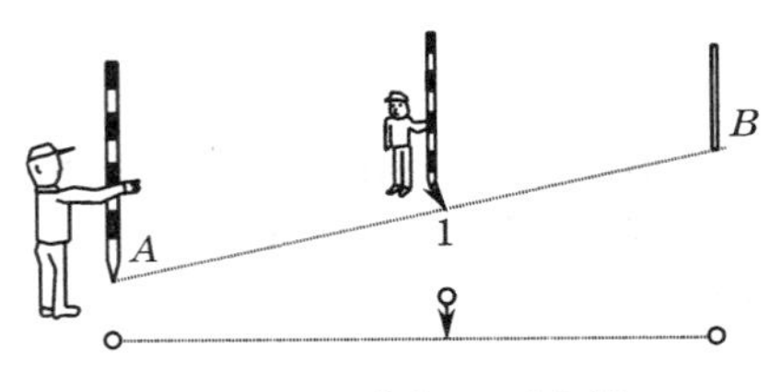

图 4-2　两点间目测定线

若两点间需标定若干个点，一般应由远及近进行定线，以免待定点受到已定点的影响。

2）经纬仪定线

（1）在两点间定线

A、B 两点互相通视，在 A 点安置仪器，对中整平后，望远镜纵丝切准 B 点，制动照准部，望远镜上下转动，指挥待定点处的持标杆者左右移动标杆，直到标杆的像被纵丝平分。

（2）延长直线

如图 4-3，需将直线 AB 延长至 C 点，方法如下：在 B 点安置仪器，对中整平后，盘左位置以纵丝切准 A 点，制动照准部，旋松望远镜制动螺旋，倒转望远镜，以纵丝定出 C' 点；盘右位置瞄准 A 点，同法定出 C'' 点。取 $C'C''$ 的中点，即为精确位于 AB 延长线上的 C 点。以上方法称为经纬仪正倒镜分中法。

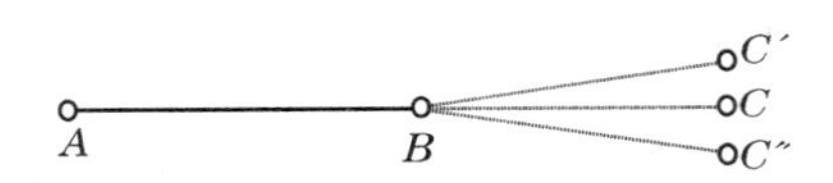

图 4-3　正倒镜分中法延长直线

4.1.3 钢尺量距的一般方法

1）平坦地面的量距方法

如图 4-4 所示，按 AB 间目测定线标定的直线方向逐段量距，依次量出各整尺段，最后量出不足整尺段的余长。此时 AB 的水平距离为

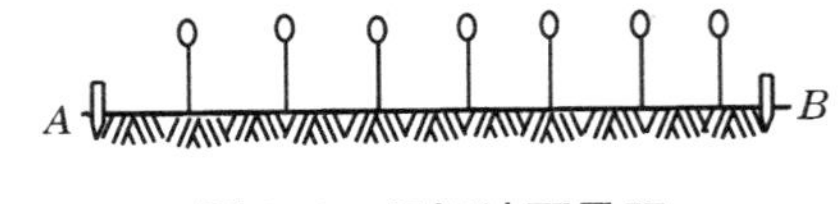

图 4-4　平坦地面量距

$$D_{AB}=n\times 尺段长+余长 \quad (4\text{-}1)$$

式中：n——整尺段数。

2）倾斜地面的量距方法

如图 4-5 所示，当地面坡度较小时，可将钢尺抬平直接量取两点间的平距。从点 A 开始，将尺的零端对准 A 点，将尺的另一端抬平，使尺位于 AB 方向线上，然后用垂球将尺的末端投影到地面，再插上测钎，依次量出整尺段数和最后的余长，按式（4-1）计算 AB 的距离。当地面坡度较大，钢尺抬平有困难时，也可沿地面丈量倾斜距离 S，用水准仪测定两点间的高差 h，按以下两式计算水平距离 D：

$$D=\sqrt{S^2-h^2} \tag{4-2}$$

或

$$D=S+\Delta D_h \tag{4-3}$$

式中：$\Delta D_h=-\frac{h^2}{2S}$，称为量距的倾斜改正（高差改正）。

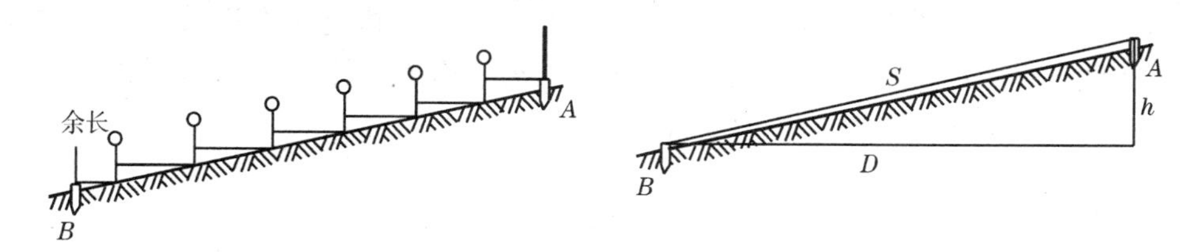

图 4-5 倾斜地面量距

为防止错误和提高丈量精度，需要进行往返丈量，即由 A 量至 B 为往测，由 B 量至 A 为返测。往返测量的精度用相对误差 K 来衡量，其计算公式如下：

$$K=\frac{|D_{往}-D_{返}|}{\frac{1}{2}(D_{往}+D_{返})}=\frac{1}{M} \tag{4-4}$$

式中：K——相对误差，用分子为 1 的分数表示；

M——比例尺分母，M 越大，说明量距的精度越高。

钢尺量距相对误差在平坦地区不应大于 1/3 000，困难地区不应大于 1/1 000。若丈量的相对误差不超限，取往、返测量的平均值 $D_{平均}$ 作为两点间的水平距离 D。

4.1.4 钢尺的检定

由于钢尺的实际长度（即钢尺两端点刻划间的标准长度）与其名义长度（即尺面刻注的长度）不相等，量距时易产生误差累积。因此，为了得到准确的距离，除了要掌握好量距的方法外，还必须进行钢尺检定，以求出其尺长改正值。

1) 尺长方程式

由于钢尺受到不同拉力时尺长会有微小变化，在不同温度下钢尺的热胀冷缩性也会影响尺长变化。因此，在一定拉力下，用以温度为自变量的函数来表示尺长 l（即为尺长方程式），如下式所示：

$$l=l_0+\Delta k+\alpha l_0(t-t_0) \tag{4-5}$$

式中：l——钢尺的实际长度（m）；

l_0——钢尺的名义长度（m）；

Δk——尺长改正值（mm）需经过钢尺检定，与标准长度相比较而得；

α——钢的线膨胀系数，取值为 0.011 5～0.012 5 mm/(m·℃)；

t_0——标准温度（℃），一般取 20℃；

t——量距时的实际温度（℃）。

每把钢尺都有相应的尺长方程式，只有确定了其尺长方程式，才能得到其实际长度。尺长方程式中的尺长改正值 Δk 必须经过钢尺检定，与标准长度相比较而求得。

2）尺长检定方法

在经过人工平整后的地面上，相距 120 m（或 150 m）的直线两端点埋设固定标志，用高精度的尺子量得两标志间的精确长度作为标准长度，在两端点标志之间的每一尺段处，地面均埋设有金属板，标明直线方向，钢尺检定时，可用铅笔按尺上端点分划划线。

检定时，用弹簧秤对钢尺施加一定拉力，用划线法在钢尺检定场上逐尺段丈量划线，最后一尺段读取余长，并用温度计量取地面温度。一次往返丈量称为一测回，共需丈量三测回。检定的相对精度不应低于 1/100 000。

4.1.5 钢尺精密量距

钢尺量距一般方法的相对精度只能达到 1/1 000～1/5 000，而钢尺精密量距的相对精度却可达到 1/10 000～1/40 000。但使用的钢尺必须通过尺长检定确定了尺长方程式，以进行相应改正。

1）经纬仪定线

量距前应清除直线方向上的障碍物，然后将经纬仪安置于 A 点，在 B 点竖立标杆，用正倒镜分中法在视线方向上桩定略短于整尺段的分段点 1，2，…，桩顶高出地面 3～5 cm，同时在桩顶沿视线方向和垂直于视线方向各划一条直线，形成"十"字形，作为丈量的标志。

2）量距

用检定过的钢尺在相邻木桩之间进行丈量。丈量组由五人组成，两人拉尺，两人读数，一人记录。丈量时后尺手用弹簧秤给钢尺施加标准拉力（对 30 m 钢尺一般为 100 N）。前后两尺手应同时在钢尺上读数，估读到 0.5 mm。每尺段要移动前后钢尺位置三次，丈量结果之差不应超过 2～3 mm。同时记录现场温度，估读到 0.5℃。往测完毕后应立即进行返测。

3）桩顶高差测量

上述丈量结果是相邻桩顶间的倾斜距离，为了换算成水平距离，要用水准测量方法测出相邻桩顶间的高差。水准测量应往、返观测，往、返观测高差之差值不应超过±10 mm，若不超限，取其平均值作为最后结果。

4）量距成果整理

若距离丈量的相对精度要求不低于 1/3 000，则尺长改正值大于尺长的 1/10 000 时应进行尺长改正；量距时温度与标准温度相差±10℃时，应进行温度改正；沿地面丈量的地面坡度大于 1%时，应进行高差改正。因此，钢尺量距的成果整理一般包括丈量长度的计算、尺长改正、温度改正和高差改正。

（1）计算丈量长度

待测直线丈量若干尺段后所得的总长度称为丈量长度。第 i 尺段丈量长度 d_i 应等于后尺读数 a_i 减前尺读数 b_i，即

$$d_i = a_i - b_i (i = 1,\ 2,\ \cdots) \tag{4-6}$$

则丈量长度 D' 为

$$D' = \sum_{i=1}^{n} d_i = \sum_{i=1}^{n} (a_i - b_i) \tag{4-7}$$

(2) 尺长改正

尺长方程式中的尺长改正值 Δk 除以钢尺的名义长度 l_0，可得每米尺长改正值，再乘以量得长度 D'，即得该段距离的尺长改正值 ΔD_k，即

$$\Delta D_k = D' \cdot \frac{\Delta k}{l_0} \tag{4-8}$$

(3) 温度改正

将丈量时的平均温度 t 与标准温度 t_0 之差乘以钢的膨胀系数 α(取自尺长方程式)再乘以量得长度 D'，即得该段距离的温度改正值

$$\Delta D_t = D'\alpha(t - t_0) \tag{4-9}$$

(4) 高差改正

在倾斜地面沿地面丈量时，用水准仪测得两端点的高差 h，按下式可得该段距离的高差改正值

$$\Delta D_h = -\frac{h^2}{2D'} \tag{4-10}$$

经过各项改正后的水平距离为

$$D = D' + \Delta D_k + \Delta D_t + \Delta D_h \tag{4-11}$$

【例 4-1】 使用 30 m 长的钢尺，用标准的 100 N 拉力沿地面往返丈量 AB 边的长度。钢尺的尺长方程式为

$$l = 30\ \text{m} - 1.8\ \text{mm} + 0.36(t - 20℃)\ \text{mm}$$

用水准仪测得 AB 之间的高差为 $h = 1.89$ m，往测丈量时的地面平均温度 $t = 26.8$℃，返测时 $t = 27.2$℃，丈量长度和各项改正按公式(4-7)～式(4-10)计算，最后按式(4-11)计算往返丈量水平距离，计算结果见表 4-1。

表 4-1 钢尺量距成果整理

线段 (端点号)	丈量长度 D' (m)	地面温度 t (℃)	高差 h (m)	尺长改正 ΔD_k (m)	温度改正 ΔD_t (m)	高差改正 ΔD_h (m)	水平距离 D (m)
A—B	189.875	26.8	1.89	−0.0114	0.0155	−0.0094	189.870
B—A	189.880	27.2	−1.89	−0.0114	0.0164	−0.0094	189.876

根据改正后的水平距离计算往返丈量的相对误差为

$$K = \frac{|189.870 - 189.876|}{189.873} = \frac{1}{31\,600}$$

4.1.6 钢尺量距误差及注意事项

1) 量距误差分析

测量误差一般都是从测量仪器、观测者和外界环境三方面因素加以分析。

(1) 钢尺本身

对于新买来的钢尺必须经过严格检定后才能使用，使用过程中也应定期检定。尺长检定一般只能达到±0.5 mm的精度，检定后仍有残余误差，在精密量距成果整理时应根据尺长方程式进行相应的尺长改正。

(2) 操作误差

① 拉力误差

钢尺在丈量时所用拉力应与检定时拉力相同。若拉力变化70 N，尺长将改变1/10 000，故在一般丈量中，只要保持拉力均匀即可。而对于较精密的丈量工作，则需使用弹簧秤以控制拉力。

② 温度误差

除钢尺本身长度随温度变化外，温度测量也存在误差，因为量距时测定的是空气温度，而非钢尺本身的温度。在阳光下，两者温差可达5℃。因此，应选择半导体温度计直接测量钢尺本身的温度。

③ 定线误差

由于标顶的尺段点不完全落在所要测量的直线上，导致丈量的距离是折线的长度而非直线距离。

④ 垂曲误差

当沿倾斜地面悬空丈量时，由于钢尺自重作用而使其中间下垂，垂曲误差的存在将使得丈量距离比实际距离大。因此，丈量时，必须使尺子水平，并尽量拉直。

⑤ 对点读数误差

由于观测者感官分辨率有限，丈量组成员之间配合不协调等原因导致对点、投点和读数都会产生误差，在丈量距离时尽量做到认真观测，配合协调。

⑥ 高差改正误差

由于水准测量的误差，以及公式(4-10)的近似处理，在高差改正计算中产生误差。

(3) 外界环境影响

包括测区地形、风力、阴雨等因素的影响。因外界环境的影响将会在量距过程中产生误差。因此应选在天气晴好、无风等时段进行距离丈量。

2) 钢尺的维护

(1) 量距工作结束后，应用软布擦去尺上的泥和水，涂上机油，以防生锈。

(2) 钢尺易折断，如果卷曲，不可硬拉。

(3) 量距应避免人流和车辆高峰，严防被车辆碾过而折断。

(4) 严禁沿地面拖拉钢尺，以免磨损尺面刻划线。

(5) 钢尺使用过程中不应拉到头，如对于30 m钢尺，每尺段丈量25 m左右即可，以免钢尺从其圆形盒或金属架上脱落。

4.2 视距测量

在经纬仪或水准仪的十字丝平面内，与横丝平行且上下等间距的两根短丝称为视距丝。

视距测量正是利用十字丝平面上的视距丝及刻有厘米分划的视距标尺，根据几何光学原理，可以同时测定两点间的水平距离和高差。视距测量的相对精度较低，约为 1/200～1/300，低于直接量距，但观测速度快，操作简单，受地形限制小，曾广泛应用于地形测量的碎部测量中。

4.2.1 视距测量的基本原理

1) 视准轴水平时

如图 4-6 所示，欲测定 A、B 两点间的水平距离 D 及高差 h，可在 A 点安置经纬仪，B 点立视距尺。设望远镜视线水平，瞄准 B 点视距尺，此时视线与视距尺相垂直。由于上、下视距丝间距固定，且对称于中丝，从上、下丝引出的视线在竖直面内所构成的夹角 φ 是固定的。设下丝和上丝在标尺上的读数分别为 a 和 b，上、下丝读数之差称为视距间隔 n，即

$$n=a-b \tag{4-12}$$

由于 φ 角是固定的，因此视距间隔 n 和立尺点离开测站的水平距离 D 成正比，即

$$D=Cn \tag{4-13}$$

上式中的比例系数 C 称为视距常数，可以由上、下两根视距丝的间距来确定。仪器在设计时，使 $C=100$。因此，视准轴水平时，测站至立尺点的水平距离计算公式为

$$D=100n=100(a-b) \tag{4-14}$$

此时，若十字丝中横丝在标尺上的读数为 l（l 称为中丝读数），测站桩顶至仪器横轴的高度用卷尺量得 i（i 称为仪器高），则可得视准轴水平时测站至立尺点的高差计算公式如下：

$$h=i-l \tag{4-15}$$

如果已知测站点的高程 H_A，则立尺点 B 的高程为

$$H_B=H_A+h=H_A+i-l \tag{4-16}$$

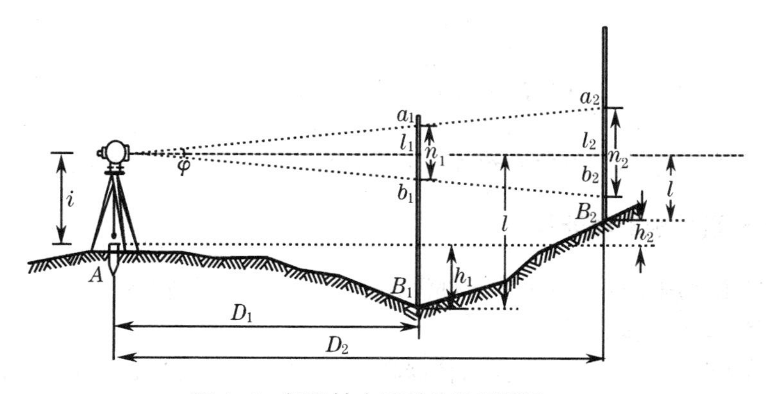

图 4-6 视准轴水平时的视距测量

2) 视准轴倾斜时

如图 4-7 所示，地面起伏较大时，视准轴需倾斜一个竖直角 α，才能在标尺上进行视距

读数。由于视准轴不垂直于视距尺，而相交成 $90°\pm\alpha$ 的角度，故上述公式不适用。如果能将标尺以中丝读数 l 这一点 O 为中心，转动一个 α 角，则标尺仍与视准轴垂直，如图所示。此时，上、下视距丝在标尺上的读数为 a'、b'，视距间隔 $n'=a'-b'$，则倾斜距离为

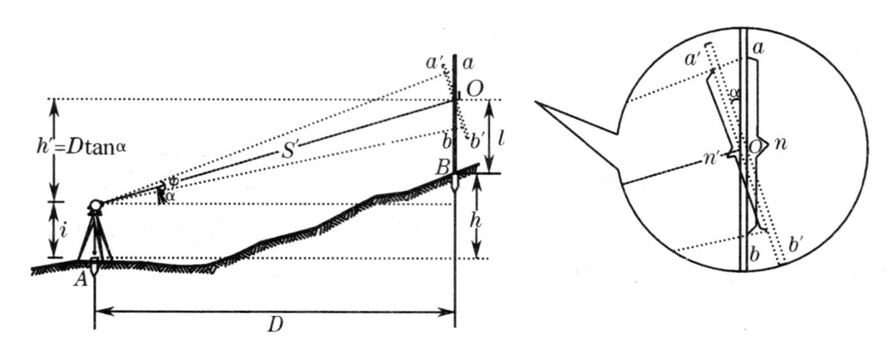

图 4-7　视准轴倾斜时的视距测量

$$S'=Cn'=C(a'-b')$$

倾斜距离化为水平距离的表达式如下：

$$D=S'\cos\alpha=Cn'\cos\alpha \tag{4-17}$$

在实际测量过程中，标尺总是直立的，不可能转到与视准轴垂直的位置，视距丝在标尺上的读数为 a、b，视距间隔 $n=a-b$。为了能利用公式(4-17)，必须找出 n 与 n' 之间的关系。图中 φ 角很小，约为 34.38′，故可把 $\angle aOa'$ 和 $\angle bOb'$ 视为直角，则

$$n'=n\cos\alpha \tag{4-18}$$

将上式代入公式(4-17)，得到视准轴倾斜时水平距离的计算公式：

$$D=Cn\cos^2\alpha=100(a-b)\cos^2\alpha \tag{4-19}$$

计算出两点间的水平距离后，可根据竖直角 α、仪器高 i 及中丝读数 l，按下式计算两点间的高差：

$$h=D\tan\alpha+i-l=\frac{1}{2}Cn\sin2\alpha+i-l \tag{4-20}$$

在实际观测中，应尽可能使中丝读数 $l=i$，以简化计算。

4.2.2　视距测量的观测和计算

视距测量主要用于地形测量的碎部测量过程中，测定测站至地形特征点的水平距离及其高程，其观测按下列步骤进行：

(1) 在测站点 A 安置经纬仪，量取仪器高 i(取至“cm”)，并抄录 A 点高程 H_A(取至“cm”)；

(2) 立标尺于待测点，使尺子竖直，尺面对准仪器；

(3) 以盘左位置瞄准标尺，读取下丝、上丝和中丝读数 a、b(估读至“mm”)和 l(读到“cm”即可)；

(4) 使竖盘水准管气泡居中，读竖盘读数。

以上完成一个点的观测，重复(2)、(3)、(4)步测定别的待测点。表4-2为记录和计算结果。

表4-2　视距测量记录

测站：A　　　　　　测站高程：23.12 m　　　　　　仪器高：1.37 m

特征点号	下丝读数 上丝读数 视距间隔 (mm)	中丝读数 l (m)	竖盘读数 L ° ′	竖直角 α ° ′	水平距离 D (m)	高差 h (m)	高程 H (m)
1	1.635 0.897 0.738	1.268	92　43	2　43	73.8	3.62	26.74
2	1.892 1.243 0.649	1.566	87　34	−2　26	64.9	−2.95	20.17
3	1.354 0.885 0.469	1.118	93　07	3　07	46.9	2.89	26.01

注：竖直角计算公式为 $\alpha=L-90°$。

4.3　电磁波测距

电磁波测距是用电磁波(光波或微波)作为载波传输测距信号，以测量两点间距离的一种方法。电磁波测距具有操作简单、速度快、精度高、受地形限制少等传统测距方法无法比拟的优点。按照载波形式的不同，可将电磁波测距仪分为微波测距仪、激光测距仪和红外测距仪，后两者又称为光电测距仪。微波测距仪和激光测距仪多用于大地测量的长程测距，测程可达数十千米；红外测距仪多用于小地区控制测量、地形测量、建筑施工测量等的中、短程测距。下面主要介绍电磁波测距的基本工作原理、红外测距仪的测距方法以及测距成果整理。

4.3.1　电磁波测距原理

电磁波测距的基本原理是利用电磁波信号的已知传播速度 c，测定它在两点间的传播时间 t，以计算距离。如图4-8所示，欲测定 A、B 两点间的距离，将一台发射和接收电磁波的测距仪主机放在一端 A 点，另一端 B 放反射棱镜，则 AB 之间的距离 S 为

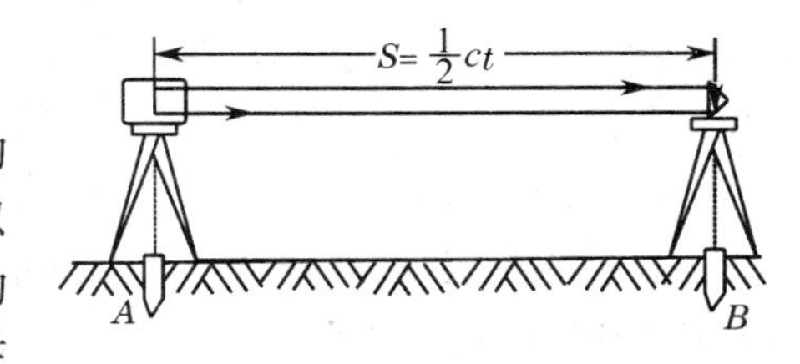

图4-8　电磁波测距基本原理

$$S=\frac{1}{2}ct \tag{4-21}$$

A、B 两点一般并不同高，光电测距测定的是斜距 S，应再通过竖直角观测，将斜距换算为平距 D 和高差 h。

电磁波信号在大气中的传播速度约为 3×10^8 m/s，由式(4-21)可知，测量距离的精度主要取决于测量时间 t 的精度。在电磁波测距中，一般采用直接法和间接法测量时间。对于直接测时法，若要求测距误差不超过 ±10 mm，测时误差应小于 $\pm\frac{2}{3}\times10^{-10}$ s，要达到这样的测时精度是极其困难的。因此，对于精密测距，多采用间接测距法。目前大多数测距仪器是通过测量电磁波信号往返传播产生的相位移来间接测时，据此测定距离，这种测距方式称为相位式测距。

在测距仪的电磁信号发射源上输入一定的恒定电流，其发射信号强度不变，为等幅信号。若改变输入电流的大小，发射信号强度也随之改变。若输入交变电流，信号发射的强度会随着输入电流的大小发生强弱变化，这种信号称为调制信号。设调制信号的频率为 f(每秒振荡次数)，则该信号每振荡一次所需时间(即周期)为 $T=1/f$，该调制信号的波长 λ 为

$$\lambda=cT=\frac{c}{f} \tag{4-22}$$

因此

$$c=\lambda f=\frac{\lambda}{T} \tag{4-23}$$

如图 4-9 所示，在往返传播时间内，调制信号的相位变化了 N 个整周及不足一个整周的尾数 $\Delta\varphi$，则往返传播时间 t 可表示为

$$t=NT+\frac{\Delta\varphi}{2\pi}\cdot T=T\left(N+\frac{\Delta\varphi}{2\pi}\right) \tag{4-24}$$

将公式(4-23)、(4-24)代入公式(4-21)便可得到相位式测距的基本公式：

$$S=\frac{\lambda}{2}\left(N+\frac{\Delta\varphi}{2\pi}\right) \tag{4-25}$$

与卷尺量距相似，相位式测距相当于用一把长度为 $\lambda/2$ 的"测尺"来丈量距离，"整尺段数"为 N，"余长"为 $(\lambda/2)\times(\Delta\varphi/2\pi)$。根据公式(4-22)可知，"测尺"的长度由调制信号的频率来确定，当 $f_1=15$ MHz 时，"测尺"长度 $\lambda_1/2=10$ m；当 $f_2=150$ kHz 时，"测尺"长度 $\lambda_2/2=1\,000$ m。在测距仪的构造中，用相位计按相位比较的方法只能测定往、返调制信号相位差的尾数 $\Delta\varphi$，而无法测定整周数 N。因此，只有当待测距离小于"测尺"长度时，式(4-25)才能有确定的数值。另外，用相位计一般只能测定四位有效数值。因而在相位式测距仪中有两种调制信号，构成两种"测尺"长度。以短测尺(或精测尺)保证精度，以长测尺(或粗测尺)保证测程，配合测距。

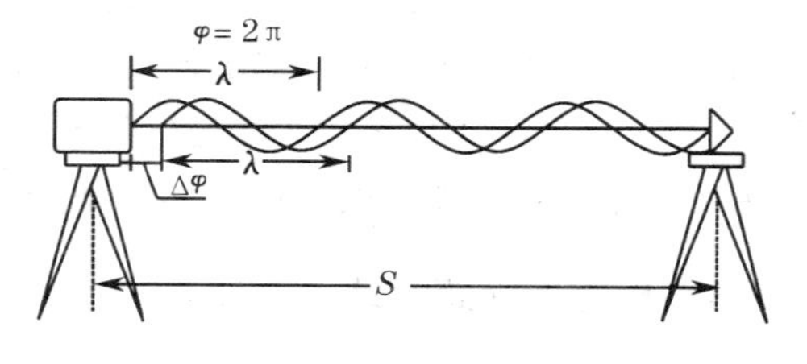

图 4-9　相位式测距原理

4.3.2　红外测距仪及其使用

测程在 5 km 以下的测距仪称为短程测距仪。这类测距仪体积较小，一般都采用红外光源，使用时安装于经纬仪之上，可同时观测角度和距离。一方面可利用经纬仪的望远镜寻

找并瞄准目标，另一方面可根据经纬仪的竖盘读数计算视线的竖直角，使测得的倾斜距离换算为水平距离和高差。国内外这种测距仪有多种型号，表 4-3 列出了其中几种。

表 4-3 短程红外测距仪

仪器型号		DI1000	RED2A	DCH2	D3030	ND3000
生产厂家		瑞士徕卡	日本索佳	苏州一光	常州大地	南方测绘
测程	单棱镜	0.8 km	2.5 km	2.0 km	2.0 km	2.0 km
	三棱镜	1.6 km	3.8 km	3.0 km	3.2 km	3.0 km
测距中误差		±(5mm+5ppm)	±(5mm+3ppm)	±(5mm+5ppm)	±(5mm+5ppm)	±(5mm+3ppm)

注：1 ppm＝1 mm/1 km＝1×10^{-6}，即测量 1 km 的距离有 1 mm 的比例误差。

由于各种型号的测距仪结构不同，其操作部件也有差异，使用时应按照操作手册要求逐一进行操作。测距仪进行距离测量的步骤如下：

(1) 安置仪器和反射棱镜

将经纬仪安置在测线上的一个端点，装好电池，将测距仪连接到经纬仪上。在另一端点安置棱镜，棱镜面应对准测距仪。

(2) 观测竖直角，记录气压和温度

用经纬仪望远镜瞄准觇板中心，使竖盘指标水准管气泡居中，读取竖盘读数，并测定气压和温度。

(3) 距离测量

打开测距仪，照准棱镜中心，检查电池电压、气象数据和棱镜常数，若显示气象数据和棱镜常数与实际数据不符，应输入正确数据。按测距键，几秒钟后即可获得相应的斜距。

测距仪属于贵重精密测量仪器，使用时的注意事项如下：

(1) 在运输和携带中，要防震防潮；在装卸和操作过程中，要连接牢固，电源插接正确，严格按照操作程序使用仪器；迁站时必须将仪器装箱。

(2) 在阳光直射下，必须撑伞保护仪器；通电作业时，严防强光直射物镜，以免接收系统中的光敏元件损坏。

(3) 不宜在变压器、高压线附近设站，应使仪器免受电磁场干扰。

(4) 恰当地选择观测时机，避免在强烈阳光和高温下连续作业。

4.3.3 测距成果整理

测距仪观测到的是测线两端点的斜距，必须经过改正才能得到测线两端正确的水平距离。

1) 测距仪常数改正

仪器在使用的过程中，由于电子元件老化等原因，实际的调制频率与设计的标准频率有微小变化时，“测尺”长度误差将会影响所测距离，其影响与距离的长度成正比，称为测距仪的乘常数 R，其单位为 mm/km。距离的乘常数改正值 ΔS_R 为

$$\Delta S_{\mathrm{R}} = RS' \tag{4-26}$$

式中：S'——距离的观测值。

由于电子元件的老化和反射棱镜的更换等原因，往往使仪器的显示距离与实际距离不一致，而存在一个与观测距离长短无关的常数差，称为测距仪的加常数 C。距离的加常数改正值 ΔS_C 为

$$\Delta S_C = C \tag{4-27}$$

测距仪的加常数 C 和乘常数 R 可以通过测距仪在标准长度上的检定获得。

2）气象改正

影响光速的大气折射率 n 为光的波长 λ_g、气温 t 和气压 p 的函数。固定型号的测距仪，其发射光源的波长 λ_g 也是固定的。因此，根据距离测量时测定的气温和气压，可以计算距离的气象改正参数 A。距离的气象改正参数与距离的长度成正比，单位取 mm/km，在仪器说明书中一般都有 A 的计算公式。距离的气象改正值 ΔS_A 为

$$\Delta S_A = AS' \tag{4-28}$$

3）改正后的斜距、平距和高差的计算

斜距观测值 S' 经过乘常数改正、加常数改正和气象改正后，得到改正后的斜距 S

$$S = S' + \Delta S_R + \Delta S_C + \Delta S_A \tag{4-29}$$

两点间的平距 D 和两点间仪器和棱镜的高差 h' 是斜距在水平和竖直方向的分量，即

$$\begin{cases} D = S \cdot \cos\alpha \\ h' = S \cdot \sin\alpha \end{cases} \tag{4-30}$$

式中：α——斜距方向的竖直角，测距时由经纬仪观测获得。

4.4 直线定向

确定地面两点在平面上的位置，不仅需要测量两点间的距离，还要确定经过这两点的直线的方向。为此选择一个基准方向，根据该直线与基准方向之间的关系确定该直线的方向，这项工作称为直线定向。

4.4.1 基准方向

测量中常用的基准方向有真子午线方向、磁子午线方向和坐标纵轴方向。

1）真子午线方向

通过地球表面上一点的真子午线的切线方向称为该点的真子午线方向，真子午线方向通常用天文测量方法或陀螺经纬仪方法测定。

2）磁子午线方向

在地球磁场的作用下，磁针自由静止时其轴线所指的方向称为磁子午线方向。磁子午线方向可用罗盘仪测定。

3）坐标纵轴方向

第 1 章已讲过，我国采用高斯平面直角坐标系，每一投影带中央子午线的投影为该带的

坐标纵轴方向，因此，该带内直线定向采用该带的坐标纵轴方向作为标准方向。如果采用假定坐标系，则用假定坐标纵轴作为直线定向的标准方向。

4.4.2 方位角

测量工作中，常采用方位角和象限角来表示直线的方向。由标准方向的北端起，顺时针方向量到某直线的夹角，称为该直线的方位角，角值范围为 0°～360°。

1) 真方位角、磁方位角和坐标方位角

根据基准方向的不同，方位角又分为真方位角、磁方位角和坐标方位角三种。如图 4-10 所示，若标准方向 ON 为真子午线方向，并用 A 表示真方位角，则 A_1、A_2、A_3、A_4 分别表示直线 $O1$、$O2$、$O3$、$O4$ 的真方位角；若 ON 表示磁子午线方向，则各角为相应直线的磁方位角，以 A_m 表示；若 ON 为坐标纵轴方向，则各角分别为相应直线的坐标方位角，以 α 表示。

2) 三种方位角间的关系

由于三种基准方向并不重合，所以一直线的三种方位角并不相等，如图 4-11 所示。其真方位角、磁方位角和坐标方位角之间的换算关系见公式(4-31)：

$$\begin{cases} A=A_m+\delta \\ A=\alpha+\gamma \\ \alpha=A_m+\delta-\gamma \end{cases} \tag{4-31}$$

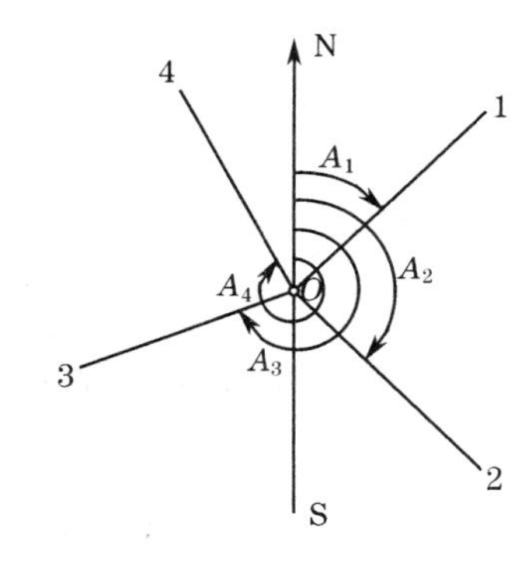

图 4-10 方位角

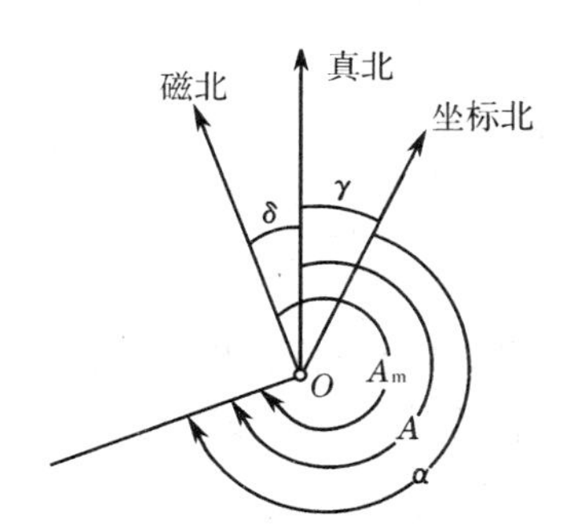

图 4-11 三种方位角之间的关系

式中：δ——磁偏角，磁针北端偏于真子午线以东称东偏，δ 取正值；否则，取负值。我国磁偏角的变化大约在 −10°～6°之间。

γ——子午线收敛角，即地面上各点的真子午线方向与中央子午线方向(坐标纵轴方向)的夹角。中央子午线以东，各点的坐标纵轴偏在真子午线的东边，γ 取正值；中央子午线以西，γ 取负值。

4.4.3 正、反坐标方位角

任一直线都具有正、反两个方向，直线前进方向的坐标方位角叫做正方位角，其相反方向的方位角就叫反方位角。如图 4-12 所示，α_{12} 和 α_{21} 分别为直线 $\overrightarrow{12}$ 的正、反坐标方位角，两者之间存在下列关系：

图 4-12 正、反坐标方位角

$$\alpha_{21}=\alpha_{12}\pm180^{\circ} \tag{4-32}$$

4.4.4 坐标方位角的推算

测量工作中直线的坐标方位角不是直接测定的，而是通过测定待求方向线与已知边的连接角以及各相邻边之间的水平夹角，来推算待求边的坐标方位角。如图 4-13 所示，B、A 为已知点，AB 边的坐标方位角为已知，通过连测求得 AB 边与 $A1$ 边的连接角为 β'，测出了各点的右(或左)角 β_A、β_1、β_2、β_3 和 β_4，现在要推算 $A1$、12、23、34、$4A$ 各边的坐标方位角。所谓右(或左)角是指以编号顺序为前进方向的右(或左)侧的角度。从图中可以看出：

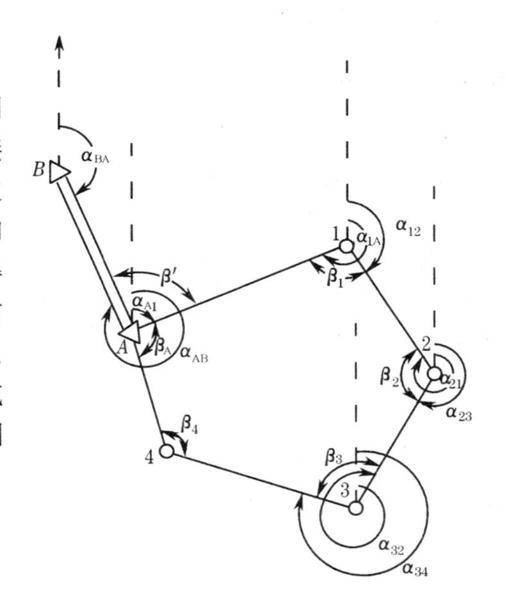

图 4-13 坐标方位角的推算

$$\alpha_{A1}=\alpha_{AB}+\beta'$$

$$\alpha_{12}=\alpha_{1A}-\beta_1$$

每一边的正反坐标方位角相差 180°，因此，$\alpha_{1A}=\alpha_{A1}+180^{\circ}$，由此得到

$$\alpha_{12}=\alpha_{A1}+180^{\circ}-\beta_1$$

同理可得

$$\alpha_{23}=\alpha_{21}-\beta_2=\alpha_{12}+180^{\circ}-\beta_2 \quad \alpha_{34}=\alpha_{23}+180^{\circ}-\beta_3$$

……

归纳上述公式，可以推算出按后面一边的坐标方位角 $\alpha_{后}$ 和导线右角 $\beta_{右}$ 表示导线前进方向相邻边坐标方位角 $\alpha_{前}$ 的公式：

$$\alpha_{前}=\alpha_{后}-\beta_{右}+180^{\circ} \tag{4-33}$$

由于导线左角和右角的关系为 $\beta_{左}+\beta_{右}=360^{\circ}$，因此，按导线左角推算导线前进方向各边坐标方位角的一般公式为

$$\alpha_{前}=\alpha_{后}+\beta_{左}-180^{\circ} \tag{4-34}$$

4.4.5 象限角

从 X 轴的一端顺时针或逆时针转至某直线的水平角度(0°～90°)称为象限角，以 R 表示，如图 4-14 所示。由于三角函数运算时，从三角函数表或计算器中只能得到绝对值小于或等于 90°的象限角，因此，需要进行象限角和坐标方位角的换算。象限角与坐标方位角的换算关系列于表 4-4。

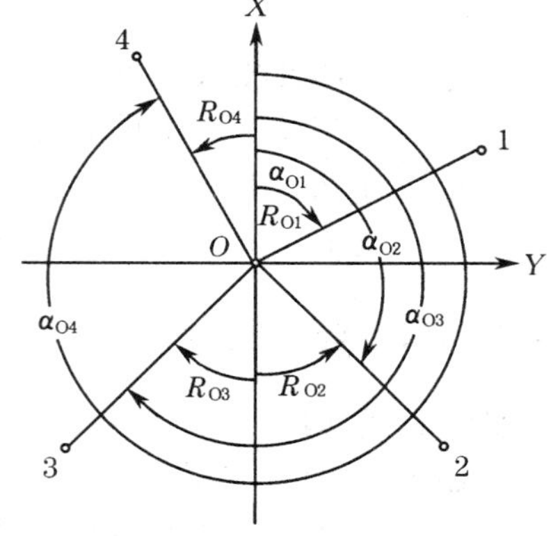

图 4-14 象限角与坐标方位角

表 4-4　象限角与坐标方位角的换算关系

象限	关系	象限	关系
Ⅰ	$\alpha=R$	Ⅲ	$\alpha=180°+R$
Ⅱ	$\alpha=180°-R$	Ⅳ	$\alpha=360°-R$

4.4.6　直角坐标与极坐标的换算

1) 地面点的坐标和两点间的坐标增量

第 1 章已介绍过，在测量工作中，为了确定地面点的点位，用高斯分带投影的方法建立平面直角坐标系，中央子午线方向为 X 轴方向，与之相垂直的方向为 Y 轴方向，处于该投影带中任一点的位置可用坐标对 (x, y) 表示。如图 4-15 所示，点 1、2 的平面直角坐标分别为 (x_1, y_1) 和 (x_2, y_2)。两点坐标值之差为坐标增量

$$\begin{cases}\Delta x_{12}=x_2-x_1\\ \Delta y_{12}=y_2-y_1\end{cases}\tag{4-35}$$

由上式可得

$$\begin{cases}x_2=x_1+\Delta x_{12}\\ y_2=y_1+\Delta y_{12}\end{cases}\tag{4-36}$$

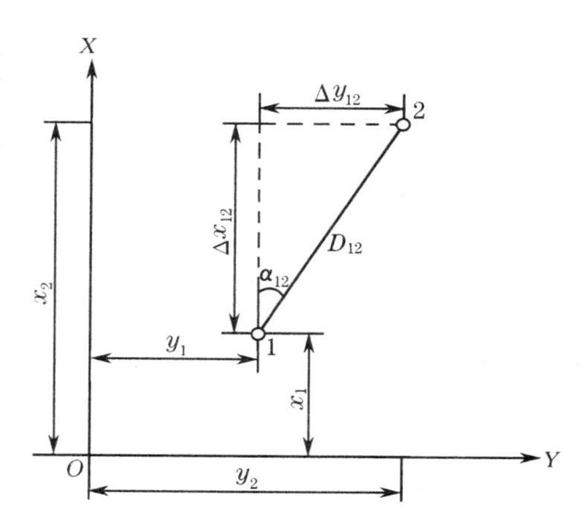

图 4-15　直角坐标和极坐标的关系

即根据点 1 的坐标及点 1 至点 2 的坐标增量，可计算点 2 的坐标。

需要注意的是，由点 1 到点 2 的坐标增量和由点 2 到点 1 的坐标增量绝对值相等而符号相反，即 $\Delta x_{12}=-\Delta x_{21}$，$\Delta y_{12}=-\Delta y_{21}$。

2) 直角坐标和极坐标的换算

在高斯平面直角坐标系中，两点之间的位置关系有两种表达方式：直角坐标表示法和极坐标表示法。前者以两点间的坐标增量 Δx、Δy 表示，后者以两点间连线(边)的坐标方位角 α 和边长(水平距离)D 表示。

图 4-15 为两点间直角坐标和极坐标的关系。在平面控制网的内业计算中，经常需要进行这两种坐标的换算。若已知两点间的边长和坐标方位角，计算两点间的坐标增量，称为坐标正算；若已知两点间的坐标增量，计算两点间的边长和坐标方位角，则称为坐标反算。

(1) 坐标正算

由图 4-15，若已知 1、2 两点间的边长 D_{12} 及其坐标方位角 α_{12}，则两点间坐标增量的计算公式为

$$\begin{cases}\Delta x_{12}=D_{12}\cos\alpha_{12}\\ \Delta y_{12}=D_{12}\sin\alpha_{12}\end{cases}\tag{4-37}$$

(2) 坐标反算

根据直角坐标计算两点间边长和坐标方位角的公式如下：

$$D_{12}=\sqrt{\Delta x_{12}^2+\Delta y_{12}^2}\tag{4-38}$$

$$\alpha_{12}=\arctan\frac{\Delta y_{12}}{\Delta x_{12}}=\arcsin\frac{\Delta y_{12}}{D_{12}}=\arccos\frac{\Delta x_{12}}{D_{12}} \quad (4-39)$$

用公式(4-38)计算坐标方位角时,不论用三角函数表或一般的计算器,只能得到象限角,此时可根据坐标增量的正负决定坐标方位角所在的象限,然后按表 4-4 将象限角换算为坐标方位角。各象限坐标增量的正负号见图 4-16。

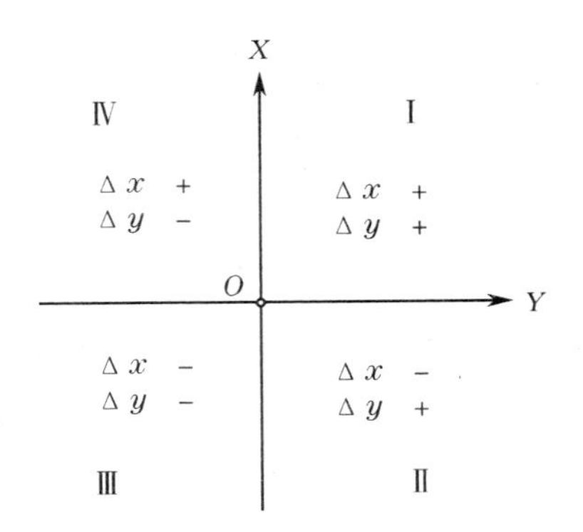

图 4-16　坐标增量的正负号

本章小结

本章主要包括距离测量和直线定向两部分内容。

距离测量是确定地面点位的基本测量工作之一,按照测量原理和手段的不同,可分为卷尺量距、视距测量、电磁波测距等方法。

当地面上两点相距较远时,用卷尺一次(一尺段)不能量完,需在两点连线方向上标定若干点,使其位于直线上,称为直线定线。直线定线分目测定线法和经纬仪定线法。

卷尺量距作为传统的量距方法。距离测量分普通量距和精密量距。

精密量距的钢尺需要检定,建立钢尺的尺长方程式。精密量距需要对所量距离进行尺长改正、温度改正和高差改正。

视距测量是经纬仪大比例尺地形图测绘中碎部测量的主要观测手段。视距测量是利用光学经纬仪或水准仪上望远镜的十字丝分划板上的视距丝及刻有厘米分划的视距标尺,根据几何光学原理,同时测定两点间的水平距离和高差的一种方法。视距测量分视线水平时的视距测量和视距倾斜时的视距测量。

电磁波测距是距离测量的主流和方向,正在多方位多领域上取代传统量距方法,其测距原理有脉冲式测距原理和相位式测距原理,测距仪观测到的是测线两端点的斜距,必须经过改正才能得到测线两端的水平距离。其成果整理除将斜距改正为平距外,还要进行测距仪常数改正、气象改正(即温度、气压改正)。

根据直线与基准方向之间的关系确定直线方向,这项工作称为直线定向。

测量中常用的基准方向有真子午线方向、磁子午线方向和坐标纵轴方向。

测量工作中,常采用方位角和象限角来表示直线的方向。由基准方向的北端起,顺时针方向量到某直线的夹角,称为该直线的方位角,角值范围为 0°～360°。根据基准方向的不同,方位角又分为真方位角、磁方位角和坐标方位角三种。

任一直线都具有正、反两个方向,直线前进方向的坐标方位角叫做正方位角,其相反方向的方位角就叫反方位角。测量工作中直线的坐标方位角不是直接测定的,而是通过测定待求方向线与已知边的连接角以及各相邻边之间的水平夹角,来推算待求边的坐标方位角。

从 X 轴的一端顺时针或逆时针转至某直线的水平角度(0°～90°)称为象限角,以 R 表示。象限角与坐标方位角之间可以进行换算。

地面点的坐标确定和两点间的坐标增量计算。由两点间的边长及坐标方位角，计算两点间的坐标增量，称为坐标正算；由两点的坐标计算两点间的边长和坐标方位角，称为坐标反算。

习题与思考题

1. 某钢尺的名义长度为 30 m，经检定实际长度为 29.998 m，检定温度 $t=20℃$，拉力 $P=100$ N。用该尺对某距离进行丈量，丈量长度为 182.260 m，丈量时温度 $t=33.6℃$，$P=100$ N，两点间高差为 1.36 m，求水平距离。

2. 表 4-5 为用经纬仪进行视距测量的记录。试计算测站至各照准点的水平距离及各照准点的高程。

表 4-5

测站：A　　　　测站高程：68.39 m　　　　仪器高：1.24 m

特征点号	下丝读数 上丝读数 视距间隔	中丝读数 l	竖盘读数 L	竖直角 α	水平距离 D	高差 h	高程 H
1	1.845 0.891 	1.368	93°15′				
2	1.880 1.343 	1.612	96°34′				
3	1.954 0.975 	1.464	88°24′				

注：竖直角计算公式为 $\alpha=L-90°$。

3. 简述相位式测距原理。电磁波测距需要进行哪些成果改正？

4. 何谓直线定向？基准方向有哪几种？如何进行直线定向？

5. 已知顶点为顺时针编号的四边形内角为 $\beta_1=94°$，$\beta_2=89°$，$\beta_3=86°$，$\beta_4=91°$。又已知 $\alpha_{12}=29°46'$，试求其他各边的坐标方位角。

6. 已知点 1 的坐标 $x_1=150$ m，$y_1=273$ m，点 2 的坐标 $x_2=50$ m，$y_2=100$ m，试确定直线 12 的坐标方位角 α_{12}。

5 电子全站仪测量

5.1 电子全站仪概述

随着光电测距和电子计算机技术的发展，20 世纪 70 年代以来，测绘界越来越多地使用一种新型的测量仪器——全站型电子速测仪，简称全站仪。这种仪器能同时测角、测距，而且还能自动显示、记录、存储数据，并能进行数据处理，可在野外直接测得点的坐标和高程。通过传输设备可把野外观测数据输入到计算机，经计算机处理后可自动绘制电子地图。需要时可由绘图仪自动绘出所需比例尺的图件，由打印机打印出所需的成果表册。这样使测绘工作的外业和内业有机地连接起来，实现了真正的数据流。

同时，电子全站仪已被广泛应用于控制测量、细部测量、施工放样、变形测量等方面的测量作业中。

电子全站仪各部分的组合框图，如图 5-1 所示。各部分的作用如下：电源部分有可充电式电池，供给其他各部分电源，包括望远镜十字丝和显示屏的照明；测角部分相当于电子经纬仪，可以测定水平角、竖直角和设置方位角；测距部分相当于光电测距仪，一般用红外光源，测定至目标点（设置反光棱镜或反光片）的斜距，并可归算为平距及高差；中央处理器接受输入指令，分配各种观测作业，进行测量数据的运算，如多测回取平均值、观测值的各种改正、极坐标法或交会法的坐标计算以及包括运算功能更为完备的各种软件；输入/输出部分包括键盘、显示屏和接口；从键盘可以输入操作指令、数据和设置参数，显示屏可以显示出仪器当前的工作方式（Mode）、状态、观测数据和运算结果；接口使全站仪能与磁卡、磁盘、微机交互通讯，传输数据。

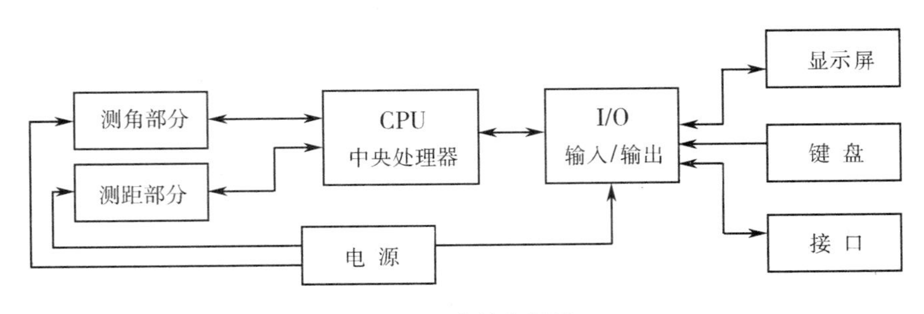

图 5-1 全站仪框图

5.2 电子全站仪的结构与功能

5.2.1 全站仪的结构

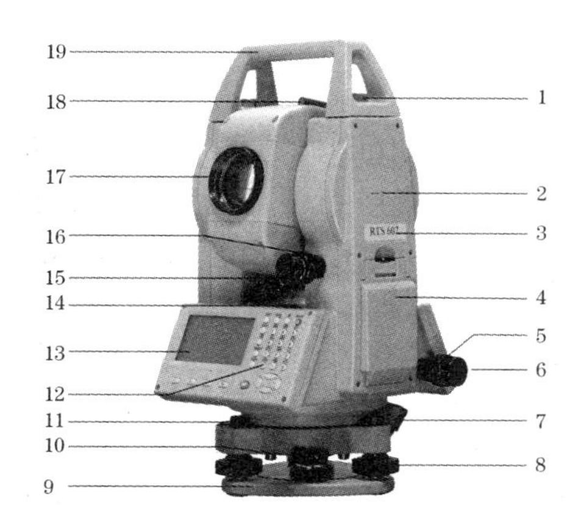

（a）RTS600 系列

1. 提手紧固螺旋；2. 仪器中心；3. 仪器型号；4. 电池；5. 水平制动螺旋；
6. 水平微动螺旋；7. RS232 通信接口(外接电源接口)；8. 基座脚螺旋；9. 基座；
10. 基座锁紧钮；11. 圆水准器；12. 按键；13. 显示屏；14. 长水准器；
15. 竖直制动螺旋；16. 竖直微动螺旋；17. 望远镜物镜；18. 望远镜粗瞄准器；19. 提手

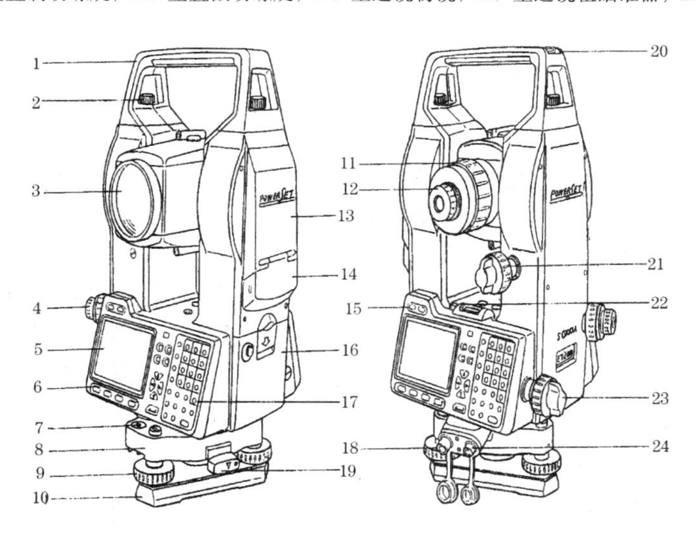

（b）SET 系列

1. 提柄；2. 提柄固定螺旋；3. 物镜；4. 光学对中器目镜；5. 显示屏；6. 软键；7. 圆水准器；
8. 基座；9. 脚螺旋；10. 底板；11. 物镜调焦环；12. 望远镜目镜；13. 横轴中心标志；14. 存储卡护盖；
15. 电源开关及照明键；16. 电池盒；17. 键盘；18. 外接电源插口；19. 强制对中基座制紧杆；
20. 管状罗盘插口；21. 竖直制动/微动螺旋；22. 平盘水准管；23. 水平制动/微动螺旋；24. 通讯接口

图 5-2 电子全站仪

全站仪按结构一般分为分体式(组合式或积木式)和整体式两类。分体式全站仪的特点是光电测距仪和电子经纬仪既可以组合在一起使用,也可以分开使用。整体式全站仪的特点是光电测距仪和电子经纬仪共用一个望远镜,并安装在同一个外壳内,成为一个完整的整体,使用更为方便。现在,人们一般所讲的全站仪通常是指整体式的全站仪。图 5-2 所示为两种型号的电子全站仪:图 5-2(a)所示的为我国苏州一光仪器有限公司生产 RTS600 系列一款全站仪;图 5-2(b)所示的为日本索佳公司生产的 SET 系列产品。

5.2.2 全站仪的功能

全站仪按数据存储方式分为内存型和电脑型两种。内存型全站仪的所有程序都固化在仪器的存储器中,不能添加或改写,也就是说,只能使用全站仪提供的功能,无法扩充。而电脑型全站仪内置操作系统,所有程序均运行于其上,可根据实际需要添加相应程序来扩充其功能,使操作者进一步成为全站仪功能开发的设计者,更好地为工程建设服务。

全站仪除了上述的测量斜距、竖直角、水平角,自动记录、计算并显示出平距、高差、高程和坐标功能外,一般都还带有诸如施工放样、对边测量、悬高测量、面积测量、后方交会、偏心测量等一些特殊的测量功能;有的全站仪还具有免棱镜测量功能,有的全站仪还具有自动跟踪照准功能,被喻为测量机器人。另外,有的厂家还将 GPS 接收机与全站仪进行集成,生产出了 GPS 全站仪。

5.3 全站仪的操作使用

5.3.1 使用前的注意事项

不同厂家生产的全站仪,同一厂家生产的不同等级的全站仪,甚至是同一厂家生产的同一等级而不同时期生产的全站仪,其外观、结构、功能、键盘设计、操作方法和步骤等都会有所区别。因此,在操作使用某一台全站仪之前,必须认真详细地阅读使用说明书,严格按照其使用要求进行操作,并注意以下事项:

(1) 仪器要由专人使用、保管,运输过程中应注意防震,存放时要注意防潮。

(2) 迁站、装箱时只能握住仪器的把手,而不能握住镜筒,以免损坏仪器精度。

(3) 没有滤光片时不要将仪器正对太阳,否则会损坏内部电子元件。

(4) 旋转照准部时应匀速旋转,切记急速转动。

(5) 不要让仪器暴晒和雨淋,在阳光下应撑伞遮阳。

(6) 不用时应将电池取出保管,每月对电池充电一次和操作仪器一次。

(7) 要经常保持仪器清洁和干燥。

5.3.2 全站仪的操作使用

现结合苏州一光仪器有限公司生产的 RTS600 系列全站仪,介绍电子全站仪进行测量的准备工作和操作方法。

1) 准备工作

（1）安装内部电池

测前应检查内部电池的充电情况，如电力不足要及时充电，充电方法及时间要按使用说明书进行，不要超过规定的时间。测量前装上电池，测量结束应卸下。

（2）安置仪器

操作方法和步骤与经纬仪类似，包括对中和整平。若全站仪具备激光对中和电子整平功能，在把仪器安装到三脚架上之后，应先开机，然后选定对中/整平模式后再进行相应的操作。开机后，仪器会自动进行自检。自检通过后，屏幕显示测量的主菜单如图 5-3 所示。

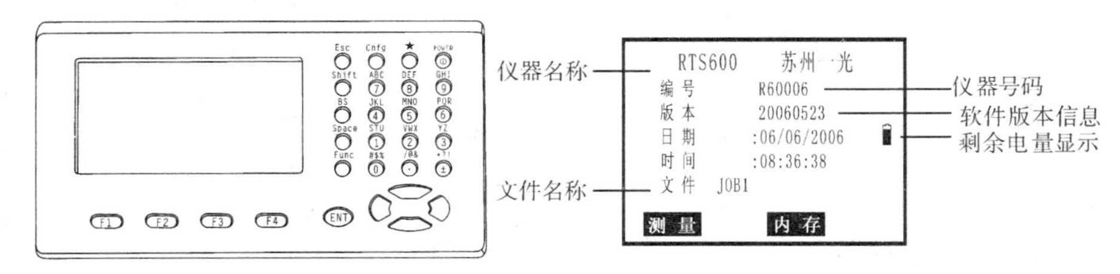

图 5-3　状态模式屏幕

（3）全站仪主要能够实现的功能

各个厂家生产的全站仪一般都能实现如图 5-4 所示的操作功能。

2）操作方法

（1）距离测量

距离测量的基本操作方法和步骤与光电测距仪类似，先选择测量模式（精测、粗测、跟踪），然后瞄准反射棱镜，按相应的测量键，几秒之后即显示出距离值，如图 5-5 所示。

（2）角度测量

角度测量的基本操作方法和步骤与经纬仪类似，全站仪都具有水平度盘自动置零和任意方位角设置功能，使测角更加方便。当瞄准某一目标，并进行水平度盘置零或方位角设置后，转动照准部瞄准另一目标时，屏幕所显示的水平角值即为它们的水平夹角或该目标的方位角，如图 5-5 所示。

（3）三维坐标测量

如图 5-6 所示，将全站仪安置于测站点 A 上，选定三维坐标测量模式后，首先输入仪器高 i、目标高 v 及测站点的三维坐标值（x_A，y_A，H_A）；然后照准另一已知点设定方位角；接着再照准目标点 P 上的反射棱镜，按下坐标测量键，仪器就会利用自身内存的计算程序自动计算并瞬时显示出目标点 P 的三维坐标值（x_P，y_P，H_P），见式（5－1）。

$$\begin{cases} x_P = x_A + S\cos\alpha\cos\theta \\ y_P = y_A + S\cos\alpha\sin\theta \\ H_P = H_A + S\sin\alpha + i - v \end{cases} \tag{5-1}$$

式中：S——仪器至反射棱镜的斜距（m）；

α——仪器至反射棱镜的竖直角；

θ——仪器至反射棱镜的方位角。

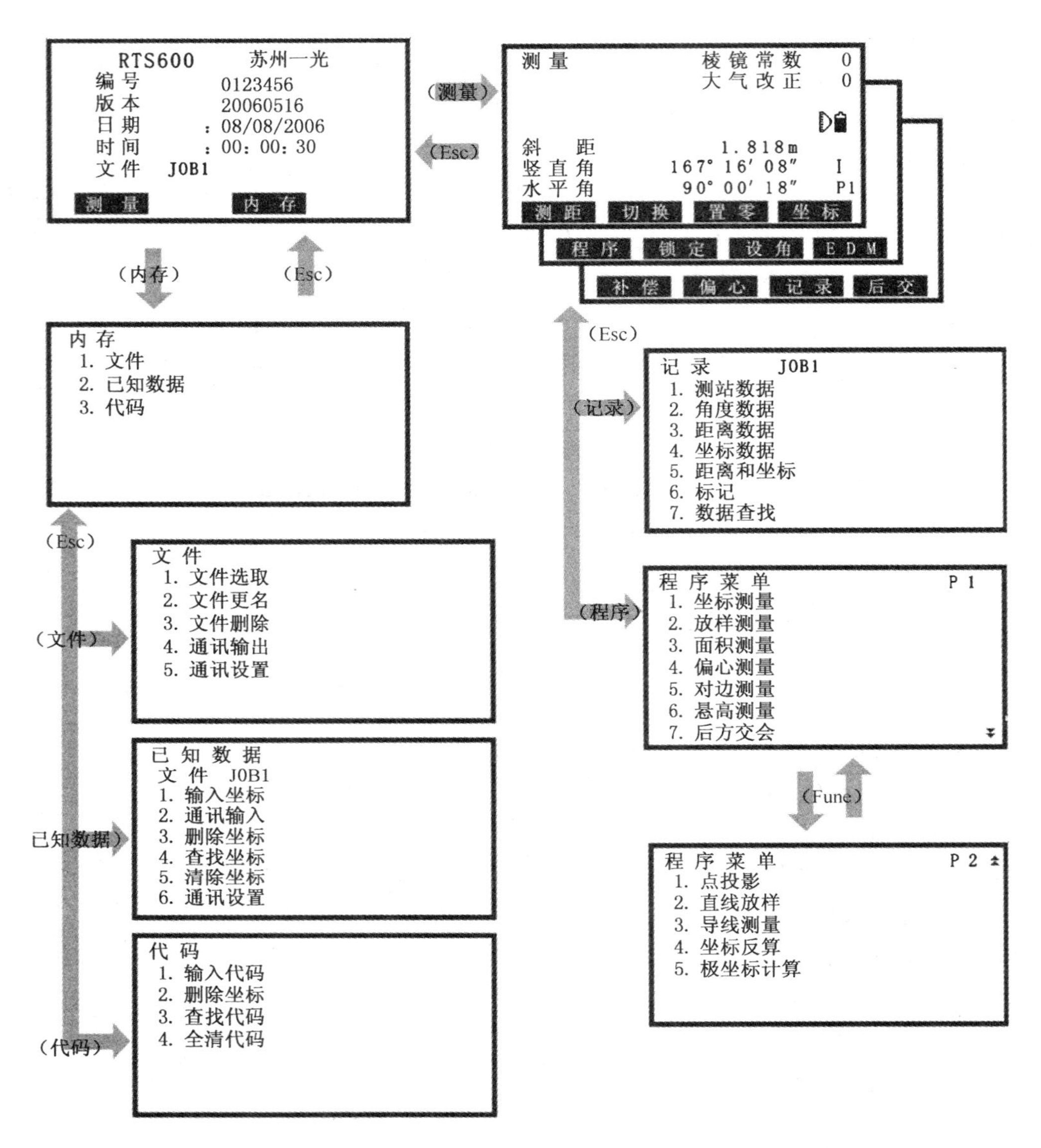

图 5-4 RTS600 系列界面操作模式图

测量	棱镜常数		−30
	大气改正		
斜距	2.362 m		
竖直角	80°59′50″		Ⅱ
水平角	70°34′03″		P1
测距	切换	置零	坐标

图 5-5 距离、角度测量

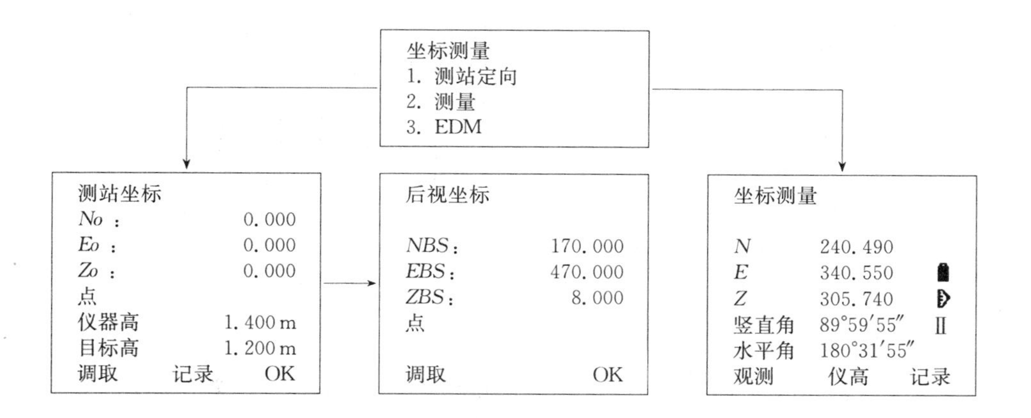

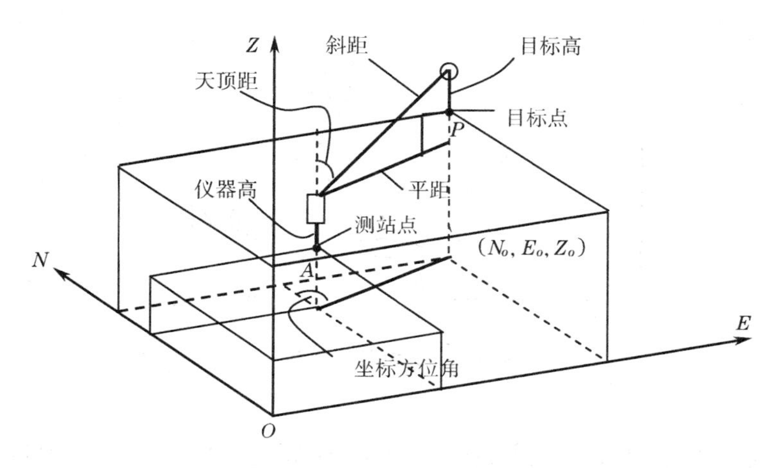

图 5-6 三维坐标测量

(4) 三维坐标放样

如图 5-7 所示，将全站仪安置于测站点 A 上，选定三维坐标放样模式后，首先输入仪器高 i、目标高 v 以及测站点 A 的三维坐标值(x_A, y_A, H_A)和待测设点 P 的三维坐标值(x_P, y_P, H_P)，并照准另一已知点设定方位角；然后照准竖立在待测设点 P 的概略位置 P_1 处的反射棱镜。按键测量即可自动显示出水平角偏差 $\Delta\beta$、水平距离偏差 ΔD 和高程偏差 ΔH。

$$\begin{cases} \Delta\beta = \beta_{测} - \beta_{设} \\ \Delta D = D_{测} - D_{设} \\ \Delta H = H_{测} - H_{设} \end{cases} \tag{5-2}$$

其中

$$H_{测} = H_A + S\sin\alpha + i - v \tag{5-3}$$

最后，按照所显示的偏差移动反射棱镜，当仪器显示为零时即为设计的 P 点位置。

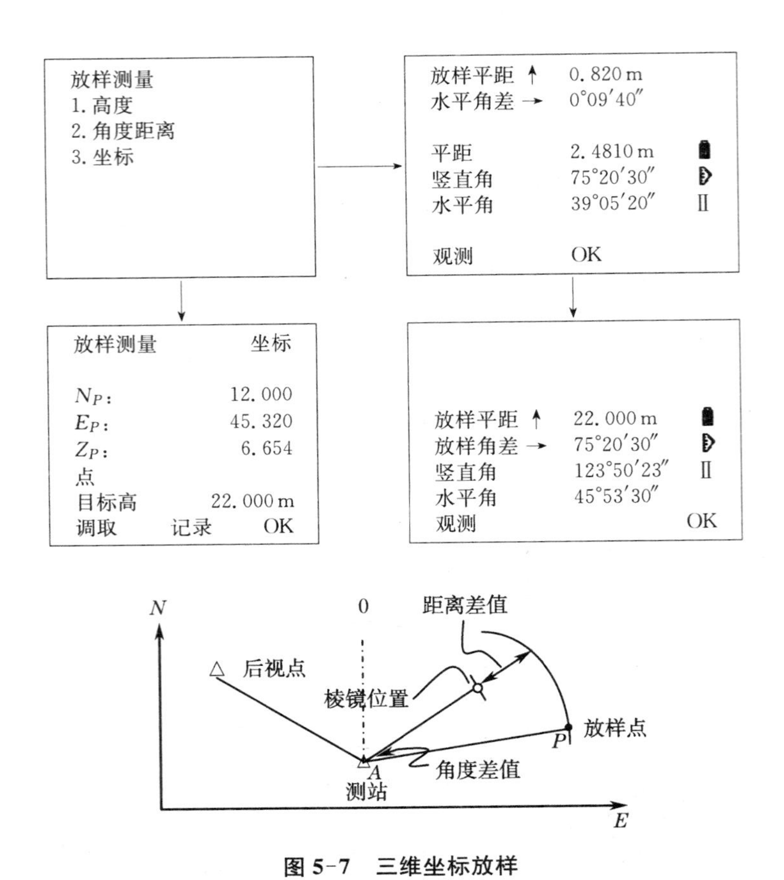

图 5-7 三维坐标放样

（5）对边测量

对边测量就是测定两目标点之间的平距和高差，如图 5-8 所示，即在两目标点 P_1、P_2 上分别竖立反射棱镜，在与 P_1、P_2 通视的任意点 P 安置全站仪后，先选定对边测量模式，然后分别照准 P_1、P_2 上的反射棱镜进行测量，仪器就会自动按下式计算并显示出 P_1、P_2 两目标点间的平距 D_{12} 和高差 h_{12}：

$$D_{12}=\sqrt{S_1^2\cos^2\alpha_1+S_2^2\cos^2\alpha_2-2S_1S_2\cos\alpha_1\cos\alpha_2\cos\beta} \tag{5-4}$$

$$h_{12}=S_2\sin\alpha_2-S_1\sin\alpha_1 \tag{5-5}$$

式中：S_1、S_2——仪器至两反射棱镜的斜距(m)；

α_1、α_2——仪器至两反射棱镜的竖直角；

β——PP_1 与 PP_2 两方向间的水平夹角。

但需指出，应用上述公式计算地面点 P_1、P_2 间高差的前提条件是 P_1、P_2 两点间的目标高 v_1、v_2 应相等。否则，应按下式计算：

$$h_{12}=S_2\sin\alpha_2-S_1\sin\alpha_1+(v_1-v_2) \tag{5-6}$$

因此，在实际工作中，应尽量使两目标高相等；否则应在全站仪显示的高差中加入改正值(v_1-v_2)。

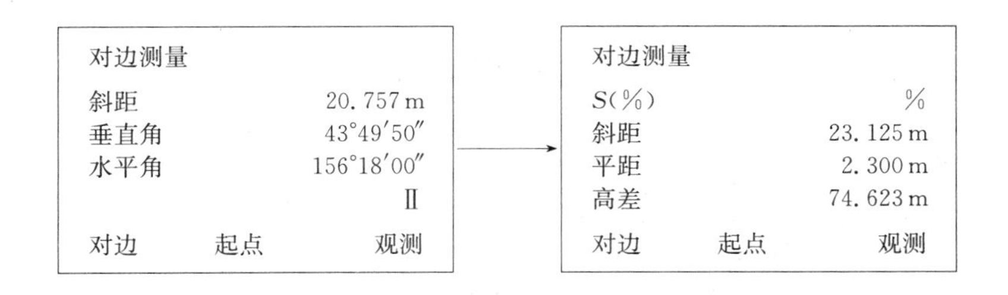

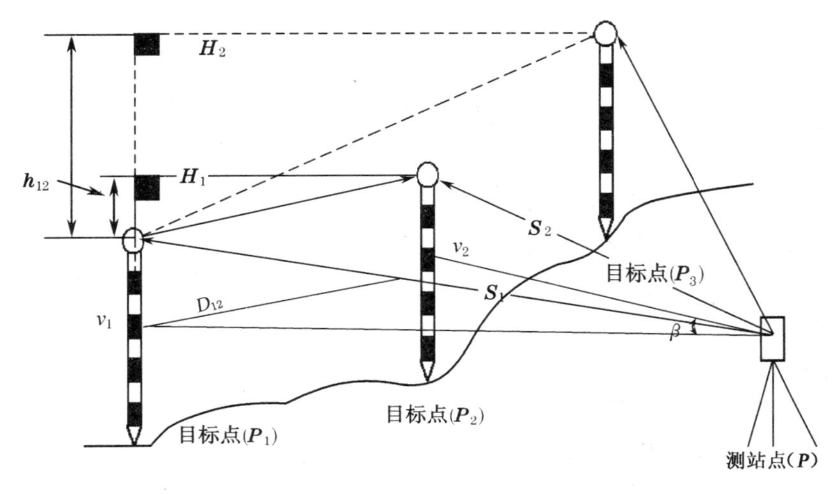

图 5-8　对边测量

(6) 悬高测量

悬高测量就是测定空中某点距地面的高度,如图 5-9 所示。把全站仪安置于适当位置并选定悬高测量模式后,把反射棱镜设立在欲测高度的目标点 C 的天底 B(即过目标点 C 的铅垂线与地面的交点)处,输入反射棱镜高 v;然后照准反射棱镜进行测量;再转动望远镜照准目标点 C,便能实时显示出目标点 C 至地面的高度 H。

显示的目标点高度 H,由全站仪自身内的计算程序按下式计算而得:

$$H=h+v=S\cos\alpha_1\tan\alpha_2-S\sin\alpha_1+v \tag{5-7}$$

式中:S——仪器至反射棱镜的斜距;

α_1、α_2——仪器至反射棱镜和目标点 C 的竖直角。

上面的测量原理是在反射棱镜设立在欲测高度的目标点 C 的天底 B 而且不考虑投点误差的条件下进行的。如果该条件不能保证,全站仪将无法测得 C 点距地面点 B 的正确高度;即使使用这一功能,测出的结果也是不正确的。当测量精度要求较高时,应先投点后观测。

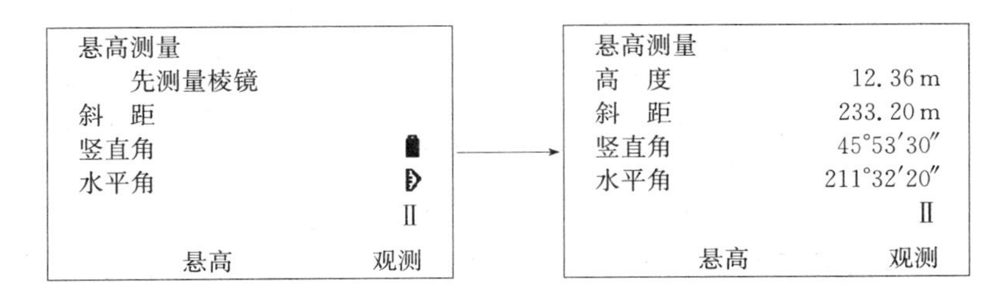

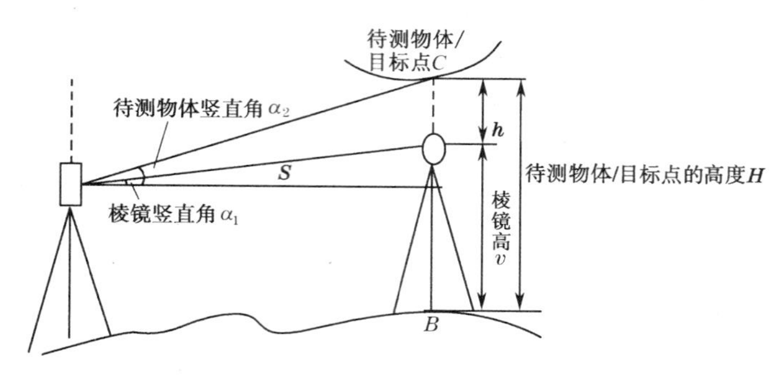

图 5-9　悬高测量

（7）面积测量

如图 5-10 所示，为一任意多边形，欲测定其面积，可在适当位置安置全站仪，选定面积测量模式后，按顺时针方向依次将反射棱镜竖立在多边形的各顶点上进行观测。观测完毕仪器就会瞬时显示出该多边形的面积值。其原理为：通过观测多边形各顶点的水平角 β_i、竖直角 α_i 以及斜距 S_i，先根据下式自动计算出各顶点在测站坐标系 xOy（x 轴指向水平度盘的零度分划线，原点 O 为仪器的中心）中的坐标

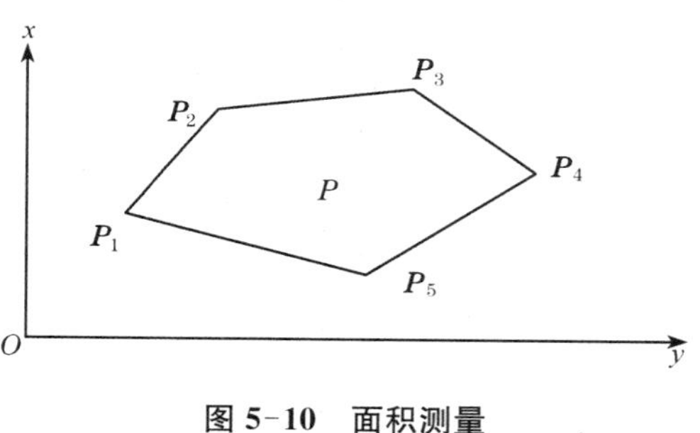

图 5-10　面积测量

$$\begin{cases} x_i = S_i \cos \alpha_i \cos \beta_i \\ y_i = S_i \cos \alpha_i \sin \beta_i \end{cases} \tag{5-8}$$

然后，再利用下式自动计算并显示出被测 n 边形的面积

$$P = \frac{1}{2}\sum_{i=1}^{n} x_i (y_{i+1} - y_{i-1}) \tag{5-9}$$

或

$$P = \frac{1}{2}\sum_{i=1}^{n} y_i (x_{i-1} - x_{i+1}) \tag{5-10}$$

当 $i=1$ 时，$y_{i-1}=y_n$，$x_{i-1}=x_n$；当 $i=n$ 时，$y_{i+1}=y_1$，$x_{i+1}=x_1$。

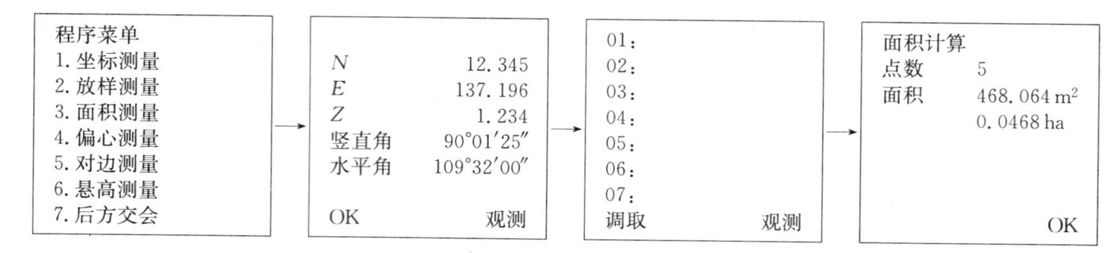

（8）偏心测量

全站仪偏心测量是指反射棱镜不是放置在待测点的铅垂线上，而是安置在与待测点相

关的某处，间接地可测定出待测点的位置。根据给定条件的不同，目前全站仪偏心测量有下列四种常用方式：角度偏心测量、单距偏心测量、圆柱偏心测量和双距偏心测量。

① 角度偏心测量

如图 5-11 所示，将全站仪安置在某一已知点 A，并照准另一已知点 B 进行定向；然后，将偏心点 C（棱镜）设置在待测点 P 的左侧（或右侧），并使其到测站点 A 的距离与待测点 P 到测站点的距离相当；接着对偏心点进行测量；最后再照准待测点方向，仪器就会自动计算并显示出待测点的坐标。其计算公式如下：

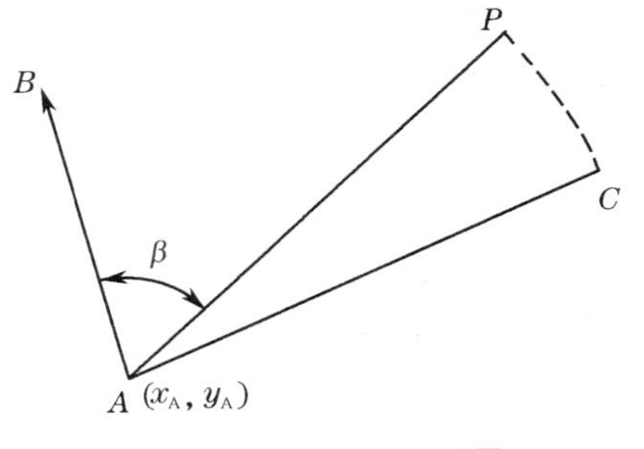

图 5-11　角度偏心测量

$$\begin{cases} x_P = x_A + S\cos\alpha \cdot \cos(T_{AB}+\beta) \\ y_P = y_A + S\cos\alpha \cdot \sin(T_{AB}+\beta) \end{cases} \tag{5-11}$$

式中：S，α——仪器到偏心点 C（棱镜）的斜距和竖直角；

x_A，y_A——已知点 A 的坐标；

T_{AB}——已知边的坐标方位角；

β——未知边 AP 与已知边 AB 的水平夹角；当未知边 AP 在已知边 AB 的左侧时，上式取"$-\beta$"。

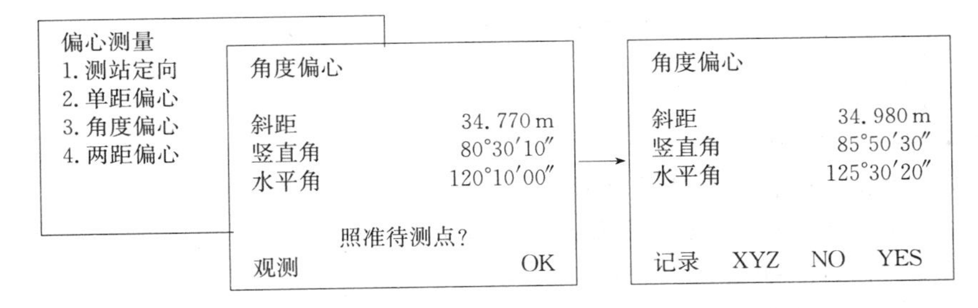

显然，角度偏心测量适合于待测点与测站点通视但其上无法安置反射棱镜的情况。

② 单距偏心测量

如图 5-12 所示，将全站仪安置在已知点 A，并照准另一已知点 B 进行定向；将反射棱镜设置在待测点 P 的附近一适当位置 C；然后输入待测点 P 与偏心点 C 间的距离 d 和 CA 与 CP 的水平夹角 θ，并对偏心点 C 进行观测，仪器就会自动显示出待测点 P 的坐标（x_P，y_P）、测站点至待测点的距离 D 和方位角 T_{AP}。其计算公式如下：

$$\begin{cases} x_C = x_A + S\cos\alpha \cdot \cos(T_{AB}+\beta) \\ y_C = y_A + S\cos\alpha \cdot \sin(T_{AB}+\beta) \end{cases} \tag{5-12}$$

$$\begin{cases} x_P = x_C + d\cos(T_{AB}+\beta+\theta+180°) \\ y_P = y_C + d\sin(T_{AB}+\beta+\theta+180°) \end{cases} \tag{5-13}$$

$$\begin{cases} D = \sqrt{(x_P - x_A)^2 + (y_P - y_A)^2} \\ T_{AP} = \arctan \dfrac{y_P - y_A}{x_P - x_A} \end{cases} \tag{5-14}$$

式中：x_C，y_C——偏心点 C 的坐标；

β——AC 边与已知边 AB 的水平夹角。

当 β 和 θ 为右角时，式(5-13)～式(5-14)取"$-\beta$"和"$-\theta$"代入计算。显然，单距偏心测量适合于待测点与测站点不通视的情况。

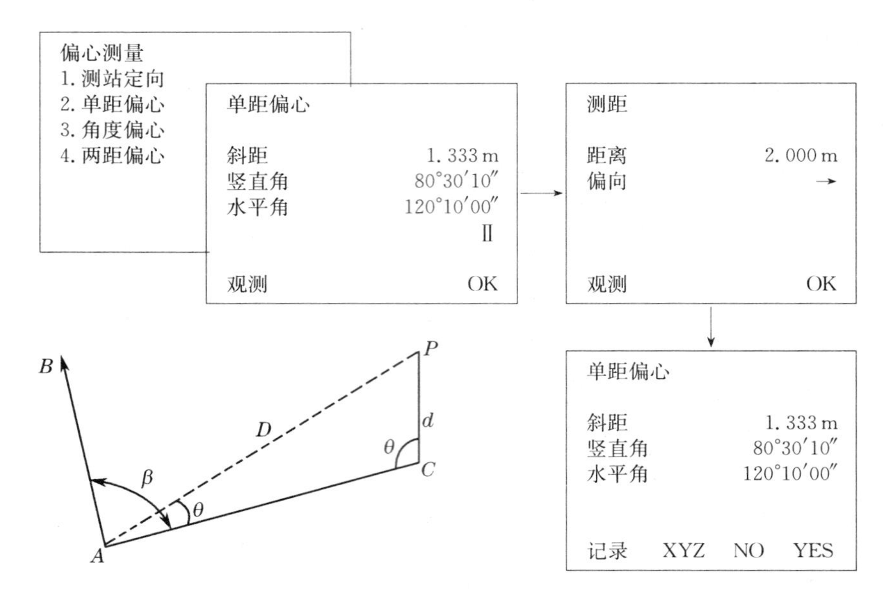

图 5-12　单距偏心测量

③ 圆柱偏心测量

圆柱偏心测量是单距偏心测量的一种特殊情况，即待测点 P 为某一圆柱形物体的圆心，如图 5-13 所示。观测时将全站仪安置在某一已知点 A，并照准另一已知点 B 进行定向；然后，将反射棱镜设置在圆柱体的一侧 C 点，且使 AC 与圆柱体相切；当输入圆柱体的半径 R，并对偏心点 C 进行观测后，仪器就会自动计算并显示出待测点的坐标(x_P，y_P)、测站点至待测点的距离 D 和方位角 T_{AP}。其计算公式与单距偏心测量相同，只不过用 R 和 90°代替 d 和 θ。

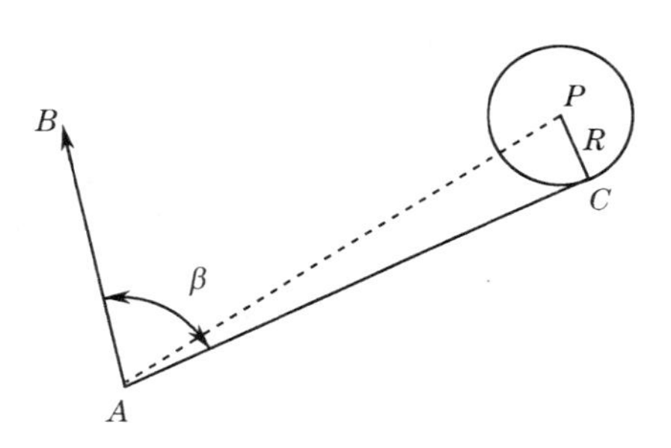

图 5-13　圆柱偏心测量

④ 双距偏心测量

双距偏心测量是利用专制的两点式觇牌(两觇牌的间距为一定值 f)，如图 5-14 所示，将全站仪安置在某一已知点 A，并照准另一已知点 B 进行定向；然后将两点式觇牌对准待测点 P(无须正交)，分别测量 D 和 C，并输入 C 点到待测点 P 的距离 g，仪器便可计算并显示出待测点 P 的坐标(x_P，y_P)或测站点至待测点的距离 S 和方位角 T_{AP}。其计算公式如下：

D 点的坐标为

$$\begin{cases} x_D = x_A + S_D \cos \alpha_D \cdot \cos(T_{AB} + \beta_D) \\ y_D = y_A + S_D \cos \alpha_D \cdot \sin(T_{AB} + \beta_D) \end{cases} \tag{5-15}$$

C 点的坐标为

$$\begin{cases} x_C = x_A + S_C\cos\alpha_C \cdot \cos(T_{AB}+\beta_C) \\ y_C = y_A + S_C\cos\alpha_C \cdot \sin(T_{AB}+\beta_C) \end{cases} \tag{5-16}$$

D、C 间的平距 k 和方位角 T_{DC} 为

$$\begin{cases} k = \sqrt{(x_C - x_D)^2 + (y_C - y_D)^2} \\ T_{DC} = \arctan\dfrac{y_C - y_D}{x_C - x_D} \end{cases} \tag{5-17}$$

C、P 之平距 d 为

$$d = \frac{g}{f}k \tag{5-18}$$

P 点的坐标为

$$\begin{cases} x_P = x_C + d\cos T_{DC} \\ y_P = y_C + d\sin T_{DC} \end{cases} \tag{5-19}$$

测站点至待测点的距离 D 和方位角 T_{AP} 为

$$\begin{cases} D = \sqrt{(x_P - x_A)^2 + (y_P - y_A)^2} \\ T_{AP} = \arctan\dfrac{y_P - y_A}{x_P - x_A} \end{cases} \tag{5-20}$$

式中：β_C，β_D——AC 边和 AD 边与已知边 AB 的水平夹角。

当未知边 AC 和 AD 边在已知边 AB 的左侧时，式(5-15)、式(5-16)取“$-\beta_C$”和“$-\beta_D$”代入计算。

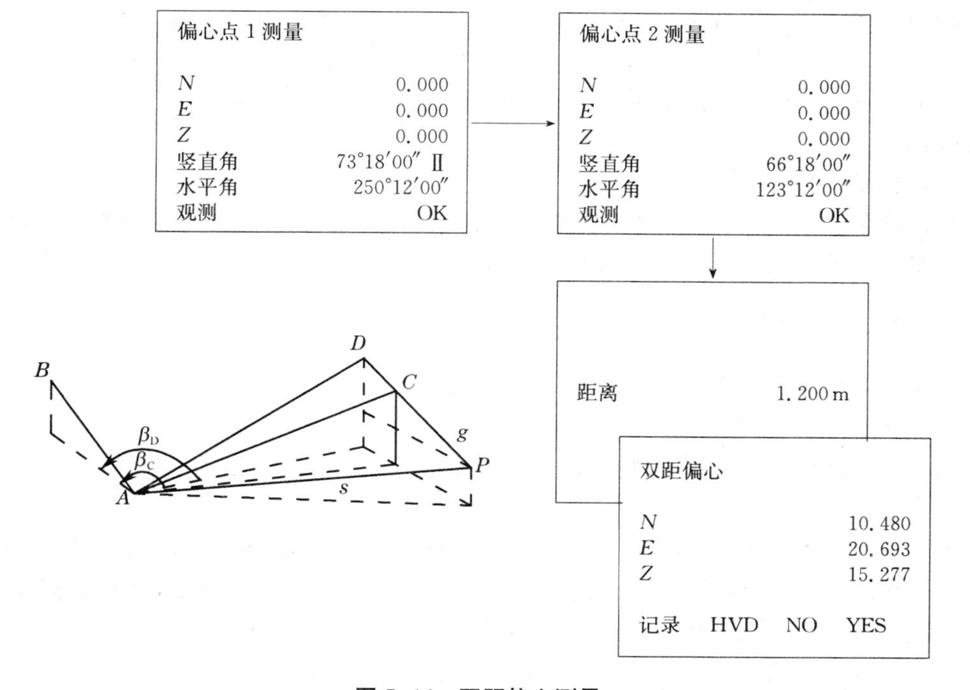

图 5-14 双距偏心测量

(9) 后方交会测量

将全站仪安置在未知点上，选定后方交会模式后，输入已知点的坐标；然后分别照准附近的两已知点进行测量，即可得到两已知点在测站坐标系 xOy 中的坐标；再通过坐标转换公式联立转换参数(当已知点多于两个时，则按最小二乘法间接平差求解)；最后通过坐标转换公式求得未知点在测量坐标系中的坐标。以上计算工作，由全站仪自动完成。

5.4 电子全站仪的检校

5.4.1 概述

全站仪同其他测量仪器一样，要定期地到有关鉴定部门进行检验校正。此外，在电子全站仪经过运输、长期存放、受到强烈振动或怀疑受到损伤时，也应对仪器进行检校。在对仪器进行检校之前，应进行外观质量检查：仪器外部有无碰损、各光学零部件有无损坏及霉点、成像是否清晰、各制动及微动螺旋是否有效、各接口是否可以正常接通和断开、键盘的按键操作是否正常等。仪器检校项目主要有以下三个方面：

(1) 光电测距部分的检验与校正

测距部分的检验项目及方法应遵照《中华人民共和国国家计量检定规程　光电测距仪》(JJG 703—2003)进行，主要有发射、接收、照准三轴关系正确性检验、周期误差检验、仪器常数检验、精测频率检验和测程检验等。

(2) 电子测角部分的检验与校正

测角部分的检验项目及方法应遵照《中华人民共和国国家计量检定规程　全站型电子速测仪》(JJG 100—2003)进行，主要有照准部水准管轴垂直于仪器竖轴的检验与校正，望远镜的视准轴垂直于横轴的检验与校正，横轴垂直于仪器竖轴的检验与校正，竖盘指标差的检验与校正等。

(3) 系统误差补偿的检验与校正

目前许多全站仪自身提供了对竖轴误差、视准轴误差、竖直角零基准的补偿功能，对其补偿的范围和精度也要进行相应的检校。

5.4.2 全站仪的检校

全站仪的检验与校正一般按下述步骤进行：

1) 照准部水准器的检验与校正

与普通经纬仪照准部水准器检校相同，即水准管轴垂直于竖轴的检校。

2) 圆水准器的检验与校正

照准部水准器校正后，使用照准部水准器仔细地整平仪器，检查圆水准气泡的位置，若气泡偏离中心，则转动其校正螺旋，使气泡居中。注意应使三个校正螺旋的松紧程度相同。

3) 十字丝竖丝与横轴垂直的检验与校正

十字丝竖丝与横轴垂直的检查方法与普通经纬仪的此项检查相同。

校正方法：旋开望远镜分划板校正盖，用校正针轻微地松开垂直和水平方向的校正螺旋，将一小塑料片或木片垫在校正螺旋顶部的一端作为缓冲器，轻轻地敲动塑料片或木片，使分划板微微地转动，使照准点返回偏离十字丝量的一半，即使十字丝竖丝垂直于水平轴。最后以同样的程度旋紧校正螺旋丝。

4）十字丝位置的检验与校正

在距离仪器 50～100 m 处，设置一清晰目标，精确整平仪器。打开开关设置竖直和水平度盘指标，盘左照准目标，读取水平角 a_1 和竖直度盘读数 b_1，用盘右再照准同一目标，读取水平角 a_2 和竖直度盘读数 b_2。计算 a_2-a_1，此差值在 180°±20″以内；计算 b_2+b_1，此和值在 360°±20″以内，说明十字丝位置正确，否则应校正。

校正方法：先计算正确的水平角和竖直度盘读数 A 和 B，$A=(a_2+a_1)/2+90°$，$B=(b_2-b_1)/2+180°$。仍在盘右位置照准原目标，用水平和竖直微动螺旋，将显示的角值调整为上述计算值。观察目标已偏离十字丝，旋下分划板盖的固定螺丝，取下分划板盖，用左右分划板校正螺旋，向着中心移动竖丝，再使目标位于竖丝上；然后用上下校正螺丝，再使目标置于水平丝上。注意：要将竖丝移向右（或左），先轻轻地旋松左（或右）校正螺丝，然后以同样的程度旋紧右（或左）校正螺丝。水平丝上（下）移动，也是先松后紧。重复检校，直至十字丝照准目标；最后旋上分划板校正盖。

5）测距轴与视准轴同轴的检查

（1）将仪器和棱镜面对面地安置在相距约 2 m 的地方，如图 5-15 所示。使全站仪处于开机状态。

（2）通过目镜照准棱镜并调焦，将十字丝瞄准棱镜中心。

（3）设置为测距或音响模式。

（4）将望远镜顺时针旋转调焦到无穷远，通过目镜可以观测到一个红色光点（闪烁），如果十字丝与光点在竖直和水平方向上的偏差均不超过光点直径的五分之一，则不需校正。若上述偏差超过五分之一，再检查仍如此，应交专业人员修理。

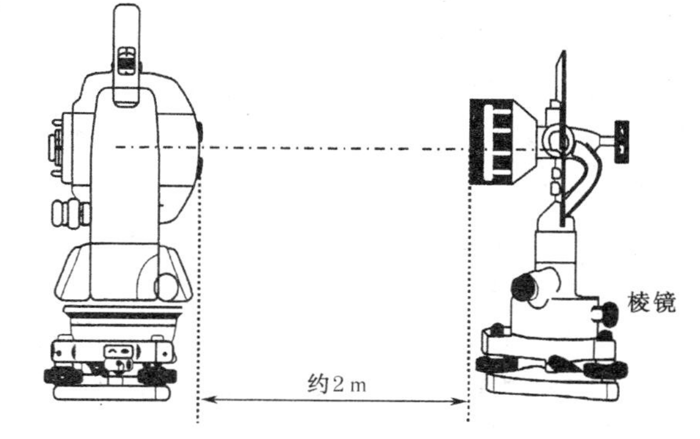

图 5-15　测距轴与视准轴同轴的检查

6）光学对中器的检校

整平仪器：将光学对中器十字丝中心精确地对准测点（地面标志），转动照准部 180°，若测点仍位于十字丝中心，则无需校正。若偏离中心，则按下述步骤进行校正。

校正方法：用脚螺旋校正偏离量的一半，旋松光学对中器的调焦环，用四个校正螺丝校正剩余一半的偏差，致使十字丝中心精确地与测点吻合。另外，当测点看上去有一绿色（灰色）区域时，轻轻地松开上（下）校正螺丝，以同样程度固紧下（上）螺丝；若测点看上去位于绿线（灰线）上，应轻轻地旋转右（左）螺丝，以同样程度固紧左（右）螺丝。

7）距离加常数的测定

如索佳 SET 全站仪，出厂前的距离加常数 c 已检校至 0。然而距离加常数会变化，故应定期地进行测定，然后用以改正所测的距离。

检查方法：在一平坦场地上，选择相距 100 m 的两点 A 和 B，C 点为 AB 之中点间，如

图 5-16 所示。

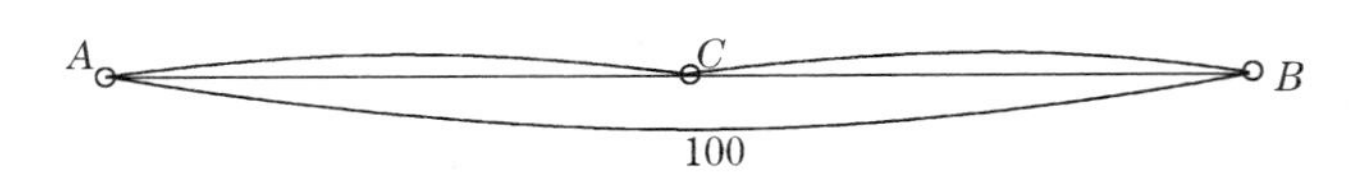

图 5-16　距离加常数的测定

在 A 点设置仪器，B 点安置棱镜，注意要确保棱镜高度与仪器物镜中心高度相同。若地面不平，用一台水准仪测定 A、B、C 三点上的仪器物镜中心和棱镜高度相同。精确测定 A、B 之间的距离 10 次。将仪器移至 C 点，精确测定 CA 和 CB 间的距离各 10 次，分别计算出各点之间的平均距离 AB、CA 和 CB，用下述公式计算距离加常数 c：

$$c = AB - (CA + CB) \tag{5-21}$$

对 c 值测定若干次，若绝大多数都不超过 ± 3 mm，取若干次的平均值作为距离加常数；否则，应与厂商联系。注意：若有棱镜常数，由上式计算结果应为仪器加常数与棱镜常数之和。

另外，仪器使用前最好按照使用说明书中的“距离测量检查流程图”检查电源、反射信号、显示状况等基本情况。

本章小结

全站型电子速测仪（简称全站仪）是一种能同时测角、测距，而且还能自动显示、记录、存储数据，并能进行数据处理，可在野外直接测得点的坐标和高程的光电仪器。它被广泛应用于控制测量、细部测量、施工放样、变形测量等方面的测量作业中。

全站仪按结构一般分为分体式（组合式或积木式）和整体式两类；按数据存储方式分为内存型和电脑型两种。

全站仪通过测量斜距、竖直角、水平角，自动记录、计算并显示出平距、高差、高程和坐标功能外，一般都还带有诸如坐标放样、对边测量、悬高测量、面积测量、后方交会、偏心测量等一些特殊的测量功能；有的全站仪具有免棱镜测量功能，有的全站仪则具有自动跟踪照准功能，被喻为测量机器人；还将 GPS 接收机与全站仪进行集成，生产出了 GPS 全站仪，即超站仪。

习题与思考题

1. 简述全站仪的基本结构和组成。
2. 简述全站仪的基本功能。
3. 简述全站仪三维坐标测量的基本原理。
4. 简述全站仪三维坐标放样的基本原理。
5. 简述全站仪对边测量的基本原理。
6. 简述全站仪悬高测量的基本原理。
7. 简述全站仪面积测量的基本原理。
8. 简述全站仪偏心测量的基本原理。

6 测量误差的基本知识

6.1 测量误差的概念

6.1.1 测量误差产生的原因

在测量工作中，人们发现当某一未知量，如某一段距离、某一角度或某两点间的高差进行多次重复观测时，无论测量仪器多么精密，观测进行得多么仔细，所得的结果往往是不一致的。又若已知由几个观测值构成的某一函数值应等于某一理论值，而实际观测值代入上述函数计算时通常与理论值不相等。例如观测一个平面三角形的三个内角，其和不等于理论值 180°。这种差异实质上表现为观测值(或其函数值)与未知量的真值(或其函数的理论值)之间存在差值，这种各观测值相互之间，或观测值与其理论值之间存在的某些差异现象，在测量工作中是普遍存在的。这种差值称为测量误差。即

$$测量误差=观测值-真值$$

测量误差的产生，概括起来有以下三个方面的原因：

首先，是观测者感觉器官的鉴别能力和技术水平的限制，在进行仪器的安置、瞄准、读数等工作时都会产生一定的误差。与此同时，工作态度造成的某种疏忽也会对观测结果产生影响。

其次，观测使用的仪器工具都有一定的精密度，仪器本身也含有一定的误差，如钢尺的最小分划以下的尾数就难以保证其准确性，又如水准测量时水准仪的视准轴不水平必然会对水准测量观测结果带来误差。

再有，在观测过程中所处的外界自然条件，如地形、温度、湿度、风力、大气折光等因素都会给观测值带来误差。

在实际测量工作中，上述人、仪器和客观环境三个方面是引起测量误差的主要因素，统称“观测条件”。观测成果的精确度称为“精度”。在相同的观测条件下进行的观测，称为同精度观测。如一个具有同等技术水平和工作态度的人使用相同精度的仪器，以同样的方法，在同一客观环境下所进行的观测称为“同精度观测”。反之，各个观测使用不同精度的仪器，或观测方法、技术水平不同，或客观环境差别较大，则是不同精度的观测。

在测量工作中，除了不可避免的误差外，有时还会出现错误，或称为粗差，如测量人员不正确地操作仪器，以及观测过程中测错、读错、记错等，是由于观测者疏忽而造成的。粗差在测量结果中是不允许存在的。为了杜绝粗差，除了认真作业外，常采用一些检核措施，如重

复观测和多余观测等。

6.1.2 测量误差的分类与处理方法

测量误差根据其对测量结果影响的性质，可分为系统误差和偶然误差。

1）系统误差

在相同的观测条件下，对某一量进行多次观测，如果测量误差在正负号及量的大小上表现出一致性的倾向，即保持为常数或按一定的规律变化的误差，称为系统误差。这种误差随着观测量的增多而逐渐累积。例如，钢尺量距时，钢尺的名义长度为 30 m，而检定后的实际长度为 30.005 m，每量一个整尺，就比实际长度小 0.005 m，这种误差的大小与所量直线的长度成正比，而且正负号始终一致；又如，水准测量时，水准仪的视准轴不平行于水准管轴而引起的高差误差等。系统误差对测量结果的危害性极大，但是，由于系统误差是有规律性的，所以可以设法将它消除或消减。例如，钢尺量距时，可以用尺长方程式对测量结果进行尺长改正；又如水准测量中用前后视距相等的办法来减少仪器视准轴不平行于水准管轴给测量结果带来的影响；经纬仪测角时用盘左、盘右分别观测取平均值的方法可以减弱视准轴不垂直于横轴的影响等。

消除或消减系统误差的方法有：

（1）应用计算改正数的方法，对原始观测值进行处理。例如，在量距前将所用钢尺与标准长度比较，得出差数，进行尺长改正。

（2）将系统误差限制在允许范围内。仔细检定和校正仪器，在与检定时相同的条件下进行测量。

（3）采用适当的观测方法。例如进行水准测量时，仪器安置在离两水准尺等距离的地方，可以消除水准仪水准管轴不平行于视准轴的误差；又如用盘左、盘右两个位置测水平角，可以消除经纬仪视准轴不垂直于横轴的误差。

2）偶然误差

在相同的观测条件下，对某一量进行一系列观测，如果测量误差在正负号及数值上都没有一定的规律性，这类误差称为偶然误差。

偶然误差是由于人的感觉器官和仪器的性能受到一定的限制，以及观测时受到外界条件的影响等原因所造成的。例如，用望远镜瞄准目标时，由于观测者眼睛的分辨能力和望远镜的放大倍数有一定限度、观测时光线强弱的影响，致使照准目标不能绝对正确，可能偏左一些，也可能偏右一些。又如，水准测量估读毫米时，每次估读也不绝对相同，其影响可大可小，纯属偶然性，数学上称随机性，所以偶然误差也称随机误差。单个偶然误差的出现没有规律性，但在相同条件下重复观测某一量，出现的大量偶然误差却具有一定的规律性。概率论就是研究随机现象出现规律性的学科。与系统误差不同，偶然误差不可能通过测量的方法加以消除。偶然误差是本章研究的主要对象。

为了提高观测成果的质量，同时也为了发现和消除错误，在测量工作中，观测值的个数必须多于必要观测值的个数，称为多余观测。例如，测量一平面三角形的内角，只需要测得其中的任意两个，即可确定其形状，但实际上也测第三个角，以便检校内角和，从而判断观测结果的准确性。

在测量工作中，系统误差和偶然误差总是同时存在的，由于系统误差具有积累性，它对观测结果的影响尤为显著，所以在测量时要利用各种方法消除系统误差的影响，从而使测量误差中偶然误差处于主导地位。

学习误差理论知识的目的，是为了了解偶然误差的规律，合理地处理观测数据，即根据一组带有偶然误差的观测值，求出未知量的最可靠值，并衡量其精度；同时，根据偶然误差的理论指导实践，使测量成果达到预期要求。学习测量误差方面的知识，对于今后从事科学研究工作，处理观测资料和实验数据，也是不可缺少的基础知识。

6.1.3　偶然误差的特性

在观测结果中，主要存在的是偶然误差，偶然误差产生的原因纯属随机性，不能用计算改正或用一定的观测方法简单地加以消除，只有通过大量的观测才能揭示其内在的规律。例如在相同的观测条件下，对 200 个三角形的三个内角进行独立观测，设三角形内角和的真值为 X，观测值为 l，真误差为 Δ，则

$$\Delta=l-X \tag{6-1}$$

现取误差区间的间隔 $d\Delta=1''$，将这一组误差按其正负号与误差值的大小排列。出现在某区间内误差的个数称为频数，用 k 表示；频数除以误差的总个数 n 得 k/n，称为误差在该区间的频率。统计结果列于表 6-1，此表称为误差频率分布表。

表 6-1　误差频率分布表

误差区间　dΔ	−Δ		+Δ	
	k	k/n	k	k/n
0″～1″	33	0.165	34	0.17
1″～2″	23	0.115	24	0.12
2″～3″	17	0.085	17	0.085
3″～4″	13	0.065	13	0.065
4″～5″	6	0.03	7	0.035
5″～6″	4	0.02	5	0.025
6″～7″	2	0.01	2	0.01
7″以上	0	0	0	0
和	98	0.49	102	0.51

以各区间内误差出现的频率与区间间隔值的比值为纵坐标，以误差的大小为横坐标，可以绘出误差直方图，如图 6-1。如果继续观测更多的三角形，即增加误差的个数，当 $n\to\infty$ 时，各误差出现的频率也就趋近一个确定的值，这个数值就是误差出现在各区间的概率。此时如将误差区间无限缩小，那么图 6-1 中各长方条顶边所形成的折线将成为一条光滑的连续曲线，如图 6-2，这条曲线称为误差分布曲线，呈正态分布。曲线上任一点的纵坐标 y 均为横坐标 Δ 的函数，其函数形式为

$$f(\Delta)=\frac{1}{\sqrt{2\pi}\sigma}e^{-\frac{\Delta^2}{2\sigma^2}} \tag{6-2}$$

式中：e——自然对数的底，约为 2.718 3；

σ——观测值的标准差，其平方 σ^2 称为方差；

Δ——真误差。

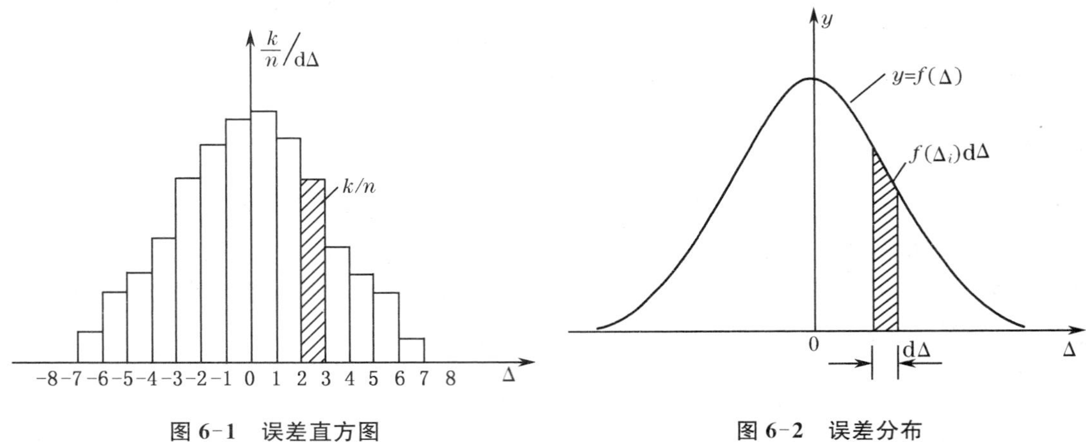

图 6-1　误差直方图

图 6-2　误差分布

曲线通过上面的实例，可以概括偶然误差的特性如下：

(1) 有限性。在一定条件下的有限观测值中，其误差的绝对值不会超过一定的界限，或者说，超过一定限值的误差，其出现的概率为零。

(2) 单峰性。绝对值较小的误差比绝对值较大的误差出现的次数多，或者说，小误差出现的概率大，大误差出现的概率小。

(3) 对称性。绝对值相等的正误差与负误差出现的次数大致相等，或者说，它们出现的概率相等。

(4) 抵偿性。当观测次数无限增多时，其算术平均值趋近于零。

$$\lim_{n\to\infty}\frac{\Delta_1+\Delta_2+\cdots+\Delta_n}{n}=\lim_{n\to\infty}\frac{[\Delta]}{n}=0 \tag{6-3}$$

式(6-3)表示偶然误差的数学期望等于零。

上述偶然误差的第一个特性说明误差出现的范围；第二个特性说明误差绝对值大小的规律；第三个特性说明误差符号出现的规律；第四个特性可由第三个特性导出，它说明偶然误差具有抵偿性。

6.2　评定精度的标准

测量的任务不仅是对一个未知量进行多次观测，求出最后结果，还必须对测量结果的精确程度进行评定，因此需建立一种衡量精度的标准。所谓精度，就是指误差分布密集或离散的程度。6.1 节我们曾用列表、画图、绘制误差分布曲线的方法表示一组观测值的误差密集或离散的程度，每组观测值都各自对应有确定的误差分布，它们之间可以进行精度比较，但在实际应用中不太方便。因此，测量中常用中误差、相对误差及允许误差等作为精度评定的标准。

6.2.1 中误差

观测误差的标准差σ，其定义为

$$\sigma^2=\lim_{n\to\infty}\frac{[\Delta\Delta]}{n} \tag{6-4}$$

用上式求σ值要求观测数n趋近无穷大，实际上是很难做到的。在实际测量工作中，观测数总是有限的。为了评定精度，一般采用下列公式：

$$m=\sqrt{\frac{[\Delta\Delta]}{n}} \tag{6-5}$$

式中：m——中误差；

$[\Delta\Delta]$——一组同精度观测误差Δ_i自乘的总和；

n——观测次数。

比较式(6-4)与式(6-5)可以看出，标准差σ与中误差m的不同在于观测个数的区别，标准差为理论上的观测精度指标，而中误差则是观测次数n为有限时的观测精度指标。所以，中误差实际上是标准差的近似值，统计学上称为估值。

必须指出，在相同的观测条件下进行的一组观测，测得的每一个观测值都为同精度观测值，也称为等精度观测值。由于它们对应着一个误差分布，有一个标准差，其估值为中误差，因此，同精度观测值具有相同的中误差。但是同精度观测值的真误差彼此并不相等，有的差异还比较大，这是由于真误差具有偶然误差的性质。

【例 6-1】 设有甲、乙两组观测值，其真误差分别为

甲组：$-8''$、$-5''$、$-3''$、$0''$、$+2''$、$+6''$、$-1''$

乙组：$+6''$、$+4''$、$-2''$、$0''$、$-3''$、$-4''$、$+1''$

则两组观测值的中误差分别为

$$m_{甲}=\sqrt{\frac{64+25+9+0+4+36+1}{7}}=4.4''$$

$$m_{乙}=\sqrt{\frac{36+16+4+0+9+16+1}{7}}=3.4''$$

由此可以看出甲组观测值比乙组观测值的精度低，因为甲组观测值中有较大的误差，其平方能反映较大误差的影响，因此，测量工作中采用中误差作为衡量精度的标准。

应该再次指出，中误差m是表示一组观测值的精度。例如，$m_{甲}$是表示甲组观测值中每一观测值的精度，而不能用每次观测所得的真误差($-8''$、$-5''$、$-3''$、$0''$、$+2''$、$+6''$、$-1''$)与中误差($4.4''$)相比较，来说明一组中哪一次的精度高或低。

6.2.2 相对误差

测量工作中，有时用中误差还不能完全表达观测结果的精度。例如，分别丈量了1 000 m及500 m两段距离，其中误差均为0.1 m，并不能说明丈量距离的精度，因为量距时

其误差的大小与距离的长短有关，所以应采用另一种衡量精度的方法，即相对中误差或相对误差 K，它是中误差的绝对值与观测值的比值，通常用分子为 1 的分数形式表示。

$$K=\frac{|m|}{D}=\frac{1}{\frac{D}{|m|}} \tag{6-6}$$

例如上例中前者的相对误差为$\frac{0.1}{1\,000}=\frac{1}{10\,000}$，后者则为$\frac{0.1}{500}=\frac{1}{5\,000}$，前者分母大比值小，丈量精度高。

6.2.3 允许误差

根据偶然误差的第一特性可以看出，在一定的观测条件下，偶然误差的绝对值不会超过一定限值，这个限值就是极限误差。由误差理论及分布曲线可知，在一组等精度观测中，真误差的绝对值大于一倍中误差的个数约占整个误差个数的 32%；大于两倍中误差的个数约占 4.5%；大于三倍中误差的个数只占 0.3%。因此常以两倍(或三倍)中误差的数值作为极限误差，或称为允许误差(或容许误差)。允许误差可用下式表示：

$$\Delta_{允}=2m \tag{6-7}$$

或

$$\Delta_{允}=3m \tag{6-8}$$

有关测量规范对各种测量工作，按不同的要求分别规定了允许误差的值，如果观测误差超过了规定的允许误差，被认为是不可靠的，该观测成果为超限值，应予剔除，重新观测。

6.3 误差传播定律及其应用

6.3.1 观测值的函数

前面已经叙述了一组同精度观测值的精度评定问题。但是在实际工作中许多未知量不可能或者不便于直接观测，而是由一些直接观测值根据一定的函数关系计算而得。例如，欲测定两点间的高差 h，可由直接观测的竖直角 α 和距离 D 以函数关系 $h=D\sin\alpha$ 来表示。显然函数 h 的中误差与观测值 D 和 α 存在一定的关系，阐述观测值中误差与观测值函数中误差之间关系的定律，称为误差传播定律。

6.3.2 误差传播定律

1) 和差函数的中误差

设某一量 Z 为两个独立观测值 x 与 y 之和(或差)，则函数式为

$$Z=x\pm y \tag{6-9}$$

令函数 Z 及观测值的真误差分别为 Δz，Δx，Δy，则

$$Z+\Delta z=(x+\Delta x)\pm(y+\Delta y)$$

将上式减去式(6-9)，得

$$\Delta z = \Delta x \pm \Delta y \tag{6-10}$$

若 x 和 y 各同精度观测了 n 次，则可写出 n 个式子

$$\Delta z_1 = \Delta x_1 \pm \Delta y_1$$

$$\Delta z_2 = \Delta x_2 \pm \Delta y_2$$

$$\cdots$$

$$\Delta z_n = \Delta x_n \pm \Delta y_n$$

将上列各式平方后相加，得

$$[\Delta z^2] = [\Delta x^2] + [\Delta y^2] \pm 2[\Delta x \Delta y]$$

两边各除以 n 后，得

$$\frac{[\Delta z^2]}{n} = \frac{[\Delta x^2]}{n} + \frac{[\Delta y^2]}{n} \pm \frac{2[\Delta x \Delta y]}{n}$$

因为 Δx_1、Δx_2、…、Δx_n 及 Δy_1、Δy_2、…、Δy_n 都是偶然误差，它们的乘积仍为偶然误差，其出现正负的机会是相等的。根据偶然误差的第四特性，当 $n \to \infty$ 时，上式的第三项 $\Delta x \Delta y_n \to 0$，按中误差定义，得

$$m_z^2 = m_x^2 + m_y^2 \tag{6-11}$$

即两个独立观测值的代数和的中误差平方等于这两个独立观测值中误差平方的和。

由式(6-11)很易推广到多个独立观测值的代数和情况。

设函数 Z 等于 n 个观测值的和(或差)，即

$$Z = x_1 \pm x_2 \pm \cdots \pm x_n \tag{6-12}$$

根据上述的推导方法，可得到

$$m_z^2 = m_{x_1}^2 + m_{x_2}^2 + \cdots + m_{x_n}^2 \tag{6-13}$$

即多个观测值的代数和的中误差平方等于各个观测值中误差平方的和。

【例 6-2】 自水准点 BM5 向水准点 BM6 进行水准测量，设各段观测高差分别为：BM5～1$h_1 = +4.569$ m，1～2$h_2 = +6.358$ m，2～BM6$h_3 = -2.147$ m，其中误差为：$m_{h_1} = 2$ mm，$m_{h_2} = 4$ mm，$m_{h_3} = 3$ mm。求BM5、BM6 两点的高差及其中误差为多少？

解： BM5、BM6 两点的高差 $h = h_1 + h_2 + h_3 = 8.780$(m)

由式(6-13)可知，高差中误差的平方 $m_h^2 = m_{h_1}^2 + m_{h_2}^2 + m_{h_3}^2 = 2^2 + 4^2 + 3^2 = 29$

则得　　$m_h = 5.4$(mm)

2) 倍数函数的中误差

设有函数为

$$Z = kx \tag{6-14}$$

根据式(6-13)，得

$$m_Z^2=k^2m^2$$

即

$$m_Z=km \tag{6-15}$$

【例 6-3】 在 1∶500 地形图上量得某两点间的距离 $d=234.5$ mm，其中误差为 $m_d=0.2$ mm，求该两点间的地面水平距离 D 的值及其中误差 m_D。

解： $D=500d=500\times0.2345=117.25$(m)

$m_D=500\times(0.0002)=0.10$(m)

3）线性函数的中误差

设有函数

$$Z=K_1x_1\pm K_2x_2\pm\cdots\pm K_nx_n \tag{6-16}$$

式中：K_1、K_2、…、K_n——常数；

x_1、x_2、…、x_n——独立观测值；

m_1、m_2、…、m_n——中误差。

以 $Z_1=K_1x_1$，$Z_2=K_2x_2$，…，$Z_n=K_nx_n$ 代入式(6-16)，得

$$Z=Z_1+Z_2+\cdots+Z_n$$

根据式(6-13)，得

$$m_Z^2=m_{Z_1}^2+m_{Z_2}^2+\cdots+m_{Z_n}^2$$

因为观测值乘以某常数后的中误差等于该常数乘以观测值的中误差，即

$$m_{Z_1}=K_1m_1,\ m_{Z_2}=K_2m_2,\ \cdots,\ m_{Z_n}=K_nm_n$$

将它们代入上式，得

$$m_Z^2=K_1^2m_1^2+K_2^2m_2^2+\cdots+K_n^2m_n^2 \tag{6-17}$$

或

$$m_Z=\sqrt{K_1^2m_1^2+K_2^2m_2^2+\cdots+K_n^2m_n^2}$$

【例 6-4】 对某段距离测量 n 次，其各次观测值的中误差分别为 m_{l_1}，m_{l_2}，…，m_{l_n} 求其算术平均值 x 的中误差 m_x。

解： 观测值为 l_1，l_2，…，l_n，其算术平均值 x 为

$$x=\frac{l_1+l_2+\cdots+l_n}{n}=\frac{1}{n}l_1+\frac{1}{n}l_2+\cdots+\frac{1}{n}l_n$$

由式(6-17)，得

$$m_x^2=\frac{1}{n^2}m_{l_1}^2+\frac{1}{n^2}m_{l_2}^2+\cdots+\frac{1}{n^2}m_{l_n}^2$$

设各观测值都是等精度观测，故

$$m_{l_1}=m_{l_2}=\cdots=m_{l_n}=m$$

则算术平均值的中误差为

$$m_x^2=\frac{n}{n^2}\times m^2=\frac{1}{n}m^2$$

或

$$m_x=\frac{m}{\sqrt{n}} \tag{6-18}$$

式(6-18)说明在等精度观测值中，算术平均值的中误差是独立观测值的中误差的$\frac{1}{\sqrt{n}}$。

4）一般函数的中误差

设有函数

$$Z=f(x_1, x_2, x_3, \cdots, x_n) \tag{6-19}$$

式中 $x_i(i=1, 2, 3, \cdots, n)$为独立观测值，已知其中误差为 $m_i(i=1, 2, 3, \cdots, n)$，求不便直接观测的函数 Z 的中误差。

当 x_i 具有真误差 Δx_i 时，函数 Z 相应地产生真误差 Δz，Δx_i 和 Δz 都是微小值，由数学分析可知，变量的微小变化和函数的微小变化之间的关系，可以近似地用函数全微分来表达，并通过用 Δx_i 和 Δz 取代微分符号 dx_i 和 dZ。即

$$\Delta Z=\frac{\partial f}{\partial x_1}\Delta x_1+\frac{\partial f}{\partial x_2}\Delta x_2+\cdots+\frac{\partial f}{\partial x_n}\Delta x_n \tag{6-20}$$

式中：$\frac{\partial f}{\partial x_i}(i=1, 2, 3, \cdots, n)$——函数值对各自变量的偏导数。

设$\frac{\partial f}{\partial x_i}=f_i(i=1, 2, 3, \cdots, n)$，则式(6-20)可以写成

$$\Delta Z=f_1\Delta x_1+f_2\Delta x_2+\cdots+f_n\Delta x_n \tag{6-21}$$

为求得函数与观测值之间的中误差关系式，设想进行了 K 次观测，则可以写出 K 个式子：

$$\Delta Z^{(1)}=f_1\Delta x_1^{(1)}+f_2\Delta x_2^{(1)}+\cdots+f_n\Delta x_n^{(1)}$$

$$\Delta Z^{(2)}=f_1\Delta x_1^{(2)}+f_2\Delta x_2^{(2)}+\cdots+f_n\Delta x_n^{(2)}$$

$$\cdots$$

$$\Delta Z^{(k)}=f_1\Delta x_1^{(k)}+f_2\Delta x_2^{(k)}+\cdots+f_n\Delta x_n^{(k)}$$

将上面各式分别取平方后求和，然后两端各除以 K 得

$$\frac{[\Delta Z^2]}{K}=f_1^2\frac{[\Delta x_1^2]}{K}+f_2^2\frac{[\Delta x_2^2]}{K}+\cdots+f_n^2\frac{[\Delta x_n^2]}{K}+\sum_{\substack{i, j=1\\ i\neq j}}^{n}\left(f_i\cdot f_j\cdot\frac{[\Delta x_i\Delta x_j]}{K}\right) \tag{6-22}$$

设各观测值 x_i 为独立观测值，则 $\Delta x_i\cdot\Delta x_j$ 当 $i\neq j$ 时亦为偶然误差，根据偶然误差的第四个特性，式(6-22)中最末一项当 $K\to\infty$时趋近于零，即

$$\sum_{\substack{i,j=1\\i\neq j}}^{n} f_i \cdot f_j \frac{[\Delta x_i \Delta x_j]}{K} \to 0 \quad (K\to\infty)$$

故式(6-20)可以写成：

$$\lim_{K\to\infty}\frac{\Delta Z^2}{K}=\lim_{K\to\infty}\left(f_1^2\frac{[\Delta x_1^2]}{K}+f_2^2\frac{[\Delta x_2^2]}{K}+\cdots+f_n^2\frac{[\Delta x_n^2]}{K}\right)$$

根据中误差的定义，上式可以写成：

$$\sigma_Z^2=f_1^2\sigma_1^2+f_2^2\sigma_2^2+\cdots+f_n^2\sigma_n^2$$

当认为 K 为有限值时，写成中误差形式：

$$m_Z^2=f_1^2m_1^2+f_2^2m_2^2+\cdots+f_n^2m_n^2$$

即

$$m_Z=\pm\sqrt{\left(\frac{\partial f}{\partial x_1}\right)^2m_1^2+\left(\frac{\partial f}{\partial x_2}\right)^2m_2^2+\cdots+\left(\frac{\partial f}{\partial x_n}\right)^2m_n^2} \tag{6-23}$$

上式即为由独立观测值计算函数中误差的一般形式。

【例 6-5】 设有某函数 $Z=S\sin\alpha$，式中 $S=150.11$ m，其中误差 $m_S=0.05$ m，$\alpha=119°45'00''$，其中误差 $m_\alpha=20.6''$。试求 Z 的中误差 m_Z。

解： $Z=S\sin\alpha$

$$\frac{\partial Z}{\partial S}=\sin\alpha,\ \frac{\partial Z}{\partial \alpha}=S\cos\alpha$$

按式(6-23)

$$m_Z^2=\left(\frac{\partial Z}{\partial S}\right)^2m_S^2+\left(\frac{\partial Z}{\partial \alpha}\right)^2m_\alpha^2=(\sin\alpha)^2m_S^2+(S\cos\alpha)^2\times\left(\frac{m_\alpha}{\rho''}\right)^2=19.4(\text{cm}^2)$$

$$m_Z=\sqrt{19.4}=4.4(\text{cm})$$

计算过程中：$\rho''=206\,265''$，m_S 单位为 cm，$\frac{m_\alpha}{\rho''}$需将角值化成弧度值。

6.3.3 误差传播定律的应用

1) 水准测量精度

设在 A、B 两点间用水准仪观测了 n 次，则 A、B 两点间的高差为

$$h=h_1+h_2+\cdots+h_n$$

设 n 次观测为等精度观测，其中误差为 $m_{站}$，由误差传播定律可知 A、B 间的高差的中误差为

$$m_h^2=m_{站}^2+m_{站}^2+\cdots+m_{站}^2=n\cdot m_{站}^2$$

即

$$m_h=\pm m_{站}\sqrt{n} \tag{6-24}$$

水准测量时，当各测站高差的观测精度基本相同时，水准测量高差的中误差与测站数的平方根成正比；同样可知，当各测站距离大致相等时，高差的中误差与距离的平方根成正比，即

$$m_{\mathrm{h}}=\pm m_{站}\sqrt{\frac{L}{l}} \quad 或 \quad m_{\mathrm{h}}=\pm m_{千米}\sqrt{L}$$

式中：L——A、B 的总长；

l——各测站间的距离；

$m_{千米}$——每千米路线长的高差中误差。

2）由三角形闭合差计算测角精度

设三角形的内角观测值的和为 L_i，三内角的观测值分别为 α_i、β_i、γ_i（$i=1, 2, 3, \cdots, n$），则

$$L_i=\alpha_i+\beta_i+\gamma_i$$

三角形内角和的闭合差 $W_i=\alpha_i+\beta_i+\gamma_i-180°$，其内角和闭合差的中误差为

$$m_{\mathrm{W}}=\pm\sqrt{\frac{[WW]}{n}}$$

故根据误差传播定律：

$$m_{\mathrm{W}}^2=m_{\alpha}^2+m_{\beta}^2+m_{\gamma}^2=3\cdot m_{角}^2$$

所以

$$m_{角}=\pm\sqrt{\frac{[WW]}{3n}} \tag{6-25}$$

式(6-25)称为菲列罗公式，该式是用真误差 W_i 来计算测角中误差的，它可以用来检验经纬仪的测角精度。

3）水平角测量精度

经纬仪观测水平角是测定构成水平角的两个方向值之差，即 $\beta=l_1-l_2$。设经纬仪一测回的方向中误差为 m_l，则根据误差传播定律，一测回水平角的中误差为

$$m_{\beta}=\pm\sqrt{2}m_l \tag{6-26}$$

例如，DJ6 级经纬仪测角，$m_l=\pm6''$，$m_{\beta}=\pm\sqrt{2}\cdot6''=\pm8.5''$。

4）距离丈量精度

若用长度为 l 的钢尺在相同条件下（等精度）丈量一直线 D，共丈量 n 个尺段，设已知丈量一尺段的中误差为 m_l，试求直线长度 D 的中误差 m_{D}。因为直线长度为各尺段之和，故

$$D=l_1+l_2+l_3+\cdots+l_n$$

按公式(6-13)得

$$m_{\mathrm{D}}=\pm m_l\sqrt{n}$$

又由于 $D=nl$，即 $n=\frac{D}{l}$，将其代入上式，得

$$m_D = \pm m_1 \sqrt{\frac{D}{l}} = \pm \frac{m_1}{\sqrt{l}} \sqrt{D}$$

令 $\mu = \pm \frac{m_1}{\sqrt{l}}$，则 $m_D = \pm \mu \sqrt{D}$

当 $D=1$ 时，则 $\mu = m_D$，即单位长度的丈量中误差。因此，距离丈量的中误差与距离的平方根成正比。

6.4 等精度观测值的平差

无论哪一种观测，为确定一个未知量的大小，一般都对未知量进行多余观测，这样观测值之间就出现了矛盾，因此必须进行平差。进行平差的目的，就是对观测数据进行处理，求得未知量的最或是值(或最可靠值)，同时评定观测值及最或是值的精度。

存在多余观测就存在多种求值的计算途径，因此，必须寻找一种方法，使得通过全部观测数据所求的解不仅是唯一的，而且是最优的。最小二乘法是普通测量和大地测量中最常用的一种平差方法，同时它也可以实现上述目标。所以，最小二乘法是平差时应遵循的原则。

设 $l_1, l_2, \cdots, l_n$ 为一组相互独立的观测值，$L_1, L_2, \cdots, L_n$ 为各观测值的最或是值，其值 $L_i = l_i + v_i$。v_i 为观测值的改正数，各观测值的中误差为 $m_1, m_2, \cdots, m_n$。由未知数概率密度函数可知，当密度函数愈大，误差出现的概率愈大，最或是值与观测值的偏差愈小。欲使密度函数最大，必须使

(1) 不等精度观测时：$P_1 v_1^2 + P_2 v_2^2 + \cdots + P_n v_n^2 = [Pvv]$ 取最小值

式中：P——观测值的权。

(2) 等精度观测时：最小 $v_1^2 + v_2^2 + \cdots + v_n^2 = [vv]$ 取最小值

平方是一个数的自乘，也叫二乘，因此称为最小二乘法。

6.4.1 求最或是值

设对某量进行 n 次等精度观测，观测值为 $l_i (i=1, 2, \cdots, n)$，最或是值为 L，观测值的改正数为 v_i，则有

$$v_1 = L - l_1$$

$$v_2 = L - l_2$$

$$\cdots$$

$$v_n = L - l_n$$

以上各式等号两边平方求和，得

$$[vv] = (L - l_1)^2 + (L - l_2)^2 + \cdots + (L - l_n)^2$$

根据最小二乘原理，必须使 $[vv]$ 取最小值，所以，将 $[vv]$ 对 L 取一、二阶导数：

$$\frac{\mathrm{d}}{\mathrm{d}L}[vv]=2(L-l_1)+2(L-l_2)+\cdots+2(L-l_n)$$

$$\frac{\mathrm{d}^2}{\mathrm{d}L^2}[vv]=2n>0$$

由于二阶导数大于零，因此，一阶导数等于零时，$[vv]$取最小值，由此得

$$L=\frac{l_1+l_2+\cdots+l_n}{n} \quad 或 \quad L=\frac{[l]}{n} \tag{6-27}$$

由此可知，等精度观测值的算术平均值就是最或是值。

6.4.2 观测值的中误差

前面已经叙述了观测值中误差的计算公式为

$$m=\pm\sqrt{\frac{[\Delta\Delta]}{n}}$$

式中：$\Delta_i=l_i-X(i=1, 2, \cdots, n)$。 (6-28)

真值 X 有时是知道的，例如三角形三个内角之和为 180°，但更多的情况下，真值是不知道的，因此观测值的中误差可用观测值的改正数 v_i 来推求。

$$v_i=L-l_i(i=1, 2, \cdots, n) \tag{6-29}$$

或者说

$$l_i+v_i=L$$

正因为观测值含有误差，才加以改正，所以误差与改正数的符号应相反。

下面将推导利用改正数 v_i 计算中误差的公式。

式(6-28)与式(6-29)相加，得

$$\Delta_i=(L-X)-v_i$$

上式中 $L-X$ 是最或是值(算术平均值)的真误差，也难以求得。设 $L-X=\delta$，则

$$\Delta_i^2=v_i^2-2v_i\delta+\delta^2(i=1, 2, \cdots, n) \tag{6-30}$$

对上式两边从 1 到 n 求和再除以 n，得

$$\frac{[\Delta\Delta]}{n}=\frac{[vv]}{n}-2\delta\frac{[v]}{n}+\delta^2 \tag{6-31}$$

将式(6-29)两边从 1 到 n 求和后，得

$$[v]=nL-[l] \tag{6-32}$$

又由式(6-27)知

$$L=\frac{[l]}{n}$$

将上式代入式(6-32)，得

$$[v]=n\cdot\frac{[l]}{n}-[l]=0$$

故式(6-31)中右边第二项为零。第三项中的 δ 是算术平均值的真误差，一般是不知道的，因而常近似地用算术平均值的中误差 M 来代替，据式(6-18)可知

$$\delta\approx M=\pm\frac{m}{\sqrt{n}}$$

则式(6-31)即可写成

$$\frac{[\Delta\Delta]}{n}=\frac{[vv]}{n}+\frac{m^2}{n}$$

根据中误差的定义，上式可写成

$$m^2=\frac{[vv]}{n}+\frac{m^2}{n}$$

整理后，得

$$m=\pm\sqrt{\frac{[vv]}{n-1}} \tag{6-33}$$

这就是用改正数求等精度观测值中误差的公式，称为贝塞尔公式。

【例 6-6】 对某段距离进行了五次等精度测量，观测数据见表 6-2，试求该距离的算术平均值，一次观测值的中误差、算术平均值的中误差及相对中误差。

解：计算过程及结果，列在表 6-2 中。

表 6-2 观测值及算术平均值中误差计算表

编号	观测值 l_i(m)	v_i(mm)	vv	计　算
1	219.935	+6	36	$m=\pm\sqrt{\frac{416}{5-1}}=\pm10.2$(mm) $M=\pm\frac{10.2}{\sqrt{5}}=\pm4.6$(mm) 相对中误差：$\frac{M}{x}=\frac{4.6}{219\,941}\approx\frac{1}{47\,800}$
2	219.948	−7	49	
3	219.926	+15	225	
4	219.946	−5	25	
5	219.950	−9	81	
	$x=\frac{[l]}{n}=219.941$	$[v]=0$	$[vv]=416$	

算术平均值的中误差也可根据公式(6-33)代入式(6-18)得

$$m_x=\pm\sqrt{\frac{[vv]}{n(n-1)}}$$

来计算。

由于算术平均值的中误差是观测值中误差的 $\frac{1}{\sqrt{n}}$，因此测回数的增加可以提高精度。即随着 n 值的不断增加，m_x 值会不断减小，观测值 x 的精度提高。如观测次数增加为 4 次时，精度提高 1 倍。但是，随着观测次数增加到一定数目后，精度提高不多。如观测次数由 4 次

提高到16次时，精度才增加1倍。因此，提高最或是值的精度单靠增加观测次数效果不太明显，还需改善观测条件，如采用较高精度的仪器，提高观测技能，以及在良好的外界观测条件下进行观测等。

6.5 不等精度观测值的平差

6.5.1 权的概念

从前面讨论中，我们可以知道，在等精度观测时，可以取各次观测值的算术平均值作为最或是值，并可求出各次观测值的中误差及算术平均值的中误差。但在测量实践中，有时会遇到不等精度观测的问题。

例如，设甲、乙二人对某一量采用不等精度的观测，如表6-3。

$M_{甲}>M_{乙}$，说明$x_{乙}$比$x_{甲}$的精度高。因为$x_{甲}$是两次的平均值，$x_{乙}$是三次的平均值，它们在总平均值x中所占的分量是不同的，这种在总平均值中所占的分量叫做权，通常以P表示$x_{甲}$及$x_{乙}$之权，如表6-3中取$P_{甲}=2$，$P_{乙}=3$。

表6-3 不等精度观测值的中误差

	观测值 l_i	每次观测值的中误差	平均值	平均值中误差
甲	l_1 l_2	m m	$x_{甲}=\frac{l_1+l_2}{2}$	$M_{甲}=\frac{m}{\sqrt{2}}$
乙	l_3 l_4 l_5	m m m	$x_{乙}=\frac{l_3+l_4+l_5}{3}$	$M_{乙}=\frac{m}{\sqrt{3}}$
总平均值 $x=\frac{2x_{甲}+3x_{乙}}{2+3}$			x的中误差 $M=\frac{m}{\sqrt{2+3}}$	

所以权与中误差的平方成反比。在同样的观测条件下，如按同样的技术水平与相同的仪器进行观测，则权与观测的次数成正比。

权与中误差均用来衡量观测值的质量，这是它们的相同处，但两者是有区别的，中误差是表示观测值的绝对精度，而权是表示观测值之间的相对精度。

当观测值的权等于1时，称为单位权，其相应观测值的中误差，称为单位权中误差，以m_0(或μ)来表示。表6-3中每个l为一次观测所得，设其权为1时，其中误差m即为单位权中误差，即$m=m_0$，则

$$P_{甲}=\frac{m_0^2}{M_{甲}^2};\ P_{乙}=\frac{m_0^2}{M_{乙}^2};\ \frac{P_{甲}}{P_{乙}}=\frac{M_{乙}^2}{M_{甲}^2}$$

故

$$P_i=\frac{m_0^2}{M_i^2} \tag{6-34}$$

这就是权与其中误差以及单位权中误差的关系式。

在丈量距离时，距离愈长，结果的误差愈大，其观测值的权与距离成反比。因为丈量距

离的中误差 $m_{D_i}=\pm m_0\sqrt{D_i}$，即 $m_{D_i}^2=m_0^2D_i$，则

$$P_i=\frac{m_0^2}{m_{D_i}^2}=\frac{1}{D_i} \tag{6-35}$$

式中：m_0——1 km 量距时的量距中误差；

D_i——距离。

结论：

(1) m_0 的大小不影响权的比例关系。

(2) 在求一组权时，必须采用同一 m_0 值。

(3) m_0 的取值尽量便于计算(如上例中 $m_0=m$ 或 m_1 时计算都比较方便)。

(4) 精度越高，中误差越小，权就越大。

(5) 权是相对性数值，表示观测值的相对精度，对单一观测值而言没有意义。

6.5.2 加权平均值及其中误差

在表 6-3 中，权等于观测次数，则平均值

$$x=\frac{2x_{甲}+3x_{甲}}{2+3}=\frac{[Pl]}{[P]} \tag{6-36}$$

这就是不等精度观测的平均值，式中的 2 与 3 分别为 $x_{甲}$ 和 $x_{乙}$ 的权，这种考虑到观测值的权的平均值就称为加权平均值。

一般情况是：设对某量进行了一组不等精度的观测，其观测值为 l_1、l_2、…、l_n，其相应的权为 P_1、P_2、…、P_n，按式(6-36)可以写出加权平均值的一般公式为

$$x=\frac{P_1l_1+P_2l_2+\cdots+P_nl_n}{P_1+P_2+\cdots+P_n}=\frac{[Pl]}{[P]} \tag{6-37}$$

又可得相应的改正数为

$$P_1v_1=P_1x-P_1l_1$$

$$P_2v_2=P_2x-P_2l_2$$

$$\cdots$$

$$P_nv_n=P_nx-P_nl_n$$

将上列各式相加得

$$[Pv]=[P]x-[Pl] \tag{6-38}$$

因 $x=[Pl]/[P]$

故

$$[Pv]=0 \tag{6-39}$$

式(6-39)用以检核 x 及 v 值计算是否有错。

下面计算加权平均值的中误差 M。式(6-37)可写为

$$x=\frac{[Pl]}{[P]}=\frac{P_1}{[P]}l_1+\frac{P_2}{[P]}l_2+\cdots+\frac{P_n}{[P]}l_n$$

根据误差传播定律，可得 x 的中误差 M 为

$$M^2=\frac{1}{[P]^2}(P_1^2m_1^2+P_2^2m_2^2+\cdots+P_n^2m_n^2)$$

式中 m_1、m_2、…、m_n 相应为 l_1、l_2、…、l_n 的中误差。

由于 $P_1m_1^2=P_2m_2^2=\cdots=P_nm_n^2=m_0^2$（$m_0$ 为单位权中误差），故有

$$M^2=\frac{m_0^2}{[P]} \tag{6-40}$$

由 $nm_0^2=P_1m_1^2+P_2m_2^2+\cdots+P_nm_n^2$ 可知，当 n 足够大时，m_i 可用相应的观测值 l_i 的真误差 Δ_i 来代替，故

$$nm_0^2=[Pm^2]=[P\Delta\Delta]$$

即可得单位权中误差 m_0 为

$$m_0=\pm\sqrt{\frac{[P\Delta\Delta]}{n}} \tag{6-41}$$

代入式(6-40)中，可得

$$M=\pm\sqrt{\frac{[P\Delta\Delta]}{n[P]}} \tag{6-42}$$

式(6-42)即为用真误差计算加权算术平均值的中误差的表达式。

使用中常用观测值的改正数 $v_i=x-l_i$ 来计算中误差 M，与式(6-33)类似，有

$$m_0=\pm\sqrt{\frac{[Pvv]}{n-1}} \tag{6-43}$$

$$M=\pm\sqrt{\frac{[Pvv]}{[P](n-1)}} \tag{6-44}$$

【例 6-7】 对某量观测了四次，其观测值及相应的权记录于表 6-4 中，试计算加权平均值及其中误差。

解：为了计算方便，任意选取一个接近各观测值的近似值 l_0，使各观测值等于近似值 l_0 加改正数 Δl，即 $l_i=l_0+\Delta l(i=1, 2, \cdots, n)$。

表 6-4　加权平均值及其中误差

序号	观测值 l_i(m)	Δl(mm)	P	$P\Delta l$(mm)	vv(mm)	Pv	Pvv
1	305.533	13	3	39	0	0	0
2	305.528	8	1	8	+5	+5	25
3	305.534	14	2	28	−1	−2	2
4	305.536	16	1	16	−3	−3	9
$\sum$	取 $l_0=305.520$	51	7	91		0	36

加权平均值 $x=l_0+\frac{[P\Delta l]}{[P]}=305.520\text{ m}+\frac{91}{7}\text{ mm}=305.533(\text{m})$

单位权中误差 $\mu=\pm\sqrt{\frac{[Pvv]}{n-1}}=\pm\sqrt{\frac{36}{4-1}}=\pm3.5(\mathrm{mm})$

加权平均值中误差 $M=\pm\frac{\mu}{\sqrt{[P]}}=\pm\frac{3.5}{\sqrt{7}}=\pm1.3(\mathrm{mm})$

6.5.3 定权的常用方法

1）水准测量

设三段水准路线的测站数分别为 N_1、N_2、N_3，并且在这三段水准路线当中，每一站观测高差的精度相同，中误差均为 $m_{站}$，那么这三条水准路线中任一条水准路线观测高差的中误差为

$$m_i=m_{站}\sqrt{N_i}$$

式中：N_i——第 i 段水准路线的测站数。

假设当水准路线的测站数为 C 时，这条水准路线的权为 1。即 $P_c=\frac{m_0^2}{m_i^2}=1$，$P_c$ 即为单位权，m_0 即为单位权中误差(由单位权中误差的定义，此时 $m_0=m_i$)，故 $m_0=m_1=\sqrt{C}m_{站}$，这时候各条水准路线的权就可求出来：$P_i=\frac{m_0^2}{m_i^2}=\frac{C}{N_i}$。

这里可以把 C 看成是一个常数，因此在等精度的水准测量中，各水准路线的权与测站数成反比，也就是测站数越多，权就越小。

同样，还可以推出权与水准路线长度的关系：$P_i=\frac{C}{L_i}$(式中：L_i 表示水准路线长度)，水准路线的权与路线长度也是成反比的。

2）距离测量

假设我们用钢尺量距 1 km 的中误差为 m，那么量距 s km 的中误差 $m_s=m\sqrt{s}$。假设量距 C km 时的权为 1，此时 $m_0=m_s=m\sqrt{C}$，m_0 就是单位权中误差。所以量距 s km 的权为：$P_i=\frac{m_0^2}{m_s^2}=\frac{C}{s}$，即距离丈量的权与长度成反比。

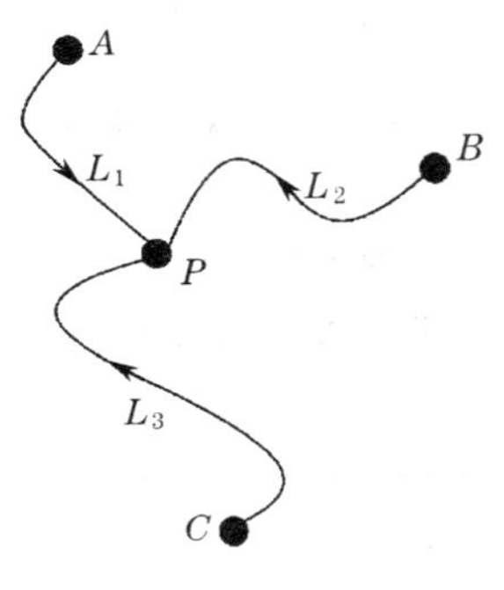

图 6-3

【例 6-8】 如图 6-3，已知 $L_1=4$ km，$L_2=2.5$ km，$L_3=2$ km，$H_A=78.324$ m，$h_1=-7.877$ m；$H_B=64.374$ m，$h_2=6.058$ m；$H_C=24.836$ m，$h_3=45.584$ m。求 P 点的高程平均值及其中误差。

解： 可以先列一个表格(注意检核$[Pv]=0$)

水准路线 L_i	结点 P 高程 H_{P_i}	权 P_i	v_i	P_iv_i	$P_iv_iv_i$
1	70.447	2.5	−17	−42.5	722.5
2	70.432	4	−2	−8	16
3	70.420	5	10	50	500
		$[P]=11.5$		$[Pv]=0$	$[Pvv]=1238.5$

(1) 令 $C=10$，由 $P_i=\frac{C}{L_i}$ 可求出各条水准路线的权

(2) 加权平均值为

$$x=\frac{[PH_P]}{[P]}=\frac{P_1H_{P_1}+P_2H_{P_2}+P_3H_{P_3}}{P_1+P_2+P_3}$$
$$=\frac{70.447\times2.5+70.432\times4+70.420\times5}{2.5+4+5}=70.430(\text{mm})$$

式中：H_P——P 点高程最可靠值。

(3) 计算单位权中误差 μ

$$v_i=x-H_{P_i}$$

$$\mu=\pm\sqrt{\frac{[Pvv]}{n-1}}=\pm\sqrt{\frac{1\,238.5}{2}}=\pm24.9(\text{mm})$$

(4) 加权平均值中误差 m_x

$$m_x=\frac{\mu}{\sqrt{[P]}}=\pm\frac{24.9}{\sqrt{11.5}}=\pm7.3(\text{mm})$$

(5) 求每千米观测高差的中误差 m_{km}

由
$$P_{km}=\frac{C}{L_{km}}=\frac{10}{1}=10(\text{mm})$$

及权的定义 $P_{km}=\frac{\mu^2}{m_{km}^2}$ 可得

$$m_{km}=\frac{\mu}{\sqrt{P_{km}}}=\pm\frac{24.9}{\sqrt{10}}=\pm7.9(\text{mm})$$

其余观测值的中误差

$$m_1=\frac{\mu}{\sqrt{P_1}}=\pm\frac{24.9}{\sqrt{2.5}}=\pm15.7(\text{mm})$$

$$m_2=\frac{\mu}{\sqrt{P_2}}=\pm\frac{24.9}{\sqrt{4}}=\pm12.5(\text{mm})$$

$$m_3=\frac{\mu}{\sqrt{P_3}}=\pm\frac{24.9}{\sqrt{5}}=\pm11.1(\text{mm})$$

本章小结

观测误差是客观存在的，不可避免的。在实际测量工作中，人、仪器和客观环境三个方面是引起测量误差的主要因素，统称“观测条件”。观测成果的精确度称为“精度”。

在测量工作中，除了不可避免的误差外，有时还会出现错误，或称为粗差。

观测误差根据其对测量结果影响的性质，可分为系统误差和偶然误差。

为了提高观测成果的质量，同时也为了发现和消除错误，在测量工作中，观测值的个数必须多于必要观测值的个数，称为多余观测。

在观测结果中，主要存在的是偶然误差，偶然误差产生的原因纯属随机性，不能用计算

改正或用一定的观测方法简单地加以消除，只有通过大量的观测才能揭示其内在的规律。偶然误差具有四个特性：单峰性；有限性；对称性；抵偿性。

测量中常用中误差、相对误差及允许误差等作为精度评定的标准。

阐述观测值中误差与观测值函数中误差之间关系的定律，称为误差传播定律。

无论哪一种观测，为确定一个未知量的大小，一般都对未知量进行多余观测，这样观测值之间就出现了矛盾，因此必须进行平差。进行平差的目的，就是对观测数据进行处理，求得未知量的最或是值(或最可靠值)，同时评定观测值及最或是值的精度。由于存在多余观测就存在多种求值的计算途径，因此，必须寻找一种方法，使得通过全部观测数据所求的解不仅是唯一的，而且是最优的。最小二乘法是测量误差平差最常用的一种方法，所以，最小二乘法是测量平差应遵循的原则。

在等精度观测中，一组观测值的算术平均值就是该组观测值的最或是值。设对某量进行 n 次观测，观测值为 $l_i(i=1, 2, \cdots, n)$，最或是值为 L，观测值的改正数为 v_i，观测值的改正数=最或是值−观测值。用改正数求等精度观测值中误差的公式，称为贝塞尔公式。

权与中误差均用来衡量观测值的质量，但中误差是表示观测值的绝对精度，而权是表示观测值之间相对的精度。不等精度观测值的加权平均值及中误差计算。

习题与思考题

1. 偶然误差和系统误差有什么区别？偶然误差具有哪些特性？

2. 何谓中误差？为什么用中误差来衡量观测值的精度？在一组等精度观测中，中误差与真误差有什么区别？

3. 利用误差传播定律时，应注意哪些问题？

4. 已知圆的半径为 31.34 mm，其测量中误差为 0.5 mm，求圆周长及其中误差。

5. 丈量两段距离，一段往测为 126.78 m，返测为 126.68 m，另一段往测、返测分别为 357.23 m 和 357.33 m。问哪一段丈量的结果比较精确？为什么？两段距离丈量的结果各等于多少？

6. 设丈量了两段距离，结果为：$l_1=528.46$ m，其中误差为 0.21 m；$l_2=517.25$ m，其中误差为 0.16 m。试比较这两段距离之和及之差的精度。

7. 在一个平面三角形中，观测三角形其中两内角 α 和 β，其测角中误差为 20″。根据角 α 和 β 可以计算第三个水平角 γ，试计算 γ 角的中误差 m_γ。

8. 进行三角高程测量，按 $h=D\tan\alpha$ 计算高差，已知 $\alpha=20°$，$m_\alpha=1'$，$D=250$ m，$m_D=0.13$ m，求高差中误差 m_h。

9. 对某个水平角等精度观测四个测回，观测值列于下表。计算其算术平均值 $\bar{x}$、一测回的中误差及算术平均值的中误差 m_x。

表 6-5

序号	观测值	$\Delta l('')$	改正值 $v('')$	vv	计算 $\bar{x}, m, m_x$
1	55°40′47″				
2	55°40′40″				
3	55°40′42″				
4	55°40′46″				

10. 对某段距离用钢尺丈量了六次，观测值列于下表。计算其算术平均值$\overline{x}$、算术平均值的中误差 m_x 及其相对中误差 $m_x/\overline{x}$。

表 6-6

序号	观测值	Δl(mm)	改正值 v(mm)	vv	计算$\overline{x}$, m_x, $m_x/\overline{x}$
1	223.52				
2	223.48				
3	223.56				
4	223.46				
5	223.40				
6	223.58				

11. 何谓不等精度观测？何谓权？权有何实用意义？

12. 如图 6-4 所示，为了求得 Q 点的高程，从 A、B、C 三个水准点向 Q 点进行了同等级的水准测量，其结果列于下表中，各段高差的权与路线长成反比，试求 Q 点的高程及其中误差。

表 6-7

水准点的高程(m)	观测高差(m)	水准路线长度(km)
A:20.145	AQ:+1.538	2.5
B:24.030	BQ:−2.330	4.0
C:19.898	CQ:+1.782	2.0

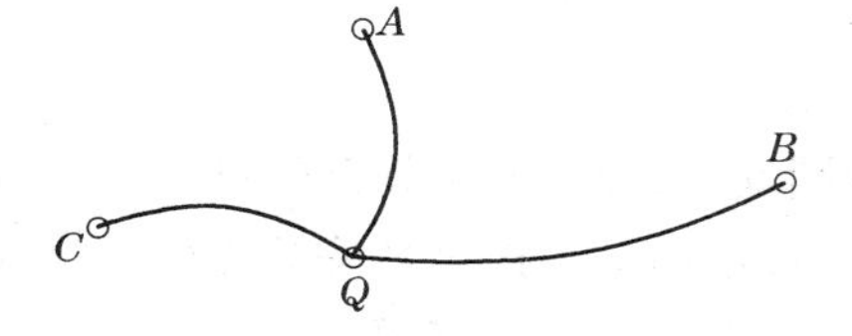

图 6-4

7 控制测量

7.1 控制测量概述

如第 1 章所述，测量工作的原则是：由整体到局部（在布局上），先控制后碎部（在次序上），从高级到低级（在精度上）。整体即控制测量，其目的是在整个测区范围内以较精密的仪器和方法测定少量大致均匀分布的控制点的精确位置，包括平面位置（x、y）和高程（H）。其中控制点平面位置的确定过程称为平面控制测量，高程的确定过程称为高程控制测量。局部即碎部测量，是在控制测量的基础上，测定大量地物点的位置以测绘地形图，或测定大量界址点的位置以测绘地籍图，或在建筑工程的施工放样中进行大量设计点位的现场标定。由于碎部测量是在控制测量的基础上进行的，所以最后获得的成果仍然是整体性的。

7.1.1 平面控制测量

平面控制测量是从整体到局部分等级进行布设，如国家平面控制网、城市平面控制网、工程控制网和图根控制网等。根据需要可以将平面控制网布设成 GPS 网、三角网、三边网、边角网和导线网等不同的形式。

1）国家平面控制网

国家平面控制网提供全国性的、统一的空间定位基准，是全国各种比例尺测图和工程建设的基本控制，也为空间科学技术和军事提供精确的点位坐标、距离、方位等空间信息资料，并为研究地球的大小、形状及地震预报提供依据。

建立国家平面控制网的传统方法是三角测量和精密导线测量。按精度分为一、二、三、四等，其中一、二等三角测量属于国家基本控制测量，三、四等三角测量属于加密控制。我国曾在全国范围内大致沿经线和纬线方向布设一等天文大地锁网，如图 7-1(a)所示，格网间距约 200 km；在格网中部用二等连续网（图 7-1(b)）填充，构成全国范围内的全面控制网。

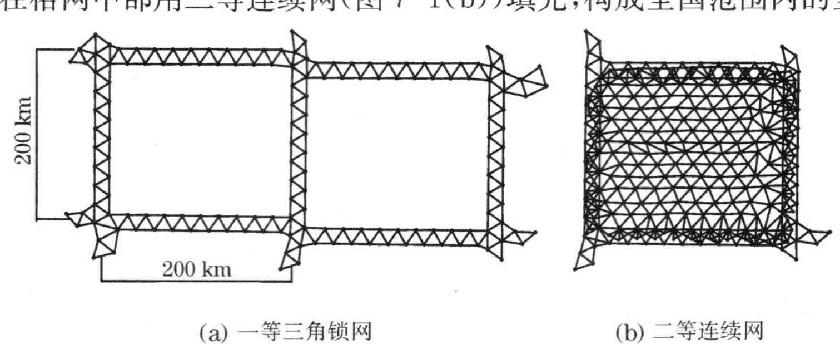

(a) 一等三角锁网　　(b) 二等连续网

图 7-1　国家平面控制网

随着测绘技术的快速发展和现代化观测仪器设备的广泛应用，三角测量这一传统定位技术的大部分功能正在逐步被GPS定位技术取代。《GPS测量规范》将GPS控制网分为A～E级，如表7-1所示，其中A、B两级属于国家GPS控制网。目前我国已建成A级GPS控制网点27个，平均边长500 km，B级网点730个。

表7-1　各级GPS控制网相邻点间距离及其基线长度精度要求

级别	固定误差 a(mm)	比例误差系数 b	相邻点间距离(km)		
			最小	最大	平均
A	≤5	≤0.1	100	2 000	300
B	≤8	≤1	15	250	70
C	≤10	≤5	5	40	10～15
D	≤10	≤10	2	15	5～10
E	≤10	≤20	1	10	2～5

2）城市平面控制网

城市平面控制网是国家平面控制网的发展和延伸，为城市大比例尺测图、城市规划、地籍管理、市政工程建设和城市管理提供基本控制点。城市平面控制网应在国家平面控制网的基础上分级布设，其中GPS网、三角网和角边网的精度等级依次为二、三、四等和一、二级，导线网的精度等级依次为三、四等和一、二、三级。各等级平面控制网，视城市规模均可作为首级网，在首级网下可逐级加密，也可越级布网。城市三角网、边角网和光电测距导线网的主要技术要求分别列入表7-2至表7-4中，城市GPS网中的三、四等稍低于表7-1中的C、D级，但与城市三角网的相应等级相当。

表7-2　三角测量的主要技术要求

等级		平均边长(km)	测角中误差(″)	起始边边长相对中误差	最弱边边长相对中误差	测回数			三角形最大闭合差(″)
						DJ1	DJ2	DJ6	
二等		9	1	≤1/250 000	≤1/120 000	12	—	—	3.5
三等	首级	4.5	1.8	≤1/150 000	≤1/70 000	6	9	—	7
	加密			≤1/120 000					
四等	首级	2	2.5	≤1/100 000	≤1/40 000	4	6	—	9
	加密			≤1/70 000					
一级小三角		1	5	≤1/40 000	≤1/20 000	—	2	4	15
二级小三角		0.5	10	≤1/20 000	≤1/10 000	—	1	2	30

注：① 本表格中的中误差、闭合差、限差及较差均为正负值；② 当测区测图的最大比例尺为1∶1 000时，一、二级小三角的边长可适当放长，但最大长度不应大于表中规定的2倍。

表 7-3　三边测量的主要技术要求

等级	平均边长(km)	测距中误差(mm)	测距相对中误差
二等	9	36	≤1/250 000
三等	4.5	30	≤1/150 000
四等	2	20	≤1/100 000
一级小三边	1	25	≤1/40 000
二级小三边	0.5	25	≤1/20 000

表 7-4　导线测量的主要技术要求

等级	导线长度(km)	平均边长(km)	测角中误差(″)	测距中误差(mm)	测距相对中误差	测距数			方位角闭合差(″)	相对闭合差
						DJ1	DJ2	DJ6		
三等	14	3	1.8	20	≤1/150 000	6	10	—	$3.6\sqrt{n}$	≤1/55 000
四等	9	1.5	2.5	18	≤1/80 000	4	6	—	$5\sqrt{n}$	≤1/35 000
一级	4	0.5	5	15	≤1/30 000	—	2	4	$10\sqrt{n}$	≤1/35 000
二级	2.4	0.25	8	15	≤1/14 000	—	1	3	$16\sqrt{n}$	≤1/10 000
三级	1.2	0.1	12	15	≤1/7 000	—	1	2	$24\sqrt{n}$	≤1/5 000

注：① 表中 n 为测站数；② 当测区测图的最大比例尺为 1∶1 000 时，一、二、三级导线的平均边长及总长可适当放长，但最大长度不应大于表中规定的 2 倍。

3）图根平面控制网

直接为测绘大比例尺地形图建立的控制网称为图根控制网，相应的控制点称为图根点。图根平面控制点的布设，可采用图根三角、图根导线、电磁波测距仪用极坐标或交会点等方法。当在等级点下加密时，图根控制不宜超过 2 次附合。当测区较小时，图根三角、图根导线可作为首级控制。在难以布设闭合导线的狭长地区，可布设成支导线。测区内解析图根点的个数，一般地区不宜小于表 7-5 的规定。

表 7-5　一般地区解析图根点的个数

测图比例尺	图幅尺寸(cm)	解析控制点(个)
1∶500	50×50	8
1∶1 000	50×50	12
1∶2 000	50×50	15
1∶5 000	40×40	30

注：① 表中所列点数指施测该幅图时，可利用的全部解析控制点；② 当采用数字化测图法时，控制点数量可适当减少。

4）工程控制网

为工程建设而布设的测量控制网称为工程控制网，按照不同布设目的可分为测图控制网、施工控制网和变形监测网三大类。工程控制网的布设方法及技术要求，将在建筑工程测量部分进行详细介绍。

7.1.2 高程控制测量

高程控制网主要采用水准测量、三角高程测量和 GPS 高程测量的方法建立。用水准测量方法建立的高程控制网称为水准网，而三角高程测量主要适用于地形起伏较大、水准测量无法进行的地区，为地形测图提供高程控制。高程控制网的布设原则也是由高级到低级，从整体到局部。

1) 国家高程控制网

建立国家高程控制网的主要方法是精密水准测量。国家水准测量分为一、二、三、四等，一等水准测量精度最高，由它建立起来的一等水准网是国家高程控制网的骨干；二等水准网在一等水准环内布设，是国家高程控制网的基础；三、四等水准网是国家高程控制点的进一步加密，主要为地形图测绘和各种工程建设提供高程起算数据。三、四等水准测量应附合于二等以上水准点之间，并尽可能交叉，构成闭合环。

2) 城市和图根高程控制网

城市高程控制网主要是水准网，等级分为二、三、四等。城市首级高程控制网不应低于三等水准。光电测距三角高程测量可代替四等水准测量。在四等水准以下，再布设直接为测绘大比例尺地形图所用的图根水准网。经纬仪三角高程测量主要用于山区的图根控制及位于高层建筑物上平面控制点的高程测定。

城市高程控制网的首级网应布设成闭合环线，加密可布设成附合路线、结点网和闭合环，一般不允许布设水准支线。

在四等以下，采用水准测量和三角高程测量方法布设。各等级水准测量及三角高程测量的主要技术要求见表 7-6～表 7-8。

表 7-6 城市与图根水准测量的主要技术要求 (mm)

等级	每千米高差中数中误差		测段、路线往返测高差不符值	路线长度(km)	测段、路线的左右路线高差不符值	附合路线或环线闭合差		检测已测测段高差之差
	偶然中误差 M_Δ	全中误差 M_W				平原、丘陵	山区	
二等	≤1	≤2	$\leqslant 4\sqrt{K}$	—	—	$\leqslant 4\sqrt{L}$		$\leqslant 6\sqrt{R}$
三等	≤3	≤6	$\leqslant 12\sqrt{K}$	≤50	$\leqslant 8\sqrt{K}$	$\leqslant 12\sqrt{L}$	$\leqslant 4\sqrt{n}$	$\leqslant 20\sqrt{R}$
四等	≤5	≤10	$\leqslant 20\sqrt{K}$	≤16	$\leqslant 14\sqrt{K}$	$\leqslant 20\sqrt{L}$	$\leqslant 6\sqrt{n}$	$\leqslant 30\sqrt{R}$
图根						$\leqslant 40\sqrt{L}$		

注：① K 为路线或测段的长度，km；L 为附合路线或环线的长度，km；R 为检测测段长度，km；n 为测站数。②山区是指高程超过 1 000 m 或路线中最大高差超过 400 m 的地区。

表 7-7 电磁波测距三角高程测量的主要技术要求

等级	仪器	测回数		指标差较差(″)	竖直角较差(″)	对向观测高差较差(mm)	附合或环形闭合差(mm)
		三丝法	中丝法				
四等	DJ2	—	3	7	7	$\leqslant 40\sqrt{D}$	$\leqslant 20\sqrt{\sum D}$

注：D 为电磁波测距边长度，km。

表 7-8 图根三角测量的主要技术要求

边长(m)	测角中误差(″)	三角形个数	DJ6 测回数	三角形最大闭合差(″)	方位角闭合差(″)
≤1.7 倍测图最大视距	20	≤13	1	60	$40\sqrt{n}$

本章主要介绍建立小地区平面控制网时常用的导线测量、小三角测量、交会定点以及小地区高程控制网中常用的三、四等水准测量和三角高程测量等方法。

7.2 导线测量和导线计算

将地面上相邻控制点连接而形成的折线称为导线。这些控制点称为导线点，相邻导线点之间的直线边称为导线边，相邻导线边之间的水平角称为转折角。通过观测导线边的边长和转折角即可计算出各导线点的平面坐标。

导线测量布设灵活，要求通视方向少，边长直接测定，适宜布设在建筑物密集、视野不甚开阔的城市、厂矿等建筑区和隐蔽区，也适合于交通线路、隧道和渠道等狭长地带的控制测量。随着全站仪的广泛使用，使导线边长加大，精度和自动化程度提高，从而使导线测量成为中小城市和厂矿等地区建立平面控制网的主要方法。图根导线测量的主要技术指标如表 7-9 所示。

表 7-9 图根导线测量的主要技术指标

导线长度(m)	相对闭合差	边 长	测角中误差(″)		DJ6 测回数	方位角闭合差(″)	
			一般	首级控制		一般	首级控制
≤1.0M	≤1/2 000	≤1.5 倍测图最大视距	30	20	1	$60\sqrt{n}$	$40\sqrt{n}$

注：① M 为测图比例尺的分母，n 为测站数；② 隐蔽或施测困难地区导线相对闭合差可放宽，但不应大于 1/1 000。

7.2.1 导线的布设

根据测区的实际情况，导线可布设成闭合导线、附合导线和支导线三种形式，如图 7-2 所示。

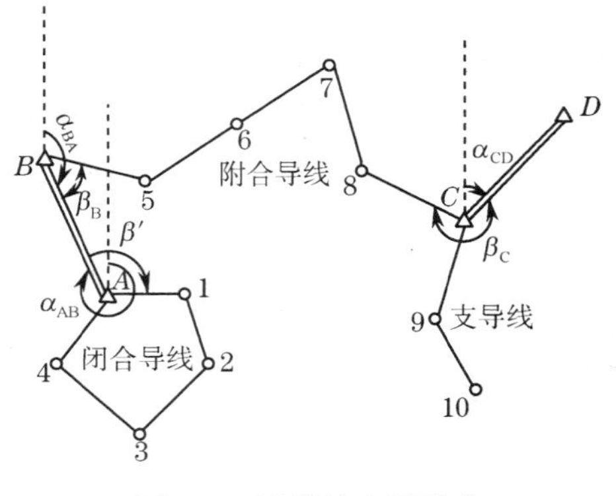

图 7-2 导线的布设形式

1) 闭合导线

起闭于同一高级控制点的导线称为闭合导线。如图 7-2，以高等级控制点 A 为起始点，BA 为起始方向，布设导线点 1、2、3、4，再回到 A 点，形成一闭合多边形。该闭合多边形本身有严密的几何条件，具有检核作用。

2) 附合导线

由一高级控制点出发，经过一系列导线点，最后附合到另一高级控制点的导线称为附合导线。附合导线中，起始边和终边的方位角均已知。图 7-2 中，在高级点 A、B、C、D 之间布设导线点 5、6、7、8，以 AB 边的坐标方位角 α_{AB} 为起始边方位角，以 CD 边的坐标方位角 α_{CD} 为终边方位角，且 α_{AB} 和 α_{CD} 均为已知。附合导线是在高级控制点下进行控制点加密的最常用的形式。

在附合导线两端，如果各有一个已知高级点，而缺少已知方位角时，称为无定向附合导线，简称无定向导线。在不得已的情况下，可以采用这种导线形式。

3) 支导线

由一已知边的一个端点出发，既不闭合也不附合的导线称为支导线。图 7-2 中，从 CD 边(其坐标方位角 α_{CD}已知)的端点 C 出发，延伸出去的导线 C～9～10 称为支导线。由于支导线只有必要的起始数据，缺少对观测数据的检核，因此，只限于在图根导线和地下工程导线中使用。对于图根支导线，规定其导线点的个数应不超过三个。

对于一端不能通行的胡同、小巷，无后门的企事业机关大院以及较隐蔽界址点的位置测定等情形，只能布设支导线。对支导线的观测必须严格按照规范要求进行。

7.2.2 导线测量的外业工作

导线测量的外业工作包括踏勘选点、角度测量、边长测量和连接测量。

1) 踏勘选点及建立标志

在踏勘选点前应到有关部门收集测区原有的地形图、高级控制点所在位置、坐标与高程等资料；在图上规划好导线的布设线路，然后按规划线路到实地去踏勘选点。现场踏勘选点时，应综合考虑以下几个方面：

(1) 导线点应选在视野开阔、便于测绘周围地物地貌的地方。

(2) 相邻点间应能通视，以便于角度和距离测量。如果采用钢卷尺量距，则沿线地势应较平坦，没有丈量的障碍物。

(3) 点位应选在土质坚实，并便于保存之处。

(4) 各导线边长应大致相等，符合表 7-9 之规定，最长不超过平均边长的 2 倍，并避免过长过短边突然相接。

(5) 导线点在测区内应分布均匀，便于控制整个测区。

导线点位选定以后，要建立测量标志，使导线点在地面上固定下来，并沿导线前进方向顺序编号，绘制导线略图。对一、二、三级导线点，一般埋设混凝土桩，如图 7-3 所示。对图根导线点，通常用木桩打入土中，桩顶钉一小钉作为标志；在碎石或沥青路面上，可用顶上凿有十字纹的大铁钉代替木桩；在混凝土场地或路面上，可以用钢凿凿一十字纹，再涂红漆使标志明显。为便于寻找，应量出导线点到附近三个明显地物点的距离，并用红漆在明显地物上写明导线点的编号、距离，用箭头指明点位方向，绘一草图，注明尺寸，称为点之记，如图 7-4 所示。

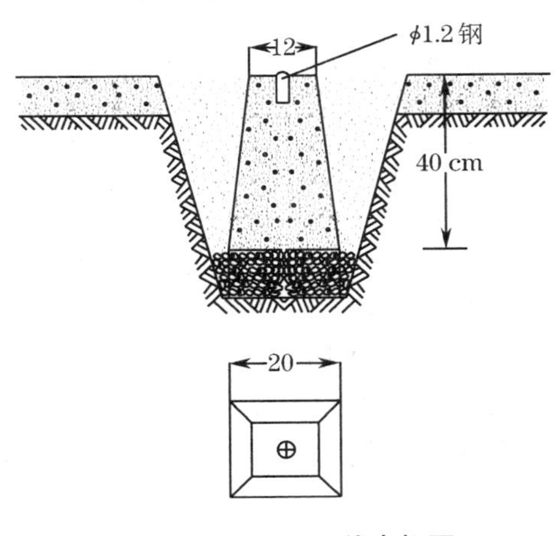

图 7-3　混凝土导线点标石

2) 导线转折角测量

导线转折角用经纬仪按测回法进行观测。转折角有左角和右角之分，在导线前进方向左侧的角称为左角，在右侧的角称为右角。测角的照准标志一般为铁三角对中架，在对中架孔里插入长 0.8～1 m、直径约 1 cm 的小花杆作瞄准标志，也可以三脚架悬挂垂球作为瞄准标志。

由已知点开始，逐点沿导线前进方向观测，对附合导线或支导线，一律观测导线前进方向同一侧的角(即要么全部观测左角，要么全部观测右角)；闭合导线一般观测内角，若按顺时针编号，多边形内角就是右角。各点都应对中整平，尽量瞄准相邻两导线点标杆底部。遇短边时更应仔细对中，以减小测角误差。每测站均应当场检测观测结果，若超限应立即重测。

3) 导线边长测量

导线边长可以用检定过的钢尺往返丈量，丈量的相对误差不应大于 1/3 000。当钢尺的尺长改正数大于尺长的 1/10 000 时，应加尺长改正；当量距时地面温度与检定时温度之差大于±10℃时，应进行温度改正；当地面坡度大于 1% 时，应进行倾斜改正。若用光电测距仪进行导线边长观测，还需观测竖直角，如果竖直角大于 30′，应进行倾斜改正。也可用全站仪在测定导线转折角的同时观测导线边长。

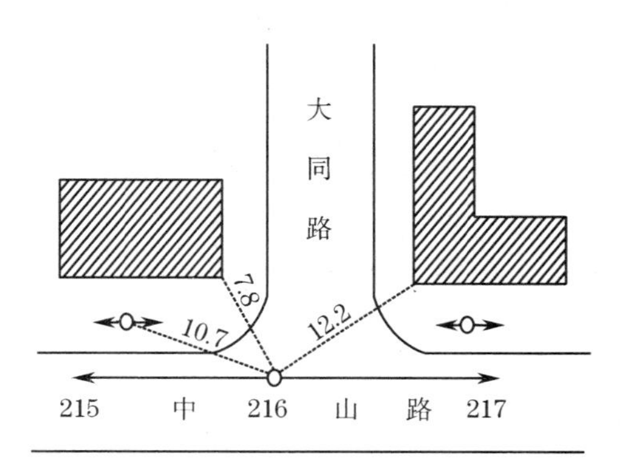

图 7-4　导线点的点之记

4) 连接测量

导线连接测量也叫导线起始边定向，目的是使导线点坐标纳入国家坐标系统或测绘区域的统一坐标系统中。对于图 7-2 中的闭合导线，必须观测连接角 β'，才可以由已知边 BA 的坐标方位角 α_{BA} 推算导线边 $A1$ 的坐标方位角；对于图中的附合导线，必须观测连接角 β_B 和 β_C，才能获得起始数据；而对于图 7-5 所示的闭合导线，则需要测出连接角 β_B、β'，以及连接边 $B1$ 的边长 D_{B1}。

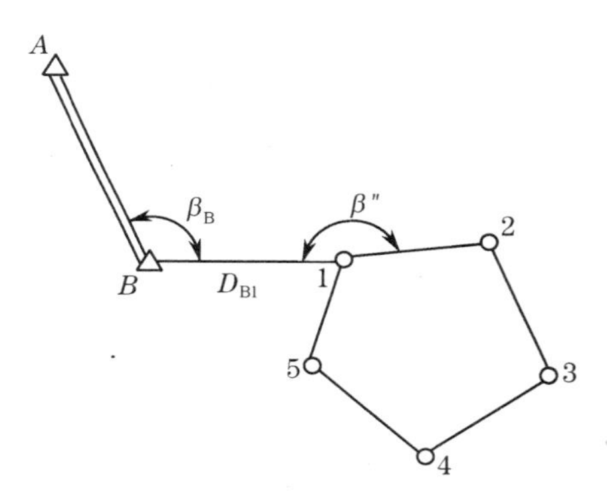

图 7-5　闭合导线的起始边定向

7.2.3　导线测量的内业计算

导线测量内业计算主要是计算导线点的坐标。在计算之前，应全面检查外业记录有无遗漏或记错、是否符合测量限差要求；然后绘制导线略图，在图上相应位置注明高级点及导线点点号、已知点坐标、已知边坐标方位角及导线边长和角度观测值。计算在规定的表格中进行，角度值取至秒，长度和坐标值取至厘米。

1) 闭合导线计算

图 7-6 为某闭合导线略图，图中已知 A 点的坐标(x_A, y_A)，$A1$ 边的坐标方位角 α_{A1}，观测值为 β_A、β_1、β_2、β_3、β_4 及 D_{A1}、D_{12}、D_{23}、D_{34}、D_{4A}。按以下方法步骤在表 7-10 中计算导线点 1、2、3、4 的坐标。

(1) 角度闭合差的计算和调整

按照平面几何理论，n 边形内角和理论值应为

$$\sum \beta_{理} = (n-2) \times 180° \tag{7-1}$$

由于观测角不可避免地含有误差，致使实测的内角之和不等于理论值，而产生角度闭合差，也叫方位角闭合差，以 f_β 表示：

$$f_\beta = \sum \beta_{测} - \sum \beta_{理} \tag{7-2}$$

各级导线角度闭合差的容许值 $f_{\beta允}$，应符合表 7-4 和表 7-9 之规定，本例取

$$f_{\beta允} = \pm 60'' \sqrt{n} \tag{7-3}$$

若 f_β 超过 $f_{\beta允}$，则说明所测角度不符合要求，应重新检测角度。若 f_β 不超过 $f_{\beta允}$，可将闭合差反号平均分配到各观测角中。改正值写在表格中角度观测值的上方，改正后角度之和应等于 $\sum \beta_{理}$，作为计算的检核。

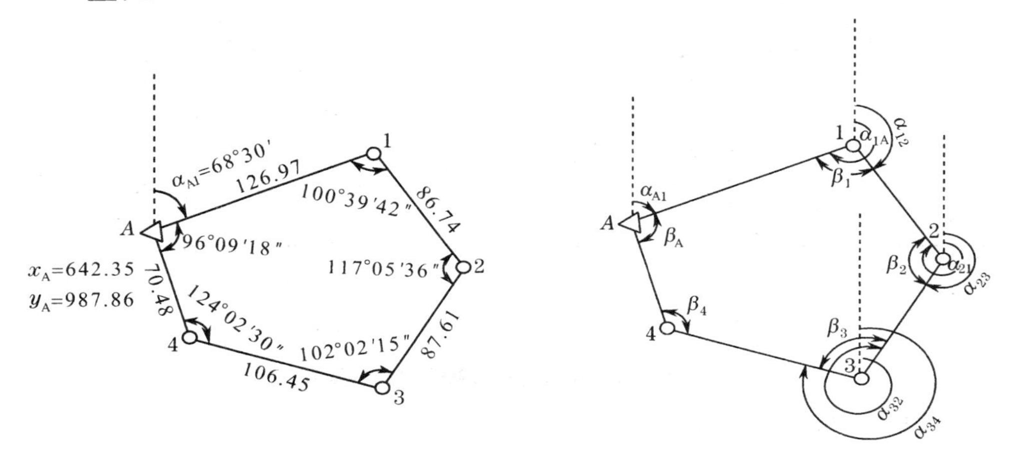

图 7-6　闭合导线略图　　　　**图 7-7　坐标方位角的推算**

（2）坐标方位角的推算

为了计算各导线点的坐标，需要先算出两相邻导线点之间的坐标增量，这就要用到边长和坐标方位角，边长属观测值，而坐标方位角必须根据起始边的坐标方位角及观测的导线转折角推算而得。

本例中，导线以 α_{A1} 为起始边坐标方位角，各转折角为右角，如图 7-7 所示。按公式

$$\alpha_{前} = \alpha_{后} + 180° - \beta_{右} \tag{7-4}$$

逐边推算坐标方位角，最后应用 β_A 按下式导出起始边坐标方位角 α_{A1} 作为计算正确性的检核，即 $\alpha_{A1} = \alpha_{4A} + \beta_A - 180°$。若推算值与原有的已知坐标方位角值不相等，应重新检查计算。

在推算过程中还必须注意：如果算出的 $\alpha_{前} > 360°$，则应减去 360°；如果 $\alpha_{前} < 0$，则应加 360°。

（3）坐标增量的计算及其闭合差的调整

① 坐标增量的计算

如图 7-8 所示，设点 1 的坐标 x_1、y_1 和边 $\overline{12}$ 的坐标方位角 α_{12} 均为已知，边长 D_{12} 也已观测出，则点 2 的坐标为

$$\begin{cases} x_2 = x_1 + \Delta x_{12} \\ y_2 = y_1 + \Delta y_{12} \end{cases} \tag{7-5}$$

式中 Δx、Δy 称为坐标增量，也就是直线两端点的坐标值之差。上式表明，欲求待定点 2 的坐标，必须先求出坐标增量。根据图 7-8 的几何关系，可写出坐标增量的计算公式：

$$\begin{cases} \Delta x_{12} = D_{12}\cos\alpha_{12} \\ \Delta y_{12} = D_{12}\sin\alpha_{12} \end{cases} \tag{7-6}$$

本例按公式(7-6)所算得的坐标增量，填入表 7-10 的 5、6 两栏中。

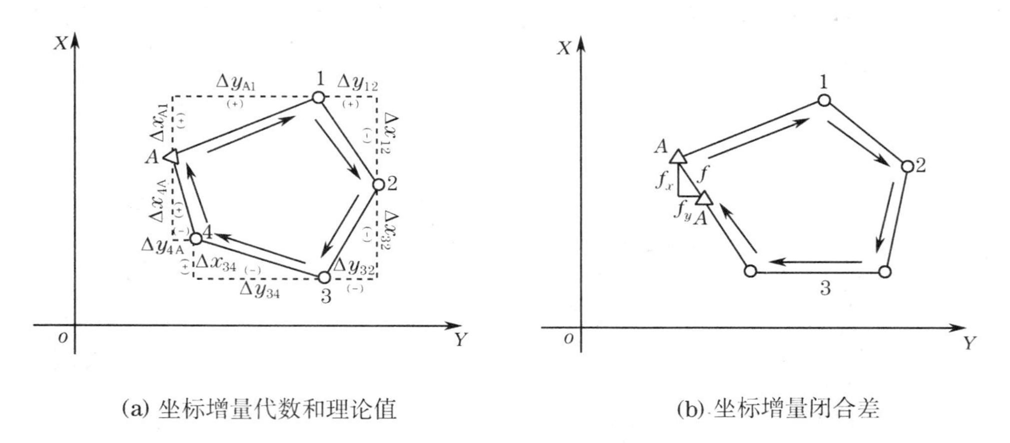

(a) 坐标增量代数和理论值　　(b) 坐标增量闭合差

图 7-8　闭合导线坐标增量闭合差示意图

② 坐标增量闭合差的计算和调整

从图 7-8(a)可以看出，闭合导线纵、横坐标增量代数和的理论值应等于零，即

$$\begin{cases} \sum \Delta x_{理} = 0 \\ \sum \Delta y_{理} = 0 \end{cases} \tag{7-7}$$

实际上由于边长观测值的误差和角度闭合差调整后的残余误差，往往使由边长、方位角推算得的坐标增量也有误差，这种纵、横坐标增量代数和的推算值与理论值的不符值，称为纵、横坐标增量闭合差，分别以 f_x、f_y 表示，即

$$\begin{cases} f_x = \sum \Delta x_{测} - \sum \Delta x_{理} \\ f_y = \sum \Delta y_{测} - \sum \Delta y_{理} \end{cases} \tag{7-8}$$

对闭合导线而言，$f_x = \sum \Delta x_{测}$　$f_y = \sum \Delta y_{测}$

从图 7-8(b)中明显看出，由于坐标增量闭合差的存在，使导线在平面图形上不能闭合，即起始点的实际点位与推算点位不重合，它们之间的距离称为导线全长闭合差，以 f 表示：

$$f = \sqrt{f_x^2 + f_y^2} \tag{7-9}$$

导线越长，边数越多，导线测角量距过程中误差的累积越多，因此，f 的大小与导线全长 $\sum D$ 有关。在衡量导线测量的精度时，将 f 与 $\sum D$ 相比，并用分子为 1 的分式表示，称为

导线全长相对闭合差，以 T 表示，即

$$T=\frac{f}{\sum D}=\frac{1}{\frac{\sum D}{f}} \tag{7-10}$$

T 的分母越大，精度越高。不同等级的导线全长相对闭合差的容许值 $T_{容}$ 已列入表7-4和表 7-9 中，本例取 $T_{容}=1/2\,000$。

当导线全长相对闭合差在允许范围以内时，可将坐标增量闭合差 f_x、f_y 按与边长成正比的原则反号分配给各边的坐标增量。增量改正值 $\delta\Delta x_i$、$\delta\Delta y_i$ 按下式计算：

$$\begin{cases}\delta\Delta x_i=-\dfrac{f_x}{\sum D}\cdot D_i\\[2ex]\delta\Delta y_i=-\dfrac{f_y}{\sum D}\cdot D_i\end{cases} \tag{7-11}$$

增量闭合差、全长闭合差及全长相对闭合差在表 7-10 的第 5、6 栏及表的下方进行计算。各边增量改正值按公式(7-10)计算好以后，写在增量计算值上方，然后在第 7、8 栏中写上改正后的增量。闭合导线改正后的纵、横坐标增量的代数和均应等于零，以资检核。

(4) 导线点坐标计算

根据起点 A 的已知坐标及改正后的坐标增量 $\Delta x'$、$\Delta y'$，用下式依次推算 1、2、3、4 各点的坐标

$$\begin{cases}x_{前}=x_{后}+\Delta x'\\ y_{前}=y_{后}+\Delta y'\end{cases} \tag{7-12}$$

算得的坐标值填入表 7-10 中的第 9、10 栏。最后推算回到 A 点，应与原来的已知数值相同，作为推算正确性的检核。

2) 附合导线计算

附合导线的内业计算基本上和闭合导线相同，只是由于导线的形状、起始点和起始边方位角位置分布的不同，使得计算角度闭合差和坐标增量闭合差的公式略有不同。图 7-9 为某附合导线略图，图中 A、B、C、D 为已知点，1、2、3 为待定位置的导线点，已知数据及观测值标注在图上，计算在表 7-11 中进行。这里仅介绍与闭合导线不同部分的计算方法。

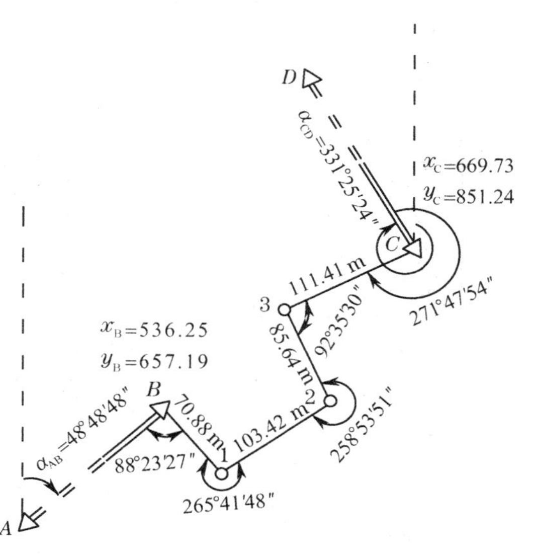

图 7-9 附合导线略图

(1) 角度闭合差的计算

附合导线不构成闭合多边形，但是仍然存在角度闭合差，可以根据导线起始边 AB 和最终边 CD 的坐标方位角 α_{AB}、α_{CD} 以及导线转折角进行计算。本例中，根据起

表 7-10 闭合导线计算表

点号	转折角(右) (° ′ ″)	改正后转折角 (° ′ ″)	坐标方位角 α (° ′ ″)	边长 D (m)	增量计算值(m)		改正后增量(m)		坐标(m)		点号
					Δx	Δy	$\Delta x'$	$\Delta y'$	x	y	
	1	2	3	4	5	6	7	8	9	10	
A									642.35	987.86	A
			68 30 00	126.97	0.03 46.53	−0.02 118.14	46.56	118.12			
1	8 100 39 42	100 39 50							688.91	1105.98	1
			147 50 10	86.74	0.02 −73.43	−0.01 46.18	−73.41	46.17			
2	8 117 05 36	117 05 44							615.50	1152.15	2
			210 44 26	87.61	0.02 −75.30	−0.01 44.78	−75.28	−44.79			
3	8 102 02 15	102 02 23							540.22	1107.36	3
			288° 42′ 03″	106.45	0.02 34.13	−0.01 −100.83	34.15	−100.84			
4	8 124 02 30	124 02 38							574.37	1006.52	4
			344° 39′ 25″	70.48	0.01 67.97	−0.01 −18.65	67.98	−18.66			
A	7 96 09 18	96 09 25							642.35	987.86	A
			68° 30′ 00″								
1											1
			$\sum$	478.25	−0.1	0.06	0	0			

$\sum\beta_{测} = 539°59'21''$ $\qquad \sum D = 478.25 \quad f_x = -0.1 \quad f_y = 0.06$

$\sum\beta_{理} = 540°00'00''$ $\qquad f = \sqrt{f_x^2 + f_y^2} = 0.12 \qquad T = \frac{f}{\sum D} = \frac{1}{4\,100}$

$f_\beta = \sum\beta_{测} - \sum\beta_{理} = -39''$

$f_{\beta允} = \pm 60''\sqrt{n} = \pm 134''$

表 7 - 11　附合导线计算表

点号	转折角(右) (°　′　″)	改正后转折角 (°　′　″)	坐标方位角 α (°　′　″)	边长 D (m)	增量计算值(m)		改正后增量(m)		坐标(m)		点号
					Δx	Δy	$\Delta x'$	$\Delta y'$	x	y	
	1	2	3	4	5	6	7	8	9	10	
A											A
			48　48　48								
B	10 88　23　27	88　23　37							536.25	657.19	B
			140　25　11	70.88	0.01 −54.63	0.02 45.16	−54.62	45.18			
1	11 265　41　48	265　41　59							481.63	702.37	1
			54　43　12	103.42	0.02 59.73	0.02 84.43	59.75	84.45			
2	11 258　53　51	258　54　02							541.38	786.82	2
			335　49　10	85.64	0.01 78.13	0.02 −35.08	78.14	−35.06			
3	11 92　35　30	92　35　41							619.52	751.76	3
			63　13　29	111.41	0.02 50.19	0.02 99.46	50.21	99.48			
C	11 271　47　54	271　48　05							669.73	851.24	C
			331　25　24								
D											D
			$\sum$	371.35	133.42	193.97	133.48	194.05			

$\sum\beta_{测} = 977°22'30''$　　$\sum D = 371.35$　　$f_x = -0.06$　$f_y = -0.08$

$\sum\beta_{理} = 977°23'24''$　　$f = \sqrt{f_x^2 + f_y^2} = 0.1$　　$T = \dfrac{f}{\sum D} = \dfrac{1}{3\,700}$

$f_\beta = \sum\beta_{测} - \sum\beta_{理} = -54''$

$f_{\beta允} = \pm 60''\sqrt{n} = \pm 134''$

始边坐标方位角及转折角右角，按公式（7-4）推算各边坐标方位角，直至最终边的坐标方位角：

$$\alpha_{B1}=\alpha_{AB}+180°-\beta_B$$
$$\alpha_{12}=\alpha_{B1}+180°-\beta_1$$
$$\alpha_{23}=\alpha_{12}+180°-\beta_2$$
$$\alpha_{3C}=\alpha_{23}+180°-\beta_3$$
$$\alpha_{CD}=\alpha_{3C}+180°-\beta_C$$

将以上各式相加，得

$$\alpha_{CD}=\alpha_{AB}+5\times180°-\sum\beta$$

上式也可以写成

$$\sum\beta=\alpha_{AB}-\alpha_{CD}+5\times180°$$

若导线的角度观测中不存在误差，则上式成立。因此，上式中 $\sum\beta$ 为附合导线右角之和的理论值。

即 $$\sum\beta_{理}=\alpha_{始}-\alpha_{终}+n\cdot180° \tag{7-13}$$

如果导线的转折角为左角，则附合导线左角之和的理论值为

$$\sum\beta_{理}=\alpha_{终}-\alpha_{始}+n\cdot180° \tag{7-14}$$

由于在转折角观测中不可避免地存在误差，因此，产生方位角闭合差为

$$f_\beta=\sum\beta_{测}-\sum\beta_{理} \tag{7-15}$$

附合导线的方位角闭合差也可以按从起始边推算到终边方位 $\alpha'_{终}$ 与已知的方位角 $\alpha_{终}$ 之差来计算，即

$$f_\beta=\alpha'_{终}-\alpha_{终} \tag{7-16}$$

（2）坐标增量闭合差的计算

附合导线两端点的坐标已知，所以也会产生坐标增量闭合差。如图 7-10 所示，附合导线各点坐标按下式推算：

$$x_1=x_B+\Delta x_{B1}$$
$$x_2=x_1+\Delta x_{12}$$
$$x_3=x_2+\Delta x_{23}$$
$$x_C=x_3+\Delta x_{3C}$$

将上式等号两侧分别相加，得

$$x_C=x_B+\sum\Delta x$$

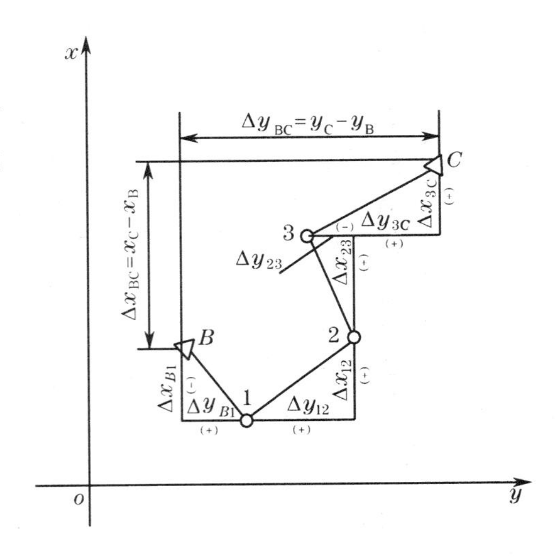

图 7-10 附合导线坐标增量总和的理论值

或

$$\sum \Delta x = x_C - x_B$$

同理可得

$$\sum \Delta y = y_C - y_B$$

以上两式表明，若导线的边长和角度观测中没有误差，则导线各边纵、横坐标增量的总和理论上应等于终点与起点的坐标差，即

$$\sum \Delta x_{理} = x_C - x_B \quad \sum \Delta y_{理} = y_C - y_B$$

推广到一般形式，可得附合导线坐标增量总和的理论值表达式

$$\begin{cases} \sum \Delta x_{理} = x_{终} - x_{始} \\ \sum \Delta y_{理} = y_{终} - y_{始} \end{cases} \tag{7-17}$$

附合导线坐标增量闭合差按下式计算：

$$\begin{cases} f_x = \sum \Delta x_{测} - \sum \Delta x_{理} = \sum \Delta x_{测} - (x_{终} - x_{始}) \\ f_y = \sum \Delta y_{测} - \sum \Delta y_{理} = \sum \Delta y_{测} - (y_{终} - y_{始}) \end{cases} \tag{7-18}$$

附合导线全长闭合差、全长相对闭合差的计算、调整方法以及导线点坐标计算同闭合导线。

3）全站仪导线测量

目前，全站仪已广泛应用于导线测量中。仍以图 7-9 附合导线为例，首先将全站仪安置在 B 点处，在待定点 1 处安置棱镜。利用全站仪三维坐标测量功能，输入 B 点坐标 x_B、y_B、H_B及仪器高和棱镜高后，后视已知点 A 并输入 A 点坐标，然后瞄准导线点 1 处棱镜进行观测，即可显示点 1 的坐标和高程。

为了减弱仪器对中误差和目标偏心误差对测角和测距的影响，全站仪导线测量中常采用三联脚架法。该方法通常使用三个相同型号的基座和脚架，该基座既可安置全站仪又可安置带有觇牌的反射棱镜。如图 7-11 所示，将全站仪安置在测站 B 的基座中，带有觇牌的反射棱镜分别安置在已知点 A 和导线点 1 的基座中进行导线测量。本测站观测完成后，点 B 和点 1 处的脚架和基座保持不动，取下全站仪和带有觇牌的反射棱镜，在点 1 安置全站仪，B 点安置带有觇牌的反射棱镜，并将点 A 处的脚架整体迁至下一点。重复上述过程，直至观测完成整条导线。该种方法由于减少了对中误差和瞄准误差，从而提高了坐标传递精度。

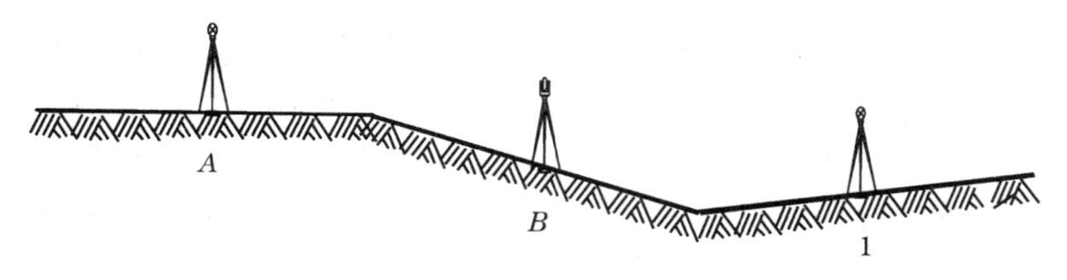

图 7-11　三联脚架法工作原理

7.2.4　导线测量错误查找方法

导线计算时，如果发现闭合差超限，应首先复查外业观测记录、内业计算所抄录的数据

和计算过程，如果均没有错误，说明外业角度观测或距离测量存在问题，必须返工重测。若重测前能判断出错位置，则可提高返工效率。

1）一个转折角测错的查找方法

如图7-12所示的附合导线，若第3点上的转折角β_3产生错误$\Delta\beta$，使角度闭合差超限。当沿$A\rightarrow1\rightarrow2\rightarrow3\rightarrow4\rightarrow C$方向计算各点坐标时，由于1、2、3点不受$\beta_3$角的错误影响，因而求得的坐标正确，而4点和$C$点的坐标错误；当沿$C\rightarrow4\rightarrow3\rightarrow2\rightarrow1\rightarrow A$方向计算时，$C$点和4点的坐标正确，而2、1、$A$点的坐标错误。因此，可分别从导线两端出发，按支导线方法进行计算，得到各点的两套坐标，若某点的两套坐标值非常接近，则该点的转折角最有可能测错。

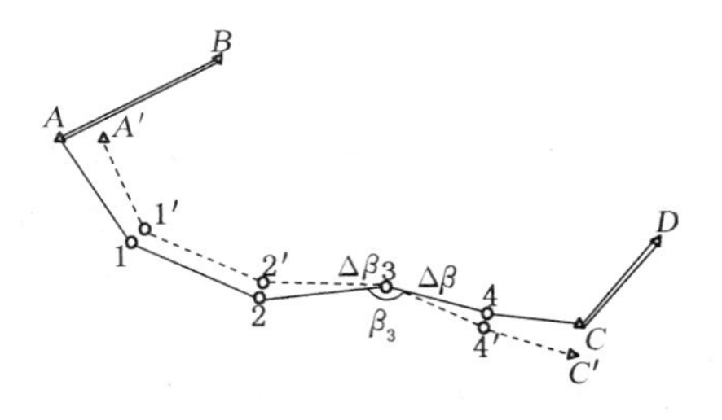

图7-12 一个转折角测错示意图

对于闭合导线，可采用类似方法，从起点开始，分别沿顺时针和逆时针方向按支导线方法计算出各点的两套坐标，进行比较查找出错位置。

2）一条边长测错的查找方法

当角度闭合差f_β合格而导线全长相对闭合差T超限时，说明距离测量存在错误。图7-13中，若导线边$\overline{12}$产生测距粗差ΔD，而其他边角没有错误，则从点2开始的各点均产生一个平行于边$\overline{12}$的位移值ΔD。如果将其他边角的偶然误差忽略，则导线全长闭合差f等于ΔD，其方向与边$\overline{12}$平行，即

$$f=\sqrt{f_x^2+f_y^2}=\Delta D$$

$$\alpha_f=\arctan\left(\frac{f_y}{f_x}\right)=\alpha_{12} \tag{7-19}$$

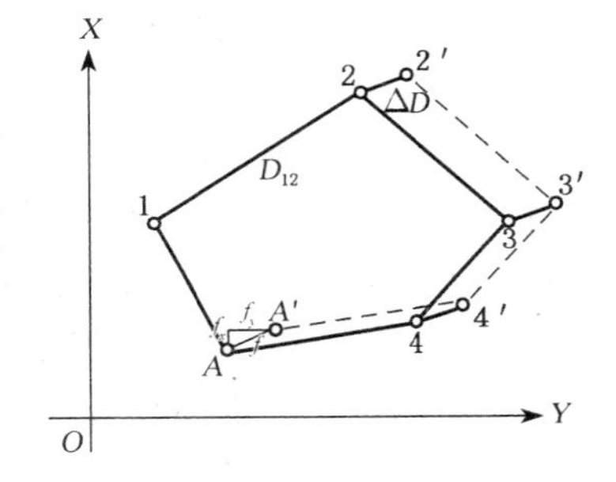

图7-13 一条边长测错示意图

据此可推断，与f方向平行的导线边，最有可能出错。

7.3 交会定点测量

当原有的控制点密度不能满足测图和施工需要时，可以在数个已知控制点上设站，分别向着待定点观测方向或距离，也可以在待定点上设站向着数个已知控制点观测方向或距离，而后计算待定点的坐标，这就是交会定点测量。常用的交会定点测量的方法有前方交会定点、测边交会定点、侧方交会定点和后方交会定点。利用全站仪或极坐标法进行控制点加密。利用交会定点法进行控制点加密时，要求必须有检核条件，交会角应在30°～150°之间，施测技术要求应与图根导线一致，分组计算所得坐标较差，不应大于图上0.2 mm。

7.3.1 前方交会定点

从相邻的两高级控制点A、B向待定点P观测水平角α、β，以计算待定点P的坐标，称

为前方交会，如图 7-14 所示。

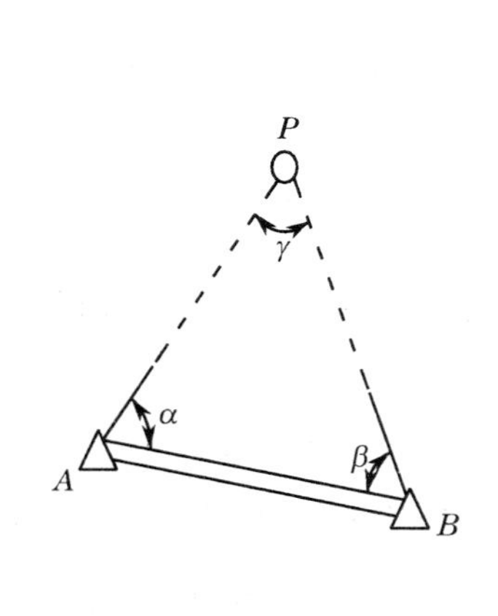

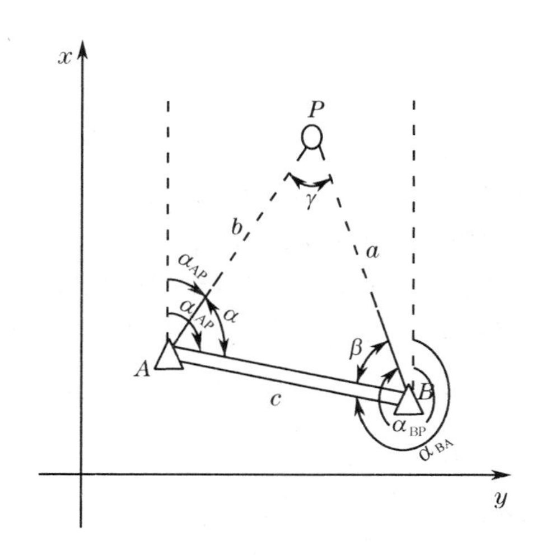

图 7-14　前方交会

前方交会法计算待定点坐标的方法如下：

（1）确定已知点间边长和坐标方位角

根据两个已知点的坐标，利用坐标反算公式计算两点间边长 c 和坐标方位角 α_{AB}：

$$c=\sqrt{(x_B-x_A)^2+(y_B-y_A)^2} \tag{7-20}$$

$$\alpha_{AB}=\arctan\frac{y_B-y_A}{x_B-x_A} \tag{7-21}$$

（2）计算待定边边长及其坐标方位角

接正弦定理计算已知点至待定点的边长

$$\begin{cases} a=\dfrac{c\sin\alpha}{\sin\gamma}=\dfrac{c\sin\alpha}{\sin(\alpha+\beta)} \\ b=\dfrac{c\sin\beta}{\sin\gamma}=\dfrac{c\sin\beta}{\sin(\alpha+\beta)} \end{cases} \tag{7-22}$$

从图 7-14 可以明显看出：

$$\begin{cases} \alpha_{AP}=\alpha_{AB}-\alpha \\ \alpha_{BP}=\alpha_{BA}+\beta=\alpha_{AB}+\beta\pm180° \end{cases} \tag{7-23}$$

（3）待定点坐标计算

首先根据待定边的边长和坐标方位角，按照坐标正算公式，分别计算已知点 A、B 至待定点 P 的坐标增量

$$\begin{cases} \Delta x_{AP}=b\cos\alpha_{AP} \\ \Delta y_{AP}=b\sin\alpha_{AP} \end{cases} \tag{7-24}$$

然后分别从已知点 A、B 计算待定点 P 的坐标：

$$\begin{cases} x_P = x_A + \Delta x_{AP} \\ y_P = y_A + \Delta y_{AP} \end{cases} \tag{7-25}$$

$$\begin{cases} x_P = x_B + \Delta x_{BP} \\ y_P = y_B + \Delta y_{BP} \end{cases} \tag{7-26}$$

两次计算得的坐标可以互相检核。

(4) 余切公式和正切公式

对上述公式进行化算，可以推导出直接计算待定点 P 坐标的余切公式和正切公式。考虑到公式(7-23)、公式(7-24)，可将公式(7-25)变为如下形式：

$$\begin{cases} x_P - x_A = b\cos(\alpha_{AB} - \alpha) = b(\cos\alpha_{AB}\cos\alpha + \sin\alpha_{AB}\sin\alpha) \\ y_P - y_A = b\sin(\alpha_{AB} - \alpha) = b(\sin\alpha_{AB}\cos\alpha - \cos\alpha_{AB}\sin\alpha) \end{cases} \tag{7-27}$$

将 $\cos\alpha_{AB} = \frac{x_B - x_A}{c}$ 和 $\sin\alpha_{AB} = \frac{y_B - y_A}{c}$ 代入上式，并作进一步变化，得到如下公式：

$$\begin{cases} x_P - x_A = \frac{b}{c}\sin\alpha[(x_B - x_A)\cot\alpha + (y_B - y_A)] \\ y_P - y_A = \frac{b}{c}\sin\alpha[(y_B - y_A)\cot\alpha + (x_A - x_B)] \end{cases} \tag{7-28}$$

按正弦定理，并考虑到 $\gamma = 180° - (\alpha + \beta)$，有

$$\frac{b}{c}\sin\alpha = \frac{\sin\beta\sin\alpha}{\sin(\alpha+\beta)} = \frac{\sin\beta\sin\alpha}{\sin\alpha\cos\beta + \cos\alpha\sin\beta} = \frac{1}{\cot\alpha + \cot\beta}$$

将上式代入式(7-28)，并经整理后得到以下可以直接计算待定点坐标的余切公式：

$$\begin{cases} x_P = \frac{x_A\cot\beta + x_B\cot\alpha + (y_B - y_A)}{\cot\alpha + \cot\beta} \\ y_P = \frac{y_A\cot\beta + y_B\cot\alpha + (x_A - x_B)}{\cot\alpha + \cot\beta} \end{cases} \tag{7-29}$$

将 $\cot\alpha = 1/\tan\alpha$ 和 $\cot\beta = 1/\tan\beta$ 代入上式，便可得到前方交会直接计算待定点坐标的正切公式：

$$\begin{cases} x_P = \frac{x_A\tan\alpha + x_B\tan\beta + (y_B - y_A)\tan\alpha\tan\beta}{\tan\alpha + \tan\beta} \\ y_P = \frac{y_A\tan\alpha + y_B\tan\beta + (x_A - x_B)\tan\alpha\tan\beta}{\tan\alpha + \tan\beta} \end{cases} \tag{7-30}$$

应当注意，公式中的 A、B、P 三点，在图形内按逆时针顺序排列，且在 A 点观测角编号为 α，B 点观测角对应编号 β。前方交会计算实例见表 7-12。

表 7-12　前方交会计算表

x_A	500	y_A	500	α	57°13′06″	$\tan\alpha$	1.552787
x_B	482	y_B	604	β	65°28′42″	$\tan\beta$	2.192103
$x_A - x_B$	18	$y_B - y_A$	104	(1) $\tan\alpha\ \tan\beta$	3.403868	(2) $\tan\alpha + \tan\beta$	3.744890

续　表 7-12

(3) $x_A \tan\alpha$	776.394	(6) $y_A \tan\alpha$	776.394
(4) $x_B \tan\beta$	1 056.594	(7) $y_B \tan\beta$	1 324.030
(5) $(y_B - y_A) \times (1)$	354.002	(8) $(x_A - x_B) \times (1)$	61.270
$x_P = [(3)+(4)+(5)] \div (2) = 583.993$		$y_P = [(6)+(7)+(8)] \div (2) = 577.238$	
图形与计算公式	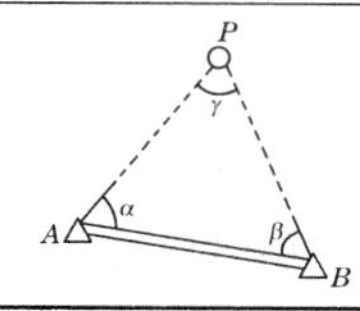	$\begin{cases} x_P = \dfrac{x_A \tan\alpha + x_B \tan\beta + (y_B - y_A) \tan\alpha \tan\beta}{\tan\alpha + \tan\beta} \\ y_P = \dfrac{y_A \tan\alpha + y_B \tan\beta + (x_A - x_B) \tan\alpha \tan\beta}{\tan\alpha + \tan\beta} \end{cases}$	

7.3.2　测边交会定点

从两个已知点 A、B 向待定点 P 测量边长 AP(或 b)、BP(或 a),以计算待定点 P 的坐标,称为测边交会或称距离交会,如图 7-15 所示。

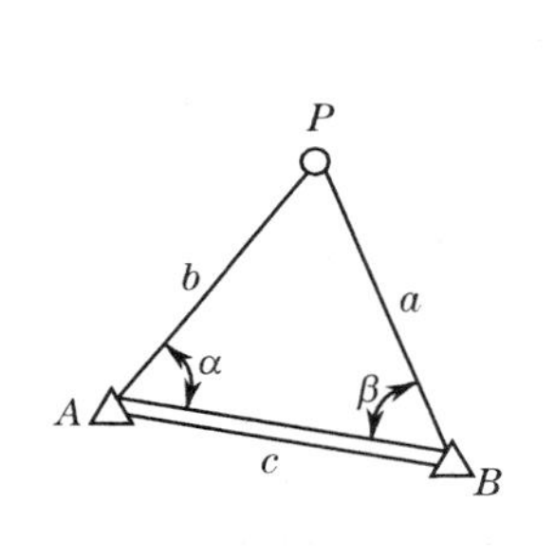

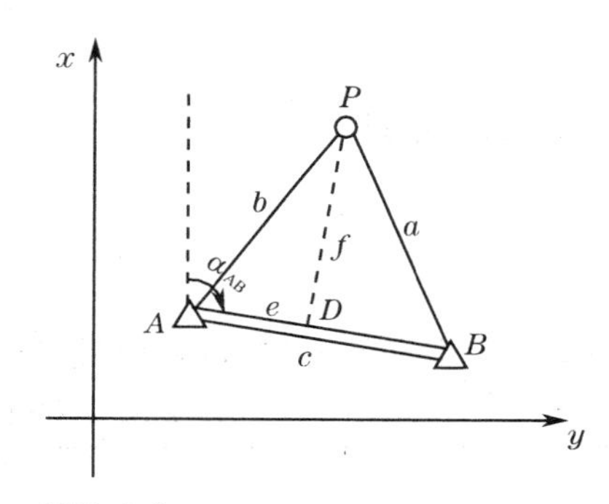

图 7-15　测边交会

测边交会计算待定点坐标时,既可以转化为前方交会进行计算,也可以直接计算待定点的坐标,下面分别计算。

1) 转化为前方交会法

根据△ABP 的三条边 a、b、c 用余弦定律计算三角形的两个内角 α 和 β,即

$$\alpha = \arccos\left(\frac{b^2 + c^2 - a^2}{2bc}\right) \quad \beta = \arccos\left(\frac{a^2 + c^2 - b^2}{2ac}\right)$$

然后按照 A、B 点的坐标及算得的 α、β 用前方交会公式计算待定点 P 的坐标。

2) 直接计算法

如图 7-15 所示,从 P 点作 AB 边的垂线,垂足为 D,得辅助线段 AD、PD,分别以 e、f 表示。在直角三角形 ADP 和 BDP 中,显然有

$$f^2 = b^2 - e^2 = a^2 - (c-e)^2$$

由上式可以得到辅助线段 e、f 的表达式如下:

$$\begin{cases} e = \dfrac{b^2 + c^2 - a^2}{2c} \\ f = \sqrt{b^2 - e^2} \end{cases} \tag{7-31}$$

P 点坐标应等于已知点 A(或 B)的坐标与 AP(或 BP)间坐标增量的代数和，而 AP 间坐标增量与 AD、DP 间坐标增量的关系为

$$\Delta x_{AP}=\Delta x_{AD}+\Delta x_{DP}，\Delta y_{AP}=\Delta y_{AD}+\Delta y_{DP}$$

式中：

$$\begin{aligned}&\Delta x_{AD}=e\cos\alpha_{AB}\\&\Delta y_{AD}=e\sin\alpha_{AB}\\&\Delta x_{DP}=f\cos(\alpha_{AB}-90°)=f\sin\alpha_{AB}\\&\Delta y_{DP}=f\sin(\alpha_{AB}-90°)=-f\cos\alpha_{AB}\end{aligned}$$

因此，

$$\begin{cases}\Delta x_{AP}=e\cos\alpha_{AB}+f\sin\alpha_{AB}\\\Delta y_{AP}=e\sin\alpha_{AB}-f\cos\alpha_{AB}\end{cases}$$

可以推得计算待定点 P 坐标的公式如下：

$$\begin{cases}x_P=x_A+e\cos\alpha_{AB}+f\sin\alpha_{AB}\\y_P=y_A+e\sin\alpha_{AB}-f\cos\alpha_{AB}\end{cases}\tag{7-32}$$

用下列公式加以检核：

$$\begin{cases}\sqrt{(x_P-x_B)^2+(y_P-y_B)^2}=a\\\sqrt{(x_P-x_A)^2+(y_P-y_A)^2}=b\end{cases}\tag{7-33}$$

测边交会直接计算待定点坐标的计算实例见表 7-13。

表 7-13　测边交会计算表

点号	x	y	Δx	Δy	观测边长	
A	500	500	-18	104	a	84.666
B	482	604			b	79.451

e	48.719	f	62.761	c	105.546
$\cos\alpha_{AB}$	$-0.170\,541$	$\sin\alpha_{AB}$	0.985 351	α_{AB}	99°49′09″
Δx_{AP}	53.533	Δy_{AP}	58.709	检核计算	
x_P	553.533	y_P	558.709	a	84.665
Δx_{BP}	71.533	Δy_{BP}	-45.291	b	79.451
图形与计算公式	$\begin{cases}e=\dfrac{b^2+c^2-a^2}{2c}\\f=\sqrt{b^2-e^2}\end{cases}$ $\begin{cases}x_P=x_A+e\cos\alpha_{AB}+f\sin\alpha_{AB}\\y_P=y_A+e\sin\alpha_{AB}-f\cos\alpha_{AB}\end{cases}$				

7.3.3　侧方交会定点

如图 7-16 所示，如果不便在一个已知点(如点 B)安置仪器，而是观测了一个已知点和待定点上的两个角度 α 和 γ，这种交会定点的方式称为侧方交会。

计算时，根据 α 和 γ 求出 B 点处的角度 β，就可以按照前方交会的方法计算待定点 P 的

坐标。计算过程从略。

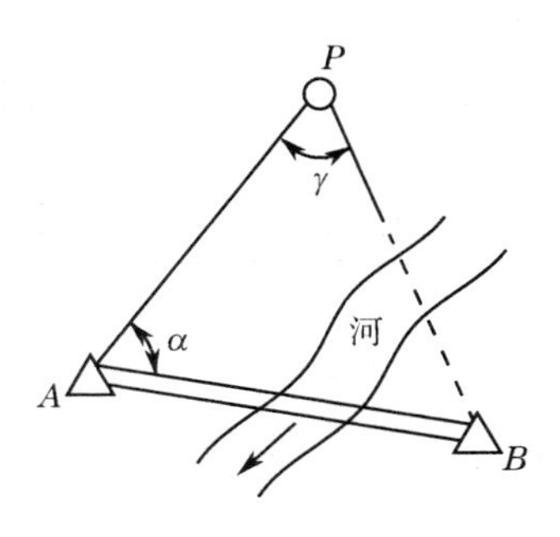

图 7-16　侧方交会

7.3.4　后方交会定点

从某一待定点 P 向三个已知点 A、B、C 观测水平方向值 R_A、R_B、R_C，以计算 P 点的坐标，称为后方交会。已知点 A、B、C 按顺时针排列，待定点 P 可以在已知点所组成的△ABC 之内，也可以在其外，如图 7-17 所示。但是，当 A、B、C、P 处于四点共圆的位置时，用后方交会法就无法确定 P 点的位置，这个圆也称为危险圆。

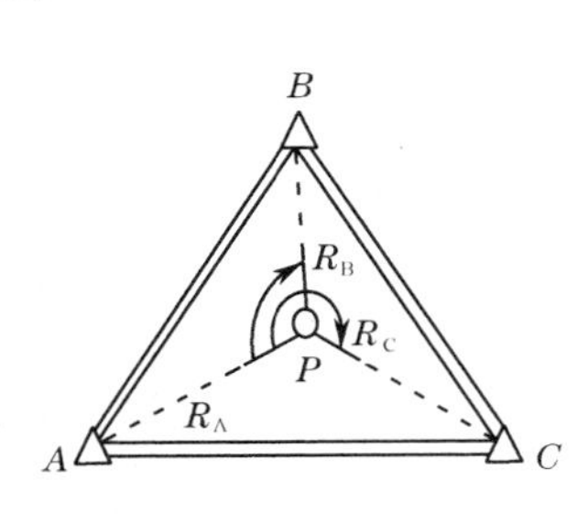

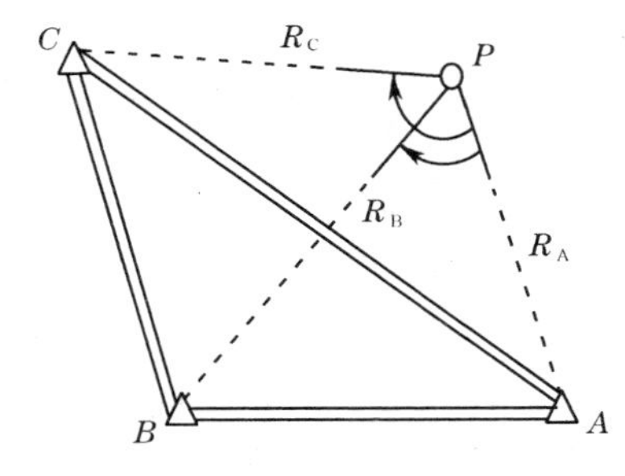

图 7-17　后方交会

△ABC 中，与顶点 A、B、C 所对应的内角分别设为 A、B、C 角，在 P 点对 A、B、C 三点观测的水平方向值 R_A、R_B、R_C 也构成三个水平角 α、β、γ，如图 7-18 所示，并规定：

$$\begin{cases}\alpha=R_C-R_B\\ \beta=R_A-R_C\\ \gamma=R_B-R_A\end{cases}\tag{7-34}$$

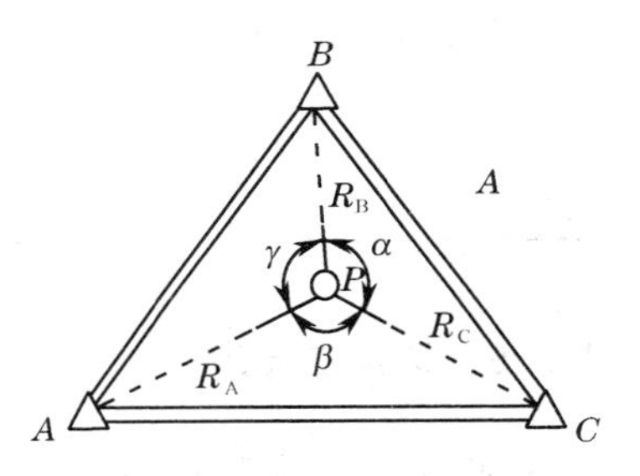

图 7-18　后方交会中的角度

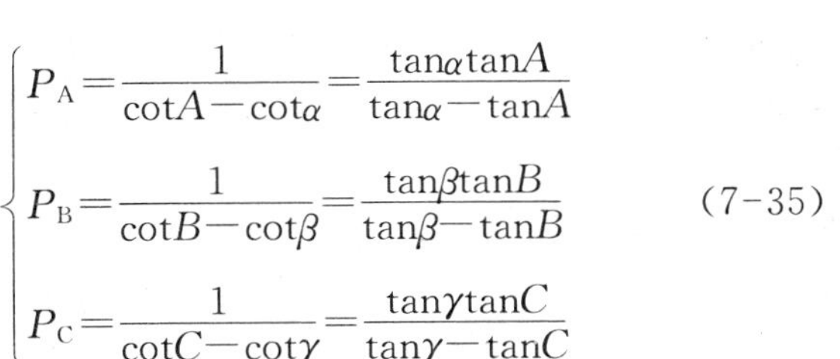

$$\begin{cases}P_A=\dfrac{1}{\cot A-\cot\alpha}=\dfrac{\tan\alpha\tan A}{\tan\alpha-\tan A}\\ P_B=\dfrac{1}{\cot B-\cot\beta}=\dfrac{\tan\beta\tan B}{\tan\beta-\tan B}\\ P_C=\dfrac{1}{\cot C-\cot\gamma}=\dfrac{\tan\gamma\tan C}{\tan\gamma-\tan C}\end{cases}\tag{7-35}$$

这里不加证明地给出后方交会计算待定点坐标的公式如下：

$$\begin{cases}x_P=\dfrac{P_Ax_A+P_Bx_B+P_Cx_C}{P_A+P_B+P_C}\\ y_P=\dfrac{P_Ay_A+P_By_B+P_Cy_C}{P_A+P_B+P_C}\end{cases}\tag{7-36}$$

上式中，x_A、y_A、x_B、y_B、x_C、y_C 分别表示三个已知点的坐标。表 7-14 为后方交会的计算实例。

表 7-14　后方交会计算表

已知点坐标反算方位角						图形及观测值	
已知点	x	y	Δx	Δy	方位角	$R_A=0°00'00''$ $R_B=102°56'18''$ $R_C=216°08'0''$	
A	500.050	500.330					
B	553.272	558.694	53.222	58.364	47°38′18″		
C	482.981	604.168	−70.291	45.474	147°05′59″		
A			17.069	−103.838	279°20′05″		
A 角	51°41′47″		α	113°11′42″			
B 角	80°32′19″		β	143°52′00″			
C 角	47°45′54″		γ	102°56′18″			
$\cot A$	0.789 855		$\cot\alpha$	−0.428 497		P_A	0.820 781
$\cot B$	0.166 650		$\cot\beta$	−1.369 668		P_B	0.650 907
$\cot C$	0.907 858		$\cot\gamma$	−0.229 735		P_C	0.879 049
待定点 P 坐标计算	$x_P=508.404$ $y_P=555.321$					$P_A+P_B+P_C$	2.350 737

7.3.5　边角交会定点

如图 7-19 所示，从待定点 P 向两个已知点 A、B 测量边长 AP(或 b)和 BP(或 a)，并观测水平角 γ，以计算 P 点坐标的交会方法称为边角后方交会，简称边角交会。

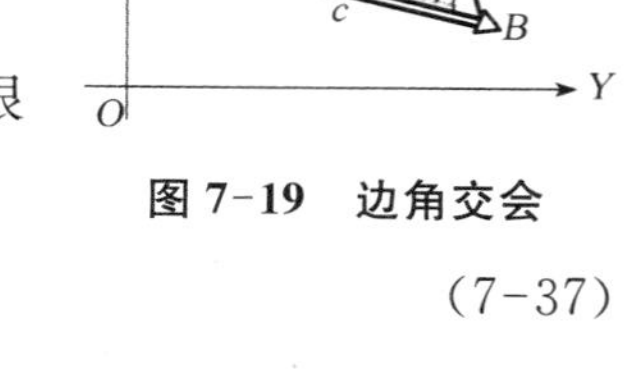

图 7-19　边角交会

在$\triangle ABP$ 中，边长 c 可根据 A、B 两点的坐标反算，因此可根据余弦定理计算水平角 α 和 β，则

$$\alpha=\arccos\frac{b^2+c^2-a^2}{2bc} \tag{7-37}$$

$$\beta=\arccos\frac{a^2+c^2-b^2}{2ac}$$

据此计算该三角形的另一水平角，即

$$\gamma'=180°-\alpha-\beta \tag{7-38}$$

该计算值与观测值 γ 之差为角度闭合差，即

$$f_\beta=\gamma'-\gamma \tag{7-39}$$

角度闭合差 f_β如果在容许范围以内，以 f_β的三分之一反号改正水平角 α 和β，然后按照公式(7-30)和表 7-12 所述方法计算待定点的坐标。该方法有一个多余观测，可以检核边

角观测值。

7.3.6 极坐标法

图 7-19 中,可在已知点 A 上观测水平角 α 和水平距离 D_{AP},在 B 点上观测水平角 β 和水平距离 D_{BP},则

$$\begin{aligned} \alpha_{AP} &= \alpha_{AB} - \alpha \\ \alpha_{BP} &= \alpha_{BA} + \beta \end{aligned} \tag{7-40}$$

分别由 A 点和 B 点计算待定点 P 的坐标,则

$$\begin{aligned} x_P &= x_A + D_{AP}\cos\alpha_{AP} \\ y_P &= y_A + D_{AP}\sin\alpha_{AP} \end{aligned} \tag{7-41}$$

$$\begin{aligned} x_P &= x_B + D_{BP}\cos\alpha_{BP} \\ y_P &= y_B + D_{BP}\sin\alpha_{BP} \end{aligned} \tag{7-42}$$

若 P 点的两组坐标之差在容许范围内,可取其平均值作为最后结果。电子全站仪常采用极坐标法交会定点,观测完毕,其程序模块可直接计算得到目标点坐标。

7.4 高程控制测量

在进行国家高程控制网加密、布设小地区首级高程控制网以及工程建设地区内工程测量和变形控制网时一般都是首先布设三等或四等水准网,进行地形测量时用图根水准测量或三角高程测量进行加密。第 2 章所介绍的普通水准测量即可满足图根水准测量要求,本节介绍三、四等水准测量和三角高程测量。

7.4.1 三、四等水准测量

1) 三、四等水准测量的技术要求

三、四等水准测量应从附近的国家高一级水准点引测高程。一般沿道路布设,水准点应选在地基稳固、易于保存和便于观测的地点,水准点间距一般为 2～4 km,在城市建筑区为 1～2 km,应埋设普通水准标石或临时水准点标志,也可用埋石的平面控制点作为水准点。为了便于寻找,水准点应绘制点之记。三、四等水准测量的主要技术要求见表 7-15。

表 7-15 三、四等水准观测的主要技术要求

等级	视线长度(m)	前、后视距离差(m)	前、后视距离累积差(m)	红、黑面读数差(mm)	红、黑面所测高差之差(mm)
三等	≤65	≤3	≤6	≤2	≤3
四等	≤80	≤5	≤10	≤3	≤5

注:三、四等水准采用变动仪器高度观测单面水准尺时,所测两次高差之差,应与黑面、红面所测高差之差的要求相同。

2）三、四等水准测量的方法

（1）观测方法

三、四等水准测量的观测应在通视良好，望远镜成像清晰、稳定的情况下进行。下面介绍双面水准尺法在一个测站上的观测程序。

① 在测站上安置仪器，使圆水准器气泡居中，后视水准尺黑面，用上、下视距丝读数，记入记录表7-16中(1)、(2)，转动微倾螺旋，使符合水准气泡居中，读取中丝读数，记入表中(3)；

② 前视水准尺黑面，读取上、下丝读数，记入表中(4)、(5)，转动微倾螺旋至符合气泡居中，读取中丝读数，记入表中(6)；

③ 前视水准尺红面，转动微倾螺旋，使符合气泡居中，读取中丝读数，记入表中(7)；

④ 后视水准尺红面，转动微倾螺旋，使符合气泡居中，读取中丝读数，记入表中(8)。

这种"后—前—前—后"的观测顺序，主要为抵消水准仪与水准尺下沉产生的误差。四等水准测量每站的观测顺序也可以为"后—后—前—前"。另外需要注意的是，表中各次中丝读数(3)、(6)、(7)、(8)是用来计算高差的，因此，在每次读取中丝读数前，都要注意使符合气泡严密重合。

（2）测站计算与检核

① 视距计算

根据前、后视的上、下视距丝读数计算前、后视的视距：

$$后视距离(9)=100\times\{上丝读数(1)-下丝读数(2)\}$$

$$前视距离(10)=100\times\{上丝读数(4)-下丝读数(5)\}$$

计算前后视距差(11)：

$$前后视距差(11)=后视距离(9)-前视距离(10)$$

对于三等水准测量，(11)≤3 m；对于四等水准测量，(11)≤5 m。

计算前后视距累积差(12)：

$$前后视距累积差(12)=上站(12)+本站(11)$$

对于三等水准测量，(12)≤6 m；对于四等水准测量，(12)≤10 m。

② 水准尺读数检核

同一水准尺黑、红面读数差的检核：

$$前尺黑红面读数差(13)=前黑(6)+K-前红(7)$$

$$后尺黑红面读数差(14)=后黑(3)+K-后红(8)$$

K 为双面尺红面分划与黑面分划的零点差(常数4 687 mm或4 787 mm)。对于三等水准测量，读数差小于或等于2 mm；对于四等水准测量，读数差小于或等于3 mm。

（3）高差计算与检核

表 7-16　三、四等水准测量观测手簿

测站编号	点号	后尺 上丝 / 下丝	前尺 上丝 / 下丝	方向及尺号	水准尺读数		K+黑−红 $K_{47}=4\,787$ $K_{46}=4\,687$	平均高差
		后视距 视距差 d	前视距 累积差 $\sum d$		黑色面	红色面		
		(1)	(4)	后	(3)	(8)	(14)	(18)
		(2)	(5)	前	(6)	(7)	(13)	
		(9)	(10)	后−前	(15)	(16)	(17)	
		(11)	(12)					
1	BM_1 — TP_1	1573	0742	后 47	1386	6174	−1	83.3
		1199	0366	前 46	553	5241	−1	
		37.4	37.6	后−前	833	933	0	
		−0.2	−0.2					
2	TP_1 — TP_2	2123	2198	后 46	1936	6623	0	−74.5
		1749	1824	前 47	2010	6798	−1	
		37.4	37.4	后−前	−74	−175	1	
		0	−0.2					
3	TP_2 — TP_3	1914	2055	后 47	1726	6513	0	−140.5
		1539	1678	前 46	1866	6554	−1	
		37.5	37.7	后−前	−140	−41	1	
		−0.2	−0.4					
4	TP_3 — BM_2	1965	2141	后 46	1832	6519	0	−174.5
		1700	1874	前 47	2007	6793	1	
		26.5	26.7	后−前	−175	−274	−1	
		−0.2	−0.6					
检核计算	$\sum(9)=138.8$			$\sum(3)=6880$			$\sum(8)=25829$	
	$\sum(10)=139.4$			$\sum(6)=6436$			$\sum(7)=25386$	
	$\sum(9)-\sum(10)=-0.6$			$\sum(15)=444$			$\sum(16)=443$	
	$\sum(9)+\sum(10)=278.2$			$\sum(15)+\sum(16)=887$			$2\sum(18)=887$	

按前、后视水准尺红、黑面中丝读数分别计算该站高差

黑面高差(15)＝后黑(3)－前黑(6)

红面高差(16)＝后红(8)－前红(7)

红黑面高差之差(17)＝(15)－(16)＝(14)－(13)

对于三等水准测量，(17)≤3 mm；对于四等水准测量，(17)≤5 mm。

黑、红面高差之差在容许范围以内时，取其平均值，作为该站的观测高差

$$(18)=\frac{1}{2}\{(15)+(16)\}$$

(4) 每页水准测量记录计算检核

每页水准测量记录必须作总的计算检核：

高差检核：

$$\sum(3)-\sum(6)=\sum(15)$$
$$\sum(8)-\sum(7)=\sum(16)$$
$$\sum(15)+\sum(16)=2\sum(18)\text{（测站为偶数）}$$
$$\sum(15)+\sum(16)\pm 100\,\text{mm}=2\sum(18)\text{（测站为奇数）}$$

视距差检核：$\sum(9)-\sum(10)=$ 本页末站(12)－前页末站(12)

本页总视距：$\sum(9)+\sum(10)$

3) 三、四等水准测量的成果整理

三、四等水准测量的闭合线路或附合线路的成果整理首先应按表 7-6 的规定，检验测段（两水准点之间的线路）往返测高差不符值及附合线路或闭合线路的高差闭合差。如果在容许范围内，则测段高差取往、返测的平均值，线路的高差闭合差则按与测段成比例的原则反号分配。按改正后的高差计算各水准点的高程。

7.4.2 三角高程测量

当测区地形起伏较大，用水准测量速度慢、困难大时，可以用三角高程测量的方法测定两点间的高差和待定点的高程。在进行三角高程测量之前，必须用水准测量的方法引测一定数量的水准点，作为高程起算的依据。

1) 三角高程测量的原理

如图 7-20 所示，已知 A 点的高程 H_A，欲测定 B 点高程 H_B。在 A 点安置经纬仪，用卷尺量取仪器高 i（地面点桩顶至经纬仪横轴的高度），在 B 点安置觇牌，量取目标高 v（地面点至觇牌中心或横轴的高度），测定竖直角 α。若已测得 AB 的水平距离 D，则

$$h_{AB}=D\tan\alpha+i-v \tag{7-43}$$

若当场用光电测距仪测得两点间斜距 S，则

$$h_{AB}=S\sin\alpha+i-v \tag{7-44}$$

然后按下式计算 B 点高程：

$$H_B=H_A+h_{AB} \tag{7-45}$$

对于长距离的三角高程测量，应考虑地球曲率（球差）和大气折光（气差）对观测高差的影响，即

$$h_{AB}=D\tan\alpha\text{（或 }S\sin\alpha\text{）}+i-v+f \tag{7-46}$$

式中：f——球气差改正值，$f=(1-k)\dfrac{D^2}{2R}$；

R——平均地球曲率半径，取值为 6 371 km；

k——大气垂直折光系数，随时间、日照、气温、气压、视线高度和地面情况等因素而

变，一般取平均值，令 $k=0.14$。

表 7-17 中列出了水平距离 $D=100\sim2\,000$ m 的球气(两)差改正值 f，根据不同的 D 值在表中查找对应的 f 值。

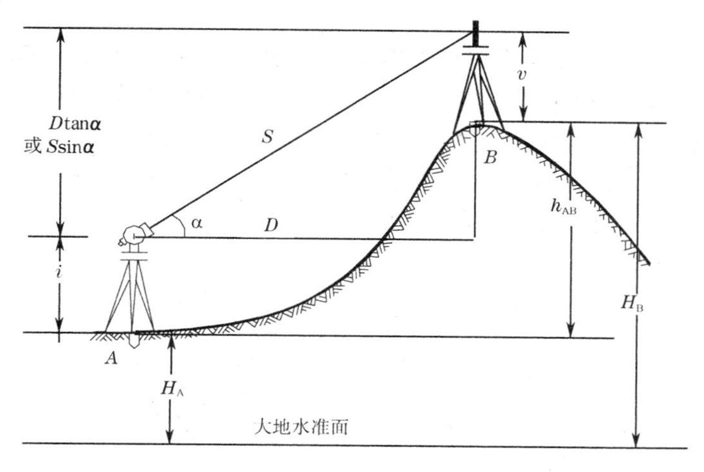

图 7-20　三角高程测量

由于折光系数 k 的不确定性，使两差改正值也具有误差。但是，如能在短时间内，在两点间进行对向观测，即测定 h_{AB} 和 h_{BA} 并取平均值，则由于 k 在短时间内不会改变，而 h_{BA} 必须反号与 h_{AB} 取平均，两差改正 f 得到抵消。因此，对要求较高的三角高程测量，应进行对向观测。

表 7-17　三角高程测量球气差改正($k=0.14$)

D(m)	f(mm)	D(m)	f(mm)	D(m)	f(mm)	D(m)	f(mm)
100	1	600	24	1 100	82	1 600	173
200	3	700	33	1 200	97	1 700	195
300	6	800	43	1 300	114	1 800	219
400	11	900	55	1 400	132	1 900	244
500	17	1 000	67	1 500	152	2 000	270

2) 三角高程的观测与计算

(1) 观测(观测前已量得 D 或在经纬仪上架设光电测距仪，测定斜距 S)

① 安置仪器于测站，量仪器高 i 和觇标高 v，读数至毫米。

② 经纬仪望远镜中横丝瞄准觇牌中心，读取竖盘读数，盘左盘右观测为一测回，计算竖直角 α，观测测回数及主要技术要求见表 7-7。

(2) 计算

① 根据 D 或 S 按公式计算 $h_{AB}=D\tan\alpha$(或 $S\sin\alpha$)$+i-v+f$，其中 $f=(1-k)\dfrac{D^2}{2R}$。

② 对向观测求得的往返测高差不符值 $f_{\Delta h}$ 的允许值为

$$f_{\Delta h允}=\pm10D \tag{7-47}$$

③ 各点间的三角高程测量一般构成闭合或附合线路，计算高差闭合差 f_h，作为观测正确性的检核，其允许值为

$$f_{h允} = \pm 5\sqrt{\sum D^2} \tag{7-48}$$

以上两式中，$f_{\Delta h允}$ 和 $f_{h允}$ 均以厘米为单位；D 为各边平距，以千米为单位。

图 7-21 为三角高程测量的计算实例。在 A、B、C、D 四点间进行三角高程测量，构成闭合线路，在各点间均进行竖直角及斜距的往返观测，已知 A 点的高程为 842.337。已知数据及观测值均注明在图上。在表 7-18 中进行高差计算，表 7-19 中进行高差调整和高程计算。限于篇幅，表 7-18 中只列出了 BC 和 CD 边的计算。

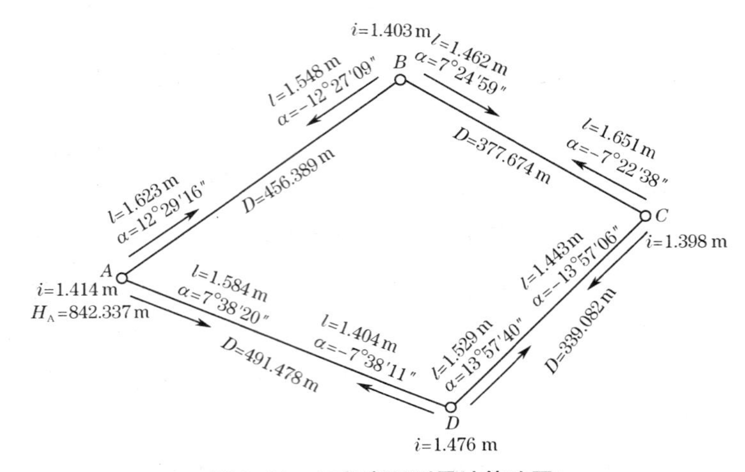

图 7-21　三角高程测量计算略图

表 7-18　三角高程测量高差计算

起算点	…	B		C		…
待定点	…	C		D		…
往返测	…	往	返	往	返	…
平距 D(m)	…	377.674		339.082		…
竖直角 α	…	7°24′59″	−7°22′38″	−13°57′06″	13°57′40″	…
$D\tan\alpha$	…	49.161	−48.899	−84.239	84.298	…
仪器高 i(m)	…	1.403	1.398	1.398	1.476	…
目标高 l(m)	…	1.462	1.651	1.443	1.529	…
两差改正 f(m)	…	0.010		0.008		…
单向高差(m)	…	49.112	−49.142	−84.276	84.253	…
平均高差(m)	…	49.127		−84.265		…

表 7-19　三角高程测量高差调整和高程计算

点号	水平距离(m)	观测高差(m)	改正值(m)	改正后高差(m)	高程(m)
A					842.337
	456.389	100.897	0.007	100.904	
B					943.241
	377.674	49.127	0.006	49.133	
C					992.374
	339.082	−84.265	0.005	−84.260	
D					908.114
	491.478	−65.785	0.008	−65.777	
A					842.337
$\sum$	1 664.423	−0.026	0.026	0	
高差闭合差及允许闭合差	$f_h=-0.025(m)$ $f_{h允}=\pm0.05\sqrt{0.7068}=0.042(m)$				

本章小结

本章主要介绍了小地区平面控制网和高程控制网的布设方法、外业观测以及内业计算。小地区平面控制网的布设形式主要包括GPS网和导线网,加密图根控制点时也常采用交会定点和支导线等方法。

导线测量是城市平面控制网最常见的布设形式。导线测量的外业观测方法和内业计算必须重点掌握,这部分内容也是学习的难点,只要掌握一种导线形式(如闭合导线)的内业计算方法,通过比较两者计算环节的不同之处,可以较容易地掌握。本部分内容与角度测量、距离测量以及直线定向等章节内容逻辑联系紧密,学习过程中也要复习前面几章的有关内容。

小地区高程控制测量主要采用三、四等水准测量方法,地形起伏比较大的丘陵地区或山区也采用三角高程测量方法。三、四等水准测量的观测程序和数据处理方法较普通水准测量更复杂,各种数据检核工作比较细致,必须对照实际例子认真学习掌握,而三角高程测量的观测与计算也应该理解掌握。

习题与思考题

1. 在全国范围内,控制网如何布设? 小地区控制网如何布设?
2. 导线的布设形式有哪几种? 图示说明如何对它们进行定位和定向。
3. 三角高程测量为什么要进行对向观测? 对向观测可以消除什么误差?
4. 设有闭合导线1—2—3—4的边长和角度观测值如图7-22所示。已知点1的坐标 $x_1=500.78\,m$, $y_1=689.59\,m$, 边 $\overline{12}$ 的坐标方位角 $\alpha_{12}=58°27'36''$,计算2、3、4各点坐标。
5. 根据图7-23中数据,列表计算附合导线各点坐标。

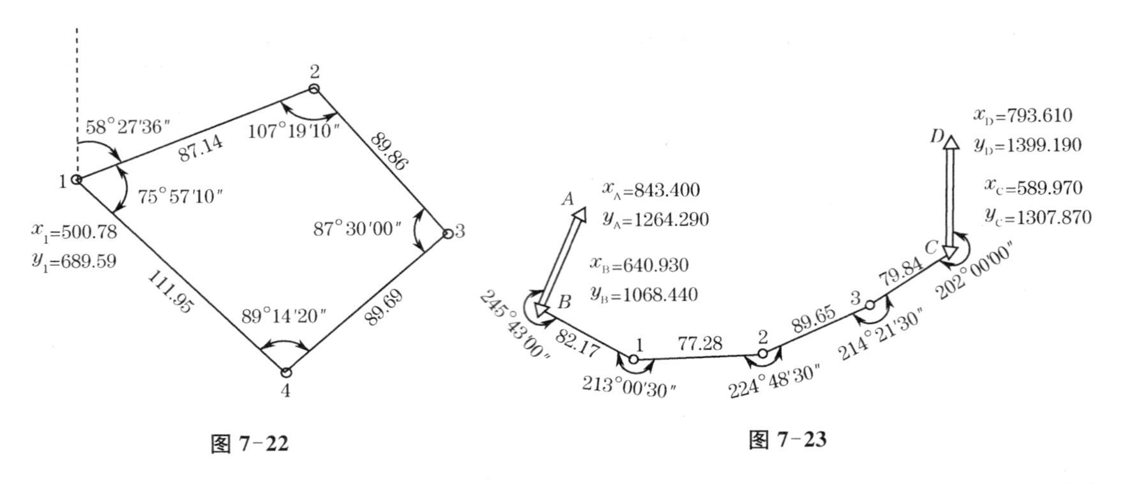

图 7-22　　　　图 7-23

6. 用前方交会方法测定 P 点的位置，如图 7-24 所示。已知点 A、B 的坐标及观测的角度标于图上，计算 P 点的坐标。

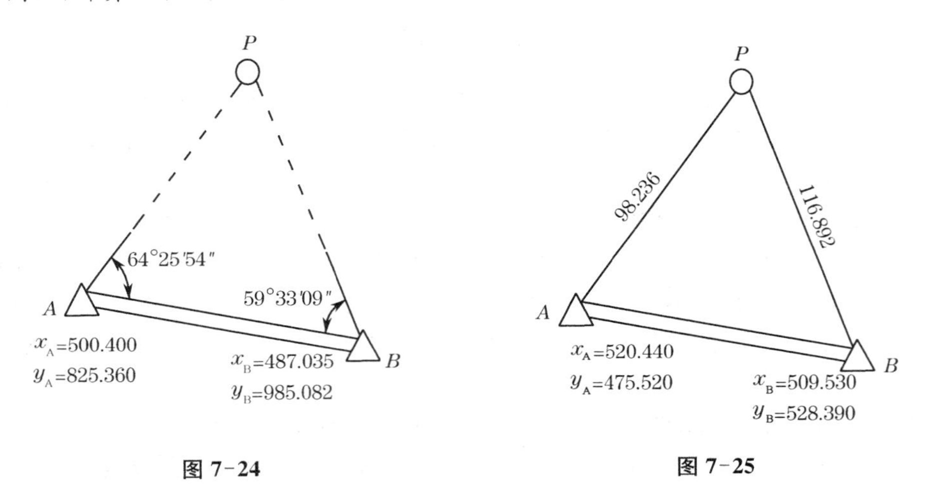

图 7-24　　　　图 7-25

7. 测边交会测定 P 点的位置，如图 7-25 所示。已知点 A、B 的坐标及观测边长标于图上，计算 P 点的坐标。

8. 已知 A 点高程为 46.54 m，现用三角高程测量方法进行往返观测，观测数据列入表 7-20 中，AB 距离为 182.53 m。试确定 B 点的高程。

表 7-20

测站	目标	竖直角 °　′　″	仪器高(m)	目标高(m)
A	B	+3　36　12	1.48	2.00
B	A	−2　20　56	1.50	3.30

8　大比例尺地形测绘

8.1　地形图的基本知识

地球表面千姿百态，错综复杂，有高山、峡谷、平原、河流、房屋等，这些统称为地形。习惯上把地形分为地物和地貌两大类。地物是指地球表面上的各种固定性物体，可分为自然地物（如江河、森林等）和人工地物（如房屋、道路等）。地貌是指地球表面高低起伏的自然形态，如高山、平原、盆地、陡坎等。按照一定的比例尺，用规定的符号将地物、地貌的平面位置和高程表示在图纸上的正射投影图，称为地形图。如果仅反映地物的平面位置，不反映地貌变化的图，称为平面图。

地形图的测绘是按照“先控制，后细部”的原则进行的。根据测图目的及测区的具体情况建立平面和高程控制网，然后根据控制点进行地物和地貌测绘。为了满足建筑设计和施工的不同需要，地形图采用各种不同的比例尺绘制，在工程建设中常用的有 1∶500、1∶1 000、1∶2 000 和 1∶5 000 等几种。

由于地物的种类繁多，为了在测绘和使用地形图中不至于造成混乱，各种地物、地貌表示方法在图上必须有一个统一的标准。因此，国家测绘总局对地物、地貌在地形图上的表示方法制定了统一标准，这个标准称为“地形图图式”。

地形图能够客观地反映地物和地貌的变化情况，利用地形图可以进行规划、设计、施工及竣工管理等。因此，在经济、国防等各种工程建设中具有重要的作用。

地形图的内容相当丰富，下面分别介绍地形图的比例尺、图式、等高线以及分幅与编号。

8.1.1　地形图比例尺

地形图上某一线段的长度 d 与其在地面上所代表的相应水平距离 D 之比，称为地形图的比例尺。

1) 比例尺的种类

比例尺有下列两种表示方法：

(1) 数字比例尺

数字比例尺可表示为分子为 1、分母为整数的分数。设图上一段直线长度为 d，相应实地的水平长度为 D，则该图的数字比例尺为

$$\frac{d}{D}=\frac{1}{D/d}=\frac{1}{M} \tag{8-1}$$

或写成 1∶M，其中 M 为比例尺分母。M 愈大，比值愈小，比例尺愈小；相反，M 愈小，比值愈大，比例尺愈大。可以利用式(8-1)，根据图上长度和比例尺求实际长度，也可根据实际长度和比例尺求图上长度。

为了满足经济建设和国防建设的需要，测绘和编制了各种不同比例尺的地形图。通常称 1∶1 000 000、1∶500 000、1∶200 000 比例尺的地形图为小比例尺地形图；1∶100 000、1∶50 000 和 1∶25 000 比例尺的地形图为中比例尺地形图；1∶10 000、1∶5 000、1∶2 000、1∶1 000 和 1∶500 比例尺的地形图为大比例尺地形图。

中比例尺地形图系国家的基本图，由国家测绘部门负责测绘，目前均用航空摄影测量方法成图。中比例尺地形图主要供各种工程规划和勘察设计使用。小比例尺地形图一般由中比例尺地形图缩小编绘而成。小比例尺地形图主要供各种区域规划或高级指挥机关使用。而大比例尺地形图是直接为满足城市各种工程设计、施工而测绘的。按照地形图图式规定，比例尺书写在图幅下方正中处。

(2) 图示比例尺

为了用图方便、直观，以及减弱由于图纸伸缩而引起的误差，在绘制地形图时，通常在地形图的正下方绘制图示比例尺。图示比例尺由两条平行线构成，并把它从左至右分成若干个 2 cm 长的基本单位，最左端的一个基本单位再分成 10 等份，从第二个基本单位开始，分别向左和向右注记以米为单位的代表实际的水平距离，如图 8-1 所示为 1∶500 的比例尺。

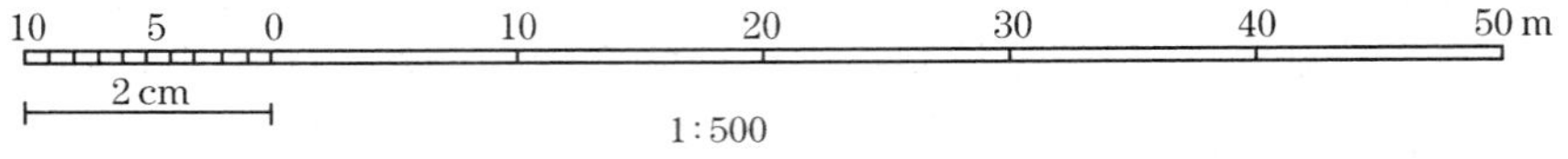

10 5 0 10 20 30 40 50 m
2 cm
1:500

图 8-1 图示比例尺

使用图示比例尺时，只要用脚规的两只脚将图上某直线的长度移至图示比例尺上，使一只脚尖对准"0"分划线右侧的整分划线上，而另一只脚尖落在"0"分划线左端的细分划段中，则所量直线在实地上的水平距离就是两个脚尖的读数之和，不足一个小分划的零数可用目估。若需要将地面上已丈量水平距离的直线展绘在图上，则需要先从图示比例尺上找出等于实地水平距离的直线的两端点，然后将其长度移至图上相应位置。

2) 比例尺精度

通常人眼能在图上分辨出的最小距离为 0.1 mm。因此，图上 0.1 mm 所表示的实地水平长度称为比例尺精度。若用 δ 代表比例尺精度，则

$$\delta = 0.1M \text{ mm} \tag{8-2}$$

显然，比例尺越大，其比例尺精度也越高。不同比例尺图的比例尺精度如表 8-1 所示。

表 8-1 不同比例尺的精度

比 例 尺	1∶500	1∶1000	1∶2000	1∶5000	1∶10000
比例尺精度(m)	0.05	0.1	0.2	0.5	1.0

根据比例尺的精度，可以确定在测图时量距应准确到什么程度。例如，测绘 1∶1 000 比例尺地形图时，其比例尺的精度为 0.1 m，故量距的精度只需 0.1 m，小于 0.1 mm 在图上表示不出来。另外，当设计规定需在图上能量出的实地最短长度时，根据比例尺的精度，可

以确定测图比例尺。比例尺越大，表示地物和地貌的情况越详细，精度越高。但是必须指出，同一测区，采用较大比例尺测图往往比采用较小比例尺测图的工作量和投资将增加数倍，因此采用哪一种比例尺测图，应从工程规划、施工实际需要的精度出发进行选择。

8.1.2 地形图图式

为了便于测图和读图，在地形图中常用不同的符号来表示地物和地貌的形状和大小，这些符号总称为地形图图式。《地形图图式》是由国家测绘管理机关制定，由国家技术监督局颁布实施的国家标准。它是测绘和使用地形图的重要依据，是识别和使用地形图的重要工具。具体地说，它是地形图上表示各种地物、地貌要素的符号、注记和颜色的标准。常见的 1∶500 及 1∶1 000 地形图图式示例如表 8-2 所示。

表 8-2 地形图图式

编号	符号名称	图　　例	编号	符号名称	图　　例
1	坚固房屋 4—房屋层数	坚4　1.5	7	经济作物地	0.8　3.0　蔗　10.0　10.0
2	普通房屋 2—房屋层数	2　1.5	8	水生经济作物地	3.0　藕　0.5
3	窑洞 1. 住人的 2. 不住人的 3. 地面下的	1　2.5　2 3	9	水稻田	0.2　2.0　10.0　10.0
4	台阶	0.5　0.5　0.5	10	旱地	1.0　2.0　10.0　10.0
5	花圃	1.5　1.5　10.0　10.0	11	灌木林	0.5　1.0
6	草地	1.5　0.8　10.0　10.0	12	菜地	2.0　2.0　10.0　10.0

续　表 8-2

编号	符号名称	图　　例	编号	符号名称	图　　例
13	高压线	4.0	22	沟渠 1. 有堤岸的 2. 一般的 3. 有沟堑的	1 2 0.3 3
14	低压线	4.0			
15	电杆	1.0	23	公路	0.3 沥 砾 0.3
16	电线架		24	简易公路	8.0 2.0
17	砖、石及混凝土围墙	10.0 10.0 0.5	25	大车路	0.15 0.3 碎石
18	土围墙	0.5 0.3 10.0	26	小路	0.3 4.0 1.0
19	栅栏、栏杆	1.0 10.0	27	三角点 凤凰山一点名 394.468一高程	凤凰山 394.468 3.0
20	篱笆	1.0 10.0	28	图根点 1. 埋石的 2. 不埋石的	1 2.0 N16/84.46 2 1.5 25/62.74 2.5
21	活树篱笆	3.5 0.5 10.0 1.0 0.8	29	水准点	2.0 Ⅱ京石5/32.804

续　表 8-2

编号	符号名称	图　　例	编号	符号名称	图　　例
30	旗杆	1.5　1.0　4.0　1.0	38	路灯	1.5　1.0
31	水塔	2.0　3.0　1.0　1.2	39	独立树 1. 阔叶 2. 针叶	1　1.5　3.0　0.7　2　3.0　0.7
32	烟囱	3.5　1.0	40	岗亭、岗楼	90°　3.0　1.5
33	气象站(台)	3.0　4.0　1.2	41	等高线 1. 首曲线 2. 计曲线 3. 间曲线	0.15　87　1　0.3　85　2　6.0　0.15　3
34	消火栓	1.5　1.5　2.0	42	示坡线	
35	阀门	1.5　1.5　2.0	43	高程点及其注记	0.5 · 163.2 ▲ 75.4
			44	滑坡	
36	水龙头	3.5　2.0　1.2	45	陡崖 1. 土质的 2. 石质的	1　2
37	钻孔	3.0　1.0	46	冲沟	

地形图图式中的符号有三类:地物符号、地貌符号和注记符号。

1) 地物符号

根据地物大小及描绘方法的不同,地物符号可分为比例符号、非比例符号和半比例符号。有些地物的轮廓较大,它们的形状和大小可以按测图比例尺缩小,并用规定的符号绘在图纸上,这种符号称为比例符号,如房屋、较宽的道路、稻田、花圃和湖泊等。有些地物轮廓较小,无法将其形状和大小按比例绘到图上,则不考虑其实际大小,而采用规定的符号表示出其中心位置,这种符号称为非比例符号,如三角点、水准点、导线点、独立树、路灯、水井和里程碑等。对于一些带状延伸地物,其长度可按比例缩绘,而宽度无法按比例尺表示的符号称为半比例符号,如小路、通讯线、管道、栅栏等。这种符号的中心线一般表示其实地地物的中心位置,但是对于城墙和垣栅等,地物中心位置在其符号的底线上。

2) 地貌符号

地貌是指地球表面自然起伏的状态,包括山地、丘陵、平原、洼地等。在地形图上表示地貌的方法很多,在大比例尺地形图上通常用等高线表示地貌。因为用等高线表示地貌,不仅能表示地面的起伏状态,而且还能科学地表示出地面的坡度和地面点的高程。对峭壁、冲沟、梯田等特殊地形,不便用等高线表示时则绘注相应的符号。

3) 注记符号

有些地物除了用相应的符号表示外,对于地物的性质、名称等在图上还需要用文字和数字加以注记,称为注记符号。注记符号是为有利于更准确地表示出地物的位置、属性,有利于地形图阅读和应用的符号形式,如房屋的结构和层数、地名、路名、单位名、等高线高程、散点高程以及河流的水深、流速等。

8.1.3 等高线

等高线是表示地貌的主要形式。地貌是地形图要表示的重要信息之一。地貌尽管千姿百态、错综复杂,但其基本形态按其起伏的变化可以归纳为几种典型地貌,如山头、山脊、山谷、山坡、鞍部、洼地、绝壁等(图 8-2)。

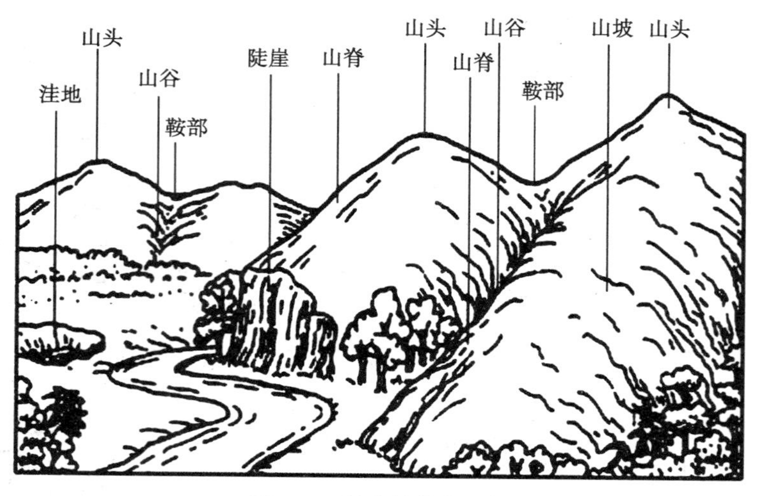

图 8-2　地貌的基本形状

1) 等高线的定义

等高线是地面上高程相同的相邻点所连成的一条闭合曲线。水面静止的湖泊和池塘的水边线，实际上就是一条闭合的等高线。如图 8-3 所示，设有一座位于平静湖水中的小山头，山顶被湖水恰好淹没时的水面高程为 100 m；然后水位下降 5 m，露出山头，此时水面与山坡就有一条交线，而且是闭合曲线，曲线上各点的高程是相等的，这就是高程为 95 m 的等高线；随后水位又下降 5 m，山坡与水面又有一条交线，这就是高程为 90 m 的等高线。依此类推，水位每降落 5 m，水面就与地表面相交留下一条等高线，从而得到一组高差为 5 m 的等高线。设想把这组实地上的等高线沿铅垂线方向投影到水平面 H 上，并按规定的比例尺缩绘到图纸上，就得到用等高线表示该山头地貌的等高线图。

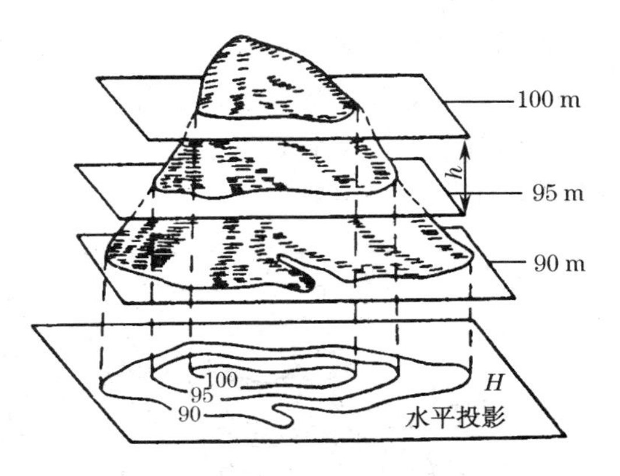

图 8-3　等高线的形成

这些等高线的形状和高程，客观地显示了小山头的空间形态，同时又具有可度量性。

2) 等高距与等高线平距

两条相邻等高线的高差称为等高距，常以 h 表示。常用的等高距有 1 m、2 m、5 m、10 m等几种，根据地形图的比例尺和地面起伏的情况确定。在同一幅地形图上，等高距是相同的。

相邻等高线之间的水平距离称为等高线平距，简称平距，常以 d 表示。因为同一张地形图内等高距是相同的，所以等高线平距 d 的大小直接与地面坡度有关。地面坡度 i 可以写成：

$$i=\frac{h}{d} \tag{8-3}$$

等高线平距越小，地面坡度就越大；平距越大，则坡度越小；平距相等，坡度相同。因此，可以根据地形图上等高线的疏、密来判定地面坡度的缓、陡。同时还可以看出：等高距越小，显示地貌就越详细；等高距越大，显示地貌就越简略。还有某些特殊地貌，如冲沟、滑坡等，其表示方法参见地形图图式。

测绘地形图时，要根据测图比例尺、测区地面的坡度情况和国家规范要求选择合适的基本等高距，见表 8-3 所示。

表 8-3　地形图的基本等高距　(m)

地形类别＼比例尺	1∶500	1∶1000	1∶2000	1∶5000
平坦地	0.5	0.5	1	2
丘陵	0.5	1	2	5
山地	1	1	2	5
高山地	1	2	2	5

3）典型地貌的等高线

地面上地貌的形态是多样的，进行仔细分析后，就会发现它们一般是由山头、洼地、山脊、山谷、鞍部等几种基本地貌组成（图 8-4）。了解和熟悉用等高线表示典型地貌的特征，就能比较容易地根据地形图上的等高线，分析和判别地面的起伏状态，将有助于识读、应用和测绘地形图。典型地貌有：

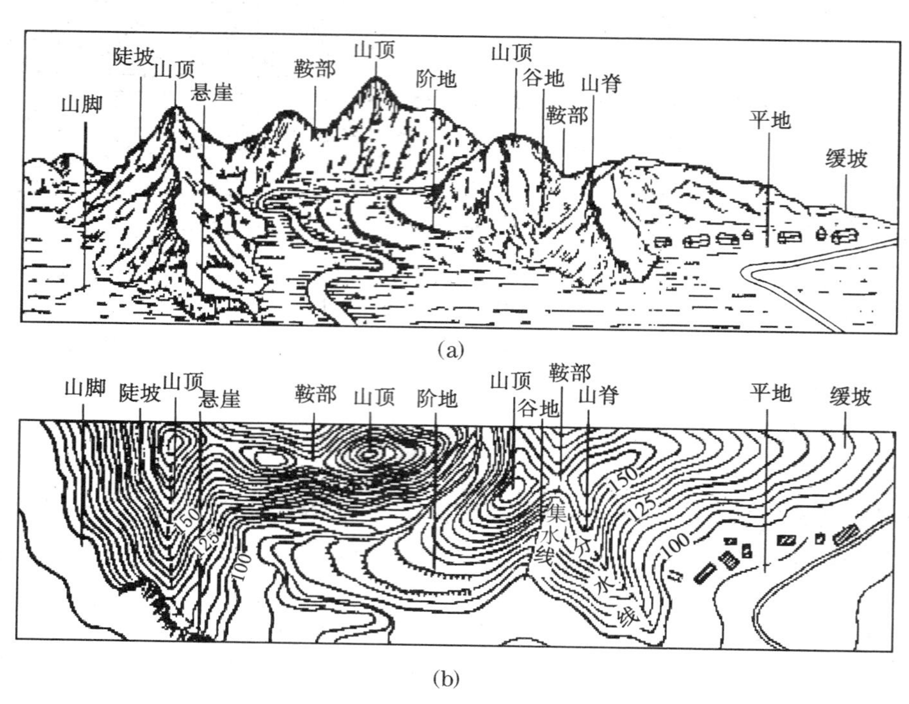

图 8-4 基本地貌形状及其等高线

（1）山头和洼地

图 8-5(a)为某山头的等高线，图 8-5(b)为某洼地的等高线。它们投影到水平面上都是

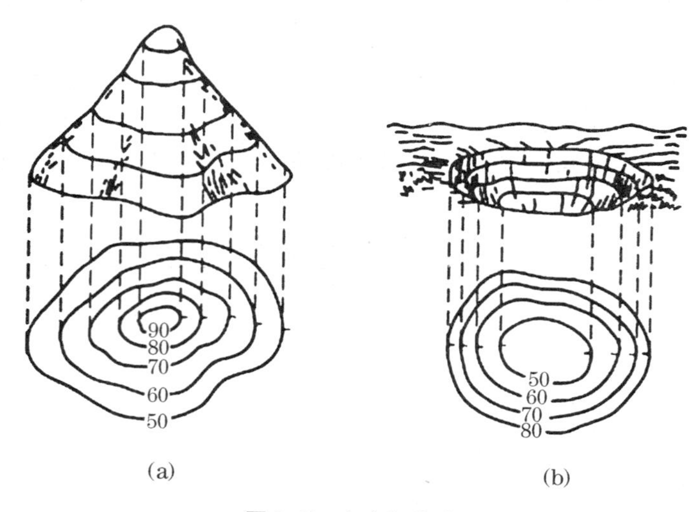

图 8-5 山头和洼地

一组闭合曲线。在地形图上区分山丘与洼地的方法是:凡是内圈等高线的高程注记大于外圈者为山丘,小于外圈者为洼地。如果等高线上没有高程注记,则用示坡线来表示。

示坡线是垂直于等高线的短线,用以指示坡度下降的方向。示坡线从内圈指向外圈,说明中间高,四周低,为山丘。示坡线从外圈指向内圈,说明四周高,中间低,为洼地。

(2) 山脊和山谷

山脊是沿着一个方向延伸的高地。山脊的最高棱线称为山脊线。山脊等高线表现为一组凸向低处的曲线,见图 8-6(a)。山谷是沿着一个方向延伸的洼地,位于两山脊之间。贯穿山谷最低点的连线称为山谷线。山谷等高线表现为一组凸向高处的曲线,见图 8-6(b)。

山脊附近的雨水必然以山脊线为分界线,分别流向山脊的两侧,因此,山脊又称分水线。而在山谷中,雨水必然由两侧山坡流向谷底,向山谷线汇集,因此,山谷线又称集水线。山脊线和山谷线统称为地性线。

在土木工程规划及设计中,要考虑地面的水流方向、分水线、集水线等问题。因此,山脊线和山谷线在地形图测绘及应用中具有重要的作用。

(3) 鞍部

鞍部是相邻两山头之间呈马鞍形的低凹部位。典型的鞍部是在相对的两个山脊和山谷的会合处,其左、右两侧的等高线是近似对称的两组山脊线和两组山谷线。鞍部等高线的特点是在一圈大的闭合曲线内,套有两组小的闭合曲线(见图 8-7)。鞍部往往是修建山区道路的关节点,越岭道路常需经过鞍部。

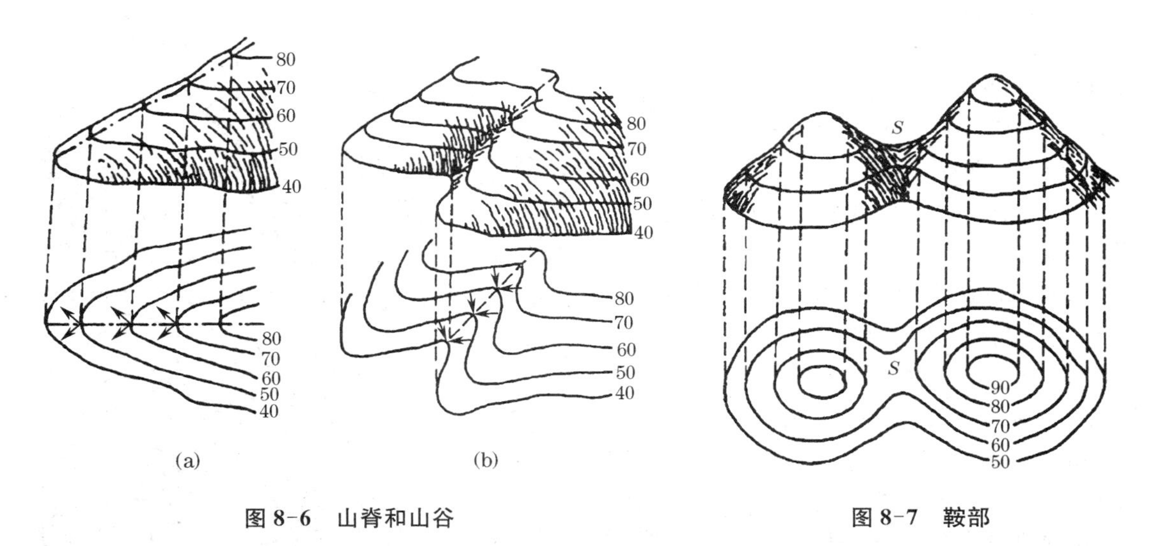

图 8-6 山脊和山谷　　**图 8-7 鞍部**

(4) 绝壁和悬崖

绝壁又称陡崖,它和悬崖都是由于地壳产生断裂运动而形成的。绝壁是坡度在 70°以上的陡峭崖壁,有石质和土质之分。如果用等高线表示,将是非常密集或重合为一条线,因此采用锯齿形的陡崖符号来表示,如图 8-8(a)、(b)所示。

悬崖是上部突出,下部凹进的绝壁,这种地貌的等高线出现相交。俯视时隐蔽的等高线用虚线表示,如图 8-8(c)所示。

识别上述典型地貌用等高线表示的方法以后,就基本上能够认识地形图上用等高线表

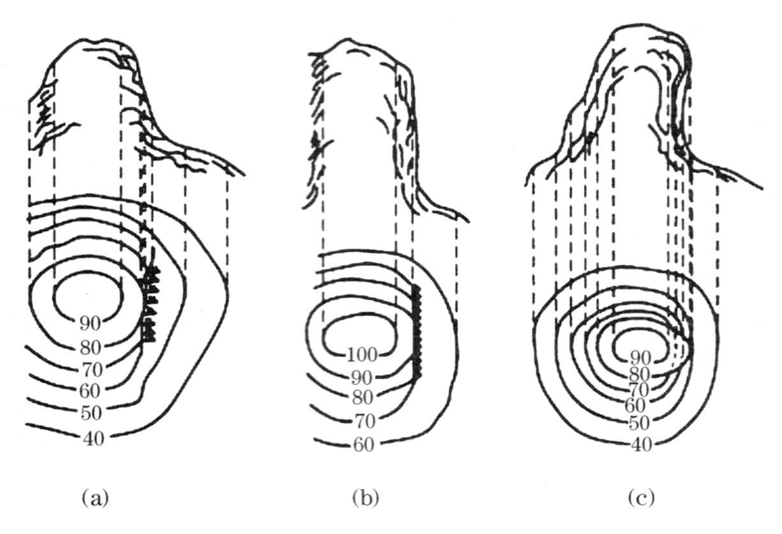

图 8-8　绝壁和悬崖

示的复杂地貌。图 8-9 为某一地区综合地貌及其等高线地形图。

4) 等高线的分类

表示地形起伏的等高线有首曲线、计曲线、间曲线和助曲线之分(见图 8-10)。

(1) 首曲线

在同一幅地形图上,按照基本等高距描绘的等高线称为首曲线,又称为基本等高线。用 0.15 mm 宽的细实线绘制。

(2) 计曲线

为了计算和用图的方便,每隔四条基本等高线,或者凡高程能被 5 整除且加粗描绘的基本等高线称为计曲线。例如等高距为 1 m 的等高线,则高程为 5 m、10 m、15 m、20 m……5 m 倍数的等高线为计曲线;又如等高距为 2 m 的等高线,则高程为 10 m、20 m、30 m……10 m 倍数的等高线为计曲线。一般只在计曲线上注记高程。计曲线的高程值总是为等高距的 5 倍。计曲线用 0.3 mm 宽的粗实线绘制。

(3) 间曲线

对于坡度很小的局部区域,当用基本等高线不足以反映地貌特征时,可按 1/2 基本等高距加绘一条等高线,该等高线称为间曲线。间曲线用 0.15 mm 宽的长虚线绘制,可以不闭合。

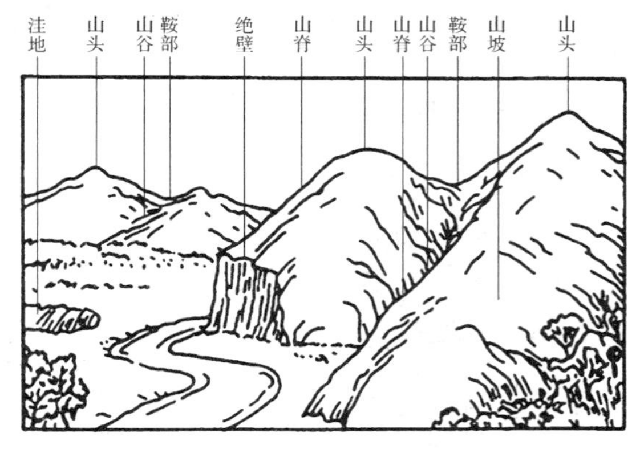

图 8-9　某地区地貌及其等高线地形图

(4) 助曲线

在地形较为平坦的区域，为了能够更准确地利用地形图设计工程建筑物，有时在间曲线的基础上还绘制出高差为四分之一等高距的等高线，通常把这一等高线称为四分之一等高线，也称助曲线。一般用 0.15 mm 宽的细短虚线表示。

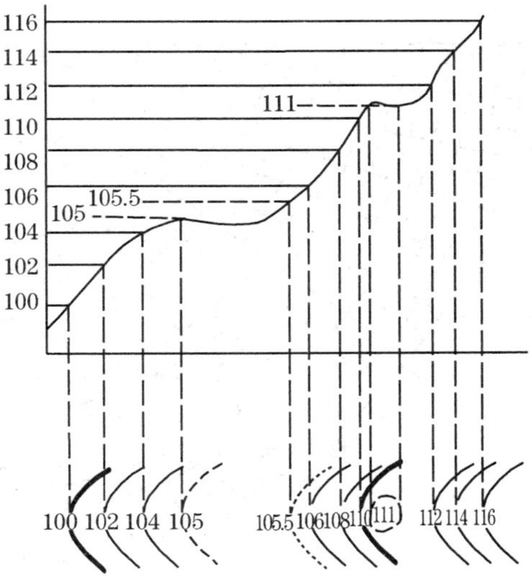

图 8-10　等高线分类

5) 等高线的特性

为了掌握用等高线表示地貌时的规律性，现将等高线的特性归纳如下：

(1) 同一条等高线上各点的高程都相等。但高程相等的点，不一定在同一条等高线上。

(2) 等高线是闭合曲线，不能中断（间曲线、助曲线除外），如果不在同一幅图内闭合，则必定在相邻的其他图幅内闭合。

(3) 等高线只有在绝壁或悬崖处才会重合或相交。

(4) 等高线经过山脊或山谷时转变方向，因此，山脊线和山谷线应与转变方向处的等高线切线垂直相交，如图 8-11 所示。

(5) 在同一幅地形图内，基本等高距（等高线间隔）是相同的。因此，等高线平距大（等高线疏）表示地面坡度小（地形平坦）；等高线平距小（等高线密）则表示地面坡度大（地形陡峭）；平距相等则坡度相同。

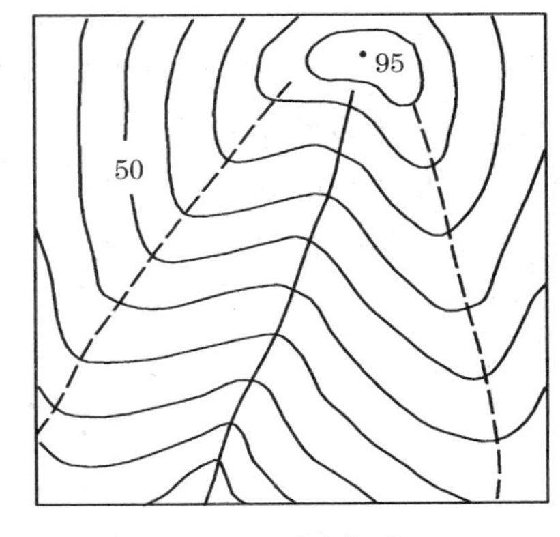

图 8-11　垂直相交

8.1.4　地形图的分幅与编号

为了便于管理和使用地形图，需要将大面积的各种比例尺的地形图进行统一的分幅和编号。地形图的分幅方法分为两类：一类是按经纬线分幅的梯形分幅法（又称国际分幅）；另一类是按坐标格网分幅的矩形分幅法。前者用于中、小比例尺的国家基本图的分幅，后者用于城市大比例尺图的分幅。

1) 地形图的梯形分幅与编号

(1) 1∶1 000 000 比例尺图的分幅与编号

按国际上的规定，1∶1 000 000 的世界地图实行统一的分幅和编号。即自赤道向北或向南分别按纬差 4°分成横列，各列依次用 A, B, …, V 表示。自经度 180°开始起算，自西向东按经差 6°分成纵行，各行依次用 1, 2, …, 60 表示。每一幅图的编号由其所在的“横列—纵行”的代号组成。例如北京某地的经度为东经 116°24′20″，纬度为 39°56′30″，则所在的 1∶1 000 000 比例尺图的图号为 J—50。（见图 8-12）

(2) 1∶500 000、1∶200 000、1∶100 000 比例尺图的分幅与编号

该范围的地形图都是以 1∶1 000 000 地形图的分幅为基准，再进行图的分幅与编号的。

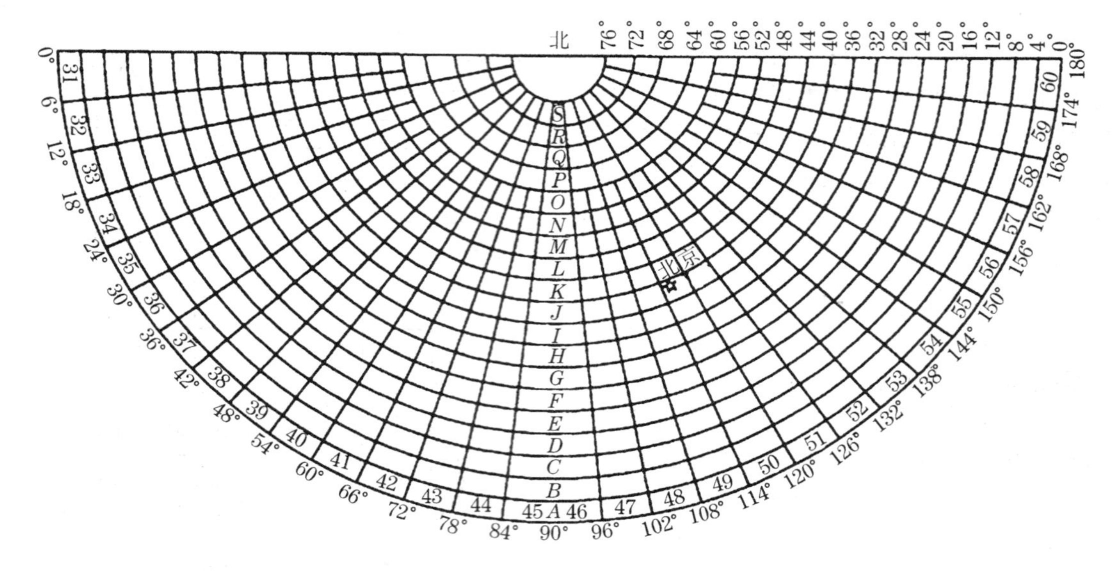

图 8-12　北半球东侧 1∶1 000 000 地图的国际分幅与编号

一幅 1∶1 000 000 地形图划分四幅 1∶500 000 地形图，这样 1∶500 000 的地形图每幅的经差为 3°，纬差为 2°，并分别用甲、乙、丙、丁表示，其编号是在 1∶1 000 000 地形图的编号后加上它本身的序号，如 *J*—50—乙。(见图 8-13)

一幅 1∶1 000 000 地形图划分 36 幅 1∶200 000 地形图(从左至右)，这样每幅 1∶200 000 地图经差为 1°，纬差为 40′，并分别用带括号的数字(1)～(36)表示，其编号是在 1∶1 000 000 地形图的编号后加上它本身的序号，如 *J*—50—(28)。(见图 8-13)

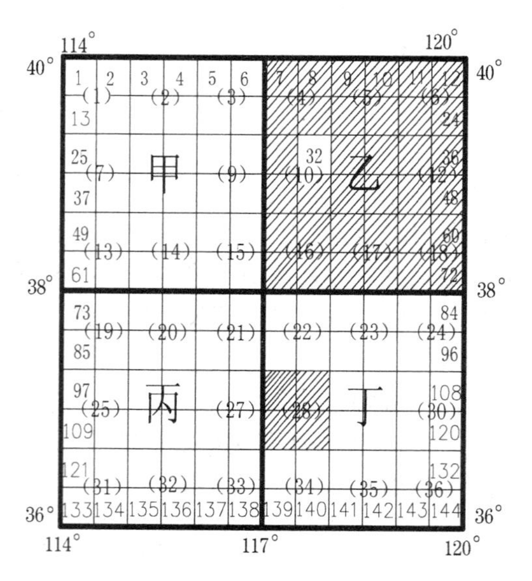

图 8-13　1∶500 000、1∶200 000、1∶100 000 比例尺图的分幅与编号

一幅 1∶1 000 000 地形图划分 144 幅 1∶100 000 地形图(从左至右)，这样每幅 1∶100 000 地图经差为 30′，纬差为 20′，并分别用数字 1～144 表示，其编号是在 1∶1 000 000

地形图的编号后加上它本身的序号，如 J—50—32。（见图 8-13）

(3) 1∶50 000、1∶25 000、1∶10 000 比例尺图的分幅与编号

1∶50 000、1∶25 000、1∶10 000 的地形图分幅编号是以 1∶100 000 地形图为基础的。

每幅 1∶100 000 地形图，划分成四幅 1∶50 000 的图，分别在 1∶100 000 的图号后写上各自的代号 A、B、C、D，如 J—50—5—B。

每幅 1∶50 000 的图又可分为四幅 1∶25 000 的图，分别在 1∶50 000 地形图的编号后以 1、2、3、4 编号，如 J—50—5—B—1。

1∶10 000 地形图的编号，是以一幅 1∶100 000 地形图划分为 64 幅 1∶10 000 地形图，则每幅 1∶10 000 地形图得经差为 3′45″，纬差为 2′30″，并分别以带括号的(1)～(64)表示，其编号是在 1∶100 000 图号后加上 1∶10 000 地图的序号，如 J—50—32—(10)。

一幅 1∶10 000 地形图划分为四幅 1∶5 000 地形图，分别用小写拉丁字母 a、b、c、d 表示，其编号是在 1∶10 000 图号后加上它本身的序号，如 J—50—32—(10)—a。

表 8-4 列出了基本比例尺地形图的图幅大小及其图幅间的数量关系。

表 8-4　基本比例尺地形图的图幅大小及其图幅间的数量关系

比例尺	图幅大小		图幅间的数量关系						
	经度	纬度							
1∶1 000 000	6°	4°	1						
1∶500 000	3°	2°	4	1					
1∶200 000	1°	40′	36	9	1				
1∶100 000	30′	20′	144	36	9	1			
1∶50 000	15′	10′	576	144	36	4	1		
1∶25 000	7″30″	5′	2 304	576	144	16	4	1	
1∶10 000	3′45″	2′30″	9 216	2 304	576	64	16	4	1
1∶5 000	1′52.5″	1′15″	36 864	9 216	2 304	256	64	16	4

2) 地形图的矩形分幅与编号

1∶500～1∶2 000 大比例尺地形图大多采用矩形分幅法。《1∶500　1∶1 000　1∶2 000 地形图图式》规定：1∶500～1∶2 000 比例尺地形图一般采用 50 cm×50 cm 正方形分幅或 40 cm×50 cm 矩形分幅。根据需要，也可以采用其他规格的分幅，但都是按统一的直角坐标格网划分的。

采用矩形分幅时，大比例尺地形图的编号，一般采用图幅西南角坐标千米数编号法。如西南角的坐标为 x=3 530.0 km，y=531.0 km，则其编号为“3 530.0—531.0”。编号时，比例尺为 1∶500 地形图，坐标值取至 0.01 km，而1∶1 000、1∶2 000 地形图取至 0.1 km。

某些工矿企业和城镇面积较大，而且测绘有几种不同比例尺的地形图，编号时是以 1∶5 000 比例尺图为基础，并作为包括在本图幅中的较大比例尺图幅的基本图号。例如，某 1∶5 000 图幅西南角的坐标值为 x=20 km，y=10 km，则其图幅编号为“20—10”。这个图

号将作为该图幅中的较大比例尺所有图幅的基本图号。也就是在 1∶5 000 图号的末尾分别加上罗马数字Ⅰ、Ⅱ、Ⅲ、Ⅳ,就是 1∶2 000 比例尺图幅的编号。同样,在 1∶2 000 图幅编号的末尾分别再加上Ⅰ、Ⅱ、Ⅲ、Ⅳ,就是1∶1 000图幅的编号;在 1∶1000 比例尺的图号末尾再加上Ⅰ、Ⅱ、Ⅲ、Ⅳ,就是 1∶500 图幅的编号,如图 8-14 所示。

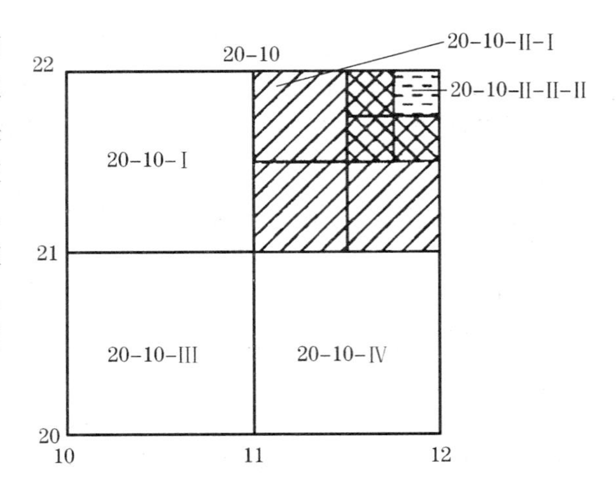

图 8-14　1∶500～1∶2 000 地形图分幅与编号

8.2　地形图测绘

地形图是将测区内地表的地物和地貌按照一定的投影方式投影到投影面上(参考椭球面),再投影至平面上,经过综合取舍及按比例缩小后,用规定的符号和一定的表示方法描绘成的正射投影图。地形图测绘是指在控制测量结束后,在图根控制点上安置经纬仪(设立测站),来测定其周围地物、地貌特征点(碎部点)的平面位置和高程,并按比例尺缩绘成图。地形图测绘也称碎部测量。目前常用的碎部测量方法有经纬仪测绘法、大平板仪测绘法和小平板仪与经纬仪联合测绘法等。本节介绍测绘部门主要采用的经纬仪测绘法。

8.2.1　测图前的准备工作

要完成地形图测绘任务,测图前必须进行必要的准备工作。首先应整理本测区的控制点成果及测区内可利用的资料,勾绘出测图范围。按坐标以一定比例尺绘制整个测区的展点网图,并在网图上绘注测区中图的分幅和编号,然后定出本测区的施测方案和技术要求。

对测图用的仪器应进行检验与校正,其他必要的测量工具应准备齐全。

除此之外,还应着重做好测图板的准备工作,包括图纸的准备、绘制坐标格网及展绘控制点等工作。

1) 图纸的准备

为了保证测图的质量,应选择质地较好的图纸。对于临时性测图,可将图纸直接固定在图板上进行测绘;对于需要长期保存的地形图,为了减少图纸变形,测图时,应将图纸裱糊在锌板或铝板或胶合板上。

近年来,各测绘部门大多采用聚酯薄膜,其厚度为 0.07～0.1 mm,表面经打毛后,可代替图纸用来测图。聚酯薄膜具有透明度好、伸缩性小、不怕潮湿、牢固耐用等优点,如果表面不清洁,还可用水洗涤,并可直接在底图上着墨复晒蓝图。但聚酯薄膜有易燃、易折和易老化等缺点,故在使用保管过程中应注意防火、防折。

2) 绘制坐标格网

控制点是根据其直角坐标值 x、y 展绘在图纸上的,为了准确地将图根控制点展绘在图纸上,首先要在图纸上精确地绘制 10 cm×10 cm 的直角坐标格网。绘制的方法通常有对角线法和坐标格网尺法等。

(1) 对角线法

如图 8-15 所示，先在正方形图纸上画出两条对角线，以其交点 M 为圆心，取适当长度为半径画弧，在对角线上交得 A、B、C、D 点，用直线连接各点，得正方形 $ABCD$。再从 A、D 两点起各沿 AB、DC，每隔 10 cm 定一点；从 A、B 两点起各沿 AD、BC，每隔 10 cm 定一点。连接各对边的相应点，即得坐标格网。

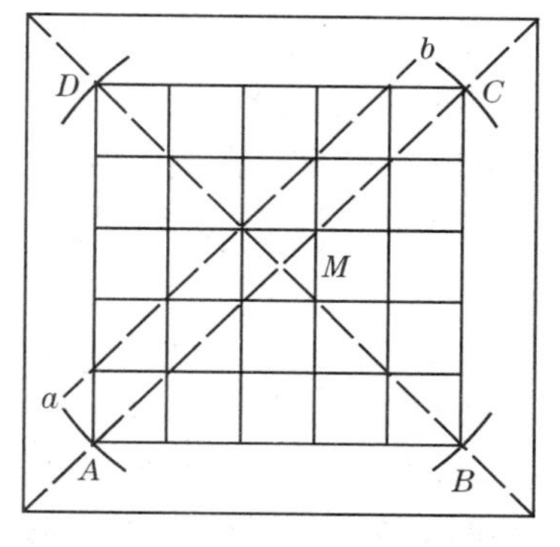

图 8-15 对角线法绘制方格网

坐标格网画好后，要用直尺检查应该在同一条直线上的各方格网的交点是否在同一条直线上，如图 8-15 所示，其偏离值不应超过 0.2 mm；用比例尺检查方格网的边长，其值与理论值相差不应超过 0.2 mm；方格网对角线长度误差不应超过 0.3 mm。如超过限差，应重新绘制。

(2) 坐标格网尺法

坐标格网尺是一种特制的金属直尺，尺上每隔 10 cm 有一小孔，孔内有一倾斜面。左端第一孔的斜面下边缘为一直线，斜面上刻一细线，细线与斜面边缘的交点为尺的零点，其余各孔斜边和尺末端的斜边均是以零点为圆心，分别以 10，20，…，50 及 70.711 cm 为半径的圆弧线。(70.711 cm 是边长为 50 cm 的正方形对角线的长度。)

用坐标格网尺绘制坐标格网的步骤如图 8-16 所示。先将直尺放在图纸下方的适当位置，沿尺边画一直线，将尺放在直线上，在线上定出直尺零点位置，再沿各孔斜边画弧线与直线相交；并定出 B 点，如图 8-16(a)。然后将直尺放在与 AB 线约成 90°的位置，并将直尺零点对准 B 点，如图 8-16(b)，沿各孔画弧线。再把直尺放到图 8-16(c)所示位置，置直尺零点对准 A，旋转直尺，使直尺末端与 B 点上方第一条弧线相交得交点 C，连接 BC，即得方格网右边线。同法，将直尺分别放到图 8-16(d)、(e)所示位置，就可画出格网的左边线 AD 及

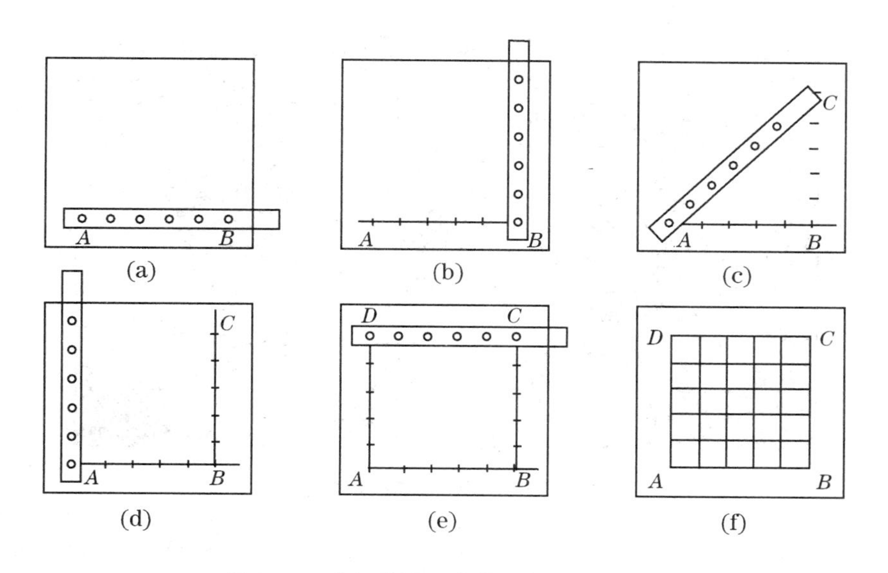

图 8-16 坐标格网尺法绘制方格网示意图

上边线CD。连接对边各相应点，即成为边长 10 cm 的坐标格网，如图 8-16(f)。坐标格网绘好后，也应按照上述检查方法进行检查。

3) 展绘控制点

展点前，应根据测区所在图幅的位置，将坐标格网线的坐标值标注在相应格网边线的外侧。展点时，先要根据控制点的坐标，确定所在的方格。如控制点 A 的坐标 $x_A=667.45$ m，$y_A=654.62$ m，根据 A 点的坐标值即可确定其位置在 $plmn$ 方格内。再按 y 坐标值分别从 l、p 点按测图比例尺向右各量 54.62 m，得 a、b 两点。同法，从 p、n 点向上各量 67.45 m，得 c、d 两点。连接 a、b 和 c、d，其交点即为 A 点的位置。同法将图幅内所有控制点展绘在图纸上，并在点的右侧以分数形式注明点号及高程，如图 8-17 中 1、2、3、4、5 等点。

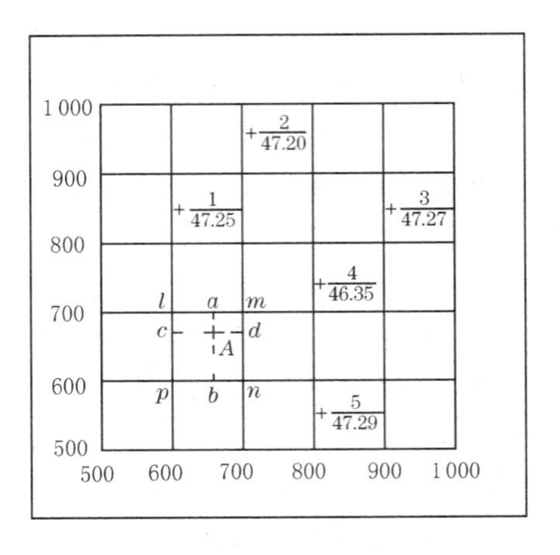

图 8-17 控制点的展绘

控制点展绘后，应进行校核。方法是用比例尺量出各相邻控制点之间的距离，与相应的实地距离比较，其图纸上的尺寸差值不应超过0.3 mm。

8.2.2 碎部点的选择

地形图是根据测绘在图纸上的碎部点来勾绘的，因此碎部点的正确选择是保证成图质量和提高测图效率的关键。碎部点应选在地物和地貌的特征点上。

具体地说，选择碎部点时应注意如下三点：

(1) 地物特征点就是决定地物形状的地物轮廓线上的转折点、交叉点、弯曲点及独立地物的中心点等。例如房屋的房角，河流、道路的方向转变点，道路交叉点等，连接有关特征点，便能绘出与实地相似的地物形状，如图 8-18 所示。

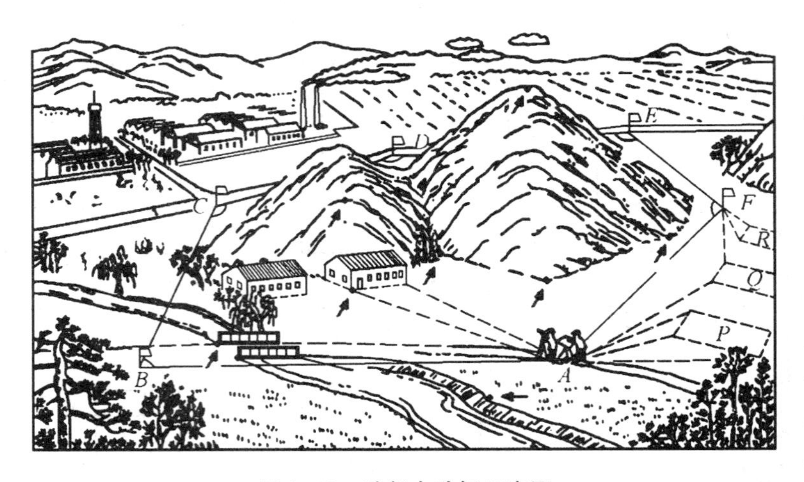

图 8-18 碎部点选择示意图

(2) 对于地貌来说，碎部点应选择在最能反映地貌特征的山脊线、山谷线等地性线上，如山顶、鞍部、山脊、山脚、谷底、谷口、沟底、沟口、洼地、台地、河川湖池岸旁等的坡度和方向变化处，如图 8-18 所示。

(3) 为了能如实地反映地面情况，即使在地面平坦或坡度变化不大的地方，每相隔一定距离也应立尺。地形点密度和它离测站的最大距离随测图比例尺的大小和地形变化情况而定，见表 8-5。

表 8-5　碎部点的密度和最大视距长度

测图比例尺	测图上地形点间隔(cm)	测站到地形点最大视距长度(m)
1∶500	1～3	70
1∶1 000	1～3	120
1∶2 000	1～3	200
1∶5 000	1～1.5	300

8.2.3　碎部测量的方法

经纬仪测图法是按极坐标法定位的解析测图法，就是将经纬仪安置在测站上，绘图板安置于测站旁；用经纬仪测定碎部点的方向与已知方向之间的夹角；再用视距测量方法测出测站点至碎部点的平距及碎部点的高程；然后根据测定数据，用量角器(又称半圆量角器)和比例尺把碎部点的平面位置展绘在图纸上，并在点的右侧注明其高程，再对照实地描绘地形。

经纬仪测图法工作步骤如下：

1) 安置仪器

如图 8-19 所示，将经纬仪安置在测站点(图根控制点)A 上，对中、整平，量出仪器高度 i。瞄准另一图根控制点 B，设置水平度盘读数为 0°00′00″。

将绘图板安置在测站附近，使图纸上控制边方向与地面上相应控制边方向大体一致。连接图上相应控制点 A、B，并适当延长 AB 线，AB 即为图上起始方向线；然后用小针通过量角器圆心的小孔插在 A 点，使量角器圆心固定在 A 点上。

2) 立尺

在立尺之前，立尺员应根据实地情况及本测站实测范围选定立尺点，并与观测员、绘图员共同商定跑尺路线；然后依次将视距尺立在地物、地貌的特征点上。

3) 观测

观测员转动经纬仪照准部，瞄准 1 点视距尺，读取下、上、中三丝读数，然后读取竖盘读数和水平角，同法观测 2、3 …各点。在观测过程中，应随时检查定向

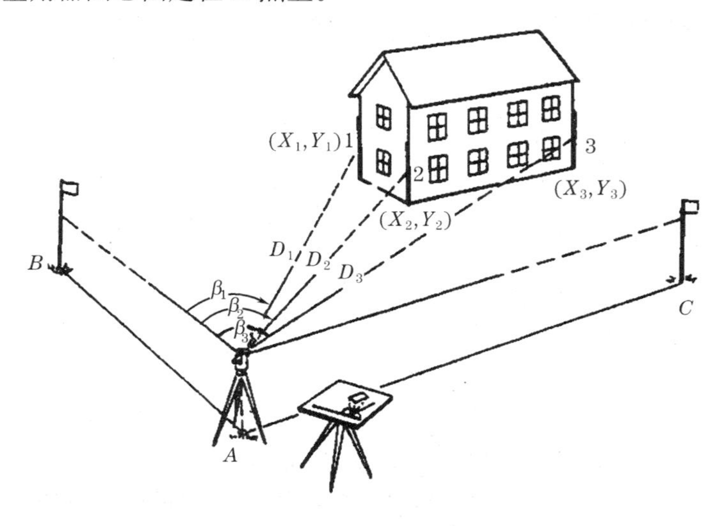

图 8-19　经纬仪测图

点方向，其归零差不应超过 4′；否则，应重新定向，并检查已测的碎部点。

4）记录及计算

将测得的三丝读数、竖盘读数及水平角依次填入手簿。对于有特殊作用的碎部点，如房角、山头、鞍部等，应在备注中加以说明，以备必要时查对和作图。

根据测得的数据按视距测量计算公式计算水平距离 D 和高差 h，并算出碎部点的高程。碎部测量观测记录手簿见表 8-6。

表 8-6　碎部测量观测记录手簿

________测区　　观测者________　　记录者________

____年____月____日　　天气____　　测站 A，方向 B　　测站高程 46.54 m

仪器高 i=1.42 m　　乘常数100　　加常数0　　指标差 x=0

测点	水平角	尺上读数(m)		视距间隔 l (m)	竖直角		高差 h (m)	水平距离 D (m)	测点高程 (m)	备注
	° ′ ″	中丝	下丝/上丝		° ′	° ′				
1	43 44 00	1.42	1.520 / 1.300	0.220	88 06	+1 54	+0.73	22.00	42.27	
2	56 43 00	2.00	2.871 / 1.128	1.743	92 32	−2 32	−8.28	174.00	38.26	
3	75 11 00	1.42	2.000 / 0.895	1.105	72 19	+17 41	+33.57	105.30	80.11	

5）展绘碎部点

用半圆量角器（直径有 18 cm、22 cm 等几种）和比例尺，按极坐标法将碎部点缩绘到图纸上。方法是：用细针将量角器的圆心插在图上测站点 A 处，转动量角器，将量角器上等于水平角值的刻划线对准起始方向线 AB，如图 8-20 所示。此时量角器的零方向便是碎部点的方向；然后在零方向线上，根据测图比例尺按所测的水平距离定出点 1 的位置，并在点的右侧注明其高程。同法，将其余各碎部点的平面位置及高程绘于图上。

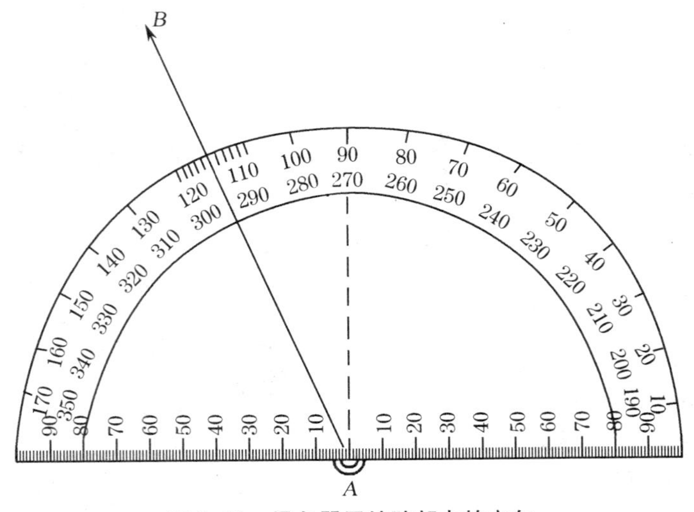

图 8-20　量角器展绘碎部点的方向

碎部测量要遵循随测随算随绘的原则。测绘部分碎部点后，在现场参照实际情况，在图上勾绘地物轮廓线与等高线。

为了检查测图质量，仪器搬到下一测站时，应先观测前站所测的某些明显碎部点，以检查由两个测站测得该点平面位置和高程是否相同，如相差较大，应查明原因，纠正错误，再继续进行测绘。

若测区面积较大，可分成若干图幅，分别测绘，最后拼接成全区地形图。为了相邻图幅可以顺利拼接，每幅图应测出图廓外 5 mm。

8.2.4 等高线的勾绘

碎部测量完成后，碎部点展绘到图纸上，就需要对照实地随时描绘地物和等高线。地物要按“地形图图式”规定的符号表示。如房屋按其轮廓用直线连接；道路、河流的弯曲部分用平滑的曲线连接；对于不能按比例描绘的地物，应按“地形图图式”规定的非比例符号表示。而地貌部分主要用等高线来表示。对于不能用等高线表示的特殊地貌，如悬崖、峭壁、土坎、土堆、冲沟等，应按地形图图式所规定的符号表示。

在地形图上，为了能详尽地表示地貌的变化情况，又不使等高线过密而影响地形图的清晰，等高线必须按规定的间隔（基本等高距）进行勾绘。

勾绘等高线时，首先轻轻描绘出山脊线、山谷线等地性线（如图 8-21 中虚线所示）。接着，由于各等高线的高程是等高距的整倍数，而测得的碎部点的高程往往不是等高距的整倍数，因此，必须在相邻点间用内插法定出等高线通过的点位。由于碎部点是选在地面坡度变化处，因此相邻点之间可视为均匀坡度。这样可在两相邻碎部点的连线上，按平距与高差成比例的关系，内插出两点间各条等高线。如图 8-22 中 A、B 两点的高程分别为 63.7 m 及 59.5 m，两点间距离由图上量得为 21 mm，当等高距为 1 m 时，就有 63 m、62 m、61 m、60 m四条等高线通过（图 8-22）。内插时先算出一个等高距在图上的平距，然后计算其余等高线通过的位置。同样方法，定出其他相邻两碎部点间等高线应通过的位置。最后，将高程相同的点连成平滑曲线，即为等高线。

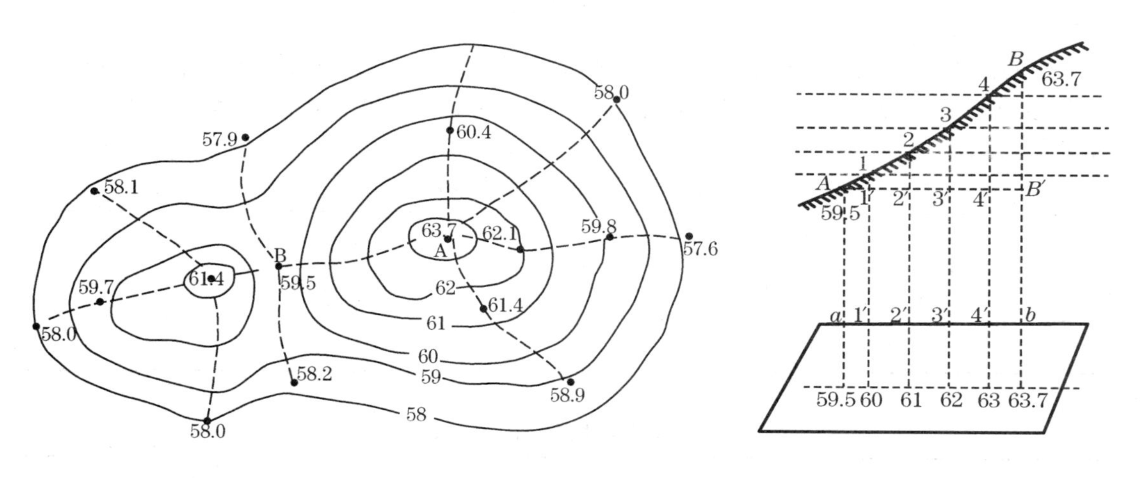

图 8-21 等高线的勾绘

图 8-22 等高线内插原理

勾绘等高线时，要对照实地情况，先画计曲线，后画首曲线，并注意等高线通过山脊线、山谷线的走向。地形图等高距的选择与测图比例尺和地面坡度有关。

实际工作中，根据内插原理一般采用目估法勾绘，如图 8-22 所示。先按比例关系估计 A 点附近 60 m 及 B 点附近 63 m 等高线的位置，然后三等分求得 61 m、62 m 等高线的位置，如发现比例关系不协调，可进行适当的调整。

8.2.5 地形图的拼接、检查与整饰

在大区域内测图，地形图是分幅测绘的。为了保证相邻图幅的互相拼接、每一幅图的四边，要测出图廓外 0.5～1 cm。测完图后，还需要按测量规范要求对图幅进行拼接、检查与整饰，方能获得符合要求的地形图。

1）地形图的拼接

测区面积较大时，整个测区必须划分为若干幅图进行施测。这样，在相邻图幅连接处，由于测量误差和绘图误差的影响，无论是地物轮廓线还是等高线往往不能完全吻合。（如图 8-23所示）相邻左、右两图幅相邻边的衔接情况，房屋、河流、等高线都有偏差。拼接时用宽 5～6 cm 的透明纸蒙在左图幅的接图边上，用铅笔把坐标格网线、地物、地貌描绘在透明纸上，然后再把透明纸按坐标格网线位置蒙在右图幅衔接边上，同样用铅笔描绘地物和地貌。当用聚酯薄膜进行测图时，不必描绘图边，利用其自身的透明性，可将相邻两幅图的坐标格网线重叠；若相邻处的地物、地貌偏差不超过规定的要求时，则可取其平均位置，并据此改正相邻图幅的地物、地貌位置。

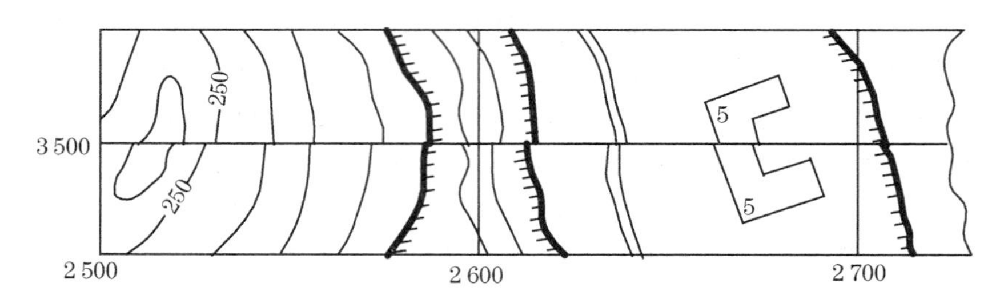

图 8-23 地形图的拼接

图的接边误差不应大于规定的碎部点平面位置及高程中误差的 $2\sqrt{2}$倍。在大比例尺测图中，关于碎部点（地物点与等高线内插求点）平面位置及高程的中误差规定如表 8-7 和表 8-8 所示。

表 8-7 地物点点位中误差

地区类别	地物点点位中误差（图上 mm）
建筑区、平地及丘陵地	±0.5
山地及旧街坊	±0.75

表 8-8 等高线插求点的高程中误差

地形类别	平地	丘陵	山地	高山地
高程中误差（等高距）	1/3	1/2	2/3	1

2）地形图的检查

为了确保地形图的质量，除施测过程中加强检查外，在地形图测完后，必须对成图质量作一次全面检查。检查工作包括室内检查、外业检查和测站校核等。

（1）室内检查的内容：观测和计算手簿的记载是否齐全、清楚和正确，各项限差是否符合规定；图上地物、地貌是否清晰易读；各种符号注记是否正确，等高线与地形点的高程是否相符，有无矛盾可疑之处，图边拼接有无问题等。如发现错误或疑点，应到测区进行实地检查修改。

（2）外业检查的内容：首先进行巡视检查，根据室内检查的情况，有计划地按照巡视路线进行实地对照查看。主要查看原图的地物、地貌有无遗漏；勾绘的等高线是否逼真、合理，符号、注记是否正确等。野外巡视检查中，对于发现的问题应及时处理，必要时应重新安置仪器进行检查并予以修正。

（3）测站校核：仪器设站检查根据室内检查和外业检查发现的问题，到测区重新设站检查，除对发现的问题进行修正和补测外，还要对测区内的主要地物和地貌或一些怀疑点、图幅的四角或中心地区等区域进行抽样设站检查，看看原图是否符合要求。仪器检查量每幅图一般为10%左右。

3）地形图的整饰

当原图经过拼接和检查后，还应按规定的地形图图式符号对地物、地貌进行清绘和整饰，使图面更加合理、清晰、美观。

整饰的顺序是：先图内后图外，先地物后地貌，先注记后符号。图上的注记、地物以及等高线均按规定的图式进行注记和绘制，但应注意等高线不能通过注记和地物。最后，应按图式要求写出图名、图号、比例尺、坐标系统及高程系统、施测单位、测绘者及测绘日期等。如系地方独立坐标系，还应画出真北方向。

8.3 数字化测图方法

8.3.1 概述

数字化测图（Digital Surveying Mapping，简称DSM）是近20年发展起来的一种全新的测绘地形图方法。科学技术的进步、电子计算机技术的迅猛发展及其向各专业的渗透以及电子测量仪器的广泛应用，促进了地形测量的自动化和数字化。

从广义上说，数字化测图应包括：利用电子全站仪或其他测量仪器进行野外数字化测图；利用手扶数字化仪或扫描数字化仪对传统方法测绘的原图的数字化；借助解析测图仪或立体坐标量测仪对航空摄影、遥感像片进行数字化测图等技术。利用上述技术将采集到的地形数据传输到计算机，并由功能齐全的成图软件进行数据处理、成图显示，再经过编辑、修改，生成符合国标规范的地形图。最后将地形数据和地形图分类建立数据库，并用数控绘图仪或打印机完成地形图和相关数据的输出。

上述以计算机为核心，连接测量仪器的输入输出设备在硬件、软件的支持下对地形空间数据进行采集、输入、编辑、成图、输出、绘图、管理的测绘系统，称之为数字化测图系统。其主要系统配置如图 8-24 所示。

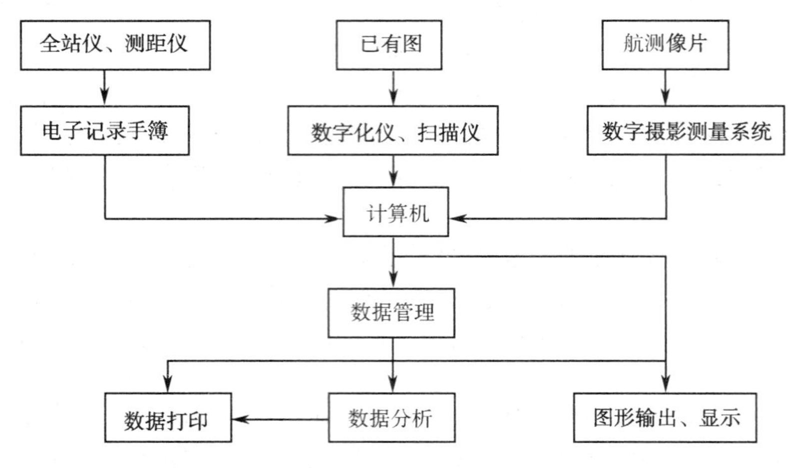

图 8-24　数字化测图系统

数字化测绘不仅仅是利用计算机辅助绘图，减轻测绘人员的劳动强度，保证地形图绘制质量，提高绘图效率，更具有深远意义的是，由计算机进行数据处理，可以直接建立数字地面模型和电子地图，为建立地理信息系统提供了可靠的原始数据，以供国家、城市和行业部门的现代化管理，以及工程设计人员进行计算机辅助设计(CAD)使用。提供地图数字图像等信息资料已成为一些政府管理部门和工程设计、建设单位必不可少的工作，正越来越受到各行各业的普遍重视。

通常，将利用电子全站仪在野外进行数字化地形数据采集，并机助绘制大比例尺地形图的工作，简称为数字测图。

数字测图技术在野外数据采集工作的实质是解析法测定地形点的三维坐标，是一种先进的地形图测绘方法，与图解法传统地形图测绘方法相比，其优点非常明显，主要表现在以下几个方面：

（1）自动化程度高

由于采用全站式电子速测仪在野外采集数据，自动记录存储，并可直接传输给计算机进行数据处理、绘图，不但提高了工作效率，而且减少了测量错误的发生，使得绘制的地形图精确、美观、规范。同时，由计算机处理地形信息，建立数据和图形数据库，并能生成数字地图和电子地图，有利于后续的成果应用和信息管理工作。

（2）精度高

数字测图的精度主要取决于对地物和地貌点的野外数据采集的精度，而其他因素的影响，如微机数据处理、自动绘图等，其误差对地形图成果的影响都很小，而全站仪的解析法数据采集精度则远远高于图解法平板绘图的精度。

（3）使用方便

数字测图采用解析法测定点位坐标依据的是测量控制点。测量成果的精度均匀一致，并且与绘图比例尺无关，利用分层管理的野外实测数据，可以方便地绘制不同比例尺的地形图或不同用途的专题地图，实现了一测多用，同时便于地形图的检查、修测和更新。

8.3.2 数字测图系统的基本设备

在数字测图系统中，主要用外业测量仪器进行野外数据采集，然后用计算机进行数据处理和图形编辑，用绘图仪绘制地形图。数字测图系统的基本设备由以下几部分组成：

1) 外业测量仪器

外业测量仪器是获取地形信息的基本设备。目前，最先进的为电子全站仪，也可以用电子经纬仪加测距仪(合称半全站仪)，或光学经纬仪加测距仪。

2) 电子计算机

电子计算机是进行数据采集、储存、处理和自动成图的基本设备，它主要包括主机和显示器两大部分。主机可采用586型及其以上微机，内存8 MB以上，至少应配备200 MB以上的硬盘。为提高图形处理速度，主机应配有协处理器。显示器是计算机的重要组成部分，显示器分为显示卡和显示监视器两部分。字符屏幕可采用EGA显示卡，图形显示分辨率为640×350。如果是单屏方式，则应采用分辨率为640×480的VGA显示卡。高分辨图形屏幕在双屏方式下用于高精度图形显示，其分辨率为1 280×1 024。根据测图系统的需要，电子计算机可选用台式微机或便携机。

3) 绘图仪

绘图仪用于图的绘制，它是数字测图系统中的主要部件。它能根据计算机中编辑好的图形信息绘制出各种图形。常用的绘图仪分为滚筒式和平台式两类。滚筒式绘图仪将绘图纸卷在滚筒上，当同步电动机通过传动机带动滚筒转动时，就带动图纸来回移动，形成 X 方向(纵向)运动；Y 方向(横向)的运动是由笔架的移动来完成的。依靠这两种运动，就可以绘制图形。平台式绘图仪有导轨和横梁，横梁沿导轨作 X 方向运动，笔架在横梁上作 Y 方向运动，这样，就可以绘制图形。

8.3.3 数字测图方法

1) 数字测图作业过程

数字测图作业过程大致可分为数据采集、数据传输、数据处理、图形编辑、图形输出等几个步骤。

(1) 数据采集

数据采集就是采集供自动绘图的定位信息和绘图信息，是数字测图的一项重要工作。数据采集应根据不同的情况而定，常用的几种数据采集方式如图8-25所示。

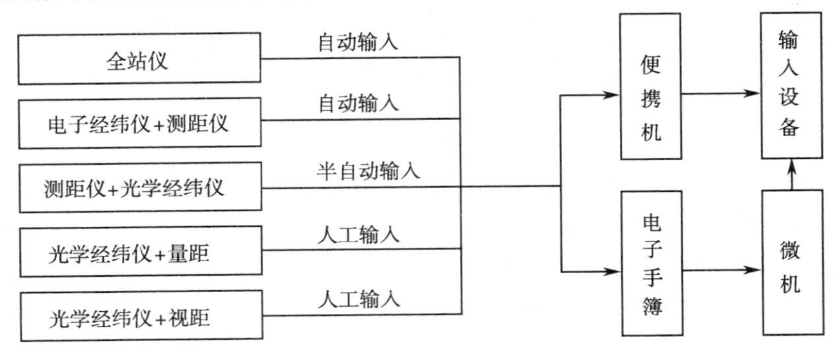

图8-25 数字测图数据采集方式

（2）数据传输

用专用电缆将电子手簿与计算机连接起来，将野外采集的数据传输到计算机中，生成数据文件。

（3）数据处理

数据处理分数据转换和数据运算。数据转换是将野外采集的数据格式文件转换为图形编辑系统要求的格式，即带绘图编码的数据文件。数据运算是对地物、地貌特征的再分类，各种特征的归化、分解和合并，曲线光滑、畸弯消除、直角改正，最后生成图形数据文件。

（4）图形编辑

图形编辑是将数据处理后生成的图形文件进行编辑、修改、标记、标注、分幅、图幅整饰等，最后形成数字化地形图。

（5）图形输出

图形输出包括将数字化地形图保存在计算机磁盘中，根据需要随时提取应用、更新、处理生成其他各种专题图，以及通过计算机与绘图机连接，由计算机驱动绘图机绘制出地形图或专题图。

2）数字测图野外数据采集方法

（1）数据采集的作业模式

数字测图的野外数据采集作业模式主要有野外测量记录、室内计算机成图的数字测记模式和野外数字采集、便携式计算机实时成图的电子平板测绘模式。

如图 8-26 所示，为电子全站仪在野外进行数字地形测量数据采集的示意图，也可采用普通测量仪器施测，手工键入实测数据。从图中可以看出，其数据采集的原理与普通测量方法类似，所不同的是全站仪不但可测出碎部点至已知点间的距离和角度，而且还可以直接测算出碎部点的坐标，并自动记录。

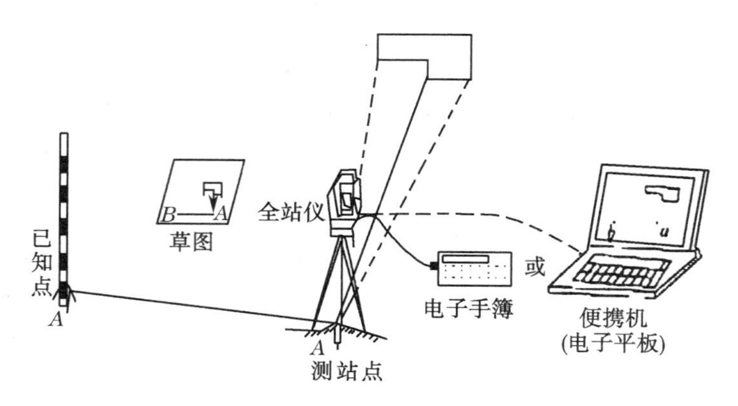

图 8-26　全站仪野外测图

由于地形图不是在现场测绘，而是依据电子手簿中存储的数据，由计算机软件自动处理（自动识别、检索、连接、自动调用图式符号等），并控制数控绘图仪自动完成地形图的绘制。这就存在着野外采集的数据与实地或图形之间的对应关系问题。为使绘图人员和计算机能够识别所采集的数据，便于对其进行处理和加工，必须对仪器实测的每一个碎部点给予一个确定的地形信息编码。

(2) 地形信息的编码

① 地形信息编码的原则

由于数字测图采集的数据信息量大，内容多，涉及面广，数据和图形应一一对应，构成一个有机的整体，它才具有广泛的使用价值。因此，必须对其进行科学的编码。编码的方法是多种多样的，但不管采用何种编码方式，都应遵循如下几点原则：

a. 一致性。即非二义性，要求野外采集的数据或测算的碎部点坐标数据，在绘图时能唯一地确定一个点，并在绘图时符合图式规范。

b. 灵活性。要求编码结构充分灵活，适应多用途数字测绘的需要，在地理信息管理和规划、建筑设计等后续工作中，为地形数据信息编码的进一步扩展提供方便。

c. 简易实用性。尊重传统方法，容易为野外作业和图形编辑人员理解、接受和记忆，并能正确、方便地使用。

d. 高效性。能以尽量少的数据量容载尽可能多的外业地形信息。

e. 可识别性。编码一般由字符、数字或字符与数字组合而成，设计的编码不仅要求能够被人识别，还要求能被计算机用较少的机时加以识别，并能有效地对其管理。

② 编码方法举例

在遵循编码原则的前提下，应根据数据采集使用的仪器、作业模式及数据的用途统一设计地形信息编码。目前，国内数字化测图系统的软件品种较多，所采用的地形信息编码的方法也很多，实际工作中可参阅有关测图软件说明书。在此介绍一种目前国内应用较广的编码方法。该方案总的编码形式由三部分组成，无论编码方法怎样不同，但总的形式不变，码长为 8 位，见表 8-9。

表 8-9　编码形式

1	2	3	4	5	6	7	8
地形要素码(3 位)			信息Ⅰ编码(4 位连接码)				信息Ⅱ编码(1 位线型码)

a. 地形要素码。地形要素码用于标识碎部点的属性。该码基本上按照 1∶500、1∶1 000、1∶2 000《地形图图式》中各符号的名称和顺序来设计，把地形要素分为十大类，据此也可以把图形信息层分为十个信息层，用三位表示，位于 8 位编码的前部，其表示形式可分为三位数字型和三位字符型两种。

三位数字型编码是计算机能够识别并能迅速有效地处理地形编码形式，又称内码。其基本编码思路是将整个地形信息要素进行分类、分元设计。首先将所有地形要素分为十大类，每个信息类中又按地形元素分为若干个信息元，百位码为信息类代码(0～9)，十位和个位码为信息元代码，则三位数字型地形要素码由(1 位类码)+(2 位元码)组成。如：

0 类　地貌特征点

1 类　测量控制点

2 类　居民地、工矿企业建筑物和公共设施

3 类　独立地物

4 类　道路及附属设施

5 类　管线和垣栅

6类　水系和附属设施

7类　境界

8类　地貌及土质

9类　植被

每一类中的信息元编码基本上取图式符号中的顺序号码。如第1类测量控制点，包含有三角点(101)、小三角点(102)、导线点(105)、埋石图根点(106)、水准点(108)等；第3类独立地物，如纪念碑(301)、塑像(303)、水塔(321)、路灯(327)等；又如第0类地貌特征点中，包含有一般地形点(001)、山脊点(002)、山谷点(003)、山顶点(004)以及鞍部点(005)等。

三位字符型编码是根据图式中各符号名称的汉语拼音(缩写成3位，不足3位时在后面用"."补齐)，或1位信息类编码加信息元汉语拼音的前两位缩写字母的数字符号混合方式来编码。例如：山脊点(SJD)、导线点(DXD)、水准点(SZD)；台阶(TJ.)、水塔(ST.)、塔(T..)；埋石图根点(MTG)、一般房屋(YBF)、特种房屋(TZF)、活树篱笆(SLB)；鞍部点(0AB)、水准点(1SZ)、简单房屋(2JF)、公路(4GL)、门(2M.)等。这种编码形式比较直观，易记忆，便于野外操作，又称为外码。

在实际工作中，三位地形要素码的输入形式可根据操作员的爱好和习惯，灵活使用或交叉使用，并能通过数字化采集软件的处理，使野外作业简化成只操作1～2位字符键，或在便携机屏幕上直接点取相应菜单即可。计算机在数据处理、生成数据库和图形显示时，能够将字符型代码自动转化为相应的数字型地形要素码，以便两者最终得到统一。

b. 信息Ⅰ编码。由4位数字组成信息Ⅰ编码，其功能是控制地形要素的绘图动作，描述某测点与另一测点之间的相对关系，又称为连接码。编码的具体设计有两种不同的方式：第一是设计成注记连接点号或断点号，以提供某两点之间相连或断开的信息。这种编码形式可以简化现场绘制草图的工作。第二种是在该信息码中注记分区号(或各类单一实地，如房屋、道路的顺序号)以及相应的测点号。分区号和测点号各占两位，共计四位。采用该编码形式要求在现场详细绘制地形草图，各分区和测点编号应与信息Ⅰ编码中相应的编号完全一致，不能遗漏，以保证在现场绘制的草图真正成为计算机处理、屏幕编辑和绘图仪绘图的重要依据。

c. 信息Ⅱ编码。信息Ⅱ编码仅用1位数字表示，它是对绘图指令的进一步描述。常用不同的数字区分连线的形式，例如0表示非连线，1表示直线连接，2表示曲线连接，3表示圆弧等，故信息Ⅱ编码又称为线型码。

在实际工作时，可以输入点号及连接码、线型码等，若使用便携机亦可用屏幕光标指示被连接的点及线型菜单。连接信息码和线型码可由软件自动搜索生成，无须人工输入。

现举一例，说明该编码方案的具体应用。如图8-27所示，假设某建筑物要素码为201，道路为437，信息Ⅰ编码4位数字中的前两位表示测点号，后两位表示连接点号，其中00表示断点，最后一位是信息Ⅱ编码，含义同前所述。

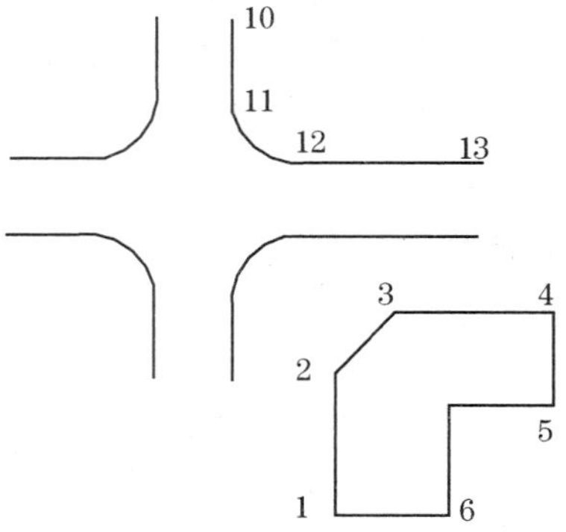

图8-27　数字测图信息编码

点号	编码
1	201 0100 0

2	201 0201 1
3	201 0302 1
4	201 0403 1
5	201 0504 1
6	201 0605 1
⋮	⋮
10	437 1000 0
11	437 1110 1
12	437 1211 3
13	437 1312 1

3）野外碎部测量步骤

（1）测图准备工作

野外数字测图前，必须按规范检验所使用的测量仪器，如电子全站仪的轴系关系是否满足要求；水平角、竖直角和距离测量的精度是否小于限差；光学对中器及各种螺旋是否正常；反射棱镜常数的测定和设置等。还需要安装、调试好所使用的电子手簿（或便携机）及数字化测图软件，并通过数据接口传输或按菜单提示键盘输入图根控制点的点号、平面坐标（x，y）和高程（H）。

（2）测站设置与检核

将电子全站仪安置在测站点上，经对中、整平后量取仪器高；连接电子手簿或便携式计算机，启动野外数据采集软件，按菜单提示键盘输入测站信息。如测站点号、后视点点号、检核点点号及测站仪器高等。根据所输入的点号即可提取相应控制点的坐标，并反算出后视方向的坐标方位角，以此角值设定全站仪的水平度盘起始读数。然后用全站仪瞄准检核点反光镜，测量水平角、竖直角及距离，输入反光镜高度，即可自动算出检核点的三维坐标，并与该点已知信息进行比较，若检核不通过则不能继续进行碎部测量。

（3）碎部点的信息采集

数字测图野外数据采集的方式可根据实测条件和测区具体情况来选择，主要有下列四种：极坐标法、勘丈支距法、距离交会法和方向交会法。

① 极坐标法。极坐标法即传统测图方法中的经纬仪单点测绘法，特别适用于大范围开阔地区的碎部点测定工作。在实际野外作业时，完成了测站设置和检核后，即可用全站仪瞄准选定的碎部点反光镜，使全站仪处于测量状态；同时按照电子手簿或便携机的菜单提示输入碎部点信息，如镜站高度 v（多数可设置成默认值）和前述碎部点地形信息编码等，并控制全站仪自动测量其水平角（实测角值即为测站点至待测碎部点间的坐标方位角）、竖直角和距离。经过测图软件的自动处理，即可迅速算出待测点的三维坐标，以数据文件的形式存储或在便携机屏幕上显示点位。其原理如图 8-28 所示，测站点 A，后视点 B，待测碎部点为 P，实测坐标方位角 α_{AP}、竖直角 α、水平距离 D、仪器高 i、目标高 v，则算得 P 点的三维坐标为（x_P，y_P，H_P）。

$$\begin{cases} x_P = x_A + D \cdot \cos\alpha_{AP} \\ y_P = y_A + D \cdot \sin\alpha_{AP} \\ H_P = H_A + D \cdot \tan\alpha + i - v \end{cases} \tag{8-4}$$

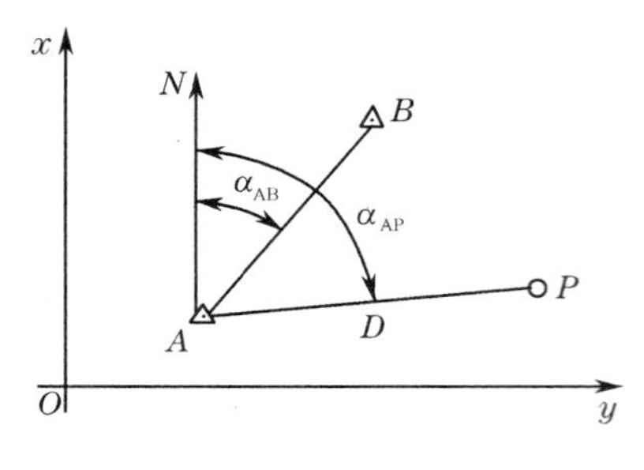

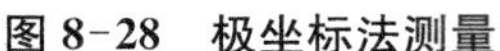

图 8-28　极坐标法测量

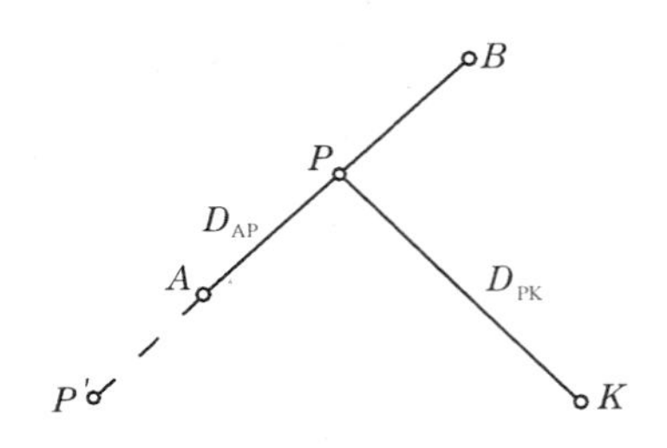

图 8-29　勘丈支距法定点

② 勘丈支距法。勘丈支距法主要用于隐蔽狭小的街坊等城市建筑区的碎部测量工作。数字测图软件的设计，考虑到待测点的多样性，可采用在已知或已测直线的基础上用勘丈距离值垂直支距（即直角坐标法）；或给出角度、水平距离进行支距定点；亦可在已测直线上实现内外分点，再用勘丈数据支距定点。

勘丈支距法的点位测算原理如图 8-29 所示，假设测点 A、B 的坐标已知，距离为 D_{AB}，野外勘丈 A 点至待定点 P 的水平距离为 D_{AP}，若 P 点在 AB 直线的反向延长线上，即图中 P'点，应取 D_{AP}为负值。

P 点的坐标为

$$\begin{cases} x_P = x_A + \dfrac{D_{AP}(x_B - x_A)}{D_{AB}} \\ y_P = y_A + \dfrac{D_{AP}(y_B - y_A)}{D_{AB}} \end{cases} \tag{8-5}$$

若在 P 点的基础上，勘丈了至 K 点的水平距离 D_{PK}，且 PK 直线与 AB 直线垂直，K 点在 AB 直线的右侧，如图 8-29 所示，即可用直角坐标法求出 K 点坐标：

$$\begin{cases} x_K = x_P - \dfrac{D_{PK}(y_B - y_A)}{D_{AB}} \\ y_K = y_P + \dfrac{D_{PK}(x_B - x_A)}{D_{AB}} \end{cases} \tag{8-6}$$

如果 K 点在 AB 直线的左侧，则取 D_{PK}为负值。

③ 距离交会法。距离交会法也是数字化地形测量中测定碎部点位置的常用方法之一。如图 8-30 所示，A、B 为已知点，两点距离为 D_{AB}；K 为待测点，勘丈距离为 D_{AK}和 D_{BK}，可交出 K 点。计算时，过 K 点作 AB 直线的垂线，垂足为 P 点，即可算得

$$D_{AP} = \frac{D_{AK}^2 + D_{AB}^2 - D_{BK}^2}{2D_{AB}} \tag{8-7}$$

$$D_{PK} = \sqrt{D_{AK}^2 - D_{AP}^2} \tag{8-8}$$

求出 D_{AP}和 D_{PK}，若 K 点在 AB 直线左侧，应取 D_{PK}为负值。然后代入式(8-7)和式(8-8)，由直角坐标法求出待测点 K 的坐标，即

$$\begin{cases} x_K = x_A + \dfrac{D_{AP}(x_B - x_A)}{D_{AB}} - \dfrac{D_{PK}(y_B - y_A)}{D_{AB}} \\ y_K = y_A + \dfrac{D_{AP}(y_B - y_A)}{D_{AB}} + \dfrac{D_{PK}(x_B - x_A)}{D_{AB}} \end{cases} \tag{8-9}$$

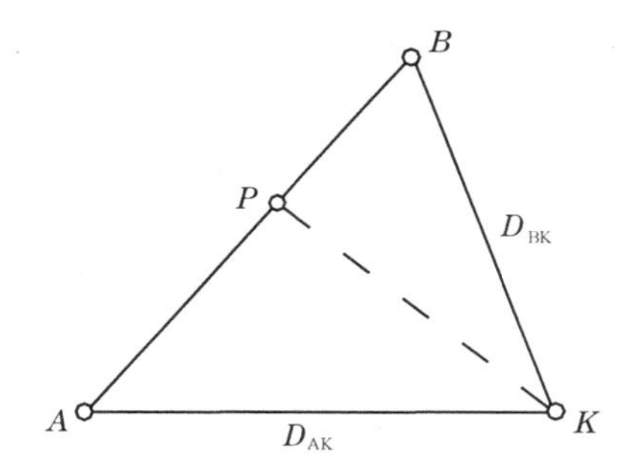

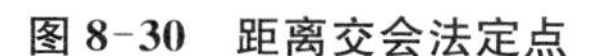

图 8-30　距离交会法定点

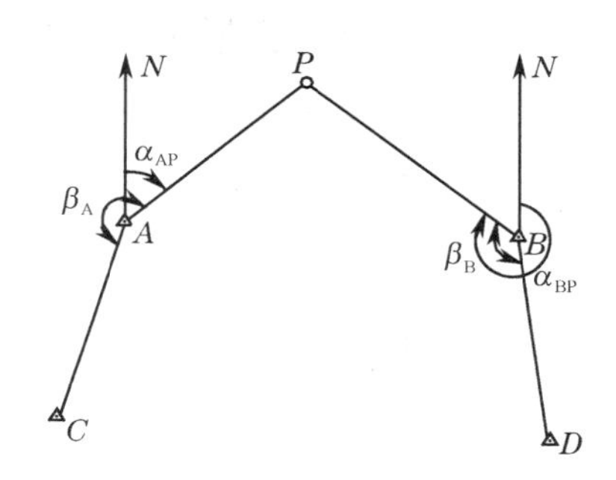

图 8-31　方向交会法定点

④ 方向交会法。方向交会法的原理与前方交会法类似，如图 8-31 所示。若已知点至待定点 P 的距离无法直接测定时，可利用 A、B、C、D 四个已知坐标点(或仅有 A、B 两点亦可)，在 A、B 两点上安置仪器，分别以 C、D 为起始方向(或 A、B 互为起始方向)，瞄准 P 点，测出 β_A 和 β_B 两个水平角，则两条方向线即可交出 P 点位置。P 点坐标计算公式如下：

$$\begin{cases} x_P = \dfrac{y_B - y_A + x_A \tan\alpha_{AP} - x_B \tan\alpha_{BP}}{\tan\alpha_{AP} - \tan\alpha_{BP}} \\ y_P = y_A + (x_P - x_A)\tan\alpha_{AP} \end{cases} \tag{8-10}$$

式中两条交会方向线的坐标方位角为

$$\alpha_{AP} = \alpha_{AC} + \beta_A$$
$$\alpha_{BP} = \alpha_{BD} + \beta_B$$

当 $\alpha_{AP} = 90°$时，P 点坐标计算公式如下：

$$\begin{cases} x_P = x_A \\ y_P = y_B + (x_A - x_B)\tan\alpha_{BP} \end{cases} \tag{8-11}$$

当 $\alpha_{AP} = 270°$ 时，P 点坐标计算公式如下：

$$\begin{cases} x_P = x_B \\ y_P = y_A + (x_B - x_A)\tan\alpha_{AP} \end{cases} \tag{8-12}$$

野外实际测量时，勘丈支距法、距离交会法和方向交会法所定的点位，一般均无法求算其高程。但其点位信息可在测图软件的汉字菜单或屏幕光标控制下方便地输入，所确定的碎部点同样可由软件自动进行数据处理，计算出平面坐标，存入数据文件或显示在屏幕上。

4) 数字测图内业编辑成图方法

(1) 数字测图软件介绍

目前，国产数字测图软件具有代表性的有南方测绘仪器公司基于 AutoCAD 的 CASS 系统以及清华三维自主开发的 EPSW 系统。下面主要以南方测绘的 CASS 为例介绍数字测图内业编辑成图方法。

双击安装文件在桌面上创建的 CASS7.1 图标，即可启动 CASS。如图 8-32 所示，是在 AutoCAD2004 上安装 CASS7.1 的界面。它与 AutoCAD2004 的界面及操作方法基本相同，两者的区别在于下拉菜单及屏幕菜单的内容不同。

作为数字地形图编辑成图工作的第一步，首先要经观测数据输入计算机，CASS7.1 为几乎所有内存全站仪设置了通讯接口，能使各种型号的全站仪及电子手簿中的观测数据(如

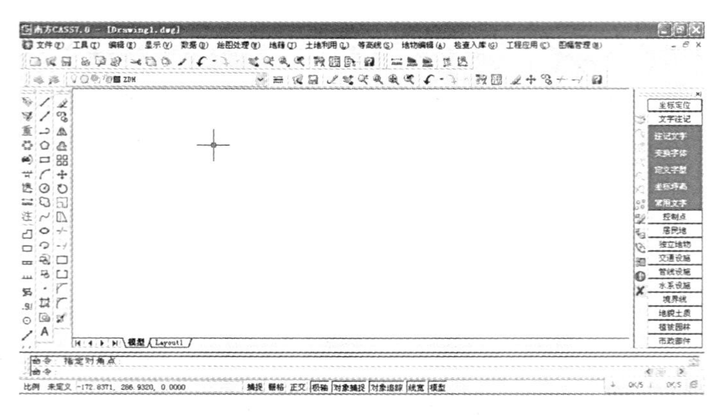

图 8-32　CASS7.1 的操作界面

图 8-33 所示）以统一的坐标数据文件格式传送到计算机，并供 CASS7.1 打开、展绘及编辑成图，如图 8-34 所示，全站仪或电子手簿数据传输到计算机。

（2）数字成图内业编辑

在大比例数字测图的工作中，无论采用什么方法作业，人机交互编辑成图均是内业编辑成图的主要工作。

对于图形编辑，CASS7.1 提供“编辑”和“地物编辑”两种下拉菜单，如图 8-35 所示。其中，“编辑”菜单中的子菜单是 AutoCAD 系统的编辑功能。“地物编辑”是由南方测绘 CASS 系统对地形图图形元素开发的编辑功能，主要是线型换向、植被填充、批量删剪、批量缩放、窗口内的图形存盘、多边形内图形存盘等。

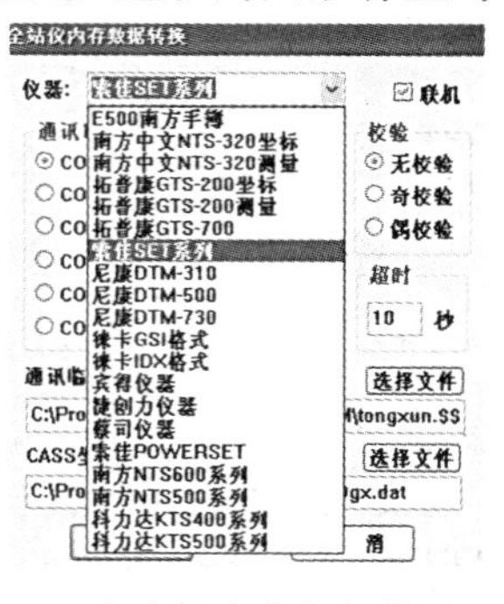

图 8-33　全站仪内存数据转换对话框　　图 8-34　仪器类型选择下拉列表

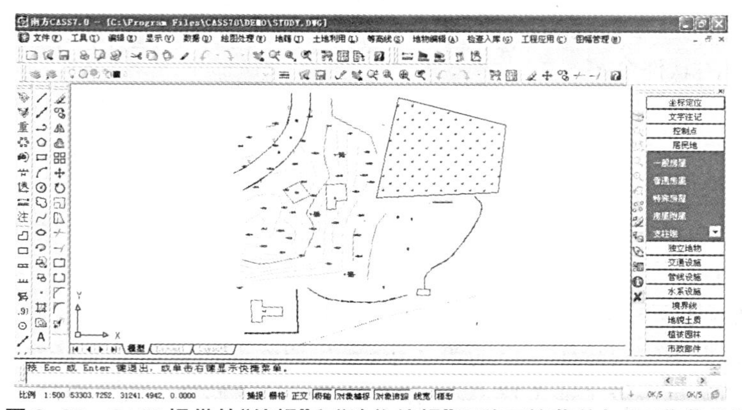

图 8-35　CASS 提供的“编辑”和“地物编辑”两种下拉菜单与“屏幕菜单”

CASS7.1屏幕的右侧设置了“屏幕菜单”，这是一个地形图专用的互交绘图菜单，如图8-36所示。在此菜单中，包含了常用的地物、地形符号库，图形编辑可以利用在此提供的符号编绘地形图，如图8-37所示。

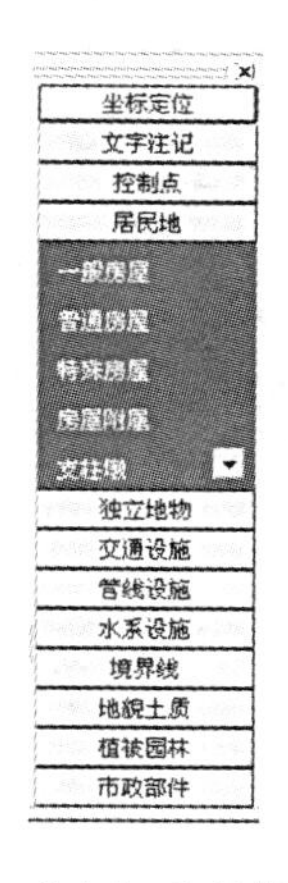

图 8-36 “坐标定位”屏幕菜单

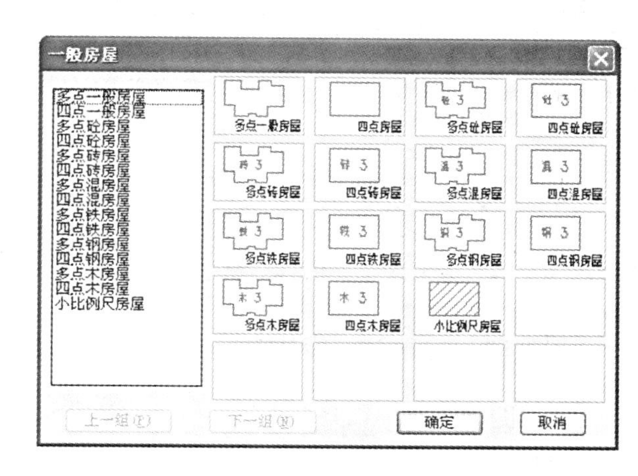

图 8-37 居民地中“一般房屋”对话框

(3) 等高线绘制

等高线是在CASS中通过创建数字地面模型DTM后自动生成。执行下拉菜单“等高线\建立DTM”命令，在弹出对话框“建立DTM”中勾选“由数据文件生成”单选框，导入坐标数据文件dgx.dat，如图8-38所示。确定后屏幕显示三角网，它位于“SJW”图层，如图8-39所示。

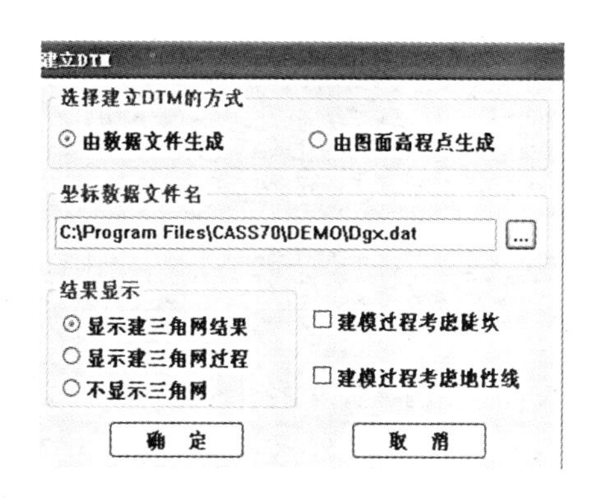

图 8-38 “建立DTM”对话框设置

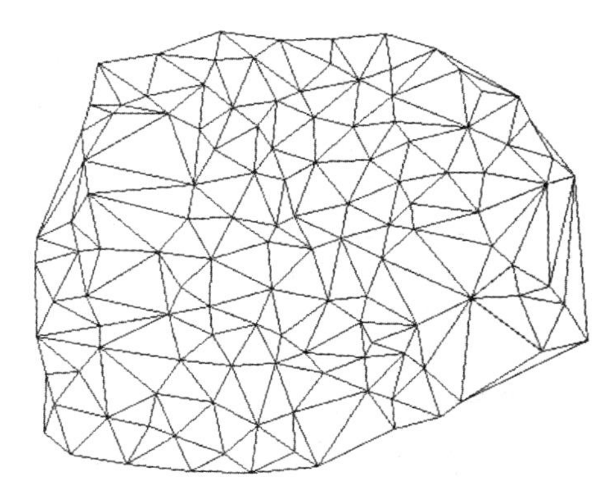

图 8-39 DTM三角网结果

对使用坐标数据文件dgx.dat创建的三角网执行下拉菜单“等高线\绘制等高线”命令，弹出对话框“绘制等值线”，如图8-40所示，根据需要完成对话框设置后确定，CASS开始自动绘制等高线，如图8-41所示。

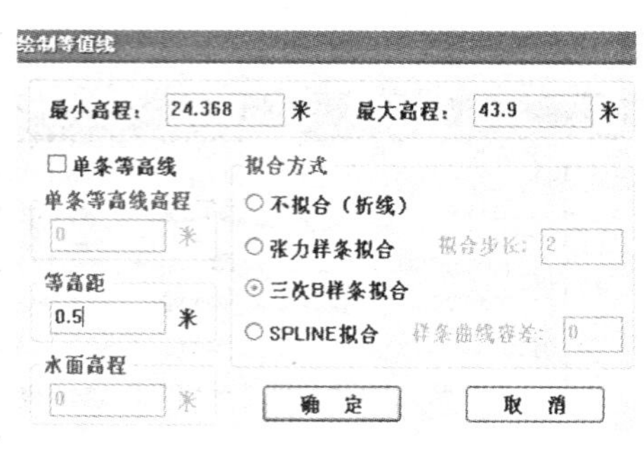

图 8-40 “绘制等值线”对话框设置

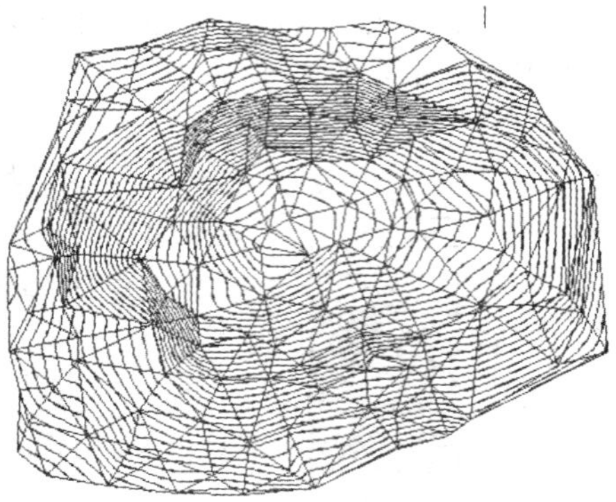

图 8-41 绘制等高线结果

(4) 地形图的整饰

地形图的整饰包括添加注记和图廓。

执行下拉菜单“绘图处理\标准图幅(50 cm×40 cm)”命令，弹出“图幅整饰”对话框，如图 8-42 所示，确定后 CASS 自动按照对话框的设置为等高线图形加图框，并以内图框为边界自动修剪内图框外的所有对象，如图 8-43 所示。

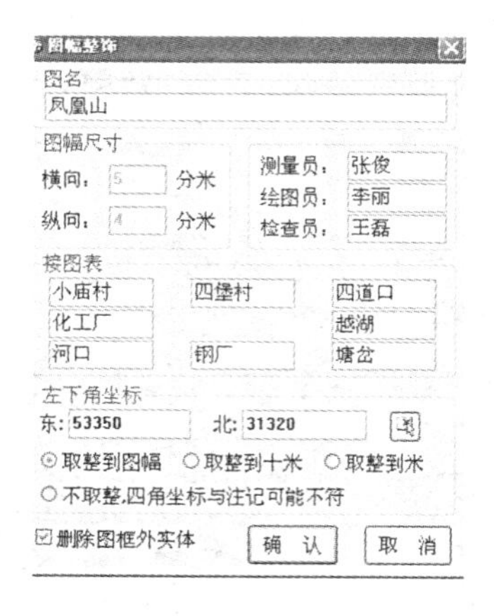

图 8-42 “图幅整饰”对话框

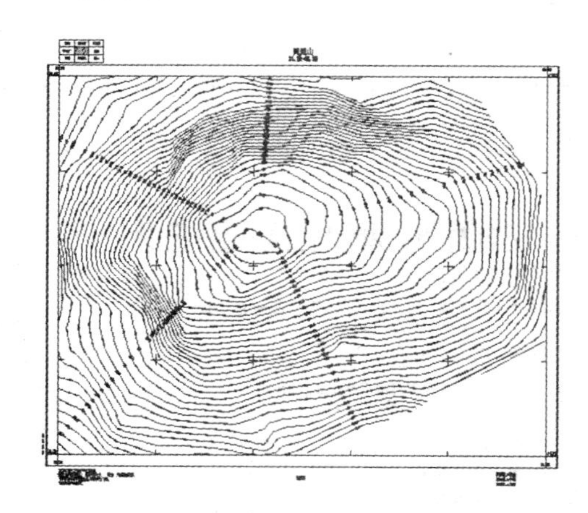

图 8-43 绘制等高线加图框结果

本章小结

本章首先介绍了地形图的概念和基本理论知识，包括地形图的比例尺、图式、等高线及分幅与编号等。

按地形测量工作的程序，在完成平面控制测量和高程控制测量之后，即可进行地形图的测绘，又称碎部测量。碎部测量的准备工作包括图纸的准备、坐标格网(方格网)的绘制、展绘控制点。大比例地形图的测绘方法通常用经纬仪测绘法，测绘碎部点的位置普遍应用极坐标法。地形图测绘完成后，为了保证测图的质量，还要进行地形图的拼接、检查与整饰。

地形图上要表示各种地物、地貌。按地形图图式规定的统一符号来表示地物、地貌。地物可用比例符号、非比例符号及注记符号表示。而地貌主要用等高线表示，复杂地貌也可辅以其他符号，如峭壁、冲沟等。

地貌是地球表面高低起伏的总称，其形状是错综复杂的，可大致分为山头、洼地、山脊、山谷、鞍部等几种基本形态。要掌握等高线的定义、分类、特性等，并要会勾绘等高线。

数字化测图是近20年发展起来的一种全新的测绘地形图方法。

从广义上讲，数字化测图应包括：利用电子全站仪或其他测量仪器进行野外数字化测图；利用手扶数字化仪或扫描数字化仪对传统方法测绘的原图的数字化；借助解析测图仪或立体坐标量测仪对航空摄影、遥感像片进行数字化测图等技术。利用上述技术将采集到的地形数据传输到计算机，并由功能齐全的成图软件进行数据处理、成图显示，再经过编辑、修改，生成符合国标的地形图。最后将地形数据和地形图分类建立数据库，并用数控绘图仪或打印机完成地形图和相关数据的输出。

通常，将利用电子全站仪在野外进行数字化地形数据采集，并机助绘制大比例尺地形图的工作，简称为数字测图。

数字测图作业过程大致可分为数据采集、数据传输、数据处理、图形编辑、图形输出等几个步骤。

数字测图内业编辑成图方法。目前，国产数字测图软件具有代表性的有南方测绘仪器公司基于 AutoCAD 的 CASS 系统以及清华三维自主开发的 EPSW 系统。

在大比例数字测图内业编辑工作中，无论采用什么方法作业，人机交互编辑成图均是内业编辑成图的主要工作。

习题与思考题

1. 何谓比例尺？何谓比例尺精度？它们之间关系如何？
2. 什么是等高线？等高线有什么特性？
3. 什么是等高距？什么是示坡线？什么是等高线平距？
4. 在地形图上主要有哪几种等高线？并说明其含义。
5. 何谓梯形分幅？何谓矩形分幅？各适用于哪些比例尺地形图？
6. 试述经纬仪测绘法测图的工作步骤。
7. 地形图上的地物符号分为哪几类？试举例说明。
8. 测图前应做哪些准备工作？
9. 什么是地物特征点、地貌特征点？它们在测图中有何用途？
10. 为确保地形图质量，应采取哪些主要措施？
11. 什么叫坡度？试写出计算坡度的公式。
12. 在图 8-44 中用实线绘出山脊线，用虚线绘出山谷线。
13. 根据图 8-45 中各碎部点的平面位置和高程，其中虚线表示山谷线，点划线表示山脊线，试勾绘等高距为 5 m 的等高线。（图中黑三角表示山顶，虚线圆圈表示鞍部）

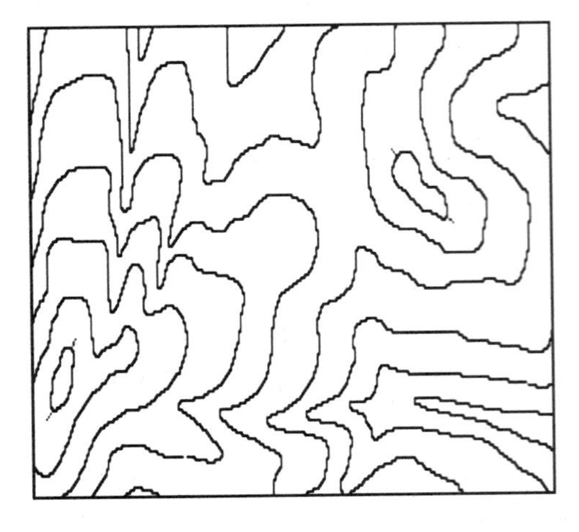

图 8-44

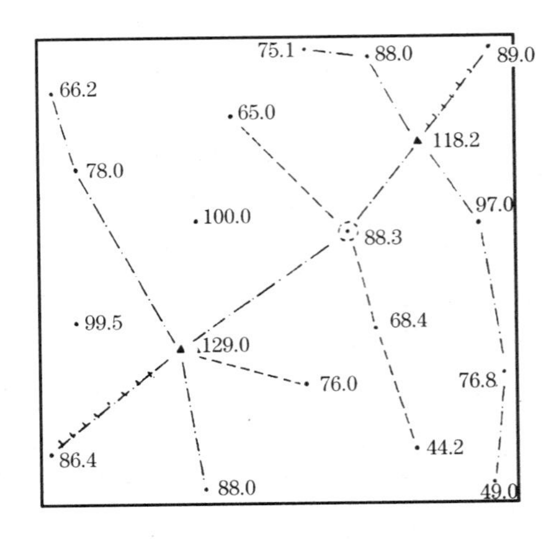

图 8-45

14. 什么是数字化测图？它有哪些特点？

15. 简述数字测图中，地形信息编码的重要性以及编码设计的基本原则和方法。

16. 简述数字测图野外数据采集的步骤和常用方法。

17. 简述南方测绘 CASS 数字测图系统进行内业编辑成图方法。

9 地形图的应用

地形图一个突出的特点是具有可量性和可定向性。设计人员可以在地形图上对地物、地貌做定量分析。如可以确定图上某点的平面坐标及高程；确定图上两点的距离和方位；确定图上某部分的面积、体积；了解地面的坡度、坡向；绘制某方向线上的断面图；确定汇水区域和场地平整填挖边界等。地形图的另一个特点是综合性和易读性。在地形图上所提供的信息内容非常丰富，如居民地、交通网、境界线等各种社会经济要素，以及水系、地貌、土壤和植被等自然地理要素，还有控制点、坐标格网、比例尺等数字要素，此外还有文字、数字和符号等各种注记。

大比例尺地形图是建筑工程规划设计和施工中的重要地形资料。特别是在规划设计阶段，不仅要以地形图为底图，进行总平面的布设，而且还要根据需要，在地形图上进行一定的量算工作，以便因地制宜地进行合理的规划和设计。因此，正确的识读和应用地形图，是各类有关专业人员必须具备的基本技能。

9.1 地形图的识读

地形图的识读是正确应用地形图的基础。地形图是用各种规定的符号和注记表示地物、地貌及其他有关资料。通过对这些符号和注记含义的准确判读，可使地形图成为展现在人们面前的实地立体模型，以判断其相互关系和自然形态，这就是地形图识读的主要目的。地形图的识读，可按先图外后图内、先地物后地貌、先主要后次要、先注记后符号的基本顺序，并参照相应的《地形图图式》逐一阅读。

9.1.1 地形图的图外注记和说明

读图时，首先要了解的是地形图的图廓外注记和说明，内容包括：图号、图名、接图表、比例尺、坐标系、使用图式、等高距、测图日期、测绘单位、图廓线、坐标格网、三北方向线和坡度尺等，它们分布在东、南、西、北四面图廓线外。

1) 图号、图名和接图表

为了区别各幅地形图所在的位置和拼接关系，每一幅地形图都编有图号和图名。图号是根据统一的分幅进行编号的，图名是用本图内最著名的地名、最大的村庄或突出的地物、地貌等的名称来命名的。图号、图名注记在北图廓上方的中央，如图 9-1 所示。

在图的北图廓左上方，画有该幅图四邻各图号（或图名）的略图，称为接图表。中间一格画有斜线的代表本图幅，四邻分别注明相应的图号（或图名）。接图表的作用是便于查找到相邻的图幅，如图 9-1 所示。

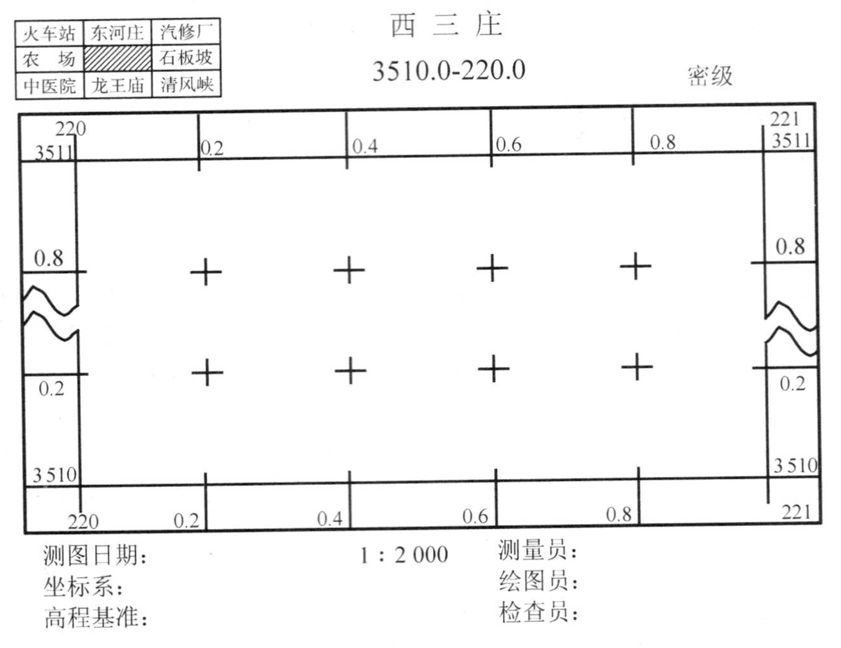

图 9-1　图名、图号和接图表

此外，地形图图廓外还有必要的文字说明。文字说明是了解图件来源和成图方法的重要资料。如图 9-1 所示，通常在图的下方或左、右两侧注有文字说明，内容包括测图日期、坐标系、高程基准、测量员、绘图员和检查员等。在图的右上角标注图纸的密级。

2）比例尺

如图 9-1 下方所示，在每幅图南图廓外的中央均注有数字比例尺，在数字比例尺下方绘出直线比例尺，如图 9-2 所示，直线比例尺的作用是便于用图解法确定图上两点间的直线距离。

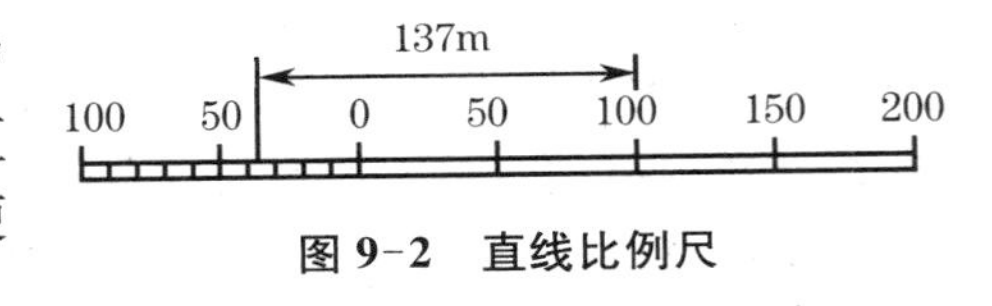

图 9-2　直线比例尺

对于 1∶500、1∶1 000 和 1∶2 000 等大比例尺地形图，一般只注明数字比例尺，不注明直线比例尺。

3）三北方向线

在许多中、小比例尺地形图的南图廓线右下方，通常绘有真北、磁北和轴北之间的角度关系图，称为三北方向线。

三北方向是指真子午线北方向 N、磁子午线北方向和高斯平面坐标系的纵轴方向。如图 9-3 所示，该图幅的磁偏角为 2°16′（西偏）；坐标纵轴偏于真子午线以西 1°21′；而磁子午线偏于坐标纵线以西 0°55′。利用该三北方向关系图，可对图上任一方向的真方位角、磁方位角和坐标方位角三者之间进行相互换算。

4）坡度尺

为了便于在地形图上量测两条等高线（首曲线或计曲线）间两点直线的坡度，通常在中、小比例尺地形图的南图廓外绘有图解坡度尺，如图 9-4 所示。它按下列关系式制成：

$$i=\tan\alpha=\frac{h}{d} \tag{9-1}$$

式中：i——地面坡度；

α——地面倾角；

h——等高距；

d——相邻等高线平距；

使用坡度比例尺的方法：用分规卡出图上相邻等高线的平距后，在坡度尺上使分规的两针尖下面对准底线，上面对准曲线，即可在坡度尺上读出地面倾角 α。

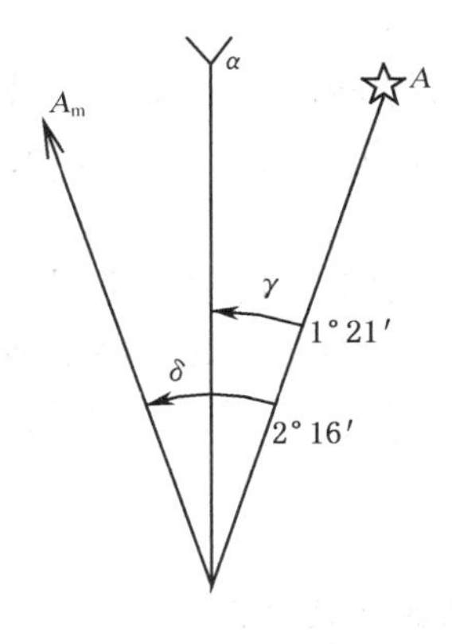

图 9-3　三北方向

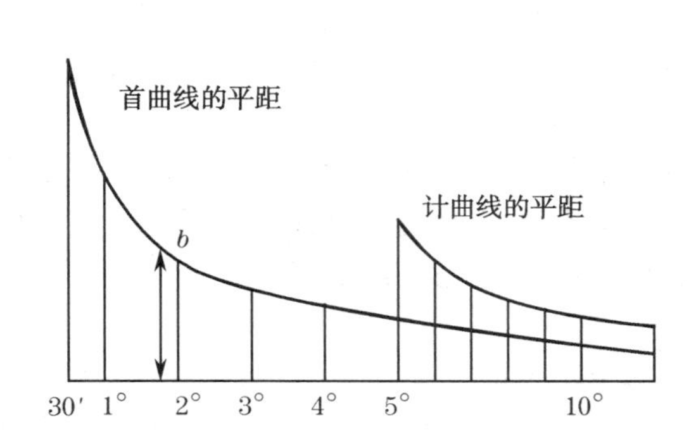

图 9-4　坡度比例尺

9.1.2　图廓和坐标格网

图廓是地形图的边界，正方形图廓只有内、外图廓之分。内图廓为直角坐标格网线，也是图幅的边界线，线粗为 0.1 mm，外图廓线为图幅的最外围边线，用 0.5 mm 的实线描绘。外图廓与内图廓之间，用来标记以千米为单位的平面直角坐标值。如图 9-1 所示，左下角的纵坐标为 3 510.0 km，横坐标 220.0 km。并在内廓线内侧，每隔10 cm 绘有 5 mm 的短线，表示坐标格网线的位置。在图幅内绘有每隔 10 cm 的坐标格网交叉点。

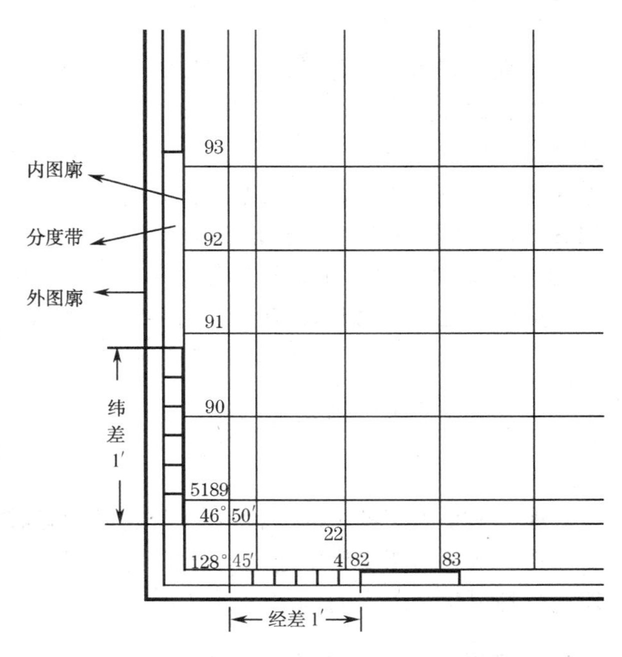

图 9-5　图廓与坐标格网

由经纬线分幅的地形图，内图廓呈梯形，如图 9-5。西图廓经线为东经 128°45′，南图廓纬线为北纬 46°50′，两线的交点为图廓点。内图廓与外图廓之间绘有黑白相间的分度带（又称分图廓），每段黑白线长表示实地经差或纬差 1′。

连接东西、南北相对应的分度带值便得到大地坐标格网，可供图解点位的地理坐标用。

分度带与内图廓之间注记了以“km”为单位的高斯直角坐标值。图中左下角从赤道起算的5 189 km为纵坐标，其余的90、91等是省去了前面两位数“51”。横坐标为22 482 km，其中“22”为该图所在的投影带号，482 km为该纵线的横坐标值。

纵横线构成了千米格网。在四边的外图廓与分度带之间注有相邻接图号，供接边查用。

9.1.3 地物和地貌的识读

在识读地形图时，还应注意地面上的地物和地貌不是一成不变的。由于城乡建设事业的迅速发展，地面上的地物、地貌也随之发生变化，因此，在应用地形图进行规划以及解决工程设计和施工中的各种问题时，除了细致地识读地形图外，还需进行实地勘察，以便对建设用地做全面正确地了解。

地形图上的地物、地貌是用不同的地物符号和地貌符号表示的。比例尺不同，地物、地貌的取舍标准也不同，随着各种建设的不断发展，地物、地貌也在不断改变。要正确识别地物、地貌，阅读前应先熟悉测图所用的地形图图式、规范和测图日期。下面分别介绍地物、地貌的识别方法。

1）地物的识别

识别地物的目的是了解地物的大小、种类、位置和分布情况。通常按先主后次的顺序，并顾及取舍的内容与标准进行。按照地物符号先识别大的居民点、主要的道路和其他必需的地物，然后再扩大到识别小的居民点、次要道路、植被和其他地物。通过分析，就会对主、次地物的分布情况、主要地物的位置和大小形成较全面的了解。

2）地貌的识别

识别地貌的目的是了解各种地貌的分布和地面的高低起伏状况。识别时，主要是根据基本地貌的等高线特征和特殊地貌（如陡崖、冲沟等）符号进行。山区坡陡，地貌形态复杂，尤其是山脊和山谷等高线犬牙交错，不易识别。可先根据水系的江河、溪流找出山谷、山脊，无河流时可根据相邻山头找出山脊；再按照两山谷间必有一山脊，两山脊间必有一山谷的地貌特征，即可识别山脊、山谷地貌的分布情况。结合特殊地貌符号和等高线的疏密进行分析，就可以较清楚地了解地貌的分布和高低起伏情况。

最后将地物、地貌综合在一起，整幅地形图就像立体模型一样展现在眼前。

9.2 地形图的基本应用

地形图是国家各个部门、各项工程建设中必需的基础资料，在地形图上可以获取多种所需信息。从地形图上确定地物的位置和相互关系及地貌的起伏形态等情况，以便因地制宜地进行各项建筑工程的合理规划和设计。

9.2.1 在图上确定点的坐标

欲确定地形图上某点的坐标，可根据格网坐标用图解法求得。图框边线上所注的数字就是坐标格网的坐标值，它们是量取坐标的依据。

如图9-6所示，欲求图上P点的坐标，首先找出P点所处的小方格，并用直线连成小正

方形 $abcd$，其西南角 a 点的坐标为（x_a、y_a），再量取 ag 和 ae 的长度，即可获得 P 点的坐标为

$$\begin{cases} x_P = x_a + ae \cdot M \\ y_P = y_a + ag \cdot M \end{cases} \tag{9-2}$$

式中：M——地形图比例尺分母。

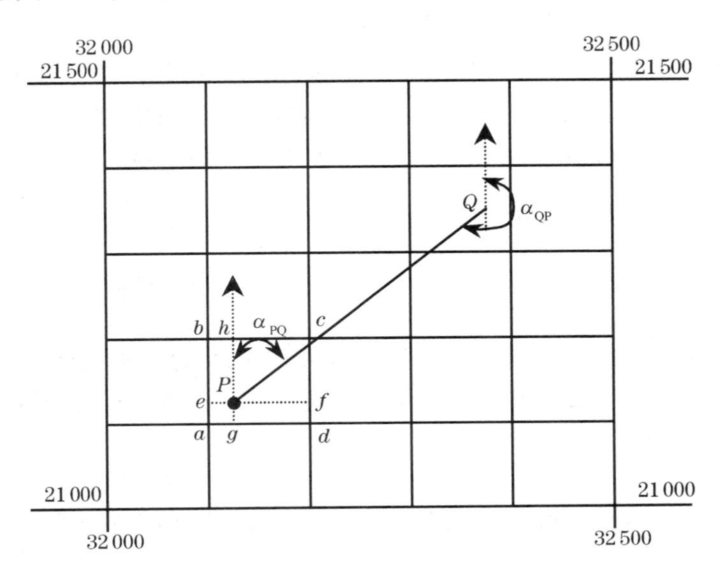

图 9-6　确定点的坐标、直线距离、方位角

由于图纸的伸缩，在图纸上实际量出的方格长度往往不等于其理论长度 l（一般为 10 cm），为了提高坐标量算的精度，这时就需要考虑图纸伸缩的影响。设在图纸上量得 ab 的实际长度为$\overline{ab}$，量得 ad 的实际长度为$\overline{ad}$，则 P 点的坐标按下式计算：

$$\begin{cases} x_P = x_a + \dfrac{10}{\overline{ab}} \cdot ae \cdot M \\ y_P = y_a + \dfrac{10}{\overline{ad}} \cdot ag \cdot M \end{cases} \tag{9-3}$$

式中：$\overline{ab}$、ae、$\overline{ad}$、ag——均为图上量取的长度（单位为毫米），量至 0.1 mm；

M——地形图比例尺分母。

图解法求得的坐标精度受图解精度的限制。一般认为，如果图解精度为图上 0.1 mm，则图解坐标精度不会高于 0.1 m。

9.2.2　在图上求两点间的水平距离

如图 9-6 所示，欲确定图上 PQ 两点间的距离，常用以下两种方法。

1) 图解法

该方法属于直接量测法。用卡规在图上直接卡出线段 PQ 长度，再与图示比例尺比量，即可得其水平距离。也可以用毫米尺量取图上长度并按比例尺 M 换算为水平距离，但后者受图纸伸缩的影响。

2）解析法

利用图上两点的坐标计算出两点间的距离。这种方法能消除图纸变形的影响，提高精度。

如图 9-6 所示，在图上量得直线两端点 P 和 Q 的坐标（x_P、y_P）和（x_Q、y_Q），反算直线长度 D_{PQ}。算式如下：

$$D_{PQ}=\sqrt{(x_Q-x_P)^2+(y_Q-y_P)^2} \tag{9-4}$$

如果说，用图解法求得的坐标受图纸伸缩变形的影响，或受用卡规（或毫米尺）直接量测精度不高的影响，则解析法求距离的精度高于图解法的精度。而图纸上绘有图示比例尺时，一般用图解法量取两点间的距离，这样既方便，又能保证一定的精度。

9.2.3 在图上确定直线的方位角

在图 9-6 中，欲确定直线 PQ 的坐标方位角，可用以下两种方法。

1）图解法

如图 9-6 所示，求直线 PQ 的坐标方位角时，可先过 P、Q 两点精确地作平行于坐标格网纵线的直线，然后用量角器直接量测坐标方位角。同一直线的正、反坐标方位角之差应为 180°。

2）解析法

当直线较长，或要求精度较高时，可先求出 P、Q 两点坐标，然后按照下式计算直线 PQ 的坐标方位角 α_{PQ}：

$$\alpha_{PQ}=\arctan\frac{y_Q-y_P}{x_Q-x_P} \tag{9-5}$$

由于坐标量算的精度比角度量测的精度高，因此，解析法所获得的方位角比图解法可靠。

9.2.4 在图上确定点的高程

根据地形图上的等高线，可确定任一地面点的高程。如果地面点恰好位于某一等高线上，则根据等高线的高程注记或基本等高距，便可直接确定该点高程。如图 9-7，p 点的高程为 20 m。

当确定位于相邻两等高线之间的地面点 q 的高程时，可以采用目估的方法确定。更精确的方法是，先过 q 点作垂直于相邻两等高线的线段 mn，再依高差和平距成比例的关系求解。例如，图中等高线的基本等高距为 1 m，则 q 点高程为

$$H_q=H_m+\frac{mq}{mn}\cdot h=23+\frac{14}{20}\times 1=23.7(\mathrm{m}) \tag{9-6}$$

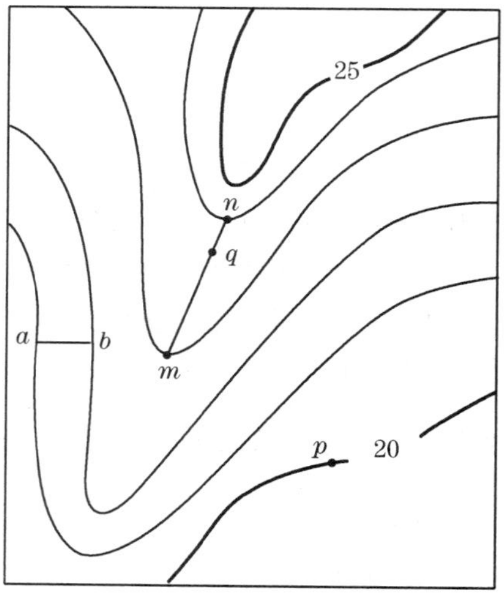

图 9-7 确定点的高程

式中：mn、mq——均是在图上量取的；

h——等高距；

H_m——m 点高程。

如果要确定两点间的高差，则可采用上述方法确定两点的高程后，相减即得两点间的高差。

9.2.5 在图上求两点间的坡度

设地面两点间的水平距离为 D，高差为 h，而高差与水平距离之比称为坡度，以 i 表示。坡度常以百分率(%)或千分率(‰)表示。

$$i=\frac{h}{D}=\frac{h}{d\cdot M} \tag{9-7}$$

如果直线两端位于相邻两条等高线上，则所求的坡度与实地坡度相符。如果两点间的距离较长，直线通过疏密不等的多条等高线，则上式所求地面坡度为两点间的平均坡度，与实地坡度不完全一致。

9.3 地形图在工程建设中的应用

9.3.1 绘制地形断面图

在道路、管线等线路工程设计中，为了合理地确定线路的坡度，或在场地平整中，进行填挖土石方量的概算，或为布设测量控制网，进行图上选点，以及判断通视情况等，都需要了解沿线路方向的地面起伏情况，为此，常需利用地形图绘制沿指定方向的纵断面图(本章以下简称断面图)。断面图可以在实地直接测绘，也可根据地形图绘制。

根据地形图绘制断面图时，首先要确定断面图的水平方向和垂直方向的比例尺。通常，在水平方向采用与所用地形图相同的比例尺，而垂直方向的比例尺通常是水平方向的10倍，以突出地形起伏状况。

如图9-8所示，若要绘制 MN 方向的断面图，步骤如下：

(1) 在地形图上作 M、N 两点的连线，与各等高线相交，各交点的高程即为交点所在等高线的高程，而各交点的平距可在图上用比例尺量得。

(2) 在毫米方格纸上画出两条相互

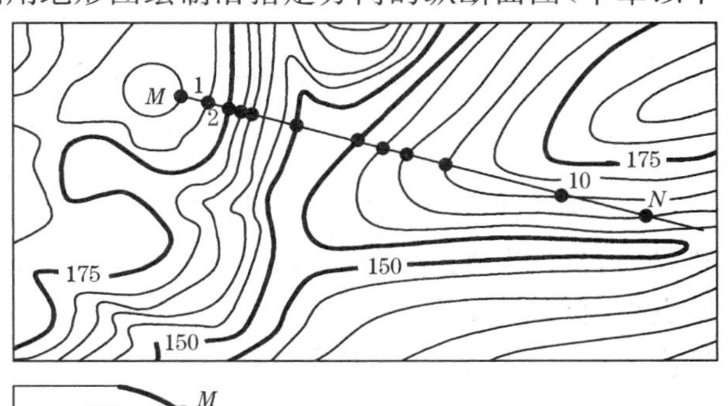

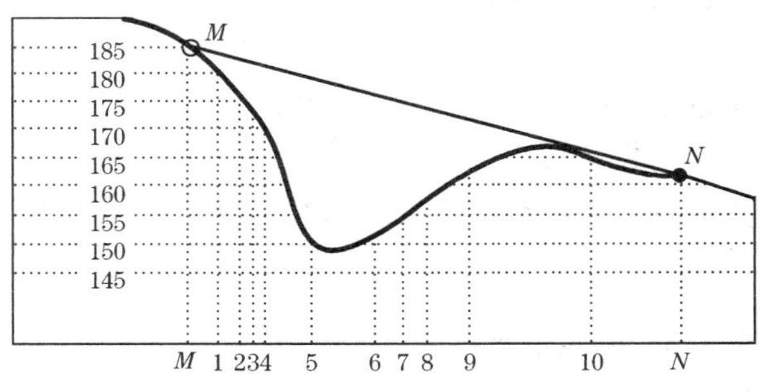

图 9-8 绘制地形纵断面图

垂直的轴线，以横轴 MN 表示平距，以垂直于横轴的纵轴表示高程。

(3) 在地形图上量取 M 点至各交点及地形特征点的平距，并把它们分别转绘在横轴上，以相应的高程作为纵坐标，得到各交点在断面上的位置。

(4) 最后，用光滑的曲线连接这些点，即得到 MN 方向的断面图。

同时，若要判断地面上两点是否通视，只需在这两点的断面图上用直线连接两点，如果直线与断面线不相交，说明两点通视；否则，两点之间不通视。如图 9-8 中，M、N 两点连线与断面线不相交，证明两点通视。这类问题的研究，对于架空索道、输电线路、水文观测、测量控制网布设、军事指挥及军事设施的兴建等都有很重要的意义。

9.3.2 在图上设计等坡线

在山区或丘陵地区进行管线或道路工程设计时，均有指定的坡度要求。在地形图上选线时，先按规定坡度找出一条最短路线，然后综合考虑其他因素，获得最佳设计路线。

如图 9-9 所示，欲在 A 和 B 两点间选定一条坡度不超过 i 的路线，设图上等高距为 h，地形图的比例尺为 $1/M$，由坡度定义可得，线路通过相邻两条等高线的最短距离为

$$d=\frac{h}{i \cdot M} \tag{9-8}$$

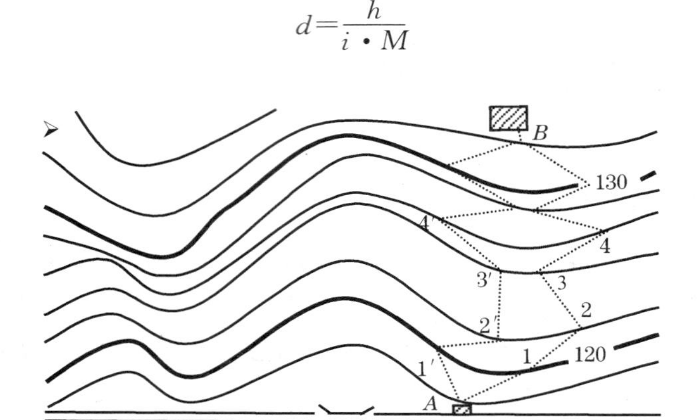

图 9-9 按设计坡度定线

为了满足坡度限制的要求，根据上式计算出该路线经过相邻等高线之间的最小水平距离 d。于是，以 A 点为圆心，以 d 为半径画弧，交相邻等高线于 1、1′两点，再分别以点 1、1′两点为圆心，以 d 为半径画弧，交另一等高线于 2、2′两点，依此类推，直到 B 点为止。然后依次连接 A，1，2，…，B 和 A，1′，2′，…，B，便在图上得到两条以上符合坡度限制的路线。最后，通过结合实地调查，充分考虑少占农田，建筑费用最少，避开塌方或崩裂地带等主要因素，从中选定一条最合理的路线。

在作图过程中，如遇等高线之间的平距大于半径 d 时，即以 d 为半径的圆弧将不会与等高线相交。这说明该处的坡度小于限制坡度。在这种情况下，路线方向可按最短距离绘出。

9.3.3 确定汇水范围

修筑道路时有时要跨越河流或山谷，这时就必须修建桥梁或涵洞；兴修水库必须筑坝拦

水。而桥梁、涵洞孔径的大小，水坝的设计位置与坝高，水库的蓄水量等，都要根据汇集于这个地区的水流量来确定。我们将汇集水流量的面积称为汇水面积。

由于雨水是沿山脊线（分水线）向两侧山坡分流，所以汇水面积的边界线是由一系列的山脊线连接而成的。如图 9-10 所示，一条公路经过山谷，拟在 m 处架桥或修涵洞，其孔径大小应根据流经该处的流水量决定，而流水量又与山谷的汇水面积有关。欲确定汇水面积，先确定汇水面积的边界线。如图 9-10，由山脊线 ab、bc、cd、de、ef、fg 与公路上的 ga 所围成的闭合图形的面积即为这个山谷的汇水面积。

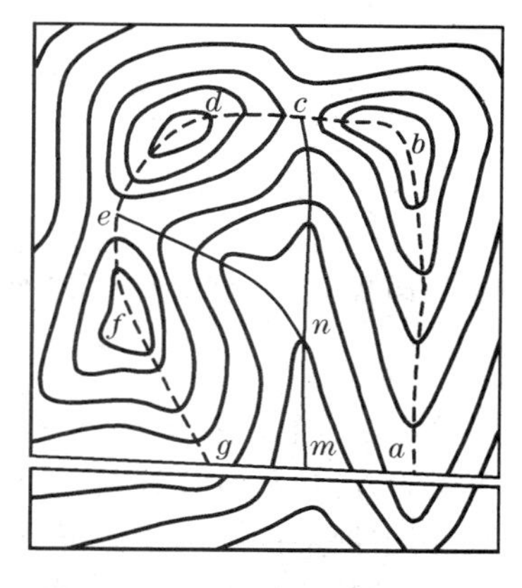

图 9-10　图上确定汇水面积

量测该面积的大小，再结合气象水文资料，便可进一步确定流经公路 m 处的水量，从而对桥梁或涵洞的孔径设计提供依据。

确定汇水面积的边界线时，应注意以下几点：

（1）边界线（除公路段外）应与山脊线一致，且与等高线垂直；

（2）边界线是经过一系列的山脊线、山头和鞍部的曲线，并与河谷的指定断面（公路或水坝的中心线）闭合。

9.3.4　图上面积的量算

在规划设计中，常需要在地形图上量算一定轮廓范围内的面积。下面介绍几种常用的方法。

1）几何图形法

此法是利用分规和比例尺，在地形图上量取图形的各几何要素（一般为线段长度），通过公式计算面积。该方法通常是把图形分解为若干个规则的几何图形，例如三角形、梯形或平行四边形等，如图 9-11 所示。量出这些图形的边长，这样就可以利用几何公式计算出每个图形的面积。最后，将所有图形的面积之和乘以该地形图比例尺分母的平方，即为所求面积。

为了保证面积量测和计算的精度，要求在图上量测线段长度时精确到 0.1 mm。

2）坐标计算法

如果图形为任意多边形，且各顶点的坐标已知，则可利用坐标计算法精确求算该图形的面积。如图 9-12 所示，各顶点 1、2、3、4、5、6、7 按照逆时针方向编号，各点坐标均为已知，则可利用面积公式：

$$S=\frac{1}{2}\sum_{i=1}^{n}x_i(y_{i-1}-y_{i+1}) \tag{9-9}$$

式中，当 $i=1$ 时，y_{i-1} 用 y_n 代替；当 $i=n$ 时，y_{i+1} 用 y_1 代替。

上式为坐标法求面积的通用公式。如果多边形顶点按顺时针方向编号，面积值为正号，反之则为负号，但最终取值为正。

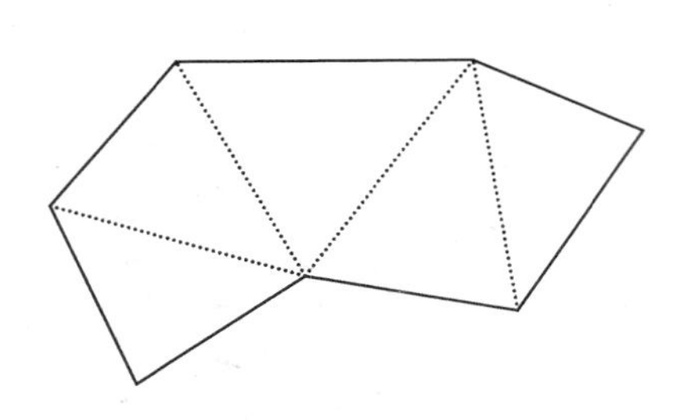

图 9-11　几何图形法测算面积

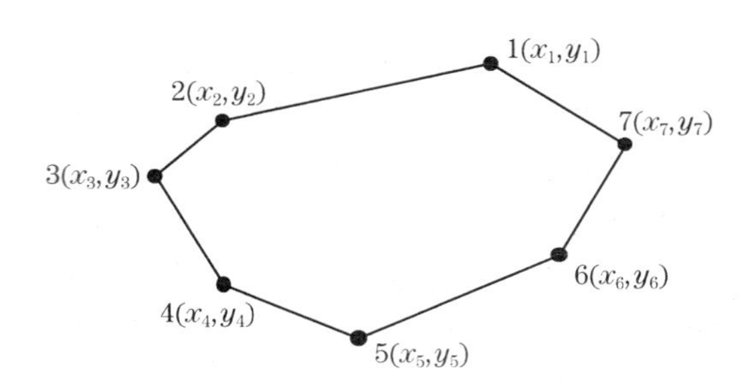

图 9-12　坐标计算法测算面积

3) 模片法

模片法是利用赛璐珞、聚酯薄膜、玻璃、透明胶片等制成的模片，在模片上建立一组有单位面积的方格、平行线等，然后利用这种模片去覆盖被量测的面积，从而求得相应的图上面积值，再根据地形图的比例尺，计算出所测图形的实地面积。模片法具有量算工具简单、方法容易掌握，又能保证一定的精度等特点。因此，在图解面积测算中是一种常用的方法。

(1) 透明方格法

透明方格法通常是在透明模片上绘出边长为 1 mm 的小方格，如图 9-13 所示，每个方格的面积为 1 mm^2，而所代表的实际面积则由地形图的比例尺决定。将绘有小方格的透明模片蒙在待测图形上，通过统计在待测图形轮廓线内的完整方格和不完整方格的个数来量测面积。

量测图上面积时，将透明方格纸固定在图纸上，先数出完整小方格的数量为 n_1，再数出图形边缘不完整的小方格数量为 n_2。然后按照下式计算整个图形的面积：

$$S=\left(n_1+\frac{n_2}{2}\right)\cdot\frac{M^2}{10^6}(m^2) \tag{9-10}$$

式中：S——所求图形面积(单位为 m^2)；

M——地形图比例尺分母。

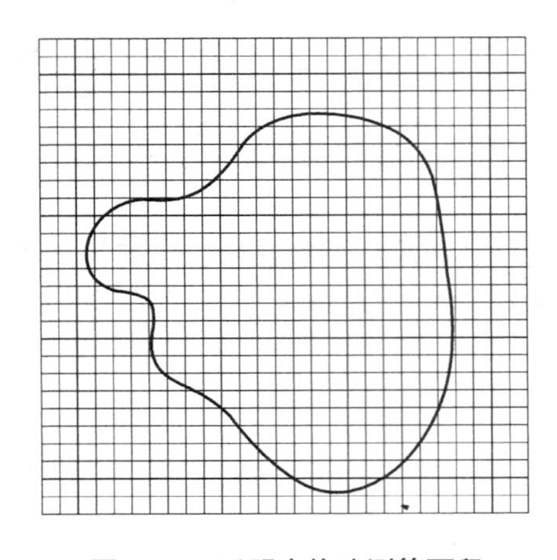

图 9-13　透明方格法测算面积

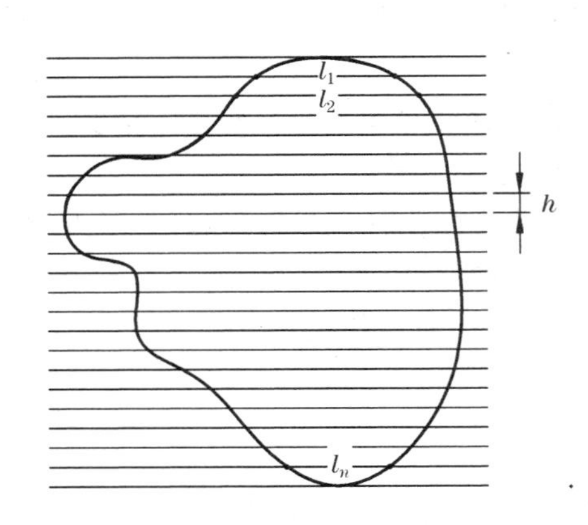

图 9-14　透明平行线法测算面积

(2) 透明平行线法

透明方格网法的缺点是数方格困难，为此，可以使用图 9-14 中所示的透明平行线法。

在透明模片上绘有间距为 2～5 mm 的平行线(同一模片上间距相同)，把它覆盖在待测算面积的图形上，并转动模片，使平行线与图形的上、下边线相切。此时，被测图形被平行线分割成若干个等高的近似梯形。量出各梯形的底边长度 l_1，l_2，…，l_n，而每个梯形的高均为 h，则各梯形的面积分别为

$$S_1=\frac{1}{2}(0+l_1)hM^2$$

$$S_2=\frac{1}{2}(l_1+l_2)hM^2$$

$$\vdots$$

$$S_{n+1}=\frac{1}{2}(l_n+0)hM^2$$

则图形的总面积为

$$S=S_1+S_2+\cdots+S_{n+1}=(l_1+l_2+\cdots+l_n)hM^2 \tag{9-11}$$

式中：S——所求图形面积(单位为 m^2)；

M——地形图比例尺分母。

4) 求积仪法

求积仪是一种专门供图上量算面积的仪器，其优点是操作简便、速度快、适用于任意曲线图形的面积量算，且能保证一定的精度。求积仪有机械求积仪(mechanical planimeter)和电子求积仪(electronical planimeter)两种。

(1) 机械求积仪

机械求积仪是一种利用积分原理在图纸上测定不规则图形面积的完全机械装置，它结构简单、售价低廉、便于使用。机械求积仪主要由极臂、描迹臂和计数器三部分组成，计数器包括计数盘、计数轮、游标等。(如图 9-15 所示)

有关机械求积仪的具体操作方法可参阅其使用说明书。

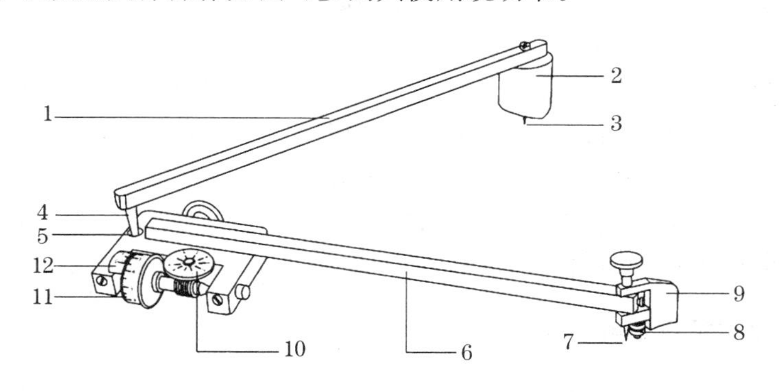

图 9-15 机械求积仪

1. 极臂；2. 重锤；3. 短针；4. 圆球状短柄；5. 结合套；6. 描迹臂；7. 描迹针；8. 支撑描迹针的小圆柱；9. 移动描迹针的手柄；10. 计数盘；11. 计数轮；12. 游标

(2) 电子求积仪

电子求积仪是采用集成电路制造的一种新型求积仪。它性能优越，可靠性好，操作简

便。图 9-16 所示为日本 KOIZUMI(小泉)公司生产的 KP—90N 电子求积仪。

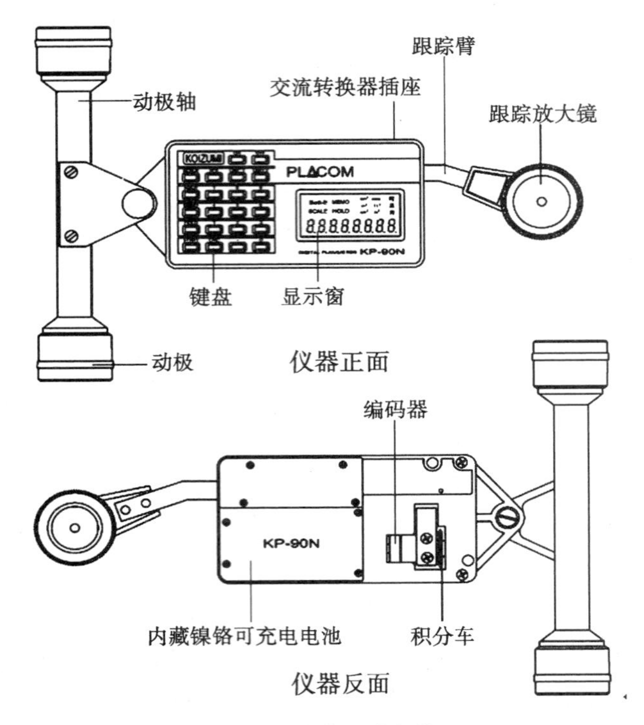

图 9-16　电子求积仪

在地形图上求取图形面积时，先在求积仪的面板上设置地形图的比例尺和使用单位，再利用求积仪一端跟踪放大镜的十字中心点绕图形一周来求算面积。电子求积仪具有自动显示量测面积结果、储存测得的数据、计算周围边长、数据打印、边界自动闭合等功能，计算精度可以达到 0.2%。同时，具备各种计量单位，例如，公制、英制，还有计算功能，并且当数据量溢出时会自动移位处理。由于采用了 RS232 接口，可以直接与计算机相连进行数据管理和处理。

为了保证量测面积的精度和可靠性，应将图纸平整地固定在图板或桌面上。当需要测量的面积较大时，可以采取将大面积划分为若干块小面积的方法，分别求这些小面积，最后把量测结果加起来。也可以在待测的大面积内划出一个或若干个规则图形(四边形、三角形、圆等)，用解析法求算面积，剩下的边、角小块面积用求积仪求取。

有关电子求积仪的具体操作方法和其他功能，可参阅其使用说明书。

9.3.5　场地平整时填挖边界的确定和土石方量计算

在建筑工程中，往往要进行建筑场地的平整。利用地形图可以估算土石方工程量，选择既合理又经济的最佳方案。场地平整有两种情形，其一是平整为水平场地，其二是整理为倾斜场地。

1) 平整为水平场地

如图 9-17 所示，欲将 40 m 见方的 $ABCD$ 坡地平整为某一高程的平地，要求确定其填挖边界和极端填挖方量。方法如下：

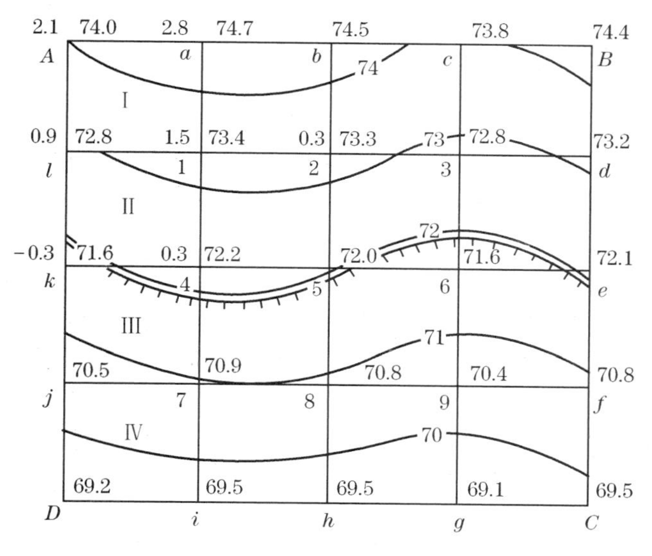

图 9-17　平整为水平场地

(1) 绘制方格网

在地形图上拟平整土地的区域绘制方格网。方格的大小取决于地形的复杂程度、地形图比例尺和土石方量概算的精度。一般取小方格的图上边长为 2 cm,实地边长为 10 m 或 20 m,图 9-17 中为 10 m。

(2) 计算设计高程

根据地形图上的等高线,用内插法求出各方格顶点的地面高程,标注在方格顶点的右上方。如图 9-17 中,74.0 m、74.7 m、74.5 m 和 73.8 m 等。再分别求出各方格四个顶点的平均高程 H_i($i=1, 2, \cdots, n$),然后将各方格的平均高程求和并除以方格总数 n,即得到设计高程 $H_{设}$($H_{设}$ 也可以根据工程要求直接给出),根据图 9-17 中的数据,求得设计高程为 71.9 m。

(3) 绘制填、挖边界线

根据 $H_{设}=71.9$ m,在地形图上用内插法绘出 71.9 m 等高线,则该线就是填挖边界线,在此线上的点不填又不挖,此线亦称零等高线。见图 9-17 中标短线的等高线。

(4) 计算填、挖高度

将各方格网点的地面高程减去设计高程 $H_{设}$,即得各方格网点的填、挖高度,并注于相应顶点的左上方,正号表示挖,负号表示填。如图 9-17 中,2.1 m、0.9 m、−0.3 m 等。

(5) 计算填、挖土石方量

计算填、挖土石方量有两种情况:一种是整个方格都是填方或都是挖方,如图 9-17 中方格Ⅰ和Ⅳ,另一种是既有填方又有挖方,如图中方格Ⅱ和Ⅲ。

设 $V_{Ⅰ挖}$ 为方格Ⅰ的挖方量,$V_{Ⅱ挖}$ 和 $V_{Ⅱ填}$ 分别为方格Ⅱ的挖方量和填方量,则

$$V_{Ⅰ挖}=\frac{1}{4}(2.1+2.8+0.9+1.5)A_{Ⅰ挖}=1.825A_{Ⅰ挖} \tag{9-12}$$

$$V_{Ⅱ挖}=\frac{1}{5}(0.9+1.5+0.3+0)A_{Ⅱ挖}=0.54A_{Ⅱ挖} \tag{9-13}$$

$$V_{Ⅱ填}=\frac{1}{3}(0+0-0.3+0)A_{Ⅱ填}=-0.1A_{Ⅱ填} \tag{9-14}$$

式中：$A_{Ⅰ挖}$——方格Ⅰ的挖方面积；

$A_{Ⅱ挖}$和$A_{Ⅱ填}$——分别为方格Ⅱ的挖方和填方面积。

根据以上公式，分别计算出各个方格的填、挖方量，然后求和，即可求得场地的总填、挖土方量。由于设计高程$H_{设}$是各个方格的平均高程值，则最后计算出来的总填方量和总挖方量应基本平衡。

2）平整为倾斜场地

有时为了充分利用自然地势，减少土石方工程量，以及场地排水的需要，在填挖土石方量基本平衡的原则下，可将场地平整成具有一定坡度的倾斜面，其步骤如下：

（1）绘制方格网

方法与平整为水平场地相同，如图9-18所示。然后根据等高线求出各方格顶点的地面高程，并注在各顶点的右上方。

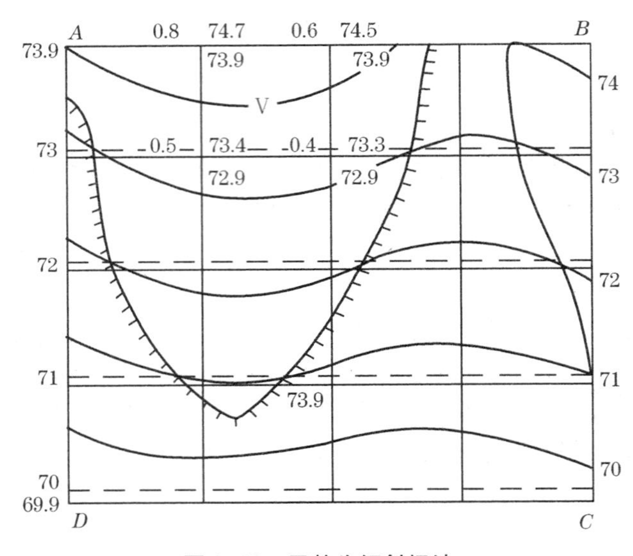

图9-18　平整为倾斜场地

（2）计算场地平均高程

场地平均高程的计算方法与水平场地的设计高程计算方法相同，则$H_{平}=71.9$ m。

（3）计算倾斜场地最高边线和最低边线高程

如图9-18所示，欲将$ABCD$地块平整为由AB向CD倾斜10%的坡度，因此AB线上各点为最高点，DC线上各点为最低点。当AB线和DC线之间中点位置的设计高程为$H_{平}$时，方可使场地的填、挖土方量平衡。设AD边长为D_{AD}，由此得

$$H_A=H_B=H_{平}+\frac{1}{2}D_{AD}\cdot i=71.9+\frac{1}{2}(40\times10\%)=73.9(\text{m}) \tag{9-15}$$

$$H_C=H_D=H_{平}-\frac{1}{2}D_{AD}\cdot i=71.9-\frac{1}{2}(40\times10\%)=69.9(\text{m}) \tag{9-16}$$

（4）确定倾斜场地的等高线

根据A、D两点的设计高程，在AD直线上用内插法定出70 m、71 m、72 m、73 m各

设计等高线的点位，过这些点作 AB 的平行线（图 9-18 中以虚线表示），这就是倾斜场地的等高线。

（5）确定填、挖边界线

倾斜场地等高线（设计等高线）与原地形图上与其同高程等高线的交点刚好位于倾斜面上，这些点既不填也不挖（又称零点）。连接这些点即为填、挖边界线。填挖边界线上有短线的一侧为填方区，另一侧为挖方区。

（6）计算方格顶点的设计高程

根据倾斜场地等高线用内插法确定各方格顶点的设计高程，并注于方格顶点的右下方。

（7）计算填挖土方量

其方法与整理成水平场地时相同。

本章小结

每项工程建设离不开地形图，所以识图必须熟悉下列问题：地形图的分幅、编号与图廓；地形图的图外注记和说明；地形图的坐标系；高程系统；地形图的比例尺和方位；地形图图式；等高线等。

地形图应用的基本内容为：在图上确定设计点位的坐标、边长和方位角；欲求图上任何一点的高程；求图上某直线的坡度；按限制坡度在图上选定最短路线。

地形图在工程规划设计中的应用为：绘制地形断面图；在图上设计等坡线；在地形图上计算汇水面积及计算水库库容；图上面积的量算；场地平整时填挖边界的确定和土石方量的计算等。

习题与思考题

1. 地形图应用的基本内容有哪些？

2. 怎样根据等高线确定地面点的高程？

3. 怎样绘制已知方向的断面图？

4. 图 9-19 为某幅 1∶1 000 地形图中的一格，试完成以下工作：

（1）求 A、B、C、D 四点的坐标及 AC 直线的坐标方位角。

（2）求 A、D 两点的高程及 AD 连线的平均坡度。

（3）沿 AC 方向绘制一纵断面图。

（4）用解析法计算四边形 $ABCD$ 的面积。

5. 简述地形图识读的基本过程。

6. 面积的测量和计算有哪几种方法？各适用于什么场合？

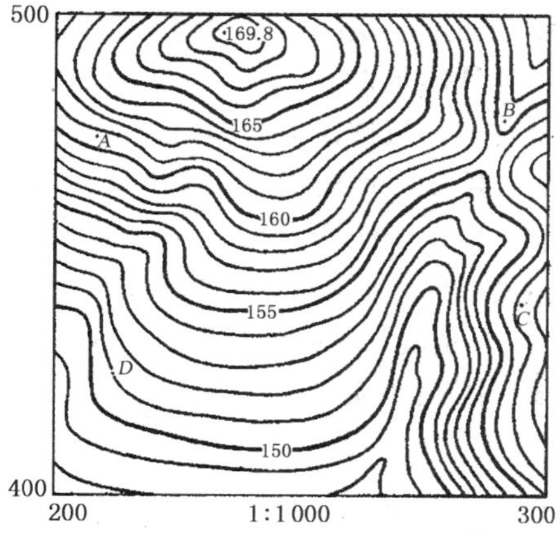

图 9-19

7. 现有一五边形地块，在地形图上求得各边界特征点的坐标分别为 A(500.00，500.00)、B(375.57，593.32)、C(363.02，615.82)、D(472.12. 674.05)、E(514.37，610.18)，试计算该地块的面积。

8. 地形图方格法测算土方的基本步骤是什么？

9. 在大比例尺地形图内外图廓间配置哪些要素？叙述各自的具体含义。

10 建筑工程测量

10.1 建筑工程测量概述

工程建设分勘测、设计和施工三个阶段。地形测量的成果资料为规划设计提供依据，而施工测量的基本任务就是放样，即将图纸上设计的建(构)筑物的平面位置和高程，按设计和施工的要求在施工作业面上标定出来，以便据此施工，这项工作也叫测设。由此可知，施工测量、测设和放样都是指施工阶段所进行的测量工作。

施工测量贯穿于整个施工过程，从场地平整、建筑物平面位置和高程放样、基础施工、各类管线及配套设施施工到建筑物结构安装都要进行施工测量。为了便于管理、维修和扩建，还应进行竣工测量并绘竣工图。对于一些特殊的建筑，在施工过程中、施工结束并投入使用后还应进行长期的变形观测，以便控制施工进度、积累资料、掌握变形规律并采取必要的防控措施。可见，在施工进行前就应制定切实可行的施工测量计划，施工各环节及时进行相应的测量工作，确保施工的顺利进行。

施工测量和地形测量一样也应遵循由整体到局部，先控制后碎部的工作程序，即在施工作业面上建立施工控制网，在此基础上标定各个建筑物和构筑物的细部。这是因为施工现场各种建筑物分布较广，各工段往往又不能同时施工，施工测量的这种工作程序可以保证各个建(构)筑物在平面和高程上都能合乎要求，互相连成一个整体。

施工测量的精度要求取决于建(构)筑物的等级、大小、结构、材料、用途和施工方法等因素。但一般而言，施工测量精度高于地形测量精度，变形观测精度高于其他施工测量工作的精度，钢结构工程精度高于钢筋混凝土工程精度，高层建筑放样精度高于低层建筑放样精度，工业建筑的放样精度高于民用建筑放样精度，吊装施工方法的精度高于浇筑施工方法精度。因此必须选择与施工精度要求相适应的仪器和方法进行施工测量，才能保证施工质量。

10.2 施工测量的基本工作

施工测量的基本任务就是点位放样，其基本工作包括设计长度的测设、设计水平角的测设和设计高程的测设，以及在此基础上的设计点位的测设、设计坡度的测设以及铅垂线的测设。

10.2.1 设计长度的测设

设计长度的测设是从一已知点出发，沿指定的方向标出另一点的位置，使两点间的水平距离等于设计长度。按照施测工具的不同，可采用钢尺法和全站仪法进行设计长度的测设。

1）钢尺法

根据第 4 章内容，我们知道丈量距离时是先量出两端点间的长度，分别计算尺长改正、温度改正和高差改正，按下式计算两端点间的水平距离：

$$D=D'+\Delta D_k+\Delta D_t+\Delta D_h \tag{10-1}$$

式中：D 和 D'——分别表示两点间的水平距离和尺面长度；

ΔD_k、ΔD_t、ΔD_h——分别表示尺长改正、温度改正和高差改正。

与丈量距离程序正好相反，测设水平距离时，应首先根据图纸上设计给定的水平距离 D、所用钢尺的尺长方程式和两端点的高差分别计算 ΔD_k、ΔD_t 和 ΔD_h，求出钢尺在实地丈量长度

$$D'=D-\Delta D_k-\Delta D_t-\Delta D_h \tag{10-2}$$

然后从已知的起点，按计算出的数据，用钢尺沿已知方向丈量，经过两次同向或往返丈量，丈量精度达到一定要求后，取其平均值标出该线段终点的位置。

如图 10-1 所示，在地面上已标设出 A 点及方向 AC，在此方向上欲测设水平长度 $D_{AB}=60$ m，测设用钢尺的尺长方程式为 $l=30\text{ m}+3.0\text{ mm}+0.375(t-20℃)\text{mm}$。且已知 $h_{AB}=1.25$ m，测设时的温度 $t=4$ ℃，求测设时沿 AC 方向在地面应丈量多长，才能使 AB 的水平距离正好是 60 m?

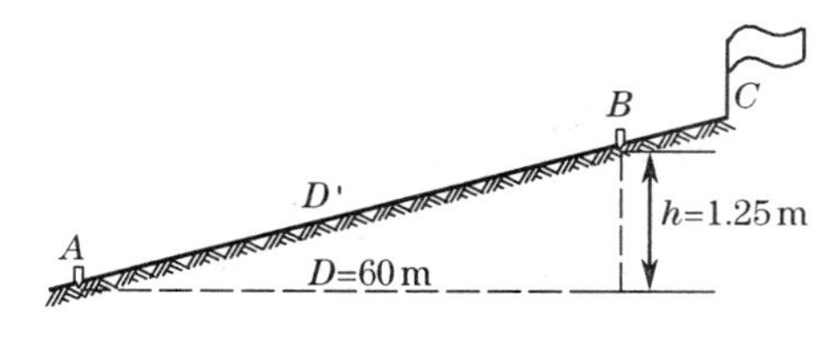

图 10-1 设计长度的测设

计算过程如下：

尺长改正

$$\Delta D_k=D\cdot\frac{\Delta k}{l_0}=60\times\frac{0.003}{30}=0.006(\text{m})$$

温度改正

$$\Delta D_t=D(t-t_0)=60\times\frac{0.000\,375}{30}(t-20)=-0.012(\text{m})$$

高差改正

$$\Delta D_h=-\frac{h_{AB}^2}{2D}=-\frac{1.25^2}{2\times 60}=-0.013(\text{m})$$

因此，得到在地面上应丈量的倾斜距离为

$$\begin{aligned}D'&=D-\Delta D_k-\Delta D_t-\Delta D_h\\&=60-0.006+0.012+0.013=60.019(\text{m})\end{aligned}$$

测设时，在 AC 方向上从 A 点沿地面丈量 60.019 m，即可测设出 B 点，使 AB 的水平距

离正好是 60 m。

2) 全站仪法

在 A 点安置仪器，按施测时的温度、气压在仪器上设置改正值，瞄准 AC 方向，指挥装于标杆上的棱镜前后移动，当跟踪反光镜显示距离达到欲测设水平距离 D_{AB} 时，即可定出 B 点。

10.2.2 设计水平角度的测设

水平角测量是地面上有三个点位标明了两个方向，观测该两方向之间的水平角值；而水平角测设是从一个已知方向出发，测设出另一个方向，使该方向与已知方向的夹角等于设计水平角。当测设精度要求不高时，用正倒镜分中法；当精度要求较高时采用多测回修正法。

1) 正倒镜分中法

如图 10-2(a)所示，A 为已知点，AB 为已知方向，欲标定 AC 方向，使其与 AB 方向之间的水平夹角等于设计角度 β，则在 A 点安置经纬仪，盘左位置照准 B 点，读取水平度盘读数为 a_1，求得 $b_1=a_1+\beta$，转动照准部使水平度盘读数恰好为 b_1，在此视线上定出 C' 点；倒转望远镜，盘右位置再次瞄准 B 点，读数为 a_2，得 $b_2=a_2+\beta$，转动照准部使水平度盘读数为 b_2，在此视线上定出 C'' 点，取 C'、C'' 的中点 C，则 $\angle BAC$ 就是要测设的 β 角。

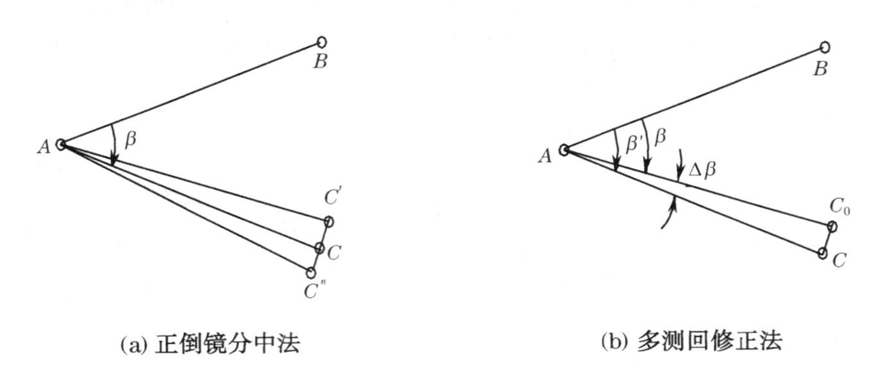

(a) 正倒镜分中法　　(b) 多测回修正法

图 10-2　设计角度的测设

2) 多测回修正法

在 A 点安置经纬仪，用正倒镜分中法测设出 AC 方向并定出 C 点；用多次测回法较精确地测出 $\angle BAC=\beta'$，则 $\Delta\beta=\beta-\beta'$，如图 10-2(b)所示，按下式计算 CC_0：

$$CC_0=AC\tan\Delta\beta=AC\cdot\frac{\Delta\beta}{\rho''} \tag{10-3}$$

过 C 点作 AC 的垂线，再从 C 点沿垂线方向量取 CC_0（$\Delta\beta>0$，外量；$\Delta\beta<0$，内量），则 $\angle BAC_0$ 为设计角值 β。

10.2.3 设计平面点位的测设

点位测设的方法包括直角坐标法、极坐标法、角度交会法和距离交会法等。具体采用何种方法，应在施工过程中根据平面控制点的分布、地形情况、施工控制网形、现场条件、仪器设备和待建建筑物测设精度要求等因素而定。

1）直角坐标法

直角坐标法是根据已知点与设计点的坐标增量测设设计点位置的方法。该方法适用于施工控制网为方格网或建筑基线形式，且量距比较方便的情形。如图 10-3 所示，A、B、C、D 为方格网控制点，a、b、c、d、e 为欲测设建筑的角点，根据设计图上各点坐标可确定测设数据。以点 a 为例，介绍直角坐标法的测设步骤。

首先沿 AB 边量取 $AE=y_a-y_A=\Delta y_{Aa}$；在 E 点安置仪器，后视格网点 B，向左测设 AB 的垂线方向 Ea，在该方向上量取 $Ea=x_a-x_A=\Delta x_{Aa}$，即可得到 a 点在地面上的位置。用同样方法测设其余四个角点的位置。最后检查建筑物各角是否等于 90°，各边的实测长度与设计长度之差是否在允许范围内。

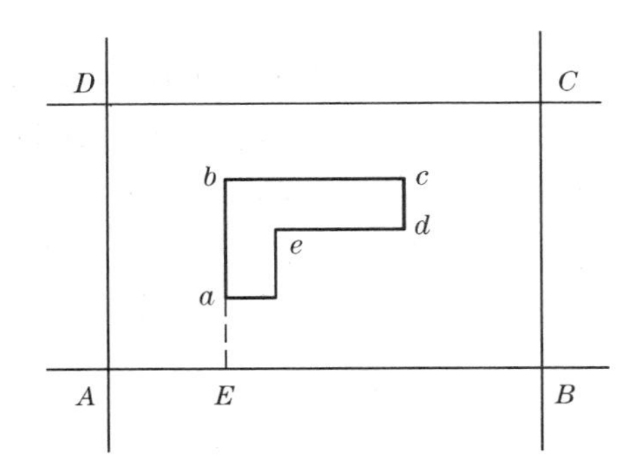

图 10-3　直角坐标法

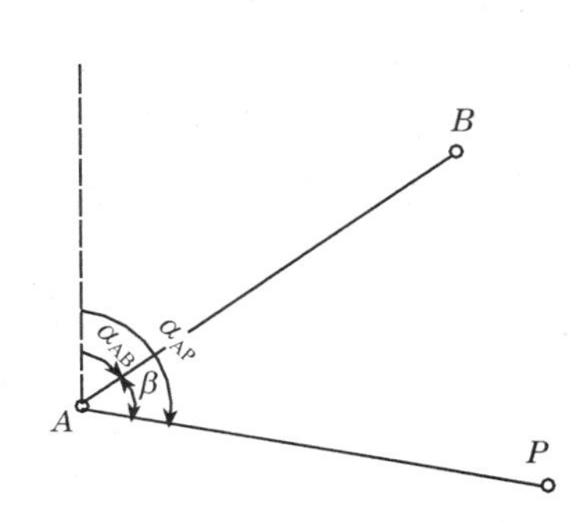

图 10-4　极坐标法

2）极坐标法

该法适用于测设距离较短且便于量距的情况。如图 10-4 所示，已知点 $A(x_A, y_A)$，$B(x_B, y_B)$，欲测设点 P，其设计坐标为(x_P, y_P)，首先按坐标反算公式计算测设数据。

$$\begin{cases} D_{AP}=\sqrt{(x_P-x_A)^2+(y_P-y_A)^2} \\ \beta=\alpha_{AP}-\alpha_{AB} \end{cases} \tag{10-4}$$

其中

$$\alpha_{AB}=\arctan\frac{y_B-y_A}{x_B-x_A} \qquad \alpha_{AP}=\arctan\frac{y_P-y_A}{x_P-x_A}$$

在 A 点安置经纬仪，测设水平角 β，得 AP 方向，然后在此方向上测设水平距离 D，即可确定 P 点位置。AP 方向也可直接根据方位角确定，即在 A 点瞄准 B 点时，将水平度盘读数设置成 α_{AB}的值，然后转动照准部，使水平度盘读数为 α_{AP}，此时的视准轴方向即为 AP 的方向。

若使用全站仪按极坐标法测设 P 点，将全站仪安置于 A 点，输入 A、B 及 P 点的坐标分别作为测站点、后视点和测设点坐标，系统将自动计算测设数据；瞄准后视点 B，进行度盘定向，转动照准部，屏幕将显示当前方位角、测设点方位角及两者之差，据此可测设出方向 AP；在此方向上指挥棱镜前后移动，直至屏幕显示距离值为 D 时，即可确定 P 点的位置，如图 10-5 所示。

3）角度交会法

角度交会法也叫方向交会法，适用于不便量距或测设点远离控制点的情况。如图 10-6 所示，为了保证测设点 P 的精度，需要用两个三角形进行交会。根据点 $A(x_A, y_A)$、$B(x_B, y_B)$、$C(x_C, y_C)$及点 P 的设计坐标(x_P, y_P)，分别计算测设数据 α_1、β_1 和 α_2、β_2；然后将经纬仪分别安置于 A、B、C 点测设水平角 α_1、β_1 和 α_2、β_2，并在 P 点附近沿 AP、BP、CP 方向线各打两个小木桩，桩顶中央拉一细线以表示该方向线，三条方向线的交点即为待测设点 P。

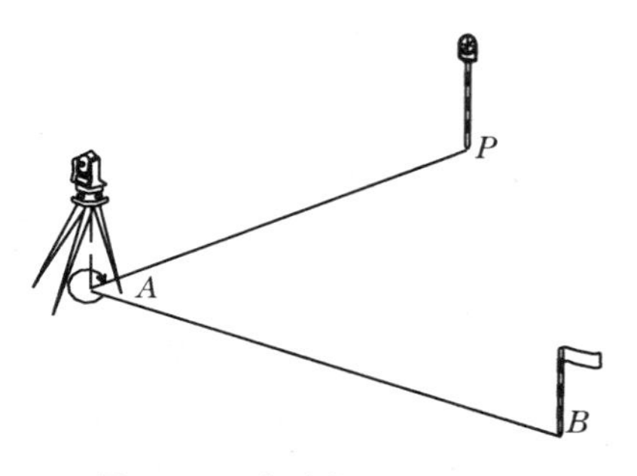

图 10-5　全站仪法测设点位

由于测设过程中的误差，三条方向线不会正好交于一点，而是形成一个很小的三角形，称为误差三角形。当误差三角形的边长在允许范围内时，可取误差三角形的重心作为 P 点的点位；若误差三角形有一条边长超过容许值，则应按照上述方法重新进行方向交会。

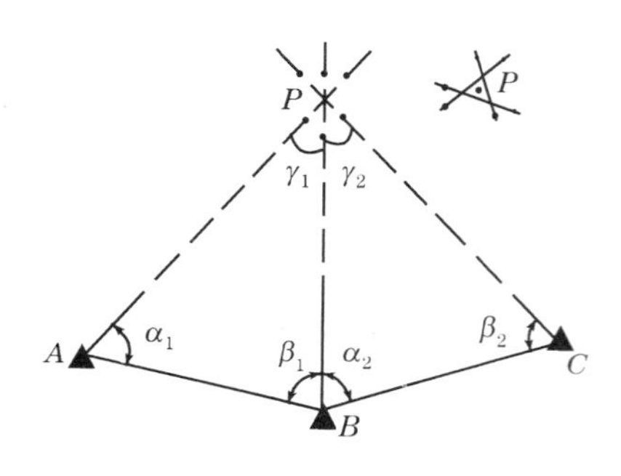

图 10-6　角度交会法

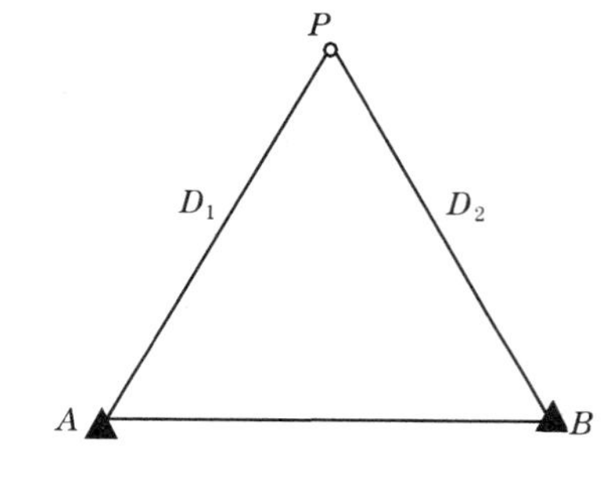

图 10-7　距离交会法

4）距离交会法

距离交会法也叫长度交会法，适用于场地平坦，便于钢尺量距且待测点到控制点距离不超过一尺段的情形，如图 10-7 所示，根据点 $A(x_A, y_A)$、$B(x_B, y_B)$及点 P 的设计坐标(x_P, y_P)用坐标反算公式分别计算测设数据 D_1、D_2，然后分别以点 A、B 为圆心测设半径为 D_1、D_2 的圆弧，其交点即为待测设的点位 P。

10.2.4　设计高程的测设

在平整场地、开挖基坑、路线坡度及桥台桥墩设计标高测定等建筑工程测量中，需要根据施工现场已有的水准点测设设计指定的高程。它与水准测量的区别在于，水准测量是测定两固定点之间的高差，而高程的测设是根据一个已知高程的水准点，测设另一点，使其高程值为设计值。常见的高程测设方法有几何水准法、高程传递法和全站仪法等。

1）几何水准法

将设计高程测设于地面上时，一般采用几何水准法。如图 10-8 所示，设水准点 A 的高程为 H_A，今要测设 B 桩，使其高程为 H_B。为此，在 A、B 两点间安置水准仪，在 A 点竖立水准尺，读取尺上读数 a，则视线高为

$$H_i = H_A + a \tag{10-5}$$

欲使 B 点的设计高程为 H_B，则竖立在 B 点处水准尺上读数应为

$$b=H_i-H_B \tag{10-6}$$

此时，可采用以下两种方法测设 B 点高程：①将 B 点水准尺紧靠 B 桩，上下移动尺子，当读数正好为 b 时，在 B 桩上沿水准尺底部作一标记，此处高程即为设计高程 H_B。②将 B 点处木桩逐渐打入土中，使立在桩顶的尺上读数增加到 b，此时 B 点桩顶的高程即为 H_B。

图 10-8　几何水准法测设高程

几何水准法常用于基础、楼面、广场、跑道等建筑工程的水平面测设中。如图 10-9 所示，欲测设一水平面，使其设计高程为 $H_{设}$。可先在地面上按一定的长度测设方格网，用木桩标定各方格网点；然后在场地与已知点 A 之间安置水准仪，读取 A 点水准尺上的读数 a，则仪器视线高程 $H_i=H_A+a$；依次在各木桩上立尺，用逐渐打入木桩法使各木桩顶的尺上读数 b 都等于 $H_i-H_{设}$，各桩顶就构成了测设的水平面。若用激光平面仪测设水平面将更为快捷方便。

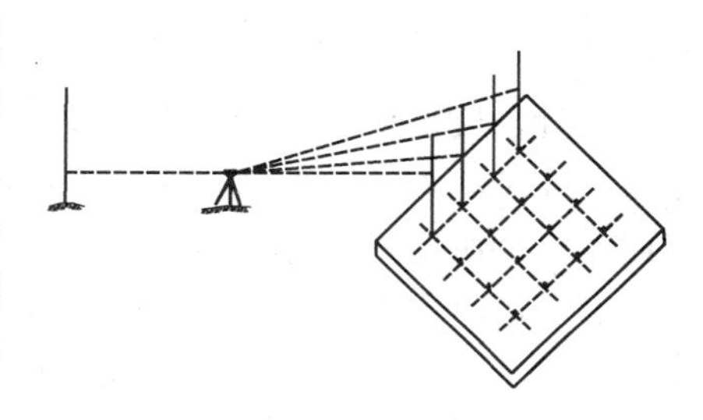

图 10-9　水平面测设

2) 高程传递法

当向较深的基坑和较高的建筑物上测设设计高程时，除用水准尺外，还需借助于悬吊钢尺采用高程传递的方法进行。如图 10-10(a)所示，欲在深基坑内测设一点 B，使其高程为设计高程 H_B。设地面附近有一水准点 A，其高程为 H_A，在基坑一边架设吊杆，杆上吊一根零点向下的钢尺，尺的下端挂上重 10 kg 的重锤，放入油桶中；在地面和坑底各安置一台水准仪，设地面的水准仪在 A 点所立尺上的读数为 a_1，在钢尺上读数为 b_1，坑底水准仪在钢尺上读数为 a_2，则 $H_B+b_2+(b_1-a_2)=H_A+a_1$，即 B 点水准尺上应有读数为 b_2，用逐渐打入木桩或在木桩上划线的方法，使立在 B 点的水准尺上读数为 b_2，此时，B 点桩顶的高程即为设计高程 H_B。

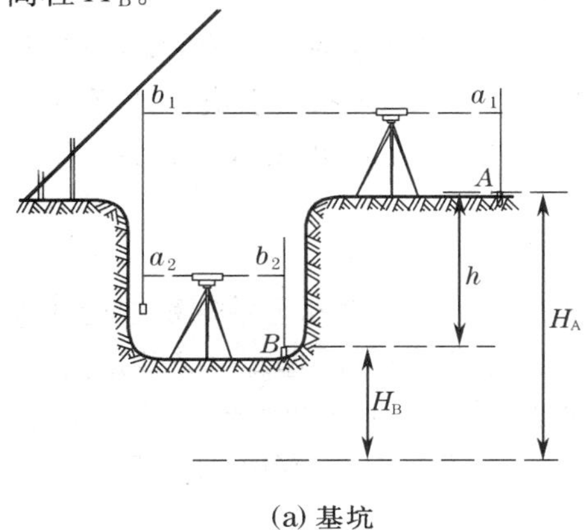

(a) 基坑

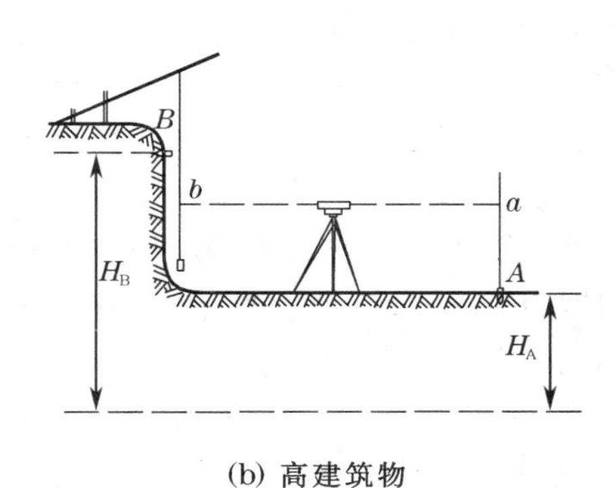

(b) 高建筑物

图 10-10　高程传递法测设高程

$$b_2 = H_A + a_1 - (b_1 - a_2) - H_B \tag{10-7}$$

当向高建筑物 B 处测设高程时，如图 10-10(b)所示，可于该处悬挂钢尺，钢尺零端在上，上下移动钢尺，使水准仪的前视读数 b 恰为

$$b = H_B - (H_A + a) \tag{10-8}$$

则钢尺零划线的高程即为设计高程 H_B。

3) 全站仪法

全站仪测设高程一般用于极坐标法测设设计点的三维坐标$(x,\ y,\ H)$。此时，在仪器中已知点和设计点的坐标时，同时输入已知点的高程和待测设点的设计高程，另外输入仪器高和目标高。全站仪照准目标后，能自动计算棱镜的升降高度，使待测设点的高程为设计高程。

10.2.5 设计坡度的测设

设计坡度的测设就是根据一点的高程，在给定方向上连续测设一系列坡度桩，使桩顶连线构成已知坡度。如图 10-11 所示，设 A 点高程为 H_A，A、B 间水平距离为 D_{AB}，试从 A 点沿 AB 方向测设设计坡度为 i 的直线。按照高程测设的方法测设 B 点，使其高程为

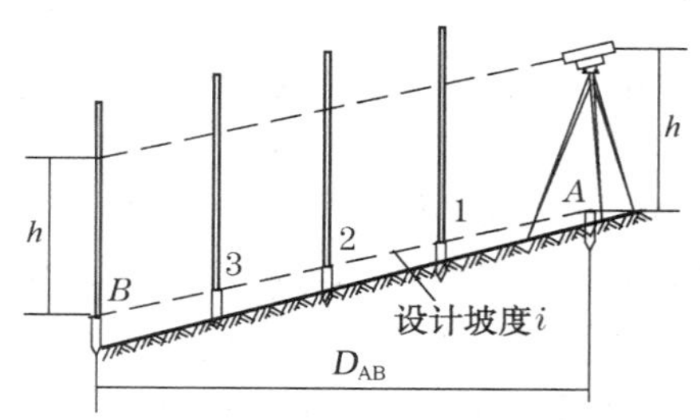

图 10-11 设计坡度的测设

$$H_B = H_A + i \cdot D_{AB} \tag{10-9}$$

则 AB 直线即为坡度为 i 的直线。在 A 点安置水准仪，使一个脚螺旋在 AB 方向线上，另两个脚螺旋连线与 AB 垂直，量取仪器高 h，瞄准 B 点水准尺，转动 AB 方向线上的脚螺旋或微倾螺旋，使 B 点水准尺上的读数为 h，则仪器的视线平行于设计坡度为 i 的直线 AB。在 AB 方向线上测设中间点 1，2，…，使各中间点水准尺上的读数均为 h，并以木桩标记，这样桩顶连线即为所求坡度线。

10.2.6 铅垂线的测设

铅垂线测设也称垂直投影，就是将点或线沿铅垂线方向向上或向下传递，这些以铅垂线为标准的点或线称为垂准线。铅垂线测设常应用于高层建筑、电视发射塔、立井和地下建筑等建筑工程测量中。建筑物的垂直高度越大，对铅垂线测设的精度要求也越高。铅垂线测设可用垂球线法、经纬仪法和垂准仪法等。

1) 垂球线法

垂球线法一般用于对低层建筑物墙体垂直度的检验，悬挂垂球至垂球稳定后的垂球线方向即为铅垂线，该法相对精度可达 1/1 000，即 1 m 高差约 1 mm 偏差。竖井定向时，用直径不大于 1 mm 的细钢丝，悬挂 10～50 kg 重的垂球，垂球浸于油桶以阻尼其摆动，其相对精度可达 1/20 000，但该法操作费力，易受井上下作业及井底回风等外界干扰影响。

2) 经纬仪法

该法是利用整平后的经纬仪上下转动时其视准轴可扫出铅垂面的原理进行铅垂线的测

设，适用于竖直高度不大且场地开阔的情形。图 10-12 为经纬仪法进行铅垂线测设的示意图，在相互垂直的两个方向上，分别安置经纬仪，瞄准上(或下)标志后固定照准部，上下转动望远镜，在视准轴方向就会得到两个铅垂面 H_1 和 H_2，两铅垂面的交线即为铅垂线。在视准轴方向上，用与角度交会法测设点位相同的方法可测定出下(或上)标志，上下标志即在同一铅垂线上。

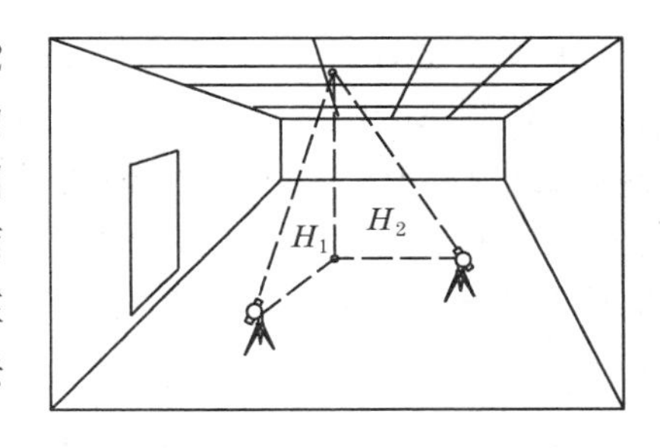

图 10-12 经纬仪法测设铅垂线

3) 垂准仪法

垂准仪是专门用于铅垂线测设的仪器，也叫天顶仪。它有两个相互垂直的水准管，用于置平仪器使视准轴铅垂，可以向上或向下作垂直投影，因此有上下两个目镜和两个物镜，垂准的相对精度因仪器型号而异，约为 1/30 000～1/200 000。垂准仪进行铅垂线测设的方法步骤将在 10.3.4 节高层建筑施工测量部分进行详细介绍。

10.3 建筑施工测量

10.3.1 概述

建筑工程施工阶段的测量工作可分为施工准备阶段的测量工作、施工过程中的测量工作和竣工测量。施工准备阶段的测量工作包括施工控制网的建立、场地布置、工程定位和基础放线等。施工过程中的测量工作是在工程施工中，随着工程的进展，在每道工序之前进行的细部测设，如基桩或基础模板的测设、工程砌筑中墙体皮数杆设置、楼层轴线测设、楼层间高程传递、结构安装测设、设备基础及预埋螺栓测设、建筑施工过程中的沉降观测等。为做好施工测量工作，测量人员要了解施工方案、掌握施工进度，同时对所测设的标志应反复校核，确认无误后方可交付施工，避免因测设错误而带来工程质量问题。

在施工现场，由于各种材料和施工器械的堆放、人员车辆往来以及机械化施工作业等原因，施工现场内的测量标志容易被破坏，因此在施工期间应采取切实有效的措施保护测量标志，以保证施工测量作业顺利完成。测量作业进行之前应对所用仪器工具进行检验和校正。测量作业方法和计算方法也应该力求简捷，并注意人身安全和保护好仪器设备。

施工测量之前应收集总平面图、建筑物的设计和说明、建(构)筑物的轴线平面图、建筑物基础平面图、设备基础图、建筑物结构图等图纸资料。

土木建筑工程的点位中误差 $m_{点}$ 由测量定位中误差和施工中误差 $m_{施}$ 组成，而测量定位中误差由施工场地控制点的起始中误差 $m_{控}$ 和放样中误差 $m_{放}$ 组成，按照误差传播定律，有

$$m_{点}^2=m_{控}^2+m_{放}^2+m_{施}^2 \tag{10-10}$$

在工程项目的施工质量验收规范中，规定了各种工程的位置、尺寸、标高的允许误差 $\Delta_{限}$，由于极限误差为中误差的 2 倍或 3 倍，所以 $m_{点}$ 取

$$m_{点}=\frac{1}{2}\Delta_{限} \tag{10-11}$$

可按上述两式推算施工测量的精度。由于不同工程的控制点等级不同,控制点密度、放样点离控制点的距离、放样点的类型、施工方法及要求也有差异,一般情况下 $m_{控}<m_{放}<m_{施}$,因此,应当根据工程的具体情况适当确定 $m_{控}$、$m_{放}$之间的比例关系;也可以根据工程测量规范中所规定的部分建(构)筑物施工放样的允许误差,按极限误差与中误差的关系直接确定放样中误差 $m_{放}$。《工程测量规范》对工业与民用建筑物施工放样的主要技术要求见表10-1。

表 10-1 建筑物施工放样的主要技术要求

建筑物结构特征	测距相对中误差	测角中误差(″)	在测站上测定高差中误差(mm)	根据起始水平面在施工水平面上测定高程中误差(mm)	竖向传递轴线点中误差(mm)
金属结构、装配式钢筋混凝土结构、建筑物高度100～120 m或跨度30～36 m	1/20 000	5	1	6	4
15层房屋、建筑物高度60～100 m或跨度18～30 m	1/10 000	10	2	5	3
5～15层房屋、建筑物高度15～60 m或跨度6～18 m	1/5 000	20	2.5	4	2.5
5层房屋、建筑物高度15 m或跨度6 m及以下	1/3 000	30	3	3	2
木结构、工业管线或公路铁路专用线	1/2 000	30	5	—	—
土工竖向整平	1/1 000	45	10	—	—

10.3.2 建筑施工控制测量

建筑施工控制测量的主要任务就是建立施工控制网。勘测设计阶段建立的控制网,可以作为施工放样的基准,但在勘测设计阶段,各种建筑物的设计位置尚未确定,所以它无法满足施工测量的要求;在场地布置和平整中,大量土方的填挖也会损坏一些控制点;有些原先互相通视的控制点被新修建的建筑物阻挡而不能适应施工测量的需要。因此,在施工进行前,需要在原有控制网的基础上,建立施工控制网,作为工程施工和建筑物细部放样的依据。

施工控制网分为平面控制网和高程控制网,也可按控制范围分为场区控制网和建筑物控制网。控制网点应根据施工总平面图和施工总布置图设计。

施工控制网为了施工放样的方便,其坐标轴方向一般与建筑物主轴线方向平行,坐标原点一般选在场地西南角、中央或建筑物轴线的交点处,这种坐标系统称为建筑坐标系(亦称施工坐标系)。这种坐标系往往与测量坐标系不一致,因此在建立施工控制网时需要进行两种坐标系之间的换算。图 10-13

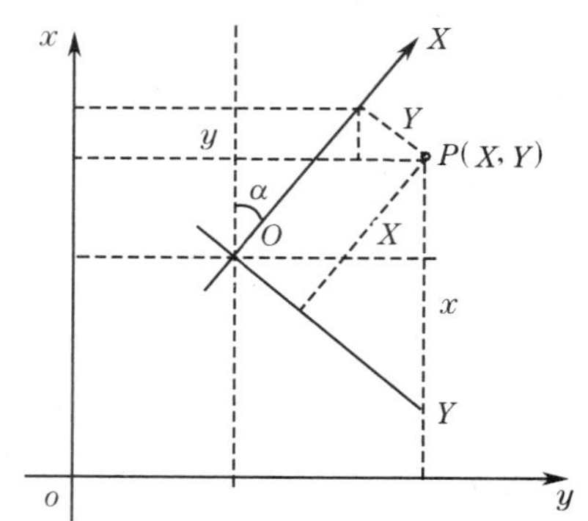

图 10-13 建筑坐标和测量坐标的换算

中 xoy 为测量坐标系，XOY 为建筑坐标系，建筑坐标系原点 O 在测量坐标系中的坐标为 $(x_O,\ y_O)$，X 轴在测量坐标系中的方位角为 α。设已知点 P 的建筑坐标为 $(X,\ Y)$，则可按公式(10-12)将其换算为测量坐标 $(x,\ y)$：

$$\begin{cases} x=x_O+X\cos\alpha-Y\sin\alpha \\ y=y_O+X\sin\alpha+Y\cos\alpha \end{cases} \tag{10-12}$$

如已知 P 点的测量坐标 $(x,\ y)$，则可按下式将其换算为建筑坐标 $(X,\ Y)$：

$$\begin{cases} X=(x-x_O)\cos\alpha+(y-y_O)\sin\alpha \\ Y=-(x-x_O)\sin\alpha+(y-y_O)\cos\alpha \end{cases} \tag{10-13}$$

1) 平面施工控制网

工程建设项目不同，施工控制网的形状也不相同。对于工业厂房、民用建筑、道路和管线等工程，一般都是沿相互平行或垂直的方向布置成正方形或矩形的控制网，这种形式的施工控制网称为建筑方格网；对于面积不大又不十分复杂的建筑场地，常平行于主要建筑物的轴线布置一条或数条基线，作为施工测量的平面控制网，称为建筑基线；对于布设以上网形有困难的工程，也可将施工控制网布置成导线网、三角网或边角网，这种情形常应用于改扩建工程的施工控制测量。

(1) 建筑基线

建筑基线一般应临近建筑场地中主要建筑物布置，并与其主要轴线平行，以便用直角坐标法进行建筑细部放样。建筑基线通常可布置成三点直线形、三点直角形、四点丁字形和五点十字形等形式，如图 10-14 所示。但具体布置建筑基线时，应视建筑物的分布、场地的地形和原有测量控制点的情况而定。

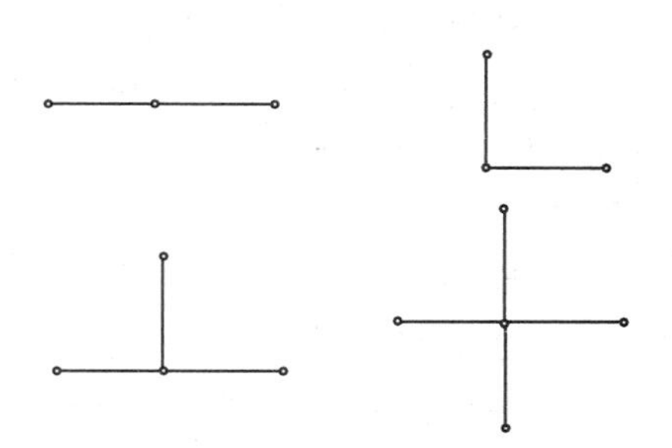

图 10-14　建筑基线布置形式

建筑基线点一般不应少于三个。在城市建设区，建筑用地边界要经规划部门在现场标定边界点，其连线通常为正交的直线，称为建筑红线，如图 10-15(a)中直线 AB 和 BC。利用建筑红线按平行线推移法可以标定建筑基线 ab 和 bc。

如果施工现场没有红线，需要根据附近已有的控制点和建筑基线的设计坐标标定建筑

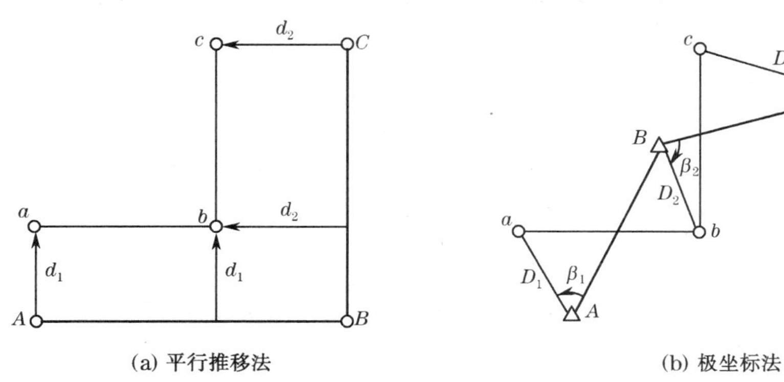

图 10-15　建筑基线点的测设

基线。图 10-15(b)中，A、B、C 为测量控制点，a、b、c 为建筑基线点，按极坐标法进行点位放样的方法计算出测设要素 β_1、β_2、β_3 和 D_1、D_2、D_3，然后分别在 A、B、C 三点安置经纬仪将建筑基线点 a、b、c 在实地标定出来。

当 a、b、c 三点在地面用木桩标定后，安置经纬仪于 b 点观测 $\angle abc$，若 $\angle abc$ 与 90°之差超过 ±20″，则应进行建筑基线控制点的点位调整，调整方法将会在后面介绍。

(2) 建筑方格网

① 建筑方格网的布置

建筑方格网常由正方形或矩形组成。建筑方格网应根据建筑设计总平面图上各建(构)筑物、道路及各种管线的布设情况，结合现场的地形情况进行布置。如图 10-16 所示，应先选定建筑方格网的主轴线 MN 和 CD，然后再布置方格网。当场区面积较大时，常分两极：首先可采用“十”字形、“口”字形或“田”字形，然后加密方格网。当场区面积不大时，可布置成全面方格网。方格网布置时，应注意以下几点：

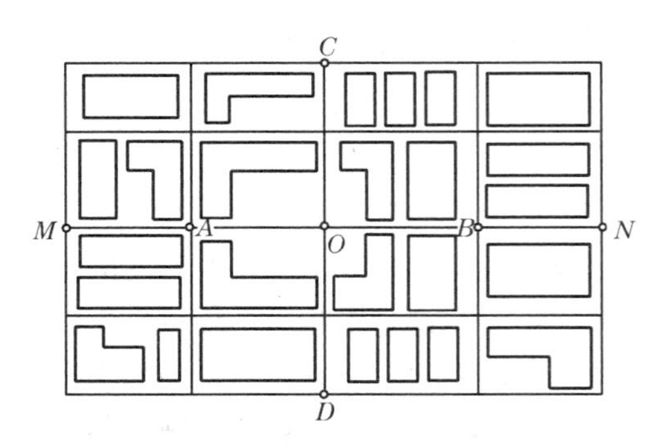

图 10-16 建筑方格网的布置

a. 格网的主轴线应布设在整个场区的中部，并与主要建筑物的基本轴线平行；

b. 格网的折角应严格成 90°；

c. 格网的边长一般为 100～200 m，矩形方格网的边长视建筑物的大小和分布而定，为方便使用，尽可能为 50 m 或其倍数，边长的相对精度一般为 1/10 000～1/20 000，视工程要求而定；

d. 格网的边应保证通视且便于测距和测角，点位标石应能长期保存。

② 建筑方格网主轴线的测设

主轴线应根据附近的测量控制点进行测设。在测设之前应首先将主轴线点的坐标按公式(10-12)换算为测量坐标；然后依据附近的测量控制点，采用适当的点位测设方法，测设出主轴线点 A、O、B 的概略位置，以 A'、O'、B' 表示，为便于调整点位，在测量的概略位置埋设混凝土桩，并在桩的顶部设置一块 10 cm×10 cm 的铁板。由于测量误差的存在，测设的三个轴线点不会正好在一条直线上，如图 10-17 所示。为了将所测设的三个主轴线点调整在一条直线上，应在 O' 点安置经纬仪，精确测量 $\angle A'O'B'$ 的角值，如果与 180°之差超过允许误差，应对主轴线点进行调整。

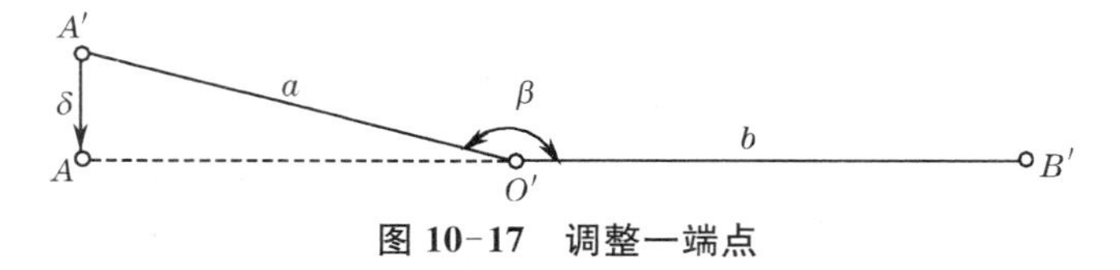

图 10-17 调整一端点

a. 调整一端点

如图 10-17 所示，将 A' 点按图所示的方向移动一个微小的值 δ 至 A 点，使三点成一直线，调整值 δ 可按下式计算：

$$\delta=\frac{180°-\beta}{\rho''}\cdot a \tag{10-14}$$

b. 调整中点

如图 10-18 所示，将 O' 点按图所示方向移动 δ 值，使三点为一直线。调整值 δ 为

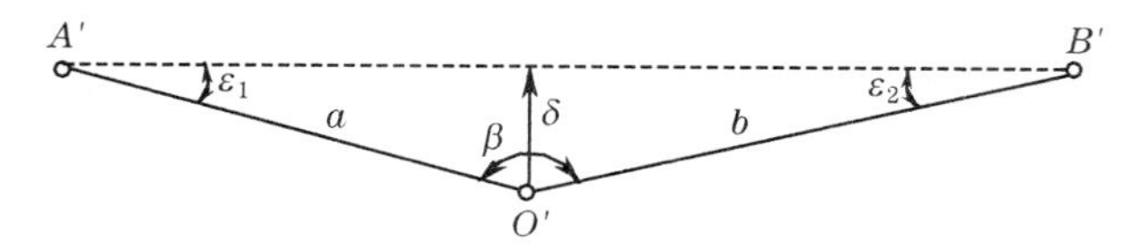

图 10-18　调整中点

$$\delta=\frac{ab}{a+b}\cdot\frac{180^{\circ}-\beta}{\rho''} \tag{10-15}$$

下面介绍公式(10-15)的推导过程，在 $\triangle A'O'B'$ 中，

$$\varepsilon_1+\varepsilon_2=\frac{180^{\circ}-\beta}{\rho''} \tag{10-16}$$

由于 a、b 远大于 δ，可近似认为

$$\varepsilon_1=\frac{\delta}{a},\quad \varepsilon_2=\frac{\delta}{b} \tag{10-17}$$

将式(10-17)代入式(10-16)，即可得到公式(10-15)。

c. 调整三点

如图 10-19 所示，调整 A'、O'、B' 三点，调整值均为 δ，但 O' 点与 A'、B' 点移动的方向相反，δ 的表示式为

$$\delta=\frac{ab}{2(a+b)}\cdot\frac{180^{\circ}-\beta}{\rho''} \tag{10-18}$$

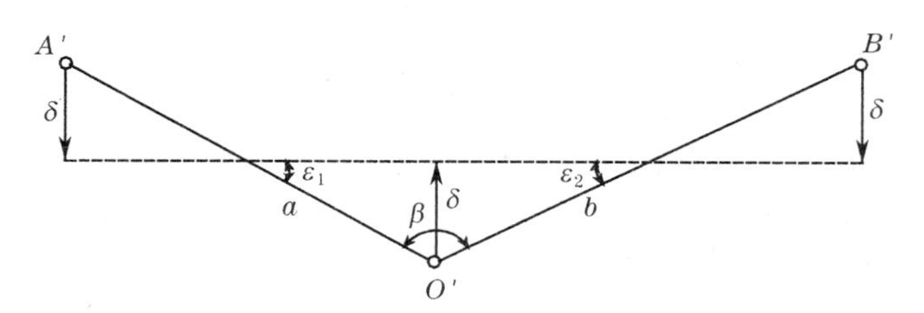

图 10-19　调整三点

由图 10-19 可见：

$$\varepsilon_1=\frac{2\delta}{a},\ \varepsilon_2=\frac{2\delta}{b} \tag{10-19}$$

与(10-15)的推导过程类似，将上式代入公式 $\varepsilon_1+\varepsilon_2=\frac{180^{\circ}-\beta}{\rho''}$ 中，可以得到公式(10-18)的结果。

按 δ 值移动 A'、O'、B' 三点以后，再测量 $\angle A'O'B'$，如观测角与 180° 之差仍不符合限差要求，继续进行调整，直到误差在允许范围以内为止。

主轴线上的三个主点 A、O、B 标定好后，将经纬仪安置于 O 点，测设与 AOB 垂直的另一主轴线(图 10-20)。望远镜后视 A 点，分别向左、向右测设 90°，在地面上定出 C'、D' 两点，精确观测 $\angle AOC'$ 和 $\angle AOD'$，分别计算它们与 90° 之差 δ_1、δ_2，按下式确定调整值 λ_1、λ_2：

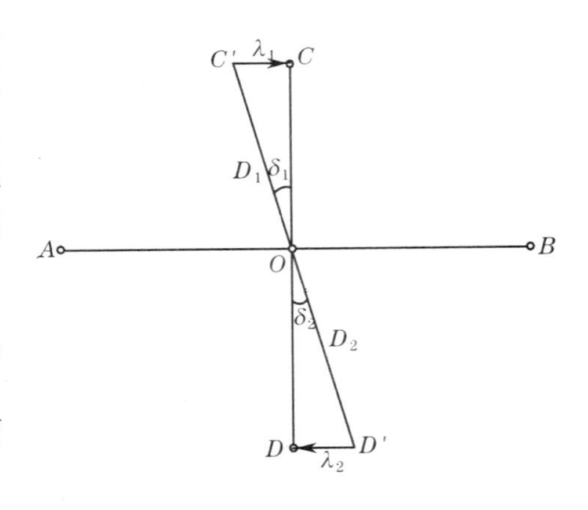

图 10-20　垂向主点的测设

$$\lambda_1 = D_1 \frac{\delta_1}{\rho''},\ \lambda_2 = D_2 \frac{\delta_2}{\rho''} \qquad (10\text{-}20)$$

式中：D_1、D_2——分别表示 O 与 C'、O 与 D' 两点之间的距离。

将 C' 和 D' 点分别沿与 CD 相垂直的方向归化调整 λ_1、λ_2 值，定出 C 点和 D 点。最后还必须精确观测改正后的 $\angle COD$，其角值与 180° 的差不应超过限差规定。

上述过程标定了两条主轴线的方向，为了在实地确定各主点的点位，还得根据建筑方格网的设计边长沿主轴线方向丈量距离。量距时，用经纬仪法沿 OA、OB、OC、OD 各方向进行定线，用检定过的钢卷尺往返丈量主轴线的距离，同时考虑尺长、温度和高差三项改正，往返丈量的相对精度一般为 1/10 000～1/20 000，最后在各主点桩顶的铁板上刻划出主点 A、O、B、C、D 各点的点位。

③ 建筑方格网的详细测设

主轴线测设之后，可以按以下方法测设方格网。如图 10-21 所示，在主轴线的主点 A、B、C、D 分别安置经纬仪，每次都以 O 点为基准方向，分别向左、向右测设 90°，以方向交会法定出方格网的四个角点 E、F、G、H。测设的建筑方格网必须以距离进行检核。为此，以钢卷尺按照与测设主轴线相同的精度要求量出 AE、AH、CE、CF、BF、BG、DG 和 DH 各段距离。若量距所得角点位置与方向交会法所确定的位置不一致时，可做适当调整。定出 E、F、G、H 各点的最后位置后，以混凝土桩标定。这样就构成了“田”字形方格的基本点。再以这些基本点为基础，沿各方向用钢卷尺测设各方格设计边长或以方向交会法定出方格网中所有各点，并用大木桩或混凝土桩标定，称之为距离指标桩。

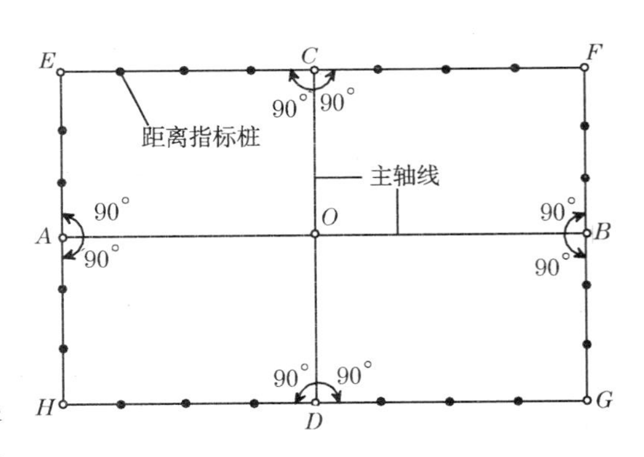

图 10-21　建筑方格网的详细测设示意图

2) 高程施工控制网

为了进行场区各建筑物的高程放样，必须在场区的建筑场地布设水准点。水准点的密度以能满足安置一次仪器即可测设所需要的高程点为佳。测绘建筑场地地形图时所布设的水准点密度对施工阶段而言，一般是不够的。因此，应首先对原先布设的水准点进行现场检查，确认点位没有任何变动时，以这些点为高等级点，采用闭合或附合水准路线方法进行水准点的加密。一般情况下，建筑方格网点可以兼作高程控制点，但应在已布设的建筑方格网点桩面中心标志旁设置一个突出的半球状标志。

高程施工控制网的精度要求视不同情况而定，宜采用四等水准测量等级。对于连续生产的车间或管道线路，应提高精度等级，采用三等水准测量方法测定各水准点的高程。

为了内部构件的细部放样方便并减少误差，在布设高程施工控制网的同时，应以相同的精度在各厂房内部或附近专门设置±0.000 水准点，作为厂房内部底层的地坪高程。不过需要特别注意的是，设计中各建(构)筑物的±0.000 水准点高程不完全相同，应严格区分。

10.3.3 建筑施工测量

建筑施工测量指在施工控制网的基础上，对工业与民用建筑施工过程中每个环节进行的细部测设工作，包括建筑物的定位、轴线控制桩的测设、基础施工测量、主体施工测量以及厂房构件的安装测量工作。下面分别介绍民用建筑施工测量和工业厂房施工测量。

1) 民用建筑施工测量

民用建筑指的是住宅、办公楼、商场、宾馆、医院和学校等建筑物。施工测量的任务是按照设计的要求，把建筑物的位置测设到地面上，并配合施工以保证工程质量。

(1) 测设前的准备工作

设计图纸是施工测量的依据，在测设前，应熟悉建筑物的设计图纸，了解施工的建筑物与相邻地物的相互关系，以及建筑物的尺寸和施工的要求等。测设时必须具备下列图纸资料：

① 总平面图是施工测量的总体依据，总平面图上的尺寸关系是进行建筑物定位的数据来源，如图 10-22 所示。

② 建筑平面图给出建筑物各定位轴线间的尺寸关系及室内地坪标高等，是进行轴线测设和高程放样的依据，如图 10-23 所示。

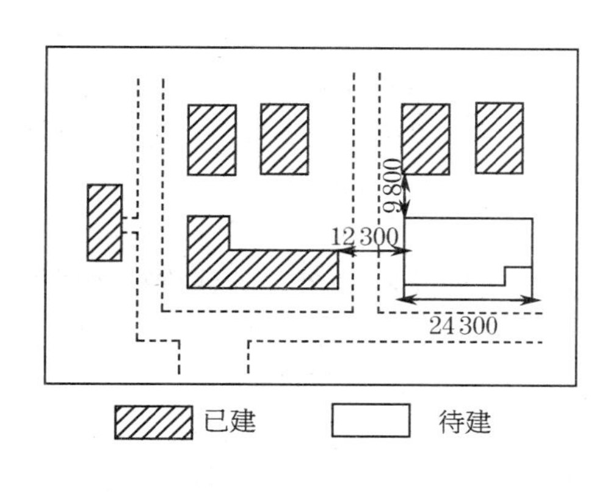

图 10-22　总平面图

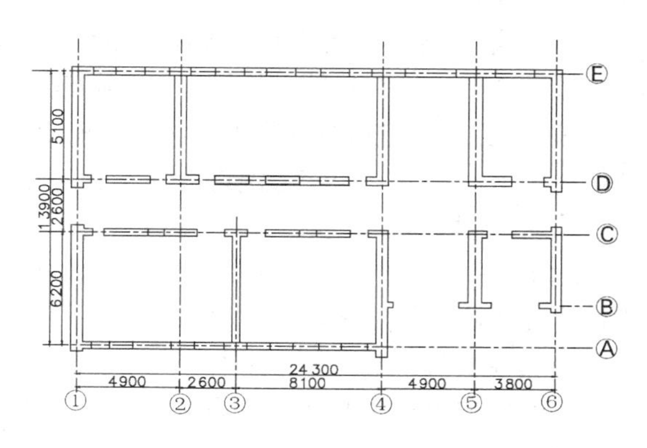

图 10-23　建筑平面图

③ 基础平面图给出基础轴线间的尺寸关系和编号。

④ 基础大样图给出基础设计宽度、形式及基础边线与轴线的尺寸关系，如图 10-24 所示。

⑤ 立面图和剖面图给出基础、地坪、门窗、楼板、屋架和屋面等设计高程，是高程测设的主要依据。

为了解现场的地物、地貌和原有测量控制点的分布情况，必须进行现场踏勘并调查与施工测量有关的问题。此外，施工测量之前还要进行施工现场的平整和清理，拟定测设计划和绘制测设草图，对各设计图纸的有关尺寸及测设数据仔细核对，以免出现差错。

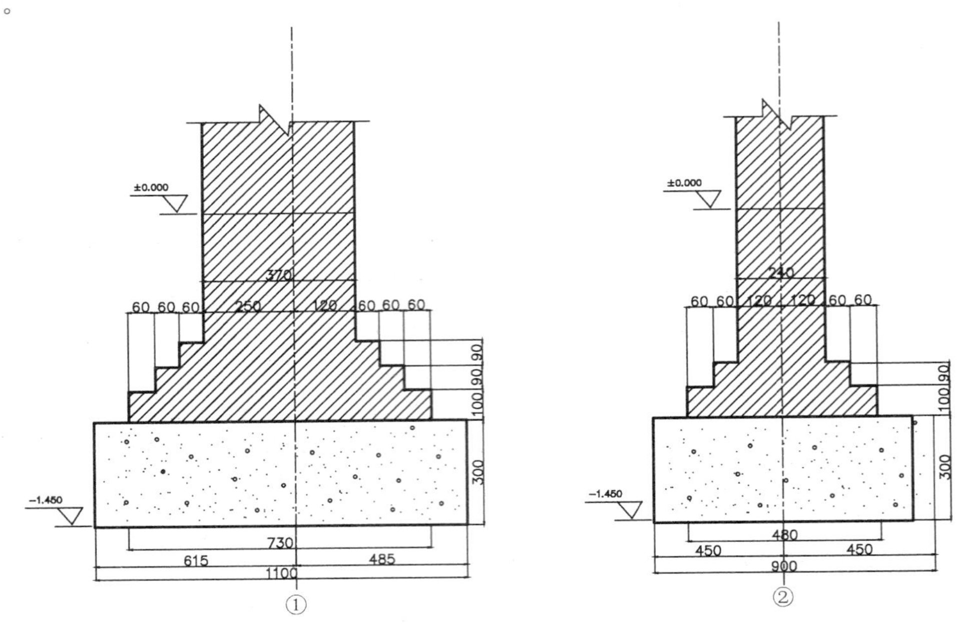

图 10-24 基础剖面图

(2) 建筑物定位

建筑物的定位，就是把建筑物外廓各轴线交点在地面上标定出来，然后再根据这些点进行细部放样。根据施工现场情况及设计条件，可采用以下方法进行建筑物定位：

① 根据建筑方格网或测量控制点定位

如场区内布设有建筑方格网，可根据方格网点的坐标和建筑物角点的设计坐标用直角坐标法定位；当待建建筑物附近有测量控制点时，可利用控制点的坐标和建筑物角点的设计坐标用极坐标法或方向交会法进行建筑物定位。

② 根据建筑红线定位

对于统一规划的待建房屋，若房屋外廓轴线与建筑红线平行时，可按平行线推移法根据建筑物红线确定待建房屋外廓轴线交点，具体施测过程见 10.3.2 中的平面施工控制网；若房屋外廓轴线与建筑红线不平行或不垂直时，则考虑用其他方法进行定位。

③根据与现有建筑物的关系定位

在建筑区增建或改建房屋时，应根据与原有建筑物的空间关系，进行建筑物的定位。在图 10-25 中，绘有斜线的表示原有建筑物，没有斜线的是设计建筑物。图(a)为延长直线法定位，即先作 AB 边的平行线 $A'B'$，在 B' 点安置经纬仪作 $A'B'$ 的延长线 $E'F'$；然后分别在 E' 和 F' 点安置经纬仪，测设 90°，定出 EG 和 FH。图(b)为平行线定位法，即在 AB 边平行线上的 A' 和 B' 点安置经纬仪分别测设 90°而定出 GE 和 HF。图(c)为直角坐标定位法，首先在 AB 边平行线上的 B' 点安置仪器作 $A'B'$ 的延长线，定出 O 点，然后在 O 点安置仪器测设 90°，定出 G、H 点，最后在该两点上测设 90°定出 E 和 F 点。

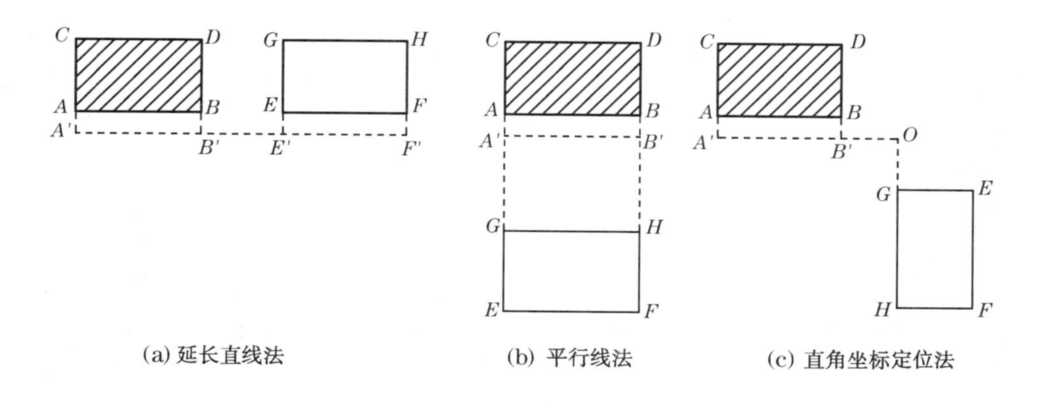

(a) 延长直线法　　(b) 平行线法　　(c) 直角坐标定位法

图 10-25　根据现有建筑物进行建筑物定位

(3) 龙门板和轴线控制桩的设置

建筑物定位以后，应该进行建筑物细部轴线的测设。建筑物细部轴线测设就是根据定位所测设的角桩（即外墙轴线交点），详细测设建筑物各轴线的交点位置，并在桩顶钉一小钉，作为中心桩；然后根据中心桩，用白灰画出基槽边界线。由于施工时中心桩会被挖掉，因此，应将轴线延长到安全地点，并作好标志，以便施工时能恢复各轴线的位置。延长轴线的方法一般有龙门板法和轴线控制桩法两种。

① 龙门板法

龙门板法适用于一般小型的民用建筑物，为了方便施工，在建筑物四角与隔墙两端基槽开挖边线以外约 1.5～2 m 处钉立的木桩叫龙门桩，钉在龙门桩上的木板叫龙门板。龙门桩要钉得竖直、牢固，桩的外侧面与基槽平行，如图 10-26 所示。

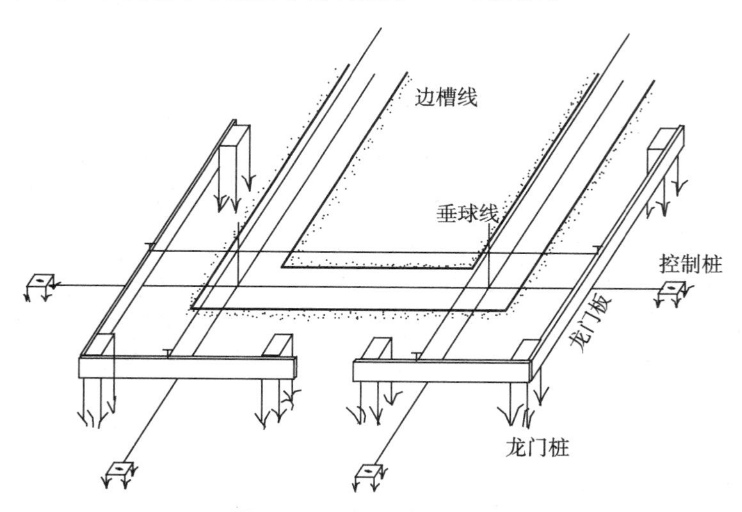

图 10-26　龙门桩和龙门板

建筑物室内(或室外)地坪的设计高程称为地坪标高(也叫±0.000 标高)，以此作为建筑设计和施工测量的高程起算面。建筑物细部轴线测设时，根据建筑场地的水准点，用水准仪在每个龙门桩上测设建筑物± 0.000 标高线；若现场条件不允许，也可以测设一个高于或低于± 0.000 标高一定数值的标高线。但一个建筑物只能选择一个这样的标高。根据各龙门桩上的±0.000 标高线把龙门板钉在龙门桩上，使龙门板的顶面在一个水平面上，且与±0.000 标高线一致。龙门板钉好后，用经纬仪将各轴线引测到龙门板顶面上，并以小钉标记(称为轴线钉)，同时将轴线号标在龙门板上。施工时可将细线系在轴线钉上，以控制建筑物位置和地坪标高。

② 轴线控制桩法

龙门板法使用方便，但占地大，影响交通，因而在机械化施工时，一般只设置轴线控制桩。为方便引测、易于保存桩位，轴线控制桩设置在基槽外不受施工干扰的基础轴线延长线上，桩顶面钉小钉标明轴线的准确位置，作为开槽后各施工阶段确定轴线位置的依据，如图10-27 所示。轴线控制桩离基础外边线的距离根据施工场地的条件而定。如果附近有已建的建筑物，也可将轴线投设在建筑物的墙上。为了保证控制桩的精度，施工中往往将控制桩与定位桩一起测设；也可以先测设控制桩，再测设定位桩。

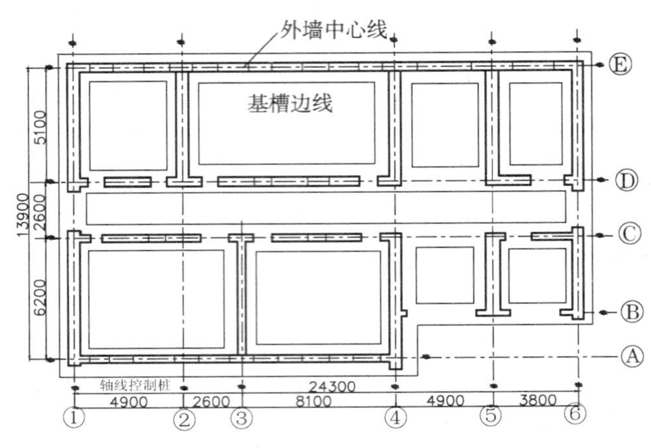

图 10-27　轴线控制桩的设置

(4) 基础施工测量

建筑物±0.000 标高以下部分称为建筑物的基础。基础以下用以承受整个建筑物荷载的土层为地基，地基不属于建筑物的组成部分。有些地基必须进行处理，如打桩处理时应根据桩的设计位置布置桩位，定位误差应小于±5 cm。基础施工测量包括基槽开挖边线确定、基槽标高测设、垫层施工测设和基础测设等环节。

① 基槽开挖边线确定

基础开挖前，根据轴线控制桩或龙门板的轴线位置和基础宽度，并顾及到基础开挖深度及应放坡的尺寸，在地面上标出记号，然后在记号之间拉一细线并沿细线撒上白灰放出基槽边线(也叫基础开挖线)，挖土就在此范围内进行。

② 基槽标高测设

开挖基槽时，不得超挖基底，要随时注意挖土的深度，当基槽挖到离槽底 0.3～0.5 m 时，用水准仪在槽壁上每隔 2～3 m 和拐角处钉一个水平桩，用以控制挖槽深度及作为清理槽底和铺设垫层的依据。水平桩的标高测设允许误差为±10 mm。

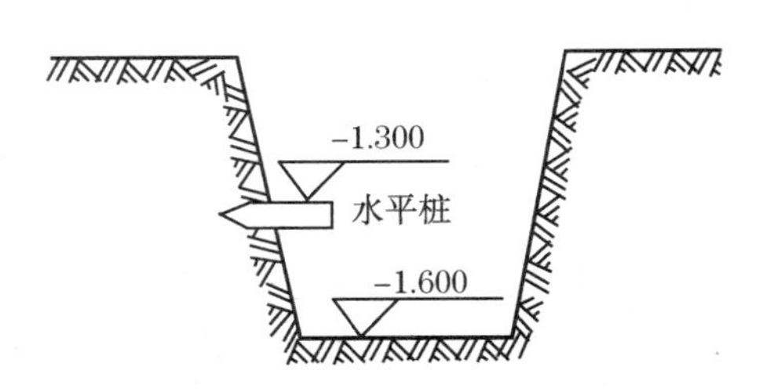

图 10-28　基槽水平桩的测设

图 10-28 中，建筑物基槽底标高为－1.600 m，在基槽两壁标高为－1.300 m 处钉水平桩，并沿水平

桩在槽壁上弹墨线，作为挖槽和铺设基础垫层的依据。

③ 垫层施工测设

基槽挖土完成并清理后，在槽底铺设垫层。可根据龙门板或控制桩投设垫层边线，具体投设方法为，在轴线两端控制桩的铁钉处系上细线，重锤挂在细线上并垂到槽底，以铁钉标记，按照垫层的设计宽度用平行线推移法定出垫层边线。

垫层标高以槽壁墨线或槽底小木桩控制。如垫层需要支模板，可直接在模板上弹出标高控制线。

④ 基础测设

垫层做完后，根据龙门板或控制桩所示的轴线位置及基础设计宽度在垫层上弹出中心线和边线。鉴于此基准将控制整个建筑的位置和高程，因此应严格按照设计尺寸校核。

2）工业厂房施工测量

工业厂房指各类生产用房及其附属建筑，可分为单层和多层厂房，其中金属结构及装配式钢筋混凝土结构的单层厂房最为常见。工业厂房的施工测量工作主要包括厂房柱列轴线测设、柱基施工测量、厂房构件安装测量。

（1）厂房柱列轴线测设

对于跨度较小、结构安装简单的厂房，可按民用建筑施工测量的方法进行厂房定位与轴线测设；而对那些跨度大、结构及设备安装复杂的大型厂房，其柱列轴线一般根据厂房矩形控制网进行测设。为此，应先进行厂房控制网角点和主轴线坐标的设计，根据建筑场地的控制网测设这些点位并进行检核，符合精度要求后，即可根据柱间距和跨间距用钢尺沿矩形网各边量出各轴线控制桩的位置，并打入大木桩，钉上小钉，作为测设基坑和施工安装的依据。

图 10-29 为一栋两跨、十一列柱子的厂房，厂房控制网以 M、N 和 P、Q 为主轴线点，M'、N' 和 P'、Q' 点为相应的辅点以检查和保存主轴线点。分别在各主轴线点上安置经纬仪，测设 90°，以方向交会法确定厂房角桩 A、B、C、D 点，然后按照各柱列设计宽度以钢尺量距标定出各柱列轴线控制桩的位置。

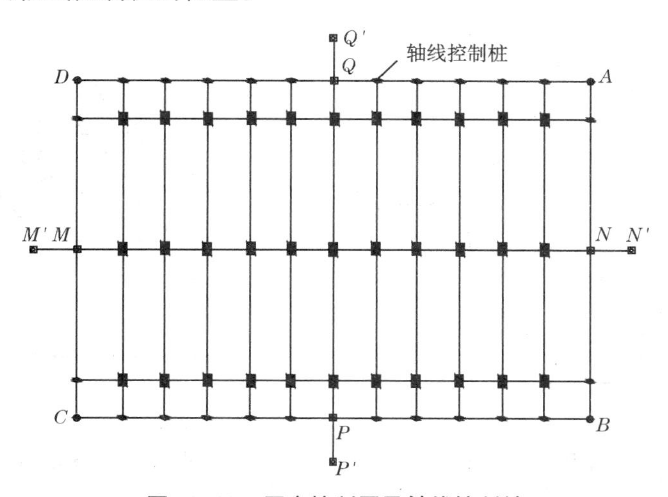

图 10-29　厂房控制网及轴线控制桩

（2）柱基施工测量

柱基施工测量应依次进行基坑放样、基坑的高程测设以及基础模板的定位。

① 基坑放样

基坑开挖之前应根据基础平面图和基础大样图的有关尺寸，把基坑开挖的边线测设于地面上。由于厂房的柱基类型不一、尺寸各异，在进行柱基测设时，应注意定位轴线不一定都是基础中心线，放样时应特别注意。

柱基放样时，经纬仪分别安置在相应的轴线控制桩上，依柱列轴线方向在地上测设小的定位桩，桩顶钉上小钉，交会出各桩基的位置，然后按照基础大样图的尺寸，根据定位轴线放样出基础开挖线，撒上白灰，标明开挖范围，如图 10-30 所示。

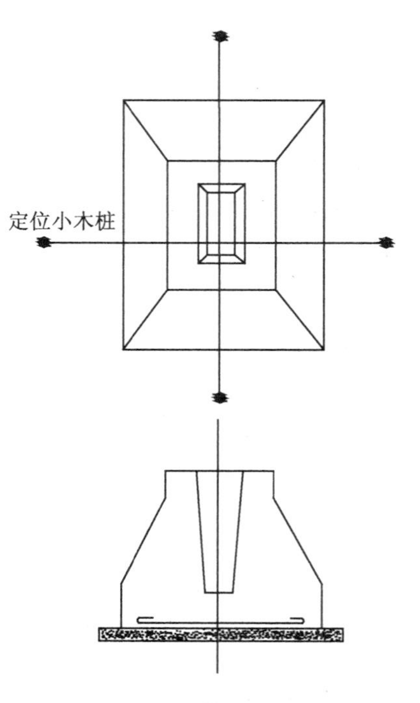

图 10-30　基坑放样

② 基坑的高程测设

如图 10-31 所示，当基坑挖到离坑底设计高程 0.3～0.5 m 处时，应在坑壁四周设置水平桩，作为基坑修坡、清底和铺设垫层的高程依据。此外在坑底设置小木桩，使桩顶面恰好等于垫层的设计高程，作为垫层高程测设的依据。

③ 基础模板的定位

铺设好垫层之后，根据坑边定位小木桩，用拉线的方法，吊垂球把柱基定位线投到垫层。用墨斗弹出墨线，用红漆画出标记，作为柱基立模板和布置基础钢筋网的依据。立模时，将模板底线对准垫层上的定位线，并用垂球检查模板是否竖直。最后在模板内壁用水准仪测设出柱基顶面设计高程，标以记号，作为柱基混凝土浇注的依据。

拆模后，根据柱列轴线控制桩将柱列轴线投测到基础顶面，并用红油漆画上"▲"标记。同时在杯口内壁测设标高线，向下量取一整分米数即到杯底设计标高，供底部整修之用，如图 10-32 所示。

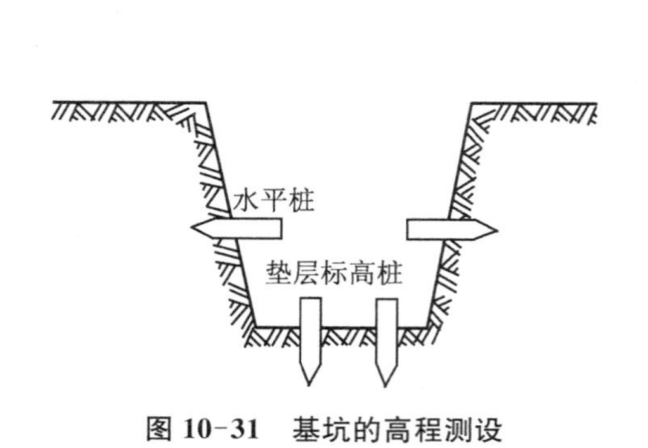

图 10-31　基坑的高程测设

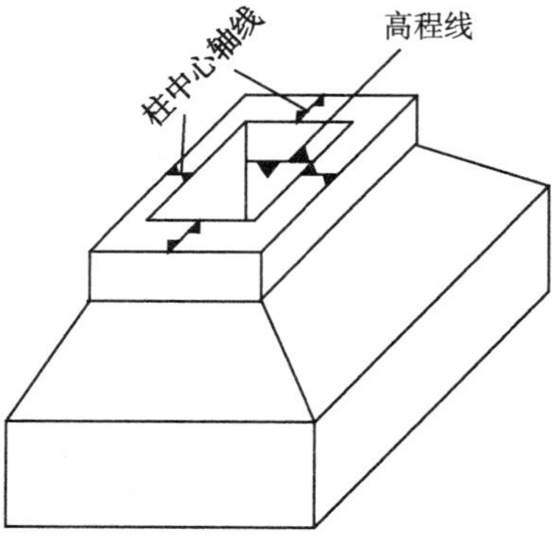

柱中心轴线
高程线

图 10-32　基础模板的定位

(3) 厂房构件安装测量

装配式单层工业厂房主要由柱、吊车梁、吊车轨道、屋架等主要构件组成。每个构件的安装包括绑扎、起吊、就位、临时固定、校正和最后固定几个环节。厂房构件安装测量工作开始前，必须熟悉设计图，掌握限差要求，并制定作业方法。柱子、桁架或梁的安装测量允许偏差应符合表10-2的规定；构件预装测量及附属构筑物安装测量的允许偏差应分别符合表10-3和表10-4的规定。下面着重介绍柱子、吊车梁及吊车轨道等安装操作要求比较高的构件在安装时的校正工作。

表 10-2　柱子、桁架或梁安装测量的允许偏差

测量内容	测量允许偏差(mm)	测量内容	测量允许偏差(mm)
钢柱垫板标高	±2	桁架和实腹梁、桁架和钢架的支承结点间相邻高差的偏差	±5
钢柱±0.000标高检查	±2		
混凝土柱(预制)±0.000标高	±3	梁间距	±3
混凝土柱、钢柱垂直度	±3	梁面垫板标高	±2

注：当柱高大于10 m或一般民用建筑的混凝土柱、钢柱垂直度，可适当放宽。

表 10-3　构件预装测量的允许偏差

测量内容	测量允许偏差(mm)	测量内容	测量允许偏差(mm)
平台面抄平	±1	预装过程中的抄平工作	±2
纵横中心线的正交度	$\pm0.8\sqrt{l}$		

注：l为自交点起算的横向中心线长度(m)，不足5 m时，以5 m计。

表 10-4　附属构筑物安装测量的允许偏差

测量内容	测量允许偏差(mm)	测量内容	测量允许偏差(mm)
栈桥和斜桥中心线投点	±2	管道构件中心线定位	±5
轨面的标高	±2	管道标高测量	±5
轨道跨距测量	±2	管道垂直度测量	$H/1\,000$

注：H为管道垂直部分的长度(m)。

① 柱子安装测量

前已述及，柱子吊装前，应根据轴线控制桩，把柱中心轴线投测到杯形基础的顶面，如图10-32所示。在柱子的三个侧面也应弹出柱中心线，每一面又需分为上、中、下三点，并画小三角形“▲”标志，以便安装校正，如图10-33所示。

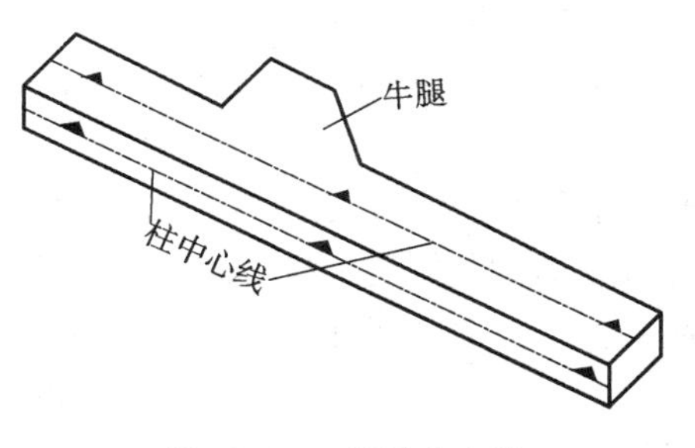

图 10-33　柱子中心线

柱子牛腿面至柱底的设计长度假定为l，牛腿面设计高程为H_2，实际柱底的高程若为H_1，则它们之间应满足

$$H_2=H_1+l \tag{10-21}$$

柱子在预制时，由于模板制作和模板变形等原因，不可能使柱子的实际尺寸与设计尺寸一样，为了解决这个问题，往往在浇注基础时把杯形基础底面高程降低2～5 cm，然后用钢尺从牛腿顶面沿柱边量到柱底，根据这根柱子的实际长度，用1∶2水泥砂浆在杯底进行找平，使牛腿面符合设计高程H_2。

柱子插入杯口后，首先应使柱身基本竖直，再令其侧面所弹的中心线与基础轴线重合。用木楔或钢楔初步固定，然后进行竖直校正。校正时用两架经纬仪分别安置在柱基纵横轴线附近，离柱子的距离约为柱高的 1.5 倍。先瞄准柱子中心线的底部，然后固定照准部，再仰视柱子中心线顶部。如重合，则柱子在这个方向上就是竖直的；如果不重合，应用钢锲和钢缆进行调整，直到柱子的两个侧面的中心线都竖直，定位后用二次灌浆加以固定。

由于纵轴方向上柱距很小，通常把仪器安置在纵轴的一侧，在此方向上，安置一次仪器可校正数根柱子，但仪器偏离轴线的角度 β 不应超过 15°，如图 10-34 所示。

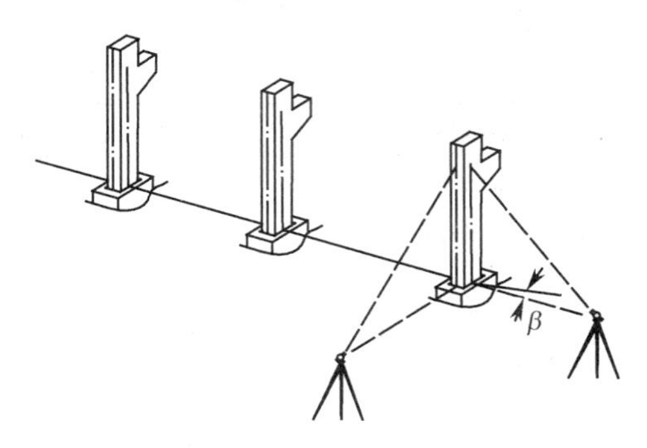

图 10-34　柱子的竖直校正

柱子校正时还应注意以下事项：

a. 校正用的经纬仪事前应经过严格检校，而且操作时必须使照准部水准管气泡严格居中。

b. 柱子的竖直校正与平面定位应反复进行。在两个方向的垂直度都校正好后，应再复查柱子下部的中线是否仍对准基础的轴线。

c. 柱子竖直校正应在早晨或阴天时进行。因为柱子受太阳照射后，柱子向阴面弯曲，使柱顶有一个水平位移。

② 吊车梁及吊车轨道安装测量

吊车梁及吊车轨道安装测量的目的是使吊车梁中心线、轨道中心线及牛腿面上的中心线在同一个竖直面内，梁面和轨道面符合设计高程并且轨距和轮距满足要求。吊车梁安装前应先弹出吊车梁顶面中心线和吊车梁两端中心线，用高程传递的方法在柱子上标出高于牛腿面设计高程一常数的标高线，称为柱上水准点，作为修平牛腿面或加垫板的依据。然后分别安置经纬仪于吊车轨道中心线的一个端点上，瞄准另一端点，仰起望远镜，即可将吊车轨道中心线投测到每根柱子的牛腿面上并弹以墨线。然后，根据牛腿面的中心线和梁端中心线，将吊车梁安装在牛腿上。吊车梁安装完后，利用柱上标高线检查吊车梁的高程，然后在梁下用铁板调整梁面高程，使之符合设计要求。

吊车轨道安装测量就是将轨道中心线投测到吊车梁上，由于在地面上看不到吊车梁的顶面，通常多用平行线法。如图 10-35 所示，首先在地面上从吊车轨中心线向厂房中心线方向垂直量出长度 $a=1$ m，定出 A''、B''点。然后安置经纬仪于 A''或 B''点上，瞄准平行线另一端点，固定照准部，仰起望远镜投测。此时另一人在梁上移动横放的木尺，当视线正对准尺上 1 m 刻划时，尺的零点应与梁面上的中线重合。如不重合应予以改正，可用撬杠移动吊车梁。

吊车轨道按中心线安装就位后，利用柱上标高线，在轨道面上每隔 3 m 测一点高程，与设计高程相比较，误差应在±3 mm 以内。还要用钢尺检查两吊车轨道间跨距，与设计跨距相比较，误差不得超过±5 mm。

10.3.4　高层建筑物施工测量

高层建筑是指建筑层数 8 层以上的建筑，其特点是层数多，施工场地小，且受外界干扰大。因此，高层建筑施工方法与一般建筑有所区别。目前多采用滑模施工和预制构件装配式施工两种方法。高层建筑施工过程中对各部位的水平度和垂直度要求非常严格，施工规范对高层建筑结构的施工质量标准要求见表 10-5，高层建筑的施工放样技术要求参考《工程测量规范》对建筑物施工放样的主要技术要求（表 10-6）。

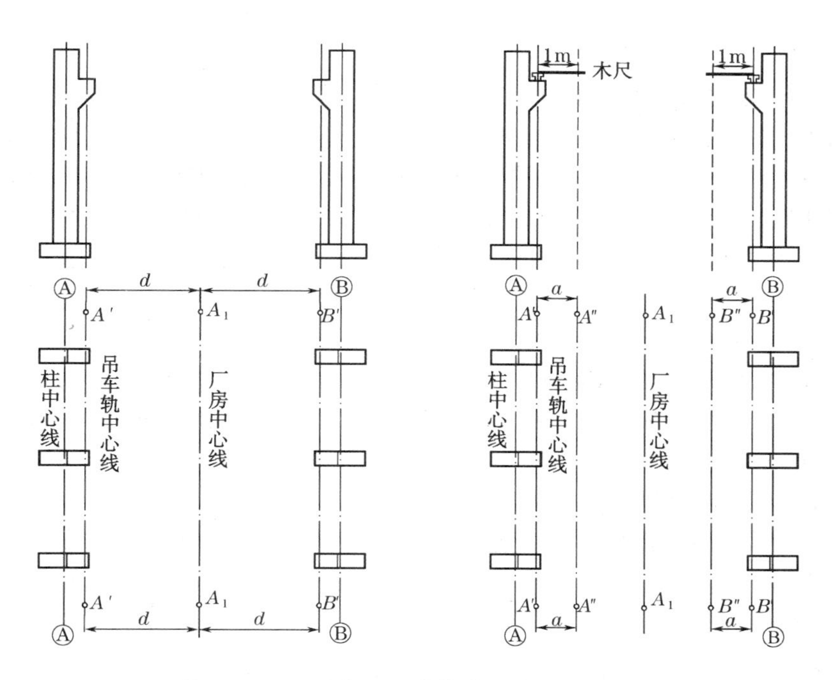

图 10-35　吊车梁及吊车轨道安装测量示意图

表 10-5　高层建筑结构施工质量标准

施工方法	竖向允许偏差(mm)		高程允许偏差(mm)	
	单层	累计	单层	累计
滑模施工	±5	H/1 000(最大±50)	±10	±50
装配式施工	±5	±20	±5	±30

注：H 为建(构)筑物的高度(mm)

表 10-6　建筑物施工放样的主要技术要求

高层建筑结构特征	测距相对中误差	测角中误差(″)	在测站上测定高差中误差(mm)	根据起始水平面在施工水平面上测定高程中误差(mm)	竖向传递轴线点中误差(mm)
金属结构、装配式钢筋混凝土结构、建筑物高度 100～120 m 或跨度 30～36 m	1/20 000	5	1	6	4
15 层以上房屋、建筑物高度 60～100 m 或跨度 18～30 m	1/10 000	10	2	5	3
8～15 层房屋、建筑物高度 15～60 m 或跨度 6～18 m	1/5 000	20	2.5	4	2.5

注：①对于具有两种以上特征的建筑物，应取要求高的中误差值；②特殊要求的工程项目，应根据设计对限差的要求，确定其放样精度。

高层建筑施工测量主要包括轴线定位、轴线投测和高程传递等工作，下面分别予以介绍。

1）轴线定位

按照上述高层建筑物的施工质量标准和放样精度要求，高层建筑的施工测量主要是解决轴线在不同楼层上的投测定位和高程控制问题。遵循“先控制后碎部”的测量工作顺序，应先进行平面控制网和高程控制网的布设。高层建筑的平面控制网多为矩形方格网，一般布设于建筑物地坪层（底层）内部，以便向上投测并控制各层细部的施工放样。平面控制点一般为埋设于地坪层地面混凝土中的一块小铁板，上面划以十字线，交点上冲一小孔，代表点位的中心。点位选择时，应考虑以下因素：

（1）方格网的各边应与高层建筑轴线平行。

（2）建筑物内部的柱和承重墙等细部结构应不影响控制点之间的通视。

（3）轴线投测时，应在各层楼板上设置垂准孔，因此，横梁和楼板中的主钢筋应避开控制点的铅垂方向。

（4）控制点在结构和外墙施工期间应易于保存。

高层建筑的高程控制网为建筑场地内的一组不少于 3 个的四等水准点，待建筑物基础和地坪层建造完成后，应从水准点往墙上或柱上引测 +1.000 m 或 +0.500 m 标高线，作为向上各层测设设计高程的依据。

2）轴线投测

高层建筑物的轴线投测就是将地坪层的平面控制网点沿铅垂线方向逐层向上测设，使高层建筑的各层都有与地坪层在平面位置上完全相同的控制网，以控制建筑物的垂直度。轴线投测的方法主要有经纬仪法和激光垂准仪投测法两种。

（1）经纬仪法

轴线投测前，一定要对所使用的经纬仪进行严格检校，尤其是照准部水准管轴应严格垂直于竖轴。投测工作也应选择在阴天及无风天气进行，以减小日照和大风等外界条件的不利影响。

图 10-36 为某高层建筑的施工控制网，图中标明了各纵横轴线和施工坐标系，其中轴线③和Ⓒ为中心轴线，并通过塔楼中心。在不受施工影响之处桩定 C、C' 和 3、3′ 四个轴线控制桩，作为轴线投测的依据。

基础施工结束后，为了向上投测中心轴线，将轴线③和Ⓒ用经纬仪投测在塔楼底部，桩以 a、a' 和 b、b'，如图 10-37(a) 所示。

随着楼层增高，每层都应将 a 点和 b 点向上投测。为此，将经纬仪安置于点 3，仔细整平水准管，盘左瞄准点 a 后将照准部固定，抬高视准轴，将方向线投影至上层楼板

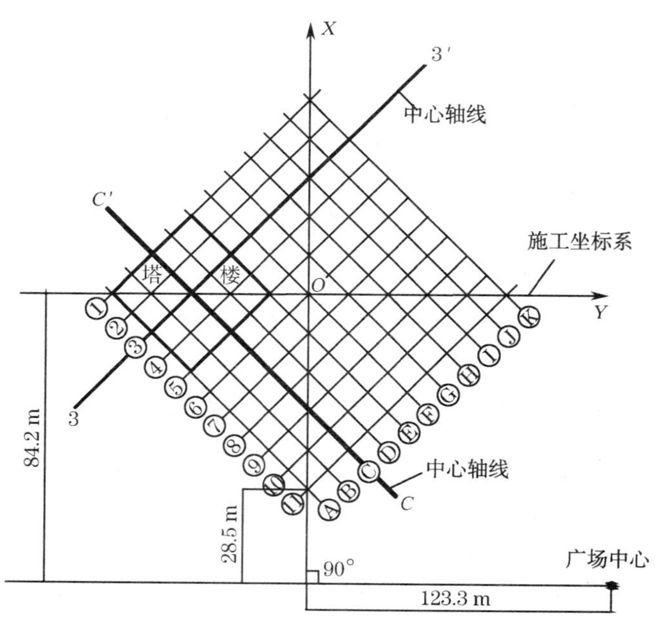

图 10-36 高层建筑轴线测设

上；盘右同样操作，用正倒镜分中法确定 a_1。分别将经纬仪安置在点 3′、C、C'，同样操作过程确定 a_1'、b_1、b_1'。每层上轴线 aa' 和 bb' 的交点即为塔楼中心。

当楼房继续增高，而轴线控制桩距建筑物又较近时，望远镜的仰角较大，操作不便，投测精度将随仰角的增大而降低。为此，要将原中心轴线控制桩引测到更远的安全地方，或者附近大楼的屋顶上，如图 10-37(b)中的 C_1、C_1' 即为轴线新的控制桩。在这些新的控制桩上安置经纬仪，按上述方法可以将中心轴线投测到更高的楼层。

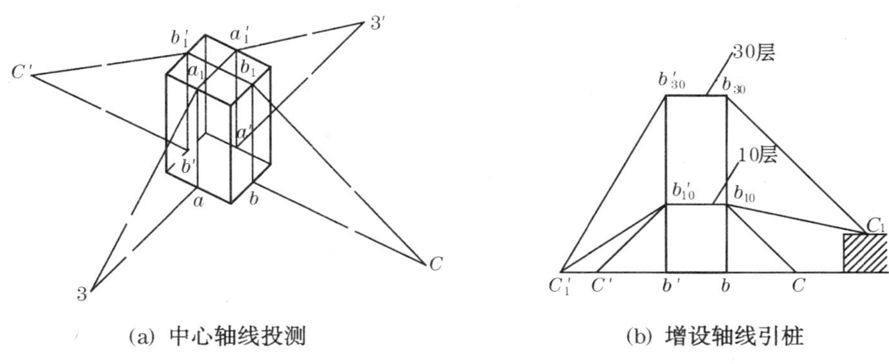

(a) 中心轴线投测　　(b) 增设轴线引桩

图 10-37　轴线投测示意图

(2) 激光垂准仪投测法

目前，由于工程施工过程对安全、环保的要求，在建中的高层建筑外围一般都架设有脚手架和安全网，经纬仪视线容易受阻，给投测工作带来不便。激光垂准仪是一种专门用于铅垂线测设的仪器，具有精度高、速度快和操作简便等优点，故广泛应用于高层建筑的轴线投测之中。

垂准仪在光学垂准系统的基础上添加两只半导体激光器，其中一只通过上垂望远镜将激光束发射出来，另一只激光器通过下对点系统将激光束发射出来，利用激光束对准基准点。仪器的结构保证激光束光轴与望远镜视准轴同心、同轴、同焦，当望远镜照准光靶时，在靶上就会显示一亮斑。激光垂准仪的投点误差可达 1/100 000～1/200 000。

如图 10-38 所示，仪器安置在底层，严格对中整平，打开垂准激光开关，在楼板的预留孔(20 cm×20 cm)上放置接收靶，采用对径读数的方法取两次观测光斑的中间点作为投测点位置。

在建筑物的平面上，根据需要设置投测点，每条轴线需两个投测点。根据梁、柱的结构尺寸，投测点距定位轴线距离 l 一般为 500～800 mm，如图 10-39 所示。

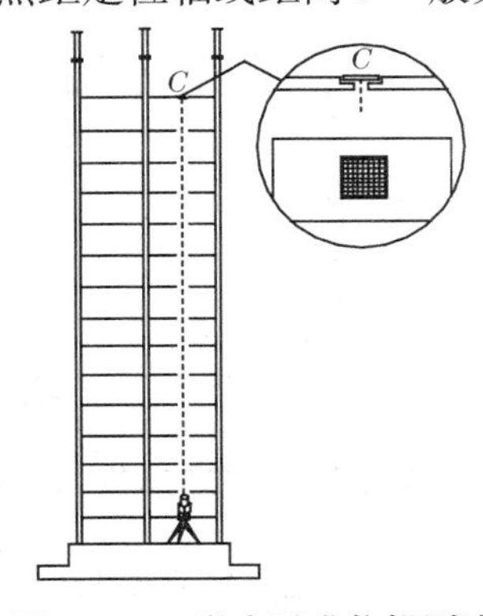

图 10-38　激光垂准仪投测法

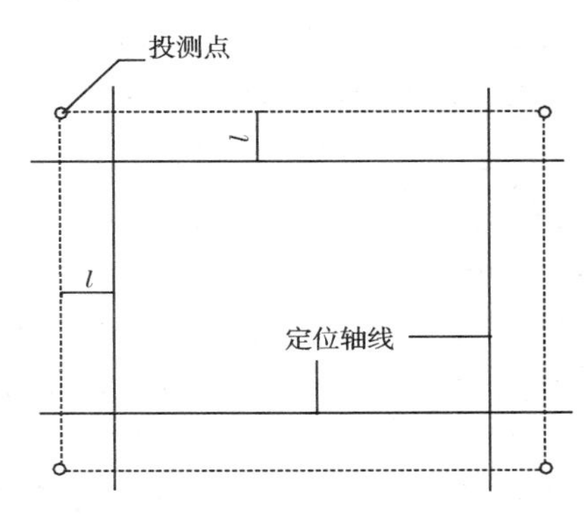

图 10-39　投测点与定位轴线的关系

3）高层建筑物的高程传递

高层建筑施工中，要从地坪层测设的＋1.000 m（或＋0.500 m）标高线逐层向上传递标高，使上层的楼板、窗台、梁、柱等在施工时符合设计高程。高程传递方法有钢尺测量法、水准仪法和全站仪天顶测距法。

（1）钢尺测量法

用钢尺从地坪层＋1.000 m（或＋0.500 m）标高线沿墙面或柱面直接向上垂直测量，画出上层楼面的设计标高线或高出设计标高 1 m 的标高线。

（2）水准测量法

此法利用楼梯间向上传递高程。如图 10-40 所示，欲将标高从底层 A 点（$H_A=+1.000$m）传递到上一层 B 点处，使其高程为设计高程 H_B。首先通过楼梯间悬吊一钢尺，零端向下，并挂一与钢尺检定时所用拉力重力相当的重锤（如 100 N）。将两台水准仪分别安置在底层和上层楼板，读取 A 点所立水准尺上读数 a 和钢尺读数 b；在上层楼板上读取钢尺读数 c，则 B 点水准尺上应有读数为

$$d=H_A+a-b+c-H_B \tag{10-22}$$

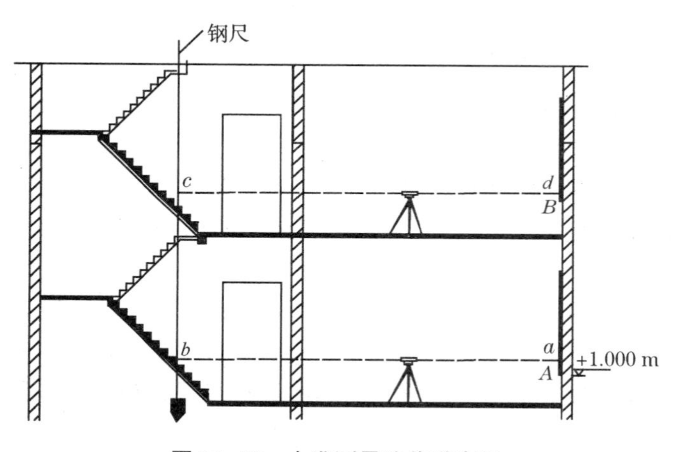

图 10-40　水准测量法传递高程

上下移动 B 点水准尺，当读数为 d 时，在墙上沿尺底面作标记，该点高程即为设计高程 H_B。上述过程应进行两次，若相差小于 3 mm，取中间位置作为最终高程标记。

（3）全站仪天顶测距法

此种方法要求在高层建筑各层楼板间预留垂准孔上或电梯井间进行。如图 10-41 所示，在底层安置全站仪，将望远镜置于水平位置，当屏幕显示竖直角为 0°或天顶距为 90°时，向立于＋1.000 mm（或＋0.500 mm）标高线上的水准尺读数，即为仪器标高。通过垂准孔或电梯井将望远镜指向天顶（此方向上竖直角为 90°或天顶距为 0°），在各楼层的垂准孔上固定一块铁板（400 mm×400 mm×2 mm，中有 ϕ30 mm 小孔），将棱镜平放

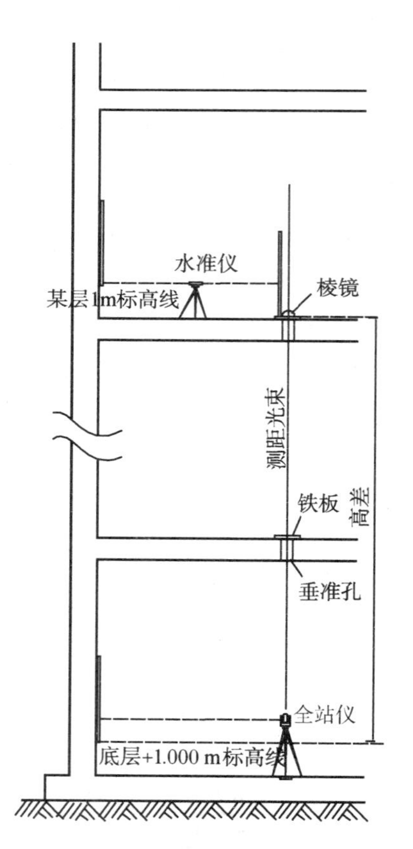

图 10-41　全站仪天顶测距法传递高程

于孔上，按测距键测得垂直距离。预先测出棱镜镜面至棱镜横轴的高度，即仪器常数，则各楼层铁板的顶面标高为仪器标高加垂直距离减棱镜常数。

最后用水准仪测设该层＋1.000 mm(或＋0.500 mm)标高线。

10.4 建筑工程竣工测量

10.4.1 概述

竣工测量是指各种工程建设竣工、验收时所进行的测绘工作。竣工测量的最终成果就是竣工总平面图，它包括反映工程竣工时的地形现状、地上与地下各种建(构)筑物及管线平面位置与高程的总现状地形图、各类专业图和图表等。编绘竣工总平面图的目的有以下几个方面：

(1) 真实反映设计的变更情况，显示工程竣工的现状。

(2) 提供了各种建(构)筑物的几何位置，便于日后进行各种设施的维修工作，特别是地下管道等隐蔽工程的检查和维修工作。

(3) 提供了竣工后各项建筑物、构筑物、地上和地下各种管线及交通线路的坐标、高程等资料，为建筑物的改、扩建提供施工和设计的依据。

新建建筑物竣工总平面图的编绘，是随着工程的陆续竣工而相继编绘的。可以一边竣工测量，一边利用竣工测量成果编绘竣工总平面图。如发现地下管线的位置有问题，可以及时到现场查对，使竣工图能真实反映实际情况。一旦工程竣工，竣工总平面图也大部分编制完成。竣工总平面图的编绘工作，包括室外实测和室内资料编绘两方面的内容。

10.4.2 竣工测量

在每一个单项工程完成后，必须由施工单位进行竣工测量，提交工业厂房及一般建筑物、铁路和公路、地下管网、架空管网等各项工程的竣工测量成果。交通线路、各种管线及其附属构筑物的竣工测量过程将在后面的章节陆续讲解，下面主要介绍工业厂房与一般建筑物的竣工测量。

竣工测量与地形图测绘的方法大致相似，主要区别在于测绘内容的选择和精度要求不同，竣工测量必须测定大量细部点的平面位置和高程。对于工业厂房及一般建筑物，测绘内容包括建筑物拐点坐标，各种管线进出口的位置和高程；并附房屋编号、结构层数、面积和竣工时间等资料。较大厂房至少测定 3 个点的坐标。圆形建(构)筑物要测出圆心坐标和半径。

测图方法一般包括经纬仪极坐标法和全站仪数字测图法。若采用经纬仪法测图，各建(构)筑物的特征点不仅要按坐标展绘在聚酯薄膜图上，而且要认真进行碎部测量记录，以供日后使用。同时应遵照《大比例尺地形图图式》绘制竣工平面图。如果采取全站仪数字测图方法，可将建筑物、交通线路、管线分成几个图层进行管理，并遵照数字测图的规范进行测量。

竣工测量外业工作结束后，应提交工程名称、施工依据、施工成果、控制测量记录资料以及碎部特征点的坐标和高程等完整的成果，作为编绘竣工总平面图的依据。

10.4.3 竣工总平面图的编绘

竣工总平面图上应包括建筑方格网点，水准点、厂房、辅助设施、生活福利设施、架空及地下管线、铁路等建筑物或构筑物的坐标和高程，以及厂区内空地和未建区的地形。有关建筑物、构筑物的符号应与设计图例相同，有关地形图的图例应使用国家地形图图式符号。

竣工总平面图的图幅尺寸，应尽可能将一个生产流程系统地放在一张图上。若场区过大，也可以分幅编绘，不过应有统一的分幅和编号方法。

场区地上和地下所有建(构)筑物绘在一张竣工总平面图上时，如果线条过于密集而不醒目，则可采用分类编图。如综合竣工总平面图、交通运输竣工总平面图和管线竣工总平面图等。比例尺一般采用 1∶1 000。如不能清楚地表示某些特别密集的地区，也可局部采用 1∶500 的比例尺。图 10-42 为某小区竣工总平面图。

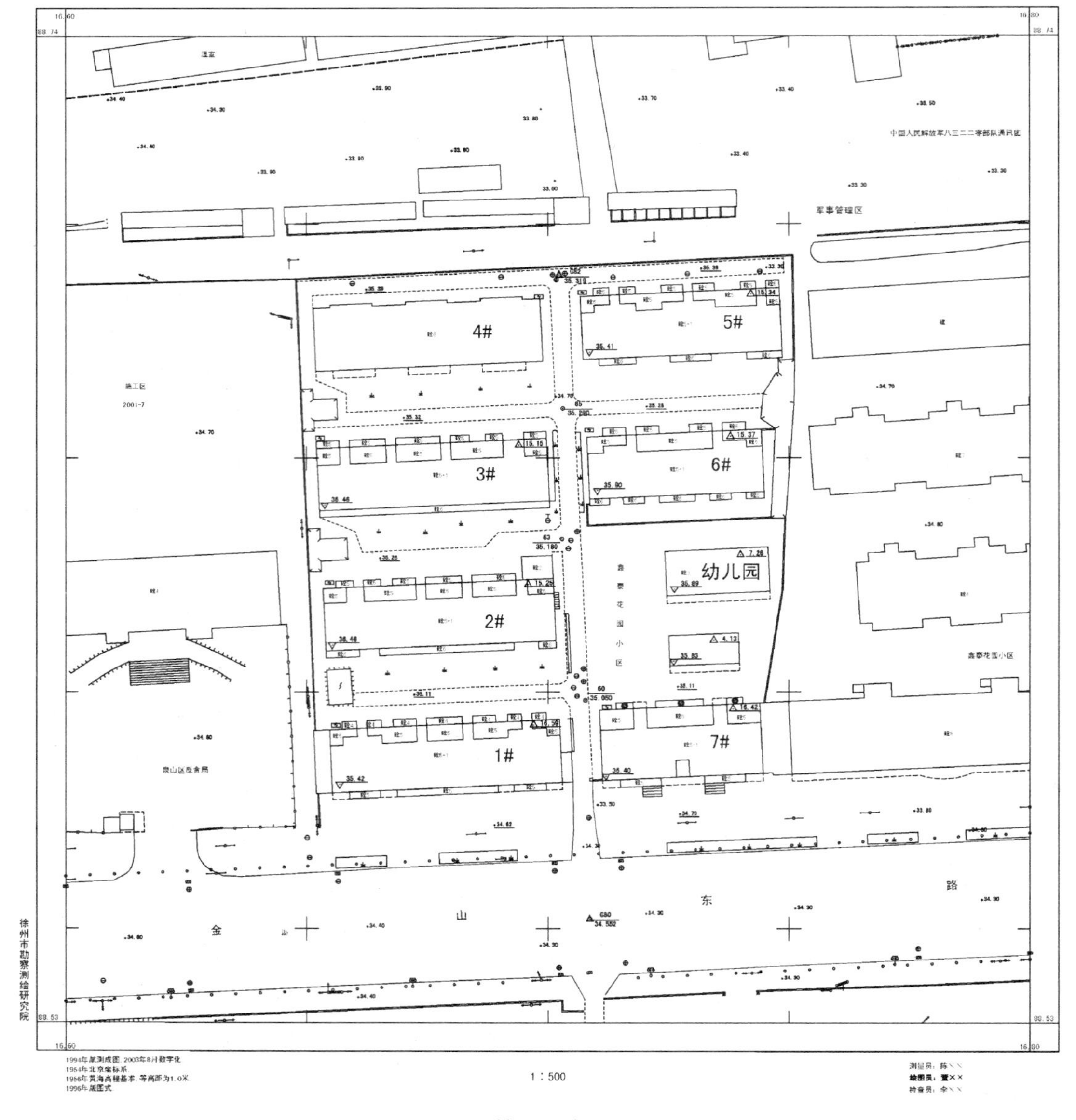

图 10-42　某小区竣工总平面图

竣工总平面图和各分类专题图编绘完成后，应将电子版本刻录成光盘与装订成册的纸质资料一起保存或上缴有关专业部门。

10.5　建筑工程变形测量

10.5.1　概述

在工程建设、使用和运营过程中，由于基础的地质构造、土壤的理化性质、地下水位的差异以及建筑物本身的荷重和外界的动荷载（如风力、震动等）作用等因素的影响，经常导致工程建筑的沉降、位移、倾斜、裂缝和挠曲等形变特征。为了保证工程建筑的使用、运营安全以及为建筑设计提供依据，用专门的测量仪器定期对以上形变特征进行观测的工作，称之为变形测量。与一般的测量工作相比，变形测量具有以下特点：

（1）观测精度要求高

由于变形观测的结果直接影响到变形原因合理分析、变形规律的正确描述以及变形趋势的科学预测，因此，变形观测必须具有较高的精度。《工程测量规范》对变形测量的精度要求见表 10-7。因此，在变形观测之前，应根据变形观测的不同目的，选择相应的观测精度和施测方法。

（2）需要重复观测

为了分析变形规律和预测变形趋势，必须按照一定的时间周期重复进行变形观测。变形测量的观测周期，应根据建（构）筑物的特征、变形速率、观测精度要求和工程地质条件等因素综合考虑。观测过程中，根据变形量的变化情况，观测周期应适当调整。

（3）采用严密的数据处理方法

建筑物的变形一般都较小，周期性的重复观测又会积累大量的原始观测数据，因此必须采用严密的数据处理方法，从不同观测周期的大量观测数据中，精确确定变形规律与趋势。

表 10-7　变形测量的等级划分和精度要求

变形测量等级	垂直位移观测		水平位移测量	适用范围
	变形点的高程中误差(mm)	相邻变形点高差中误差(mm)	变形点的点位中误差(mm)	
一等	±0.3	±0.1	±1.5	变形特别敏感的高层建筑、工业建筑、高耸构筑物、重要古建筑、精密工程设施等
二等	±0.5	±0.3	±3.0	变形比较敏感的高层建筑、高耸构筑物、古建筑、重要工程设施和重要建筑场地的滑坡监测等
三等	±1.0	±0.5	±6.0	一般性的高层建筑、工业建筑、高耸构筑物、滑坡监测等
四等	±2.0	±1.0	±12.0	观测精度要求较低的建筑物、构筑物和滑坡监测等

注：①变形点的高程中误差和点位中误差，是相对于最近基准点而言；②当水平位移变形测量用坐标向量表示时，向量中误差为表中相应等级点位中误差的 $1/\sqrt{2}$；③垂直位移的测量，可视需要按变形点的高程中误差或相邻变形点高差中误差确定测量等级。

在进行变形测量时，应满足以下基本要求：

(1) 大型或重要工程建筑物、构筑物，在工程设计时，应对变形测量统筹安排。施工开始时，即应进行变形测量。

(2) 变形测量点，宜分为基准点、工作基点和变形观测点。其布设应符合下列要求：

① 每个工程至少应有 3 个稳固可靠的点作为基准点；

② 工作基点应选在比较稳定的位置。对通视条件较好或观测项目较少的工程，可不设立工作基点，在基准点上直接测定变形观测点。

③ 变形观测点应设立在变形体上能反映变形特征的位置。

(3) 每次变形观测时，宜符合以下要求：采用相同的图形(观测路线)和观测方法，使用同一仪器和设备，固定的观测人员，在基本相同的环境和条件下工作。

(4) 平面和高程监测网，应定期检测。建网初期，宜每半年检测一次；点位稳定后，检测周期可适当延长。当对变形成果发生怀疑时，应随时进行检核。

(5) 每次观测前，对所使用的仪器和设备，应进行检验校正，作出详细记录。

(6) 变形观测结束后，应根据工程需要整理上交变形值成果表、观测点布置图、变形量曲线图、有关荷载、温度、变形量相关曲线图以及变形分析报告等资料。

10.5.2 建筑物的沉降观测

为了掌握建筑物的沉降情况，及时发现对建筑物不利的下沉现象，以便采取措施，保证建筑物的安全使用，测定建(构)筑物上所设观测点的高程随时间而变化的工作称为沉降观测。如对高层建筑物、重要厂房的柱基及主要设备基础、连续性生产和受震动较大的设备基础、地下水位较高或大孔性土地基的建筑物等进行的沉降观测工作。

1) 观测点的布置

沉降观测点应选在能够反映建(构)筑物变形特征和变形明显的部位；标志应稳固、明显、结构合理，不影响建(构)筑物的美观和使用；点位应避开障碍物，便于观测和长期保存。

建(构)筑物的沉降观测点，应按设计图纸埋设，并宜符合下列规定：

(1) 建筑物四角或沿外墙每 10～15 m 处或每隔 2～3 根柱基上。

(2) 裂缝或沉降缝或伸缩缝的两侧；新旧建筑物或高低建筑物以及纵横墙的交接处。

(3) 人工地基和天然地基的接壤处；建筑物不同结构的分界处。

(4) 烟囱、水塔和大型储藏罐等高耸构筑物的基础轴线的对称部位，每一构筑物不得少于 4 个点。

观测点的标志形式有墙上观测点、钢筋混凝土柱上的观测点和基础上的观测点，如图 10-43 所示。建筑物、构筑物的基础沉降观测点，应埋设于基础底板上。基坑回弹观测时，回弹观测点，宜沿基坑纵横轴线或在能反映回弹特征的其他位置上设置。回弹观测的标志，应埋入基底面下 10～20 cm。其钻孔必须垂直，并设置保护管。地基土的分层沉降观测点，应选择在建(构)筑物的地基中心附近。观测标志的深度，最浅的应在基础底面 50 cm 以下，最深的应超过理论上的压缩层厚度。观测的标志，应由内管和保护管组成，内管顶部应设置半球状的立尺标志。

2) 观测方法

(1) 水准点的布设

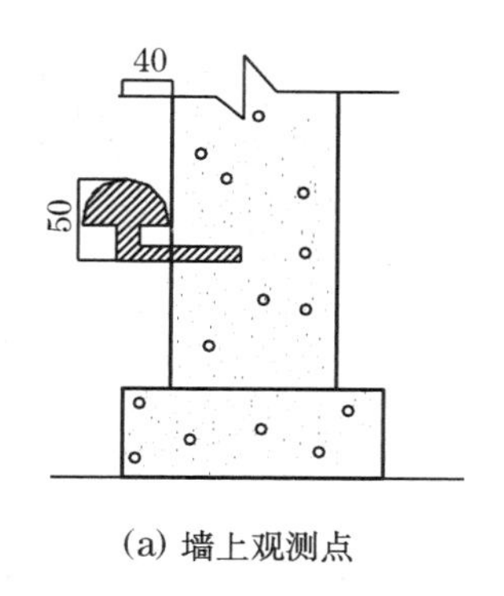

(a) 墙上观测点

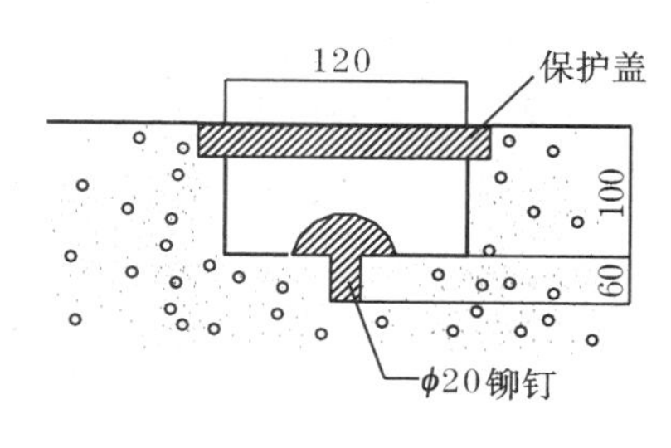

(b) 基础观测点

图 10-43 沉降观测点标志

沉降观测的基准点或工作基点也称为水准点，建筑物的沉降观测是依据水准点进行的，因此，要综合考虑水准点的稳定、观测的方便和精度要求合理布设水准点。

① 为了相互校核并防止由于某个水准点的高程变动造成差错，一般至少埋设 3 个水准点。3 个水准点之间最好安置一次仪器就可进行联测。

② 水准点应埋设在建筑物、构筑物基础压力和震动等影响范围以外，埋设深度至少要在冰冻线及地下水位变化范围以下 0.5 m。

③ 水准点离观测点的距离不应大于 100 m，以便于观测与提高精度。

(2) 观测时间

从基坑开挖时水准点的布设与观测，沉降观测应贯穿于整个施工过程中，至竣工后投入使用后的若干年，直到沉降现象停止为止。沉降观测间隔或周期的选择应满足下列要求：

① 施工期间，建筑物沉降观测的周期，高层建筑每增加 1～2 层应观测 1 次；其他建筑的观测总次数，不应少于 5 次。竣工后的观测周期，可根据建筑物的稳定情况确定。

② 建筑物、构筑物的基础沉降观测，在浇灌底板前和基础浇灌完毕后应至少各观测 1 次；回弹观测点的高程，宜在基坑开挖前、开挖后及浇灌基础之前，各测定 1 次。

③ 一般在增加较大荷重之后（如浇灌基础、回填土、安装柱和厂房屋架、砌筑砖墙、设备安装、设备运转、烟囱高度每增加 15 m 左右等）要进行沉降观测。

④ 施工中，如果中途停工时间较长，应在停工时和复工前进行观测。

⑤ 当基础附近地面荷重突然增加，或周围大量积水或暴雨及地震后，或周围大量挖方等特殊原因有可能导致建（构）筑物沉降变形的情况均应观测。

⑥ 竣工后要按沉降量的大小，定期进行观测。开始可隔 1～2 个月观测一次，以每次沉降量在 5～10 mm 以内为限度，否则要增加观测次数。以后，随着沉降量的减小，可逐渐延长观测周期，直至沉降稳定为止。

(3) 观测方法与精度要求

沉降观测实质上是根据水准点用精密水准仪定期进行水准测量，测出建筑物上观测点的高程，从而计算其下沉量。

① 水准点是测量观测点沉降量的高程控制点，应经常检测水准点高程有无变动。测定时一般应用 S1 级水准仪往返观测。

② 观测应在成像清晰、稳定的时间内进行，同时应尽量在不转站的情况下测出各观测点的高程，以便保证精度。

③ 前、后视观测最好用同一根水准尺，水准尺离仪器的距离不应超过 50 m，并用皮尺丈量，使之大致相等。测完观测点后，必须再次后视水准尺，先后两次后视读数之差不应超过精度要求。沉降观测的精度要求及对应的观测方法可参考表 10-8。

表 10-8　沉降观测的精度要求和观测方法

等级	高程中误差(mm)	相邻点高差中误差(mm)	观　测　方　法	往返较差、附合或环线闭合差(mm)
一等	±0.3	±0.1	除宜按国家一等精密水准测量外，尚需设双转点，视线≤15 m，前后视视距差≤0.3 m，视距累积差≤1.5 m；精密液体静力水准测量；微水准测量等	$\leqslant 0.15\sqrt{n}$
二等	±0.5	±0.3	按国家一等精密水准测量；精密液体静力水准测量	$\leqslant 0.30\sqrt{n}$
三等	±1.0	±0.5	按《工程测量规范》二等水准测量；液体静力水准测量	$\leqslant 0.60\sqrt{n}$
四等	±2.0	±1.0	按《工程测量规范》三等水准测量；短视线三角高程测量	$\leqslant 1.40\sqrt{n}$

④ 沉降观测的各项记录，必须注明观测时的气象情况和荷载变化。

3) 成果整理

每次观测结束后，应检查记录中的数据和计算是否准确，精度是否满足要求。根据水准点与观测点之间的观测高差，利用水准点的高程，推算观测点在各观测时间的高程，同时计算两次观测之间的下沉量和累计下沉量，填入沉降观测记录表中，同时注明观测日期和荷重情况，如表 10-9 所示。为了更加清楚地表示下沉量、荷重、时间三者之间的关系，预测沉降趋势以及判断沉降过程是否稳定，还应画出各观测点的下沉量(荷重)—时间关系曲线(图 10-44)。

表 10-9　沉降观测记录表

观测日期	荷重(t/m²)	观测点								
		1			2			3		
		高程(m)	下沉量(mm)	累计下沉(mm)	高程(m)	下沉量(mm)	累计下沉(mm)	高程(m)	下沉量(mm)	累计下沉(mm)
2003.04.12	4.5	86.368	±0	±0	86.366	±0	±0	86.365	±0	±0
2003.04.27	6.0	86.366	−2	−2	86.363	−3	−3	86.362	−3	−3
2003.05.13	7.0	86.363	−3	−5	86.361	−2	−5	86.359	−3	−6
2003.05.28	8.5	86.360	−3	−8	86.358	−3	−8	86.355	−4	−10
2003.06.12	10.0	86.357	−3	−11	86.355	−3	−11	86.351	−4	−14
2003.06.30	11.5	86.355	−2	−13	86.353	−2	−13	86.348	−3	−17
2003.07.16	11.5	86.354	−1	−14	86.351	−2	−15	86.346	−2	−19
2003.08.02	11.5	86.353	−1	−15	86.349	−2	−17	86.345	−1	−20
2003.10.05	11.5	86.351	−2	−17	86.347	−2	−19	86.344	−1	−21
2004.04.03	11.5	86.350	−1	−18	86.346	−1	−20	86.343	−1	−22
2004.06.15	11.5	86.350	±0	−18	86.346	±0	−20	86.343	±0	−22
2004.09.20	11.5	86.350	±0	−18	86.346	±0	−20	86.343	±0	−22

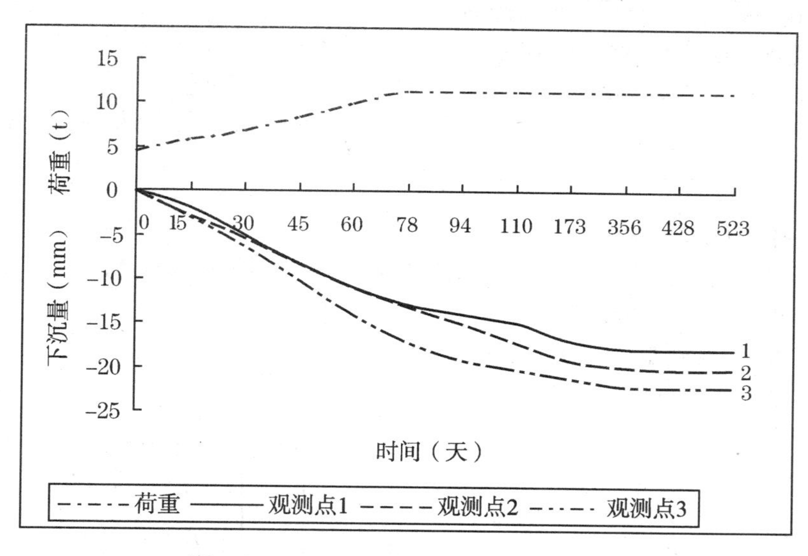

图 10-44　下沉量(荷重)—时间关系曲线

沉降观测外业手簿中还需详细注明建(构)筑物施工情况。其主要内容包括:建筑物平面图及观测点布置图,基础的长度、宽度与高度;挖槽或钻孔后发现的地质土壤及地下水情况;建筑物观测点周围工程施工及环境变化的情况;建筑物观测点周围笨重材料及重型设备堆放的情况;施测时所引用的水准点号码、位置、高程及其有无变动的情况;地震、暴雨日期及积水的情况;如中间停止施工,还应将停工日期及停工期间现场情况加以说明。

沉降观测结束后,应根据工程需要,提交下列有关资料:沉降观测成果表、观测点位置图、下沉速率—时间曲线图、下沉量(荷重)—时间曲线图、相邻影响曲线图和变形分析报告等。

10.5.3　建(构)筑物的倾斜观测

当建(构)筑物受地基承载力不均匀、外力作用(如风荷载、剧震、地下水过量开采)以及建筑物本身质量分布不对称等因素影响,其基础和上部常表现为不均匀下沉即倾斜。用测量仪器观测建筑物的基础和上部结构倾斜方向、大小、速率的工作,称为建筑物的倾斜观测。

1) 描述建(构)筑物倾斜的指标

描述建(构)筑物倾斜的指标包括建(构)筑物基础相对倾斜值、建(构)筑物主体的倾斜率和倾斜值。

(1) 建(构)筑物基础相对倾斜值

基础相对倾斜值按公式(10-23)计算:

$$\Delta S_{AB}=\frac{S_A-S_B}{L} \tag{10-23}$$

式中:ΔS_{AB}——基础相对倾斜值;

S_A、S_B——分别表示倾斜段两端点 A、B 的沉降观测量(m);

L——A、B 间的水平距离(m),如图 10-45(a)所示。

(2) 建(构)筑物主体的倾斜率和倾斜值

建(构)筑物主体的倾斜率以公式(10-24)表示：

$$i=\tan\alpha=\frac{\Delta D}{H} \tag{10-24}$$

式中：i——主体的倾斜率；

ΔD——建(构)筑物顶部观测点相对于底部观测点的偏移值(m)；

H——建(构)筑物的高度(m)；

α——主体的倾斜角(°)，如图 10-45(b)所示。

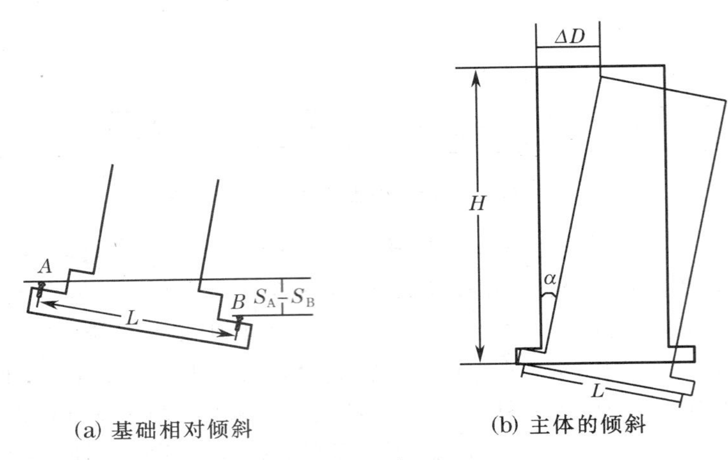

(a) 基础相对倾斜　　(b) 主体的倾斜

图 10-45　建(构)筑物倾斜观测示意图

2) 建(构)筑物的倾斜观测

建(构)筑物基础的相对倾斜是用精密水准仪定期观测基础两端沉降观测点 A、B 的下沉量 S_A、S_B，利用公式(10-23)进行计算确定。而描述建筑物主体倾斜的指标主要有倾斜率 i、倾斜角 α 以及建(构)筑物主体的偏移值 ΔD，相应的观测方法有差异沉降量推算法、垂准仪法和经纬仪垂直投影法。

(1) 差异沉降量推算法

该种方法用精密水准仪测定建筑两端的差异沉降量 S_A-S_B，再根据 A、B 间的水平距离 L 和高度 H 用公式(10-25)计算建(构)筑物顶部观测点相对于底部观测点的偏移值 ΔD(图 10-45)，即

$$\Delta D=\frac{S_A-S_B}{L}H \tag{10-25}$$

(2) 垂准仪法

该法适用于建筑物内部有垂直通道或建筑顶部有预留孔时，在顶部安置垂准仪，将预留孔中心投测到底部的接收靶上，根据顶部相同预留孔中心不同观测时间在接收靶位置的投测点之间的水平偏移量确定 ΔD。

(3) 经纬仪垂直投影法

此种方法应选择几个墙面进行。如图 10-46 所示，在墙面的墙顶作固定标志 A，将经纬仪安置在离墙面距离大于墙高的地面点 O 处。瞄准 A 点后将望远镜放平，用正倒镜分中法在墙面上作标志 B。过一段时间后，再用经纬仪瞄准同一点 A，若建筑物主体沿该方向发生倾斜，向下投影得点 B'，则建筑物主体沿该方向的偏移值 $\Delta D_1=|BB'|$。若同时在另一侧面也观测得到偏移值 ΔD_2，则建筑物主体相对于底部的总偏移量为

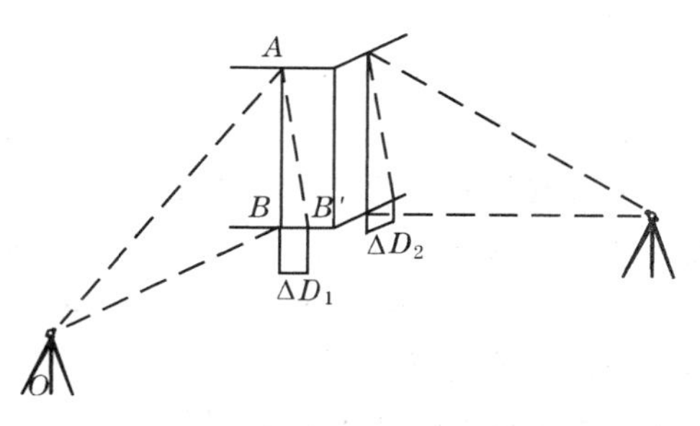

图 10-46　经纬仪垂直投影法

$$\Delta D=\sqrt{\Delta D_1^2+\Delta D_2^2} \tag{10-26}$$

10.5.4　建(构)筑物的水平位移观测

建(构)筑物在水平面内的变形称为水平位移，表现为不同时期平面坐标或距离的变化。水平位移观测就是测定建(构)筑物在平面位置上随时间变化的移动量。

水平位移的测量，可采用测角前方交会法、边角交会法、导线测量法、极坐标法、经纬仪投点法、视准线法、正垂线或倒垂线法等，水平位移观测点的施测精度，应参考表 10-7 中相应等级及要求的规定执行。

1) 前方交会法

交会角应在 60°～120°之间，并宜采用三点交会。

2) 极坐标法

边长应采用检定过的钢尺丈量或用电磁波测距仪测定，当采用钢尺丈量时，不宜超过一尺段，并应进行尺长、拉力、温度和高差等项修正。

3) 视准线法

测定建筑物在特定方向上的位移量时，可在其垂直方向上设立一条基准线，并在建筑物上预先埋设观测点，定期测量该观测点偏离基准线的距离，以掌握该方向上建筑物的位移量随时间变化的规律，这种方法叫做视准线法。按照施测方法的不同，视准线法又包括引张线法、激光准直法和测小角法。

图 10-47 为测小角法的示意图，图中 AB 为基准线，在 A 点安置经纬仪，在 B 和 P 点上设立观测标志，测量水平角 β。由于水平角 β 较小，根据 AP 之间的水平距离 D，可用公式(10-27)推算 P 点在垂直于基准线方向上的偏离量 δ。

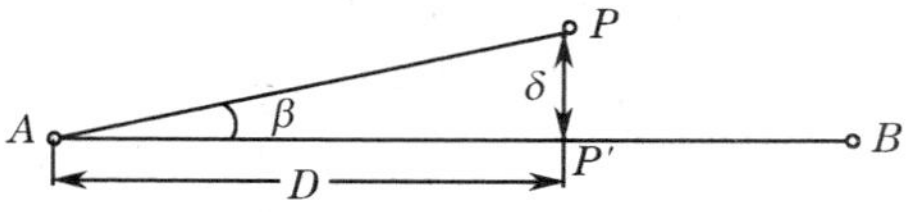

图 10-47　测小角法

$$\delta=\frac{\beta}{\rho''}D \tag{10-27}$$

式中，$\rho''=206\,265''$。

本章小结

本章主要介绍了施工测量的基本工作、建筑施工测量、竣工测量以及变形测量。

施工测量的三项基本工作是设计长度的测设、设计水平角度的测设和设计高程的测设，设计平面点位、设计高程、设计坡度以及铅垂线的测设是上述基本工作的应用。

施工场地建立统一的平面和高程控制网在于保证各个建筑物、构筑物在平面和高程上都能符合设计要求，互相连成统一的整体，然后以此控制网为基础，测设出各个建筑物和构筑物的主要轴线。平面控制网的布设应根据总平面图设计和建筑场地的地形条件确定。对于丘陵地区常用三角测量方法建立控制网；对于地形平坦地区可采用导线网；对于面积较小的居住建筑区，常布置一条或几条建筑轴线组成简单的图形；而对于建筑物多，并且布局比较规则和密集的工业场地，由于建筑物一般为矩形而且多沿着两个互相垂直的方向布置，因此，为使建筑物定位放线工作方便并易于保证精度，控制网一般都采用格网形式，即通常所说的建筑方格网。在一般情况下，建筑方格网各点也同时作为高程控制点，在工业与民用建筑施工区域使用最多的为四等水准，甚至有些情况也可用普通水准测量。根据建筑场地上建筑轴线的主点或其他控制点进行建筑物定位，即把建筑物外的各轴线交点测设在地面上，并用木桩标志出来，然后再根据这些点进行细部放样。在一般民用建筑中，为了方便施工，还在基槽外一定距离处设龙门板。根据龙门板或轴线控制桩的轴线位置和基础宽度，并顾及基础挖深应放坡的尺寸，在地面上用白灰标出基础开挖线。根据施工的进程，再进行各项基础施工测量。工业厂房的施工测量应首先进行工业厂房控制网的测设，再进行厂房柱列轴线的测设和柱基施工测量及厂房结构安装测量。在各项放样过程中，要注意限差的要求。

在每一项单项工程完成后，必须由施工单位进行竣工测量，提供工程的竣工测量成果等编制竣工总平面图，以全面反映工程施工后的实际情况，作为运行和管理的资料及今后工程改建和扩建的依据。

在建(构)筑物的运营过程中，还必须长期进行变形观测。变形观测点的选择。变形观测的主要内容有：建筑物的沉降观测、建(构)筑物的倾斜观测和水平位移观测。变形观测的成果处理。

习题与思考题

1. 测设与测图有什么区别？测设的基本工作有哪些？

2. 点位的测设方法有几种？各适用于什么场合？

3. 已知点 M、N 的坐标分别为：$x_M=500.89$ m，$y_M=509.32$ m；$x_N=685.35$ m，$y_N=398.67$ m。点 A、B 的设计坐标分别为 $x_A=823.77$ m，$y_A=466.24$ m；$x_B=758.06$ m，$y_B=469.29$ m。试分别用极坐标法和角度交会法测设点 A 和 B。

4. 假设某建筑物室内地坪的高程为 50.000 m，附近有一水准点 BM.2，其高程 $H_2=49.680$ m。现要求把该建筑物地坪高程测设到木桩 A 上。测量时，在水准点 BM.2 和木桩 A 间安置水准仪，在 BM.2 上立水准尺，读数为 1.506 m。求测设 A 桩所需的数据和测设步骤。

5. 已知 A 点高程为 126.85 m，AB 间的水平距离为 68 m，设计坡度 $i=+10‰$，试述其测设过程。

6. 测设铅垂线有哪几种方法？各适用于什么场合？

7. 施工平面控制网有哪些形式？如何进行测设？

8. 已知某厂房两个相对房角的坐标，放样时顾及基坑开挖范围，欲在厂房轴线以外6 m处设置矩形控制网，如图 10-48 所示，求厂房控制网四角点 P、Q、R、S 的坐标值。

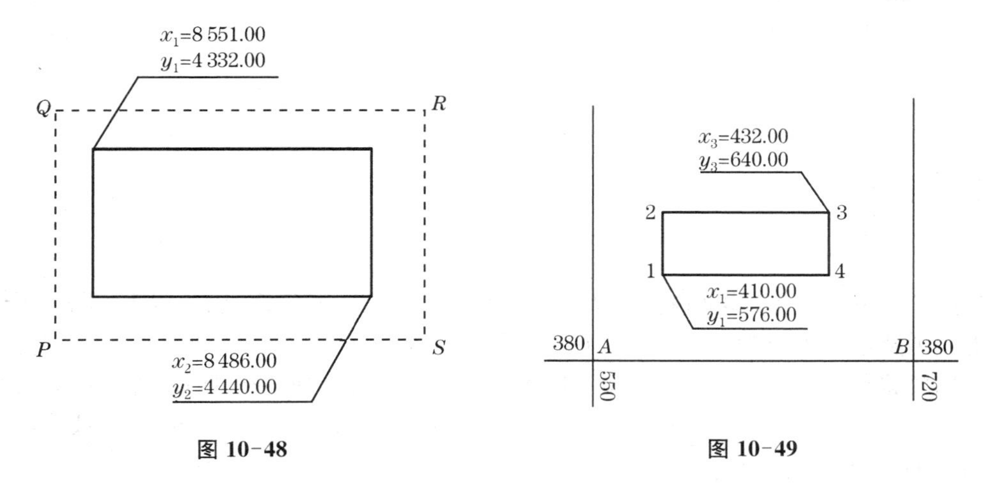

图 10-48　　图 10-49

9. 如何测设建筑物轴线，龙门板的作用是什么，在施工工地有时标定了轴线桩，为什么还要测设控制桩？

10. 如图 10-49 所示，在建筑方格网中拟建一建筑物，其外墙轴线与建筑方格网线平行，已知两相对房角设计坐标和方格网坐标，现按直角坐标放样，请计算测设数据，并说明测设步骤。

11. 编绘竣工总平面图的目的是什么？

12. 简述建筑物变形观测的意义及主要内容。

11 道路与桥梁工程测量

11.1 概述

道路工程分为城市道路(包括高架道路)、联系城市之间的公路(包括高速公路)、工矿企业的专用道路以及为农业生产服务的农村道路等工程。

道路的路线以平、直最为理想，但实际上，由于地形及其他原因的限制，路线有时必须有转折和上、下坡。为了选择一条经济、高效、合理的路线，必须进行路线勘测。路线勘测一般分为初测和定测两个阶段。

初测阶段的任务是：在沿着路线可能经过的范围内布设导线，测量路线带状地形图和纵断面图，收集沿线地质、水文等资料，作纸上定线，编制比较方案，为初步设计提供依据。根据初步设计，选定某一方案，便可转入路线的定测工作。

定测阶段的任务是：在选定设计方案的路线上进行中线测量、纵断面和横断面测量以及局部地区的大比例尺地形图的测绘等，为路线纵坡设计、工程量计算等道路技术设计提供详细的测量资料。

初测和定测工作称为路线勘测设计测量。

道路经过技术设计，它的平面线型、纵坡、横断面等已有设计数据和图纸，即可进行道路施工。施工前和施工中，需要恢复中线、测设路基边桩和竖曲线等。当工程逐项结束后，还应进行竣工验收测量，为工程竣工后的使用、养护提供必要的资料。这些测量工作称为道路施工测量。

11.2 道路中线测量

道路中线测量是把道路的设计中心线测设在实地上。道路中线的平面几何线型由直线和曲线组成，如图 11-1 所示。中线测量工作主要包括：测设中线上各交点(JD)和转点(ZD)、量距和钉桩、测量转点上的偏角、测设圆曲线等。

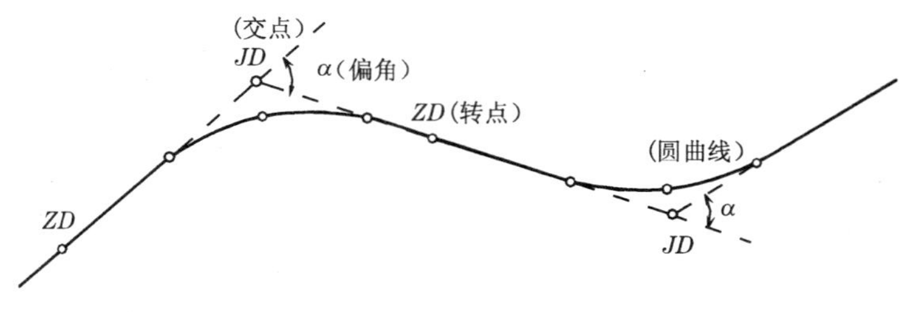

图 11-1 道路中线

11.2.1　交点和转点的测设

路线的各交点(包括起点和终点)是详细测设中线的控制点。一般,先在初测的带状地形图上进行纸上定线,然后实地标定交点位置。

定线测量中,当相邻两交点互不通视或直线较长时,需要在其连线上测定一个或几个点,以便在交点测量转折角和直线量距时作为照准和定线的目标。直线上一般每隔 200～300 m 设一转点,另外,在路线与其他道路交叉处以及路线上需设置桥梁、涵洞等构筑物处,也要设置转点。

1) 交点测设

(1) 根据地物测设交点

如图 11-2 所示,交点 JD_8 的位置已在地形图上选定,在图上量得该点至房屋两角和电杆的距离,在现场用距离交会法测设 JD_8。

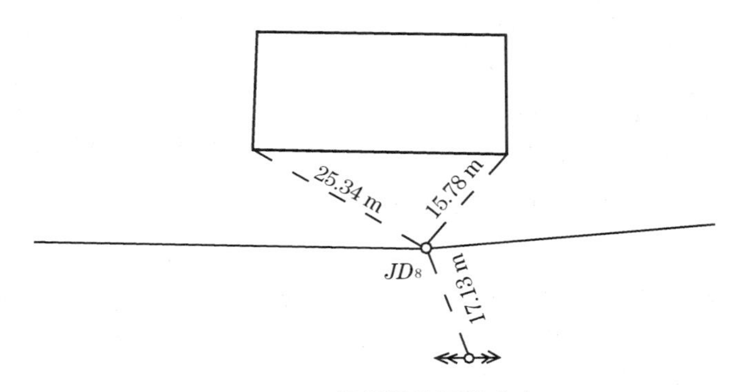

图 11-2　根据地物测设交点

(2) 根据导线点测设交点

按导线点的坐标和交点的设计坐标,计算测设数据,用极坐标法、距离交会法或角度交会法测设交点。如图 11-3 所示,根据导线点 T_5、T_6 和 JD_{11} 三点的坐标,计算出导线边的方位角 α_{56} 和 T_5 至 JD_{11} 的平距 D 和方位角 α,用极坐标法测设 JD_{11}。

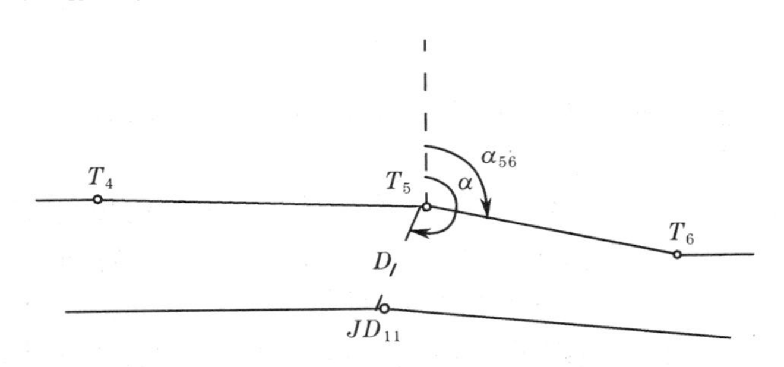

图 11-3　根据导线点测设交点

(3) 穿线法测设交点

穿线法测设交点的步骤是:先测设路线中线的直线段,根据两相邻直线段相交而在实地定出交点。

在图上选定中线上的某些点,如图 11-4 所示的 Q_1、Q_2、Q_3、Q_4,根据邻近地物或导线点量得测设数据，用合适的方法在实地测设这些点。由于图解数据和测设工作中均存在偶然误差，使测设的这些点不严格地在一条直线上。用目估法或经纬仪视准法，定出一条直线，使尽可能靠近这些测设点，这一工作称为穿线。穿线的结果得到中线直线段上的 A、B 点（称为转点）。

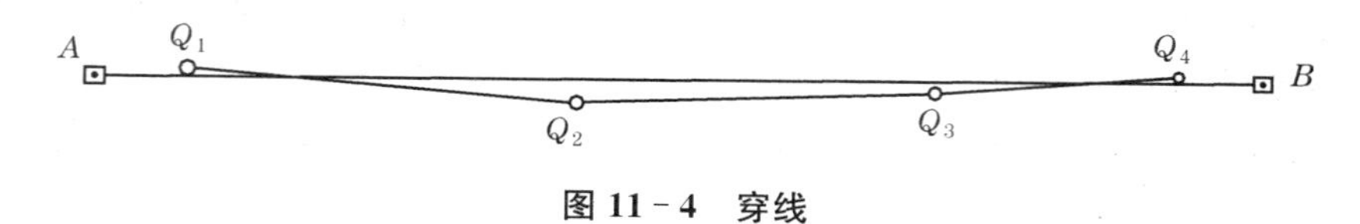

图 11－4　穿线

用同样方法测设另一中线直线段上的 C、D 点，如图 11-5 所示。AB、CD 直线在地面上测设好以后，即可测设交点。将经纬仪安置于 B 点，瞄准 A 点，倒转望远镜，在视线方向上、接近交点 JD 的概略位置前后打下两桩（称为骑马桩）。采用正倒镜分中法在这两桩上定出 a、b 两点，并钉以小钉，拉上细线。将经纬仪搬至 C 点，后视 D 点，同法定出 c、d 点，拉上细线。在两条细线相交处打下木桩，并钉以小钉，得到交点 JD。

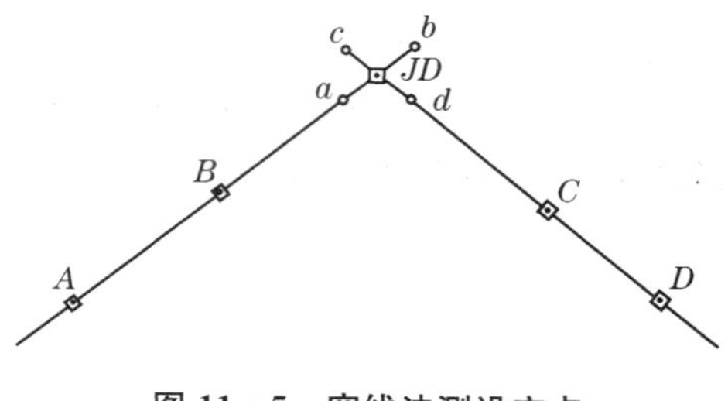

图 11－5　穿线法测设交点

2）转点的测设

当两交点间距离较远但尚能通视或已有转点需要加密时，可采用经纬仪直接定线或经纬仪正倒镜分中法测设转点。当相邻两交点互不通视时，可用下述方法测设转点。

（1）两交点间测设转点

如图 11-6 所示，JD_8、JD_9 为相邻而互不通视的两个交点，ZD'为初定转点。今欲检查 ZD'是否在两交点的连线上，可置经纬仪于 ZD'，用正倒镜分中法延长直线 JD_8—ZD'至 JD_9'。设与 JD_9'的偏差为 f 用视距法测定距离 a、b，则 ZD'应横向移动的距离 e 可按下式计算：

$$e=\frac{a}{a+b}\cdot f \tag{11-1}$$

将 ZD'按 e 值移至 ZD，再将仪器移至 ZD，按上述方法逐渐趋近，直至符合要求为止。

（2）延长线上测设转点

如图 11-7 所示，JD_{10}、JD_{11} 互不通视，可在其延长线上初定转点 ZD'。将经纬仪置于 ZD'，用正、倒镜照准 JD_{10}，并以相同竖盘位置俯视 JD_{11}，得两点后，取其中点得 JD_{11}'。若 JD_{11}'与 JD_{11} 重合或偏差值 f 在容许范围之内，即可将 ZD'作为转点。否则应重设转点，量出 f 值，用视距法测出距离 a、b，则 ZD'应横向移动的距离 e 可按下式计算：

$$e=\frac{a}{a-b}\cdot f \tag{11-2}$$

将 ZD'按 e 值移至 ZD，再将仪器移至 ZD。重复上述方法，直至符合要求为止。

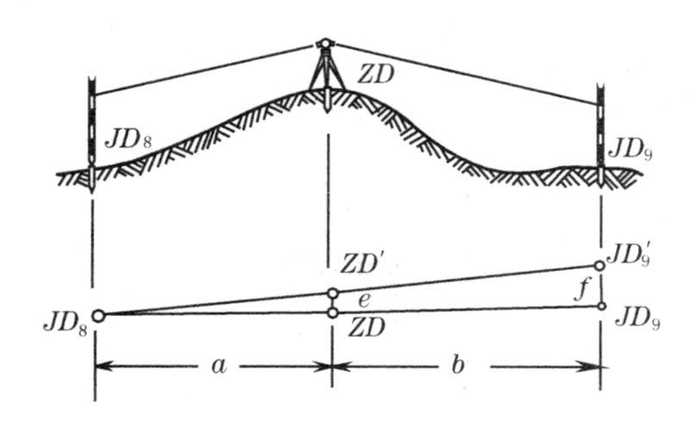

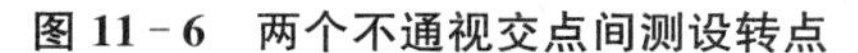

图 11-6　两个不通视交点间测设转点

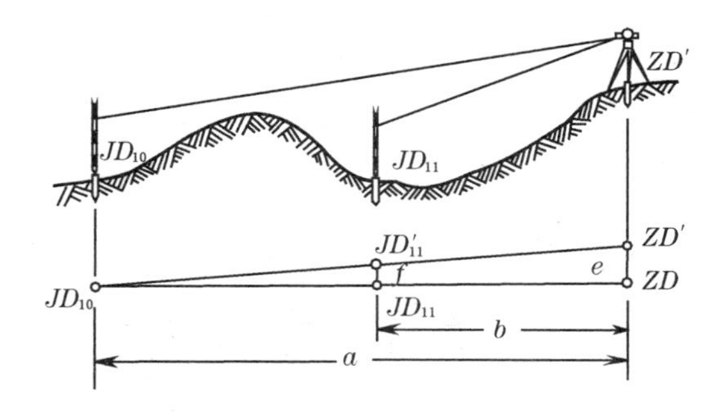

图 11-7　两个不通视交点延长测设转点

11.2.2　路线转折角的测定

在路线的交点上，应根据交点前、后的转点测定路线的转折角，通常测定路线前进方向的右角 β(如图 11-8 所示)，可以用 DJ2 或 DJ6 级经纬仪观测一个测回。按 β 角算出路线交点处的偏角 α。当 $\beta<180°$时为右偏角(路线向右转折)，当 $\beta>180°$时为左偏角(路线向左转折)。左偏角或右偏角按下式计算：

$$\alpha_{右}=180°-\beta \tag{11-3}$$

$$\alpha_{左}=\beta-180° \tag{11-4}$$

在测定 β 角后，测设其分角线方向，定出 C 点(如图 11—9 所示)，打桩标定，以便以后测设道路曲线的中点。

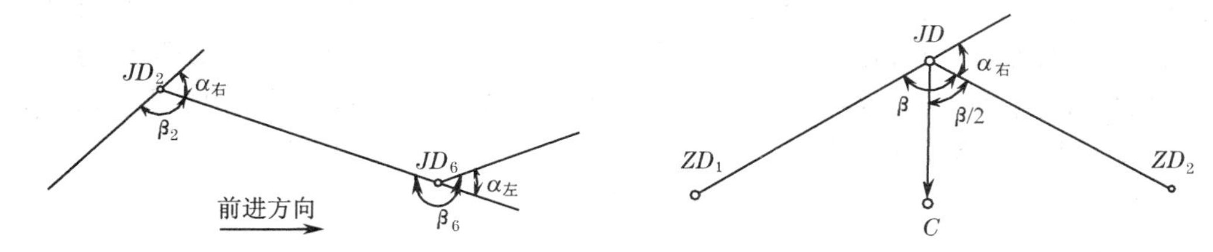

图 11-8　路线的转角和偏角　　图 11-9　测设分角线方向

11.2.3　里程桩的设置

道路中线上设置里程桩的作用是：既标定了路线中线的位置和长度，又是施测路线纵、横断面的依据。设置里程桩的工作主要是定线、量距和打桩。距离测量可以用钢尺或测距仪，等级较低的公路可以用皮尺。

里程桩分为整桩和加桩两种(如图 11-10 所示)，每个桩的桩号表示该桩距路线起点的里程。如某加桩距路线起点的距离为 4 554.8 m，其桩号为 4＋554.8。整桩是由路线起点开始，每隔 20 m 或 50 m(曲线上根据不同的曲线半径 R，每隔 20 m、10 m 或 5 m)设置一桩(如图 11-10(a))。

加桩分为地形加桩、地物加桩、曲线加桩和关系加桩。

地形加桩是指沿中线地面起伏突变处、横向坡度变化处以及天然河沟处等所设置的里程桩。

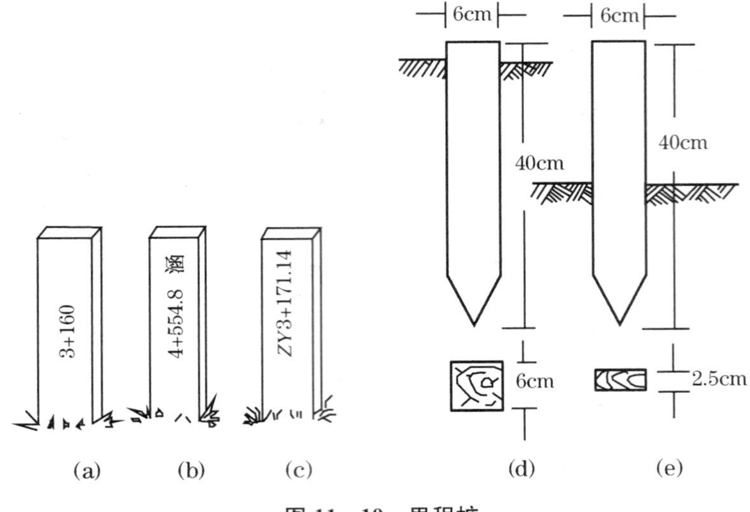

图 11-10 里程桩

地物加桩是指沿中线有人工构筑物的地方(如桥梁、涵洞处,路线与其他公路、铁路、渠道、高压线等交叉处,拆迁建筑物处,以及土壤地质变化处)加设的里程桩。(如图 11-10(b))

曲线加桩是指曲线上设置的主点桩,如圆曲线起点(简称直圆点 ZY)、圆曲线中点(简称曲中点 QZ)、圆曲线终点(简称圆直点 YZ),分别以汉语拼音缩写为代号。(如图 11-10(c))

关系加桩是指路线上的转点(ZD)桩和交点(JD)桩。

在钉桩时对于交点桩、转点桩、距路线起点每隔 500 m 处的整桩、重要地物加桩(如桥、隧位置桩)以及曲线主点桩,均打下断面为 6 cm×6 cm 的方桩(如图 11-10(d)),桩顶钉以中心钉,桩顶露出地面约 2 cm,并在其旁边钉一指示桩(如图 11-10(e)为指示交点桩的板桩)。交点桩的指示桩应钉在曲线圆心和交点连线外离交点约 20 cm 处,字面朝向交点。曲线主点的指示桩字面朝向曲线圆心。其余的里程桩一般使用板桩,一半露出地面,以便书写桩号,字面一律背向路线前进的方向。

11.3 道路曲线测设

11.3.1 圆曲线的测设

当路线由一个方向转到另一个方向时,必须用曲线来连接。曲线的形式较多,其中,圆曲线(又称单曲线)是最基本的一种平面曲线。如图 11-11 所示,偏角 α 根据所测右角(或左角)计算;圆曲线半径 R 根据地形条件和工程要求选定。根据 α 和 R 可以计算其他各个元素。

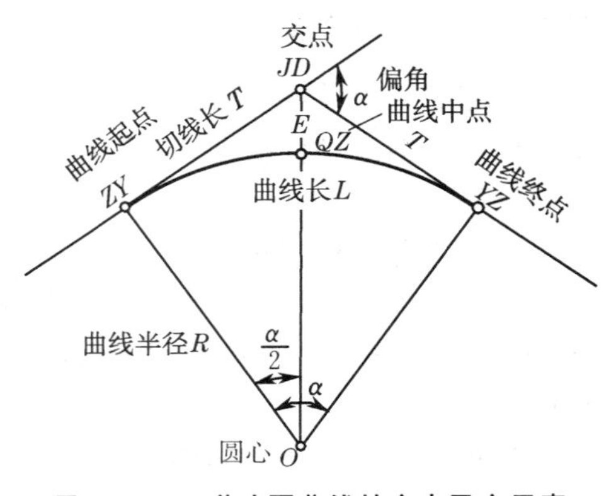

图 11-11 道路圆曲线的主点及主元素

圆曲线的测设分为两步进行,先测设曲线上起控制作用的主点(ZY、QZ、YZ);依据主点测设曲线上每隔一定距离的里程桩，详细地标定曲线位置。

1）圆曲线主点测设

（1）主点测设元素计算

为了在实地测设圆曲线的主点，需要知道切线长 T、曲线长 L 及外矢距 E，这些元素称为主点测设元素，从图 11-11 可以看出，若 α 和 R 已知，则主点测设元素的计算公式为

切线长 $$T=R\tan\frac{\alpha}{2} \tag{11-5}$$

曲线长 $$L=R\frac{\pi\alpha}{180} \tag{11-6}$$

外矢距 $$E=R\left(\sec\frac{\alpha}{2}-1\right)=R\left(\frac{1}{\cos\frac{\alpha}{2}}-1\right) \tag{11-7}$$

切曲差 $$J=2T-L \tag{11-8}$$

【例 11-1】 已知 JD 的桩号为 2+380.89，偏角 $\alpha=23°20'$（右偏），设计圆曲线半径 $R=$ 200 m，求各测设元素。

解： $T=200\tan\frac{23°20'}{2}=41.30(\text{m})$

$$L=200\times23.3333\times\frac{\pi}{180}=81.45(\text{m})$$

$$E=200\left(\frac{1}{\cos\frac{23°20'}{2}}-1\right)=4.22(\text{m})$$

$$J=2\times41.30-81.45=1.15(\text{m})$$

（2）主点桩号计算

由于道路中线不经过交点，所以，圆曲线中点和终点的桩号，必须从圆曲线起点的桩号沿曲线长度推算而得。而交点桩的里程已由中线丈量获得，因此，可根据交点的里程桩号及圆曲线测设元素计算出各主点的里程桩号。主点桩号计算公式为

$$\begin{cases} ZY\text{ 桩号}=JD\text{ 桩号}-T \\ QZ\text{ 桩号}=ZY\text{ 桩号}+\frac{L}{2} \\ YZ\text{ 桩号}=QZ\text{ 桩号}+\frac{L}{2} \end{cases} \tag{11-9}$$

为了避免计算中的错误，可用下式进行计算检核：

$$YZ\text{ 桩号}=JD\text{ 桩号}+T-J \tag{11-10}$$

用例 11－1 的测设元素及 JD 桩号 2+380.89 按式(11-9)算得

ZY 桩号：2+380.89−41.30=2+339.59

QZ 桩号：2+339.59+40.725=2+380.315

YZ 桩号：2+380.315+40.725=2+421.04

检核计算：按式(11-10)算得

YZ 桩号$=2+380.89+41.30-1.15=2+421.04$

两次算得 YZ 的桩号相等，说明计算正确。

(3) 主点的测设

① 测设曲线起点(ZY)

置经纬仪于 JD，后视相邻交点或转点方向，自 JD 沿经纬仪指示方向量切线长 T，打下曲线起点桩。

② 测设曲线终点(YZ)

经纬仪照准前视相邻交点或转点方向，自 JD 沿经纬仪指示方向量切线长 T，打下曲线终点桩。

③ 测设曲线中点(QZ)

沿测定路线转折角时所定的分角线方向(曲线中点方向)，量外矢距 E，打下曲线中点桩。

2) 圆曲线详细测设

一般情况下，当地形变化不大、曲线长度小于 40 m 时，测设曲线的三个主点已能满足设计和施工的需要。如果曲线较长、地形变化大，则除了测定三个主点以外，还需要按照一定的桩距 l，在曲线上测设整桩和加桩，这一过程称为圆曲线的详细测设。

圆曲线详细测设的方法很多。下面介绍几种常用的方法。

(1) 偏角法

① 测设数据计算

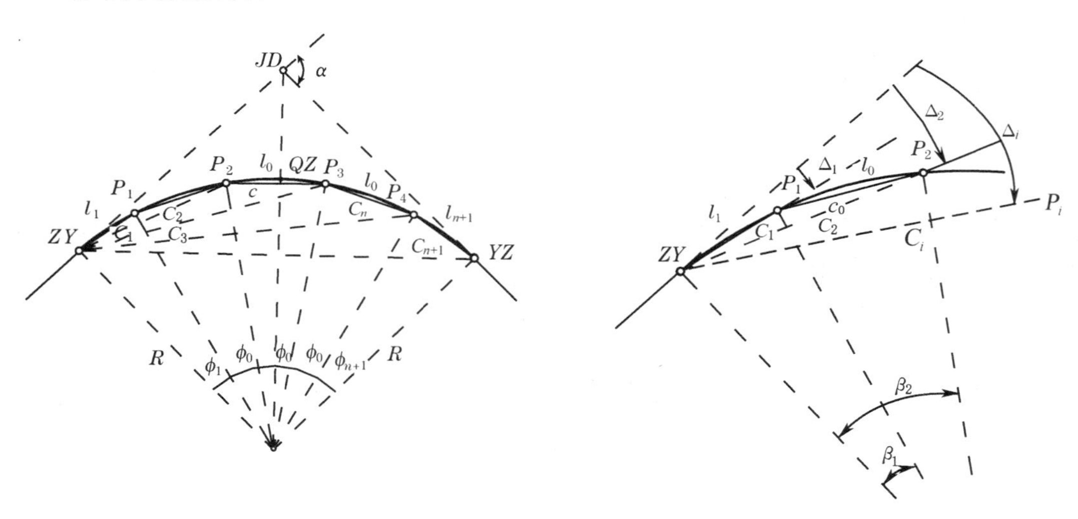

图 11-12 偏角法测设圆曲线细部点

用偏角法测设圆曲线上的细部点是以曲线起点(或终点)作为测站，计算出测站至曲线上任一细部点 P_i 的弦线与切线的夹角——弦切角 Δ_i(称为偏角)和弦长 C_i 或相邻细部点的弦长 c，据此确定 P_i 点的位置，如图 11-12 所示。曲线上的细部点即曲线上的里程桩，一般按曲线半径 R 规定弧长为 l_0 的整桩。l_0 一般规定为 5 m、10 m 和 20 m，R 越小，l_0 也越小。设 P_1 为曲线上的第一个整桩，它与曲线起点(ZY)间弧长为 l_1($l_1 < l_0$)，以后 P_1 与 P_2，P_2

与 P_3……间的弧长都是 l_0。曲线最后一个整桩 P_n 与曲线终点(YZ)间的弧长为 l_{n+1}。设 l_1 所对圆心角为 ϕ_1，l_0 所对圆心角为 ϕ_0，l_{n+1} 所对圆心角为 ϕ_{n+1}，ϕ_1、ϕ_0、ϕ_{n+1} 按下列各式计算(单位为度)：

$$\phi_1=\frac{l_1}{R}\cdot\frac{180}{\pi} \tag{11-11}$$

$$\phi_0=\frac{l_0}{R}\cdot\frac{180}{\pi} \tag{11-12}$$

$$\phi_{n+1}=\frac{l_{n+1}}{R}\cdot\frac{180}{\pi} \tag{11-13}$$

所有 ϕ 角之和应等于路线的偏角，可以作为计算的检核：

$$\phi_1+(n-1)\phi_0+\phi_{n+1}=\alpha \tag{11-14}$$

根据弦切角为同弧所对圆心角之半的定理，可以用下列公式计算曲线起点至 P_i 点的偏角为

$$\Delta_i=\frac{1}{2}\beta_i \tag{11-15}$$

曲线起点至 P_i 点的弦长为

$$C_i=2R\sin\Delta_i \tag{11-16}$$

圆曲线上相邻细部的弦长 c 与弧长 l 的长度差 δ，即弦弧差，可用下式计算：

$$\delta=l-2R\sin\frac{l}{2R} \tag{11-17}$$

由于道路圆曲线半径较大，相邻细部点弧较小，因此，$l/2R$ 为一个微小的比值，由正弦函数的级数展开式：

$$\sin x=x-\frac{x^3}{3!}+\frac{x^5}{5!}-\frac{x^7}{7!}+\cdots$$

取前两项，得弦弧差实用计算公式：

$$\delta=\frac{l^3}{24R^2} \tag{11-18}$$

【例 11-2】 按图 11-12 中圆曲线元素($\alpha=40°20'$，$R=120$ m)和交点 JD 桩号，计算该圆曲线的偏角法测设数据。

解：计算结果列于表 11-1。

表 11-1　圆曲线细部点偏角法测设数据(R=120 m)

曲线里程桩号	相邻桩点弧长 l(m)	偏角 Δ	弦长 C(m)	相邻桩点弦长 c(m)
ZY　3+091.05		0° 00′ 00″	0	
P_1　3+100	8.95	2° 08′ 12″	8.95	8.95
P_2　3+120	20.00	6° 54′ 41″	28.95	19.98

续　表 11-1

曲线里程桩号	相邻桩点弧长 l(m)	偏角 Δ	弦长 C(m)	相邻桩点弦长 c(m)
P_3　3+140	20.00	11° 41′ 10″	48.61	19.98
P_4　3+160	20.00	16° 27′ 39″	68.01	19.98
YZ　3+175.52	15.52	20° 10′ 00″	82.74	15.51
QZ　3+133.29		10° 05′ 00″	42.02	

② 测设方法

用偏角法测设圆曲线的细部点，因测设距离的方法不同，可分为长弦偏角法和短弦偏角法两种。前者测设测站至细部点的距离（长弦），适合于用经纬仪加测距仪（或用全站仪）；后者测设相邻细部点之间的距离（短弦），适合于用经纬仪加钢尺。

仍按图 11-12，具体测设步骤如下：

a. 安置经纬仪（或全站仪）于曲线起点（ZY）上，瞄准交点（JD），使水平度盘读数设置为 00°00′00″；

b. 水平转动照准部，使度盘读数为 $\Delta_1=2°08'12''$，沿此方向测设弦长 $C_1=8.95$ m，定出 P_1 点；

c. 再水平转动照准部，使度盘读数为 $\Delta_2=6°54'41''$，沿此方向测设长弦 $C_2=28.95$ m，定出 P_2 点；或从 P_1 点测设短弦 $c_0=19.88$ m，与偏角 Δ_2 的方向线相交而定出 P_2 点，以此类推，测设 P_3、P_4 点；

d. 测设至曲线终点（YZ）作为检核：水平转动照准部，使度盘读数为 $\Delta_{YZ}=20°10'00''$，在方向上测设长弦 $C_{YZ}=82.74$ m，或从 P_4 测设短弦 $c_{n+1}=15.51$ m，定出一点。此点如果与 YZ 不重合，其闭合差一般应按如下要求：半径方向（路线横向）：不超过 ±0.1 m；切线方向（路线纵向）：不超过 $\pm L/1\,000$（L 为曲线长）。

(2) 切线支距法（直角坐标法）

切线支距法是以曲线起点 ZY（或终点 YZ）为独立坐标系的原点，如图 11-13 所示，切线为 X 轴，通过原点的半径方向为 Y 轴，根据独立坐标系中的坐标（x_i，y_i）测设曲线上的各细部点 P_i。

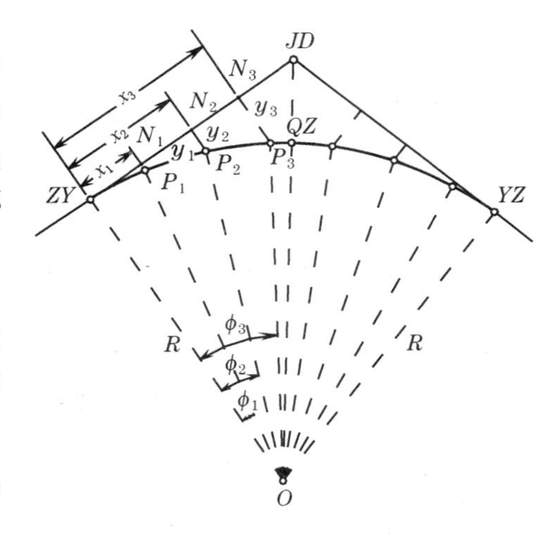

图 11-13　切线支距法测设圆曲线细部点

① 测设数据计算

如图 11-13 所示，设圆曲线起点至前半条曲线上各点 P_i 间的弧长为 l_i，所对圆心角为 ϕ_i，曲线半径为 R。则 P_i 的坐标可按下式计算：

$$\phi_i=\frac{l_i}{R}\cdot\frac{180}{\pi} \tag{11-19}$$

$$\begin{cases}x_i=R\cdot\sin\phi_i\\ y_i=R(1-\cos\phi_i)\end{cases} \tag{11-20}$$

【例 11-3】　按例 11-2 中的曲线元素（$\alpha=40°20'$，$R=120$ m）及交点桩号，$l_0=20$ m，用

上列公式计算圆曲线细部点切线支距法测设数据。

解：计算结果列于表 11－2。

表 11－2　圆曲线细部点切线支距法测设数据（R＝120 m）

曲线里程桩号	各桩点至 ZY 或 YZ 点的曲线长 l_i(m)	纵距 x(m)	横距 y(m)	相邻桩点间的弧长 l(m)	相邻桩点间的弦长 c(m)
ZY　3＋091.05	0.00	0.00	0.00		
P_1　3＋100.00	8.95	8.94	0.33	8.95	8.95
P_2　3＋120.00	28.95	28.67	3.48	20.00	19.98
QZ　3＋133.28	42.23	41.36	7.35	13.28	13.27
YZ　3＋175.52	0.00	0.00	0.00		
P_1'　3＋160	15.52	15.48	1.00	15.52	15.51
P_2'　3＋140	35.52	35.00	5.22	20.00	19.98
QZ　3＋133.28	42.24	41.37	7.36	6.72	6.72

② 测设方法

用切线支距法测设圆曲线细部点的步骤如下：

a. 用钢尺从 ZY 点（或 YZ 点）沿切线方向量取 x_1，x_2，… 纵距，得垂足点 N_1，N_2，…，用测钎在地面作标记；

b. 在垂足点上作切线的垂直线，分别沿垂直线方向用钢尺量出 y_1，y_2，… 横距，定出曲线上各细部点。

用此法测设的 QZ 点应与曲线主点测设时所定 QZ 点相符，作为检核。

（3）极坐标法

用极坐标法测设圆曲线的细部点是用全站仪进行路线测量的最合适的方法。仪器可以安置在任何控制点上，包括路线上的交点、转点等已知坐标的点，其测设的速度快、精度高。如图 11-14 所示，仪器安置于曲线的起点（ZY）后视切线方向，拨出偏角后，在仪器的视线方向上测设出弦长 C_i，即得放样点 P_i。偏角及弦长计算方法与偏角法相同。

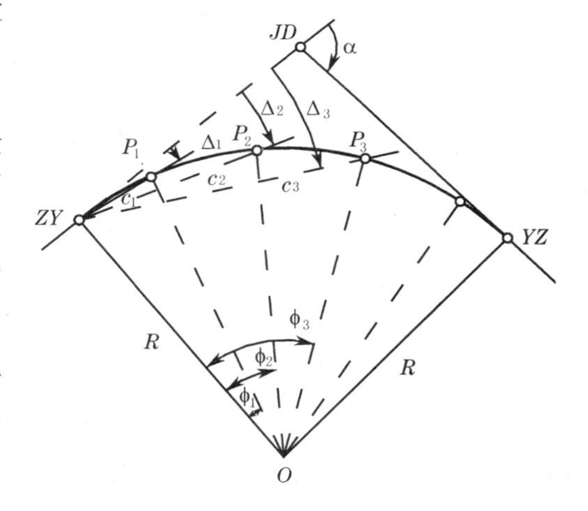

图 11－14　极坐标法测设圆曲线细部点

3）测设圆曲线遇障碍时的测量方法

在圆曲线测设时，往往由于地形复杂、地物障碍等影响，使圆曲线的主点或细部点测设所阻，不能按一般方法进行，此时，必须根据现场情况具体解决。下面介绍测设遇障碍时的测量方法。

（1）虚交点法测设圆曲线主点

如图 11-15 所示，在地形复杂地段，路线交点 JD 位于河流、深谷，此时，可用另外两个转折点 A、B 来代替，形成所谓虚交点 P。

设虚交点 P 落入河中，为此在设置曲线的外侧沿切线方向选择两个辅助点 A、B。在 A、B 点分别安置经纬仪，测出偏角 α_a、α_b，并用钢尺或测距仪测量 AB 的长度。

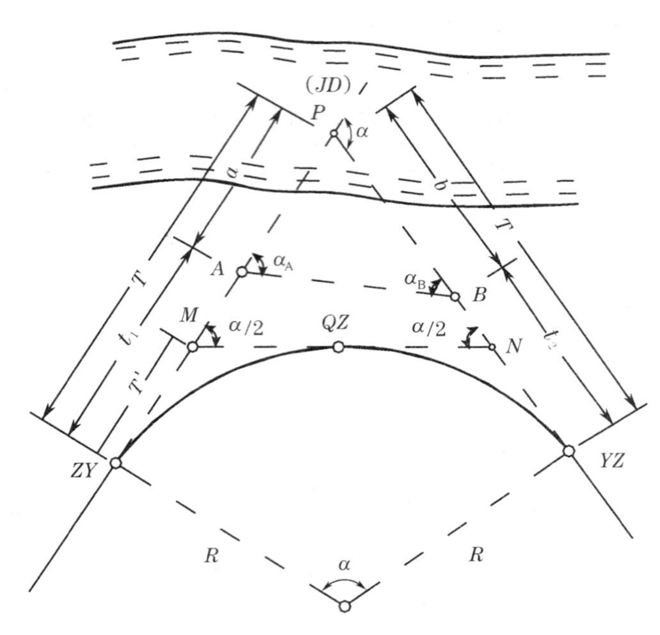

图 11-15　虚交点法测设圆曲线主点

根据辅助点 A、B 与虚交点 P 构成的△ABP 的边角关系，可以得到路线偏角 α 及三角形中边长 a、b 的计算式：

$$\alpha=\alpha_A+\alpha_B \tag{11-21}$$

$$a=AB\,\frac{\sin\alpha_B}{\sin\alpha} \tag{11-22}$$

$$b=AB\,\frac{\sin\alpha_A}{\sin\alpha} \tag{11-23}$$

根据算得的路线偏角 α 和设计的圆曲线半径 R，可以算得切线长 T 和曲线长 L。由 a、b、T 可按下式计算辅助点 A、B 离曲线起点、终点的距离 t_1 和 t_2：

$$\begin{cases} t_1=T-a \\ t_2=T-b \end{cases} \tag{11-24}$$

在切线方向上量 t_1 和 t_2，可测设曲线的起点和终点。曲线中点 QZ 的测设可采用"中点切线法"，设曲线中点的切线交起点、终点的切线于 M、N 点，由于∠PMN＝∠PNM＝α/2，则

$$T'=R\tan\frac{\alpha}{4} \tag{11-25}$$

从 ZY、YZ 点分别沿切线方向量 T′长度，得到 M、N 点，取 MN 的中点，即为曲线中点 QZ。

(2) 偏角法测设圆曲线细部点

① 偏角法视线受阻

如图 11-16 所示，欲从曲线起点 A 测设 P_4 时，视线遇障碍。此时，可用下述两种方法

解决：

a. 按对同一圆弧段两端的弦切角（即偏角）相等的原理测设。可将仪器搬至 P_3 点，以度盘读数 00°00′00″后视 A 点，倒镜，使度盘读数为 P_4 点的偏角值 Δ_4，则视线方向即为 P_3P_4 方向，由 P_3 点沿 P_3P_4 方向量出其弦长 c_0，即能定出 P_4 点。此后仍用原数据按短弦偏角法测设曲线上其他各点，不必另算偏角值。

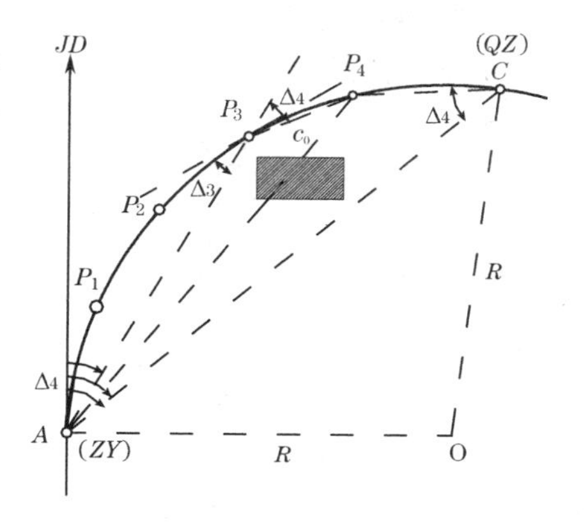

图 11－16　偏角法视线受阻

b. 按同一圆弧段的弦切角和圆周角相等的原理测设。当 P_3 点不便安置仪器时，则可把仪器安置于曲线中点 C，以度盘读数 00°00′00″后视 A 点，转动照准部，使度盘读数为 P_4 点原来计算的偏角值 Δ_4，得 CP_4 方向，再由 P_3 点量出其相应的弦长 c_0，与视线相交，即得 P_4 点。同理，可使度盘读数依次为其他各点的原偏角值，使其视线与其相应的弦长相交，可得其他各点。

② 偏角法量距受阻

如图 11-17 所示，在曲线细部 P_2P_3 点间有障碍物，不能测设 P_2P_3 的弦长。此时，可以改用长弦偏角法，测设测站 A 点至 P_3 点的距离 C_3；或改为测设 P_1P_3 间的距离 C_{13}，C_{13}可用下式计算：

$$C_{13}=2R\sin(\Delta_3-\Delta_1) \tag{11-26}$$

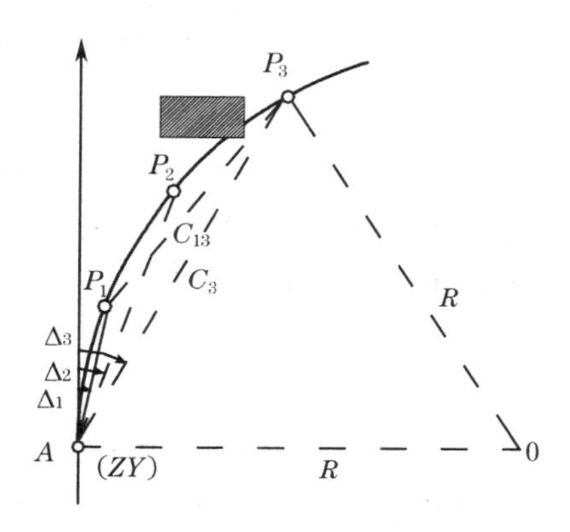

图 11－17　偏角法量距受阻

11.3.2　缓和曲线的测设

车辆从直线驶入圆曲线将产生惯性离心力，由于惯性离心力的作用，车辆将向曲线外侧倾倒。为了减小惯性离心力的影响，使行车安全和舒适，曲线的路面要做成外侧高、内侧低、呈单向横坡的形式，即弯道超高。超高不能在直线进入曲线段或曲线进入直线段突然出现或消失，使路面出现台阶引起车辆震动，因此超高必须在一段距离内逐渐增加或减少，即在直线与圆曲线之间插入一段半径由无穷大逐渐减小至圆曲线半径 R 的曲线，这种曲线称为缓和曲线。

我国《公路工程技术标准》中规定：当平曲线半径小于不设超高的最小半径时，应设缓和曲线。四等公路可不设缓和曲线，缓和曲线一般采用螺旋线，其长度应根据相应等级的行车速度求算，并应大于表 11-3 中的规定。

表 11－3　缓和曲线长度设置

公路等级	高速公路		一		二		三		四	
地形	平原微丘	山岭重丘	平原微丘	山岭重丘	平原微丘	山岭重丘	平原微丘	山岭重丘	平原微丘	山岭重丘
缓和曲线长度(m)	100	70	85	50	70	35	50	25	35	20

1）缓和曲线公式

（1）基本公式

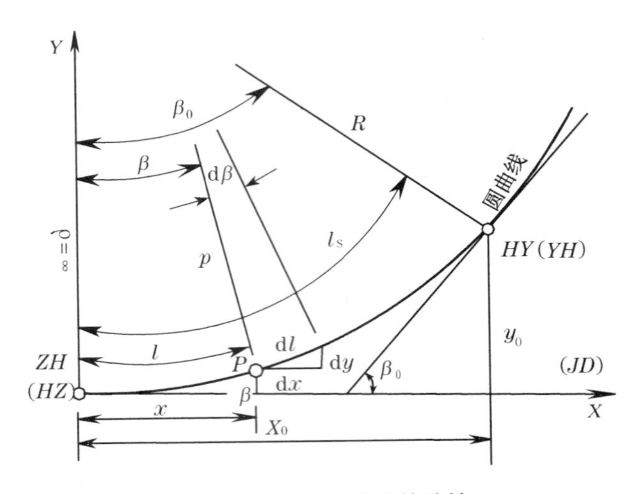

图 11－18　缓和曲线的特性

如图 11-18 所示，螺旋线是曲率半径随曲线长度的增大而成反比地均匀减小的曲线，即在螺旋线上任一点的曲率半径 ρ 与曲线的长度 l 成反比，可用下式表示为

$$\rho=\frac{c}{l} \tag{11-27}$$

式中：c——常数，表示为缓和曲线变化率。

缓和曲线的终点至起点的曲线长度记为 l_s，当 l 为缓和曲线全长时，缓和曲线的曲率半径等于圆曲线半径 R，故

$$c=Rl_s \tag{11-28}$$

（2）切线角公式

缓和曲线上任一点 P 处的切线与过起点切线的交角 β 称为切线角，切线角与缓和曲线上任一点的弧长所对的中心角相等，在 P 处取一微分段 $\mathrm{d}l$ 所对应的中心角为 $\mathrm{d}\beta$，则

$$\mathrm{d}\beta=\frac{\mathrm{d}l}{\rho}=\frac{l\mathrm{d}l}{c}$$

积分得

$$\beta=\frac{l^2}{2c}=\frac{l^2}{2Rl_s} \tag{11-29}$$

当 $l=l_s$ 时，则缓和曲线全长所对应中心角即切线角 β_0，有

$$\beta_0=\frac{l_s}{2R}$$

以角度表示则为

$$\beta_0=\frac{l_s}{2R}\cdot\frac{180}{\pi} \tag{11-30}$$

(3) 参数方程

如图 11-18 所示，设 ZH 点为坐标原点，过 ZH 点的切线为 X 轴，半径为 Y 轴，任一点 P 的坐标为(x, y)，则微分弧段 dl 在坐标轴上的投影为

$$\begin{cases} dx=dl\cos\beta \\ dy=dl\sin\beta \end{cases} \tag{11-31}$$

将式(11-31)中的 $\cos\beta$、$\sin\beta$ 按级数展开，并将式(11-29)代入，积分，略去高次项得

$$\begin{cases} x=l-\dfrac{l^5}{40R^2 l_s^2} \\ y=\dfrac{l^3}{6Rl_s} \end{cases} \tag{11-32}$$

式(11-32)称为缓和曲线参数方程。

当 $l=l_s$ 时，得到缓和曲线终点坐标

$$\begin{cases} x_0=l_s-\dfrac{l_s^3}{40R^2} \\ y_0=\dfrac{l_s^2}{6R} \end{cases} \tag{11-33}$$

2) 缓和曲线主点测设

(1) 内移值 p 与切线增值 q 计算

如图 11-19 所示，当圆曲线加设缓和曲线后，为使缓和曲线起点位于切线上，必须将圆曲线向内移动一段距离 p，这时曲线发生变化，使切线增长距离 q，圆曲线弧长变短为$\overset{\frown}{CMD}$，由图知

$$\begin{cases} p=y_0-R(1-\cos\beta_0) \\ q=x_0-R\sin\beta_0 \end{cases} \tag{11-34}$$

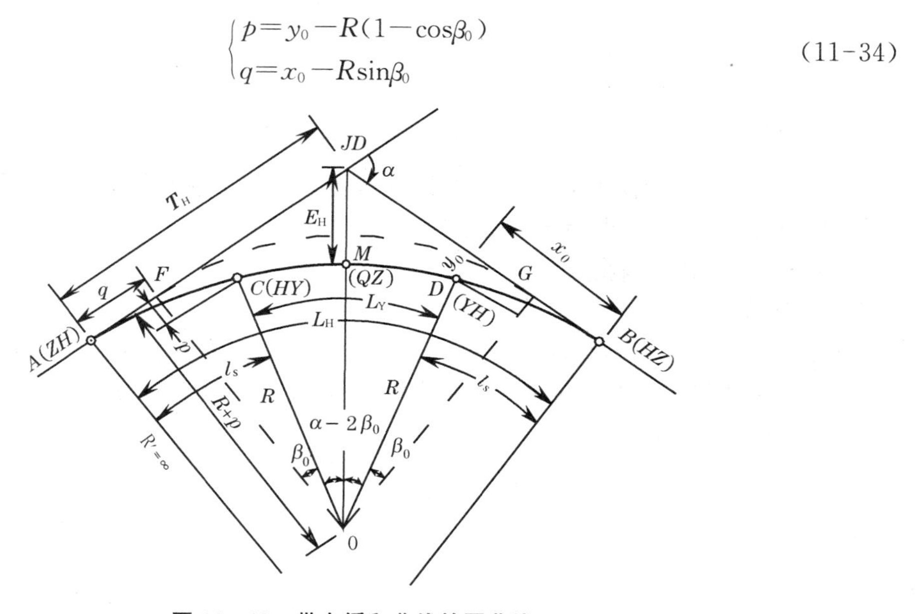

图 11－19　带有缓和曲线的圆曲线

将 $\cos\beta_0$、$\sin\beta_0$ 按级数展开，略去高次项，并将 β_0、x_0、y_0 值代入，得

$$\begin{cases} p=\dfrac{l_s^2}{24R} \\ q=\dfrac{l_s}{2}-\dfrac{l_s^3}{240R^2} \end{cases} \tag{11-35}$$

(2) 测设元素的计算

在圆曲线上增设缓和曲线后，要将圆曲线和缓和曲线作为一个整体考虑，如图 11-19 所示，其测设元素如下：

切线长 $$T_H=(R+p)\tan\frac{\alpha}{2}+q \tag{11-36}$$

曲线长 $$L_H=R(\alpha-2\beta_0)\frac{\pi}{180}+2l_s \tag{11-37}$$

外矢距 $$E_H=(R-p)\sec\frac{\alpha}{2}-R \tag{11-38}$$

切曲差 $$D_H=2T_H-L_H \tag{11-39}$$

当 α 已知，R、l_s 选定后，即可根据以上公式计算曲线元素。

(3) 主点里程计算与测设

根据已知交点里程(用 JD 表示)和曲线的元素值，即可按下列程序计算各主点里程：

ZH 同时表示直缓点里程： $$ZH=JD-T_H \tag{11-40}$$

HY 同时表示缓圆点里程： $$HY=ZH+l_s \tag{11-41}$$

QZ 同时表示曲中点里程： $$QZ=HZ-\frac{L_H}{2} \tag{11-42}$$

YH 同时表示圆缓点里程： $$YH=HY+L_Y \tag{11-43}$$

HZ 同时表示缓直点里程： $$HZ=YH+l_s \tag{11-44}$$

而 $$JD=QZ+\frac{D_H}{2}\text{可作校核之用} \tag{11-45}$$

主点 ZH、HZ、QZ 的测设方法与圆曲线主点测设方法相同，HY、YH 点是根据缓和曲线终点坐标(x_0, y_0)用切线支距法或极坐标法测设。

3) 缓和曲线的细部测设

(1) 切线支距法

切线支距法是以 ZH 点或 HZ 点为坐标原点，以过原点的切线为 x 轴、过原点的半径为 y 轴，利用缓和曲线段和圆曲线段上的各点坐标(x, y)测设曲线。如图 11-20 所示，缓和曲线上各点坐标可按下式计算：

$$\begin{cases} x=l-\dfrac{l^5}{40R^2 l_s^2} \\ y=\dfrac{l^3}{6Rl_s} \end{cases} \tag{11-46}$$

而圆曲线上各点坐标的计算，因坐标原点是缓和曲线的起点，故应先求出以圆曲线起点

为原点的坐标(x', y'),再分别加上 p、q 值,即可得到以 ZH 点为原点的圆曲线上任一点的坐标如下:

$$\begin{cases} x=x'+q=R\sin\phi+q \\ y=y'+p=R(1-\cos\phi)+p \end{cases} \tag{11-47}$$

式中:ϕ——该点至圆曲线起点的曲线长 l(为圆曲线部分长度)所对应的圆心角。

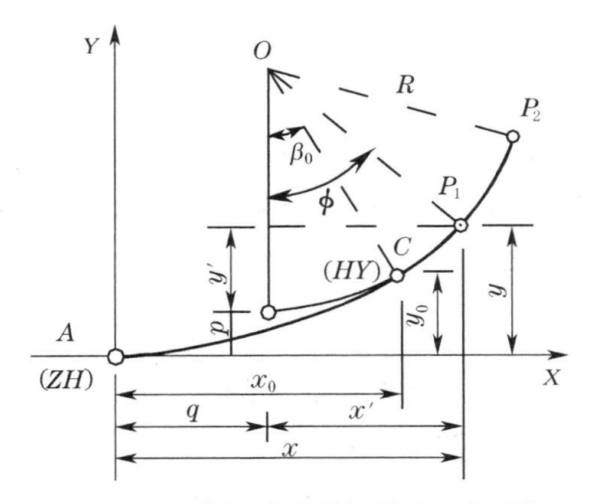

图 11-20 缓和曲线的切线支距法测设

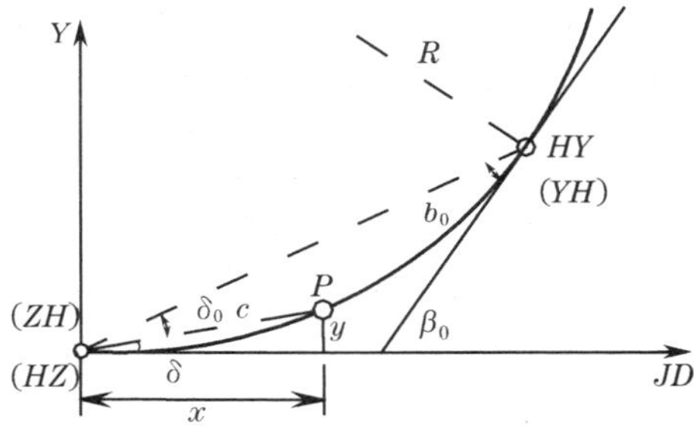

图 11-21 缓和曲线的偏角法测设

缓和曲线和圆曲线上各点的坐标值,均可在曲线测设用表中查取。曲线上各点的测设方法与圆曲线切线支距法相同。

(2) 偏角法

偏角可分为缓和曲线上的偏角与圆曲线上的偏角两部分进行计算,如图 11-21 所示,若从缓和曲线 ZH 或 HZ 点开始测设,并按弧长 l 等分缓和曲线(一般 l 为 10 m 或 20 m),则曲线上任一分点 i 与 ZH 的连线相对于切线的偏角 δ_i 计算如下,因 δ_i 较小,则

$$\delta_i=\tan\delta_i=\frac{y_i}{x_i} \tag{11-48}$$

将曲线方程(11-46)中 x、y 代入上式得(取第一项)

$$\delta=\frac{l^2}{6Rl_s} \tag{11-49}$$

HY 或 YH 点的偏角 δ_0 为缓和曲线的总偏角。将 $l=l_s$ 代入式(11-49)得

$$\delta_0=\frac{l_s}{6R} \tag{11-50}$$

因为 $\beta_0=\dfrac{l_s}{2R}$,则

$$\delta_0=\frac{1}{3}\beta_0 \tag{11-51}$$

将式(11-49)与式(11-50) 相比得

$$\delta=\left(\frac{l}{l_s}\right)^2\delta_0 \tag{11-52}$$

由式(11-52)可知,缓和曲线上任一点的偏角,与该点至缓和曲线起点的曲线长的平方

成正比。

由图 11-21 可知

$$b_0=\beta_0-\delta_0=3\delta_0-\delta_0=2\delta_0 \tag{11-53}$$

测设圆曲线部分时,如图 11-21 所示,将经纬仪置于 HY 点,后视 ZH 点且使水平度盘读数为 b_0(当路线为右转时,改用 $360°-b_0$),然后逆时针转动仪器,当读数为 00°00′00″时,视线方向即为 HY 点切线方向,倒镜后即可按偏角法测设圆曲线。

11.3.3 竖曲线的测设

在设计路线纵坡的变更处,考虑行车的视距要求和行车的平稳,在竖直面内用圆曲线连接起来,这种曲线称为竖曲线。如图 11-22 所示,路线上三条相邻的纵坡 i_1(+)、i_2(-)、i_3(+)、在 i_1 和 i_2 之间设置凸形竖曲线;在 i_2 和 i_3 之间设置凹形竖曲线。

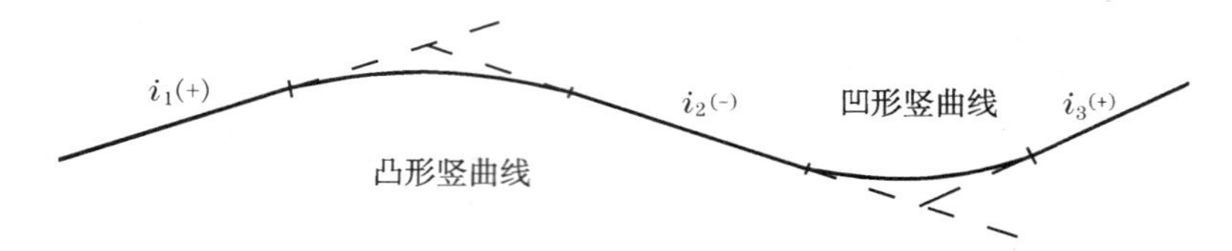

图 11-22 竖曲线

测设竖曲线时,根据路线纵断面图设计中所设计的竖曲线半径 R 和相邻坡道的坡度 i_1、i_2,计算测设数据。如图 11-23 所示,竖曲线元素的计算可用平曲线的计算公式:

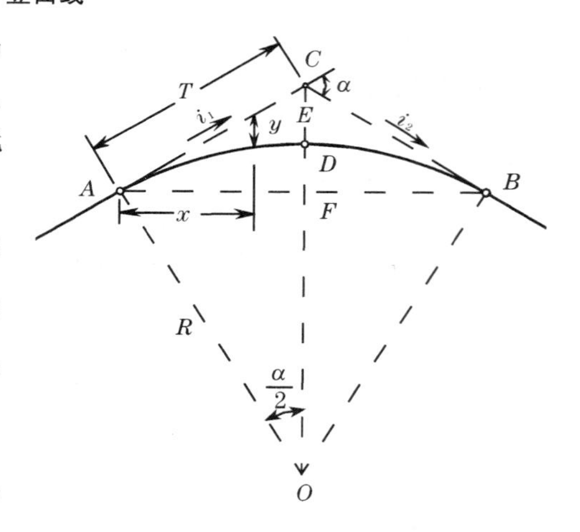

图 11-23 竖曲线测设元素

切线长 $T=R\tan\frac{\alpha}{2}$ (11-54)

曲线长 $L=R\alpha$ (11-55)

外矢距 $E=R\left(\sec\frac{\alpha}{2}-1\right)$ (11-56)

由于竖曲线的转角 α 很小,计算可简化为

$$\alpha=i_1-i_2 \tag{11-57}$$

而竖曲线的设计半径 R 又较大,因此,竖曲线测设元素也可以用下列近似公式计算:

$$T=\frac{1}{2}R(i_1-i_2) \tag{11-58}$$

$$L=R(i_1-i_2) \tag{11-59}$$

$$E=\frac{T^2}{2R} \tag{11-60}$$

同理可导出竖曲线中间各点按直角坐标法测设的 y_i(即竖曲线上的标高改正值)计算公式:

$$y_i=\frac{x_i^2}{2R} \tag{11-61}$$

上式中的 y_i 值在凹形竖曲线中为正号，在凸形竖曲线中为负号。

【例 11-4】 设 $i_1=-1.114\%$，$i_2=+0.154\%$，为凹形竖曲线，变坡点的桩号为 $K2+670$，高程为 48.60 m，欲设置 $R=5\,000$ m 的竖曲线，求各测设元素、起点、终点的桩号和高程、曲线上每 10 m 间距里程桩的标高改正数和设计高程。

解： 按上列公式求得

$T=31.70$(m)，$L=63.40$(m)，$E=0.10$(m)

起点桩号：$K2+(670-31.70)=K2+638.30$

终点桩号：$K2+(638.3+63.40)=K2+701.70$

起点坡道高程：$48.60+31.7\times1.114\%=48.95$(m)

终点坡道高程：$48.60+31.7\times0.154\%=48.65$(m)

按 $R=5\,000$ m 和相应的桩距 x_i，即可求得竖曲线上各桩的标高改正数 y_i，计算结果列于表 11-4。

表 11-4 竖曲线各桩点高程计算

桩 号		至竖曲线起点或终点的平距 x_i(m)	高程值 y_i(m)	坡道高程(m)	竖曲线高程(m)	备 注
起点	$K2+638.3$	0.0	0.00	48.95	48.95	
	$K2+650$	11.7	0.01	48.83	48.84	
	$K2+660$	21.7	0.05	48.71	48.76	
变坡点	$K2+670$	31.7	0.10	48.60	48.70	
	$K2+680$	21.7	0.05	48.62	48.67	
	$K2+690$	11.7	0.01	48.63	48.64	
终点	$K2+701.7$	0.0	0.00	48.65	48.65	

竖曲线起点、终点的测设方法与圆曲线相同，而竖曲线上辅点的测设，实质上是在曲线范围内的里程桩上测出竖曲线的高程。因此，实际工作中，测设竖曲线都与测设路面高程桩一起进行。测设时，只需把已算出的各点坡道高程再加上（对于凹型竖曲线）或减去（对于凸形竖曲线）相应点上的标高改正值即可。

11.4 路线纵、横断面测量

路线纵断面测量的任务是在路线中线测定之后，测定中线上各里程桩（简称中桩）的地面高程，绘制路线纵断面图，供路线纵坡设计之用。路线横断面测量是测定各中桩两侧垂直于中线的地面高程，绘制横断面图，供线路路基设计、计算土石方量及施工时放样边桩之用。

路线纵断面测量又称路线水准测量。为了提高测量精度和成果检查，根据“从整体到局部”的测量原则，路线水准测量分两步进行：首先是沿线路方向设置若干水准点，建立线路的高程控制，称为基平测量；然后是根据各水准点的高程，分段进行中桩水准测量，称为中平测量。

11.4.1 路线纵断面测量

1) 基平测量

首先沿线路方向设置若干水准点，建立线路的高程控制，水准点分永久水准点和临时水准点两种，在勘测和施工阶段甚至长期都要使用，因此，水准点应选在地基稳固、易于引测以及施工时不易受破坏的地方。

在路线起点和终点、大桥两岸、隧道两端以及需要长期观测高程的重点工程附近，均应布设永久水准点。永久性水准点要埋设标石，也可设在永久性建筑物上，或用金属标志嵌在基岩上。水准点的布设密度，应根据地形复杂情况和工程需要而定。在丘陵和山区，每隔0.5～1 km设置一个，在平原和微丘陵地区，每隔1～2 km埋设一个。此外，在中桥、小桥、涵洞以及停车场等工程集中的地段，均应设置，在较短的路线上，一般每隔300～500 m布设一点。

基平测量时，首先应将起始水准点与附近国家水准点进行连测，以获得绝对高程。在沿线水准测量中，也应尽量与附近国家水准点进行连测，以便获得更多的检核条件。若路线附近没有国家水准点，可根据国家地形图上量得的高程作为参考，假定起始水准点的高程。

基平水准测量应使用不低于DS3级水准仪，按四等水准测量的方法和精度要求，采用一组往返或两组单程在两水准点之间进行观测。

2) 中平测量

中平测量是以相邻水准点为一测段，从一个水准点出发，逐个测定中桩的地面高程，附合到下一个水准点上。

测量时，在每一测站上首先读取后、前两转点(TP)的尺上读数，再读取两转点间所有中桩地面点的尺上读数，这些中桩点称为中间点。由于转点起传递高程的作用，因此，转点尺应立在尺垫、稳固的桩顶或坚石上，尺上读数至毫米，视线长一般不应超过150 m。中间点尺上读数至厘米，要求尺子立在紧靠桩边的地面上。

如图11-24所示，水准仪置于①站，后视水准点BM.1，前视转点TP_1，将观测结果分别记入表11-5中“后视”和“前视”栏内；然后观测BM.1与TP_1间的各个中桩，将后视点BM.1上的水准尺依次立于0+000，0+020，0+040，0+060，0+080等各中桩地面上，将读数分别记入表11-5中“中视”栏内。

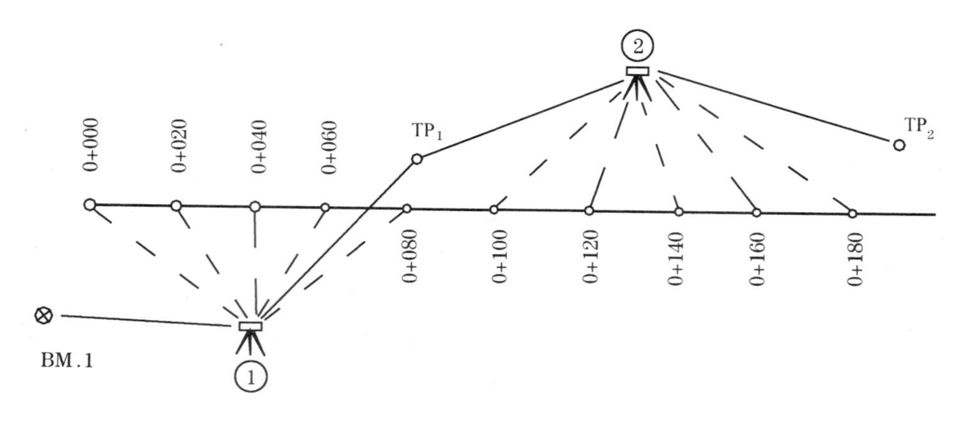

图11-24 中平测量

表 11-5 中平测量记录计算表

测点	水准尺读数			视线高程(m)	高程(m)	备注
	后视(m)	中视(m)	前视(m)			
BM.1	2.191			514.505	512.314	BM.1 高程为基平所测
K0+000		1.62			512.89	
+020		1.90			512.61	
+040		0.60			513.91	
+060		2.03			512.48	
+080		0.90			513.61	
TP_1	3.162		1.006	516.661	513.499	
+100		0.50			516.16	
+120		0.52			516.14	
+140		0.82			515.84	
+160		1.20			515.46	
+180		1.01			515.65	
TP_2	2.246		1.521	517.386	515.140	
…						
K1+240		2.32			523.06	基平测得 BM.2 高程为
BM.2			0.606		524.782	524.824 m
计算复核	$\sum h_{中}=524.782-512.314=12.468(m)$ $\sum a-\sum b=12.468(m)$ $f_h=524.782-524.824=-0.042(m)=-42(mm)$ $f_{h允}=\pm30\sqrt{1.24}=\pm33(mm)$					

仪器搬至②站,后视转点 TP_1,前视转点 TP_2,然后观测各中桩地面点。用同样的方法继续向前观测,直至附合到水准点 BM.2,完成一测段的观测工作。

每一站的各项计算依次按下列公式进行:

① 视线高程=后视点高程+后视读数

② 转点高程=视线高程-前视读数

③ 中桩高程=视线高程-中视读数

各站记录后,应立即计算各点高程,直至下一个水准点为止,并立即计算高差闭合差 f_h,若 $f_h=f_{h允}=\pm30\sqrt{L}$ mm(一级公路),则符合要求,即可进行中桩地面高程的计算,以计算的各中桩点高程作为绘制纵断面图的数据。

3) 纵断面图的绘制及施工量计算

纵断面图是沿中线方向绘制的反映地面起伏和纵坡设计的线状图,它表示出各线路纵坡的大小和中线位置的挖填尺寸,是线路设计和施工中的重要文件资料。

纵断面图是以中桩的里程为横坐标、以其高程为纵坐标而绘制的。常用的里程比例尺有 1∶5 000、1∶2 000 和 1∶1 000 等几种。为了明显地表示地面起伏,一般取高程比例尺是里程比例尺的 10 倍或 20 倍。如里程比例尺用 1∶1 000 时，则高程比例尺取 1∶100 或 1∶50。

如图 11-25 所示，为道路设计的纵断面图，图的上半部，从左至右绘有贯穿全图的两条线。细折线表示中线方向的地面线，是根据中平测量的中桩地面高程绘制的；粗折线表示纵坡设计线。此外，图的上部还注有以下资料：水准点编号、高程和位置；竖曲线示意图及其曲线元素；桥梁的类型、孔径、跨数、长度、里程桩号和设计水位；涵洞的类型、孔径和里程桩号；其他道路、铁路交叉点的位置、里程桩号和有关说明等。图的下部几栏表格，注记以下有关测量和纵坡设计的资料：

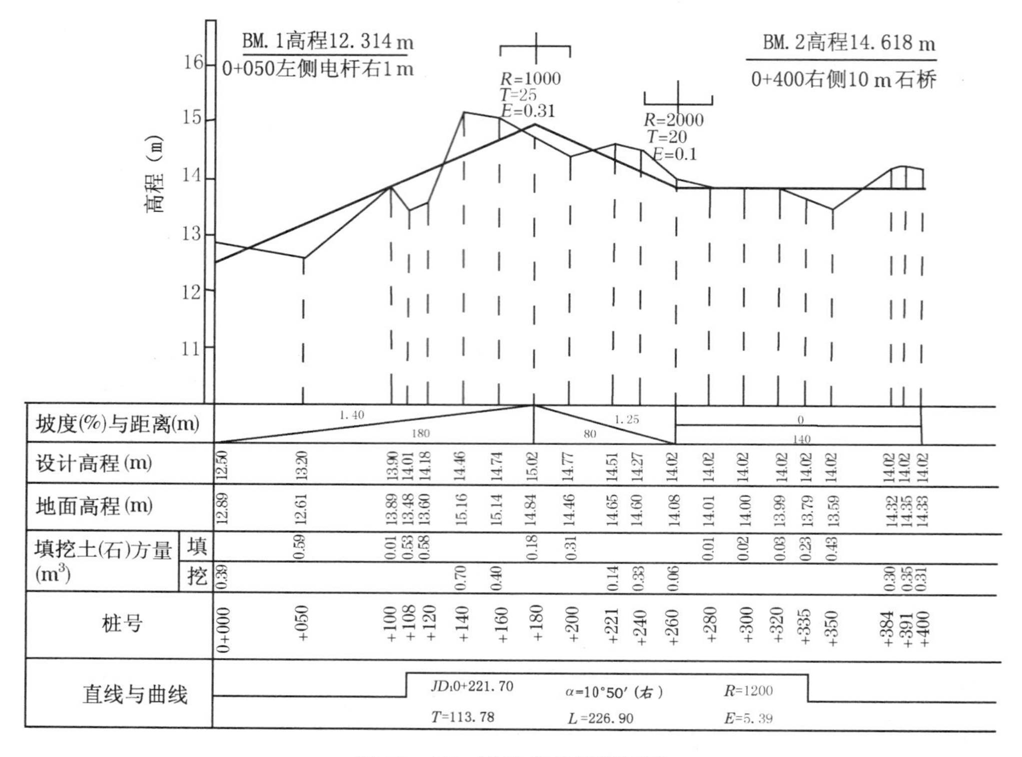

图 11－25　道路设计纵断面图

① 在图纸左面自下而上填写直线和曲线、桩号、填挖土、地面高程、设计高程、坡度和距离等栏。上部纵断面图上的高程按规定的比例尺注记，但首先要确定起始高程（如图中 0＋000 桩号的地面高程）在图上的位置，且参考其他中桩的地面高程，使绘出的地面线处在图上的适当位置。

② 在桩号一栏中，从左至右按规定的里程比例尺注上各中桩的桩号。

③ 在地面高程一栏中，注上对应于各中桩桩号的地面高程，并在纵断面图上按各中桩的地面高程依次点出其相应的位置，用细直线连接各相邻点位，即得中线方向的地面线。

④ 在直线和曲线一栏中，应按里程桩号标明路线的直线部分和曲线部分。曲线部分用直角折线表示，上凸表示路线右偏，下凹表示路线左偏，并注明交点编号及其桩号，注明 α、R、T、L、E 等曲线元素。

⑤ 在上部地面线部分进行纵坡设计。设计时，要考虑施工时填挖土石方工程量最小或

填挖方尽量平衡及小于限制坡度等道路有关技术规定。

⑥ 在坡度和距离一栏内，分别用斜线或水平线表示设计坡度的方向，线上方注记坡度数值(以百分比表示)，下方注记坡长，水平线表示平坡，不同的坡段以竖线分开。某段的设计坡度值按下式计算：

$$设计坡度=\frac{(终点设计高程-起点设计高程)}{平距}$$

⑦ 在设计高程一栏内，分别填写相应中桩的设计路基高程。某点的设计高程按下式计算：

$$设计高程=起点高程+设计坡度\times起点至该点的平距$$

【例 11-5】 0+000 桩号的设计高程为 12.50 m，设计坡度为+1.4%(上坡)，计算桩号0+100 的设计高程。

解： 设计高程应为 12.50+1.4%×100=13.90(m)

⑧ 在填挖土(石)方量一栏内，按下式进行施工量的计算

$$某点的施工量=该点地面高程-该点设计高程$$

式中求得的施工量，正号为挖土深度，负号为填土高度。地面线与设计线的交点为不填不挖的“零点”，零点也给以桩号，位置可由图上直接量得，以供施工放样时使用。

11.4.2 路线横断面测量

路线横断面测量的主要任务是在各中桩处测定垂直于道路中线方向的地面起伏情况，然后绘成横断面图。横断面图是设计路基横断面、计算土石方和施工时确定路基填挖边界的依据。横断面测量的宽度，由路基宽度及地形情况确定，一般要求中线两侧各测 15～50 m，如图 11-26 所示。测量中距离和高差一般准确到 0.05～0.1 m 即可满足工程要求。

1) 测设横断面方向

直线段上的横断面方向即是与道路中线相垂直的方向，在直线段上测设横断面，如图11-27 所示，将杆头有十字形木条的方向架立于欲测设横断面方向的 A 点上，用架上的

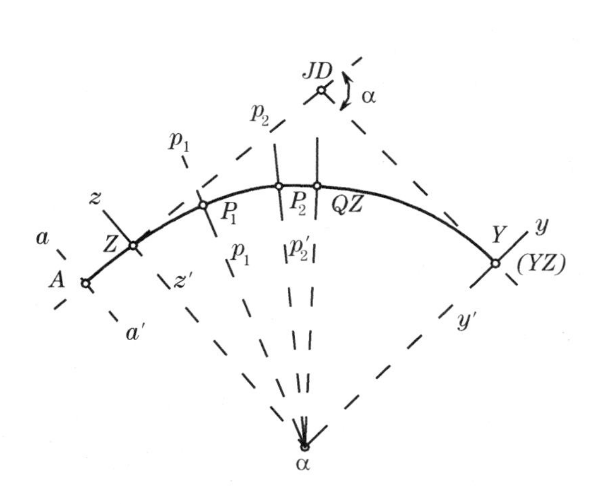

图 11-26 路线横断面方向测设

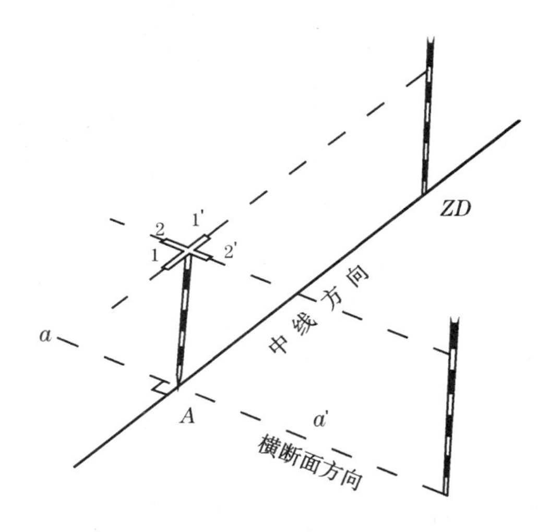

图 11-27 用方向架定横断面方向

1-1′方向线瞄准交点 JD 或直线段上某一转点 ZD，则 2-2′即为 A 点的横断面方向，用标杆标定。

为了测设曲线上里程桩的横断面方向，在方向架上加一根可转动并可制动的定向杆 3-3′，如图 11-28 所示。如欲定 ZY 和 P_1 点的横断面方向，先将方向架立于 ZY 点上，用 1-1′方向瞄准 JD，则 2-2′方向即为 ZY 的横断面方向。再转动定向杆 3-3′，对准 P_1 点，制动定向杆。将方向架移至 P_1 点，用 2-2′对准 ZY 点，按"同弧两端弦切角相等"的定理，3-3′方向即为 P_1 点的横断面方向。

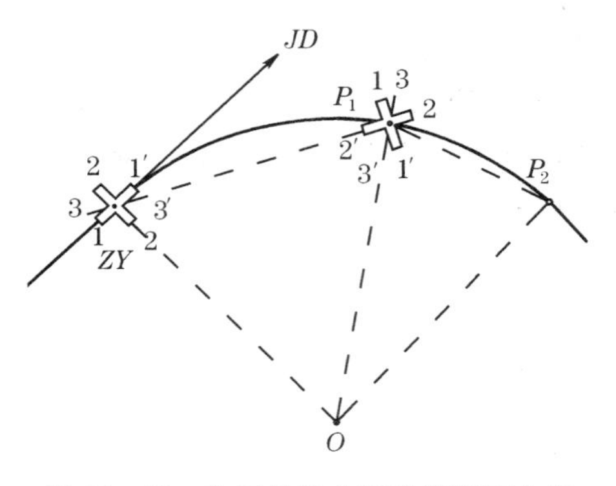

图 11-28　在圆曲线上测设横断面方向

为了继续测设曲线上 P_2 点的横断面方向，在 P_1 点定好横断面方向后，不动方向架，松开定向杆，用 3-3′对准 P_2 点，制动定向杆。然后将方向架移至 P_2 点，用 2-2′对准 P_1 点，则 3-3′方向即为 P_2 点的横断面方向。

2）测定横断面上点位

横断面上中桩的地面高程已在纵断面测量时测出，横断面上各地形特征点相对于中桩的平距和高差可用下述方法测定。

（1）水准仪皮尺法

此法适用于施测横断面较宽的平坦地区，如图 11-29 所示，水准仪安置后，则以中桩地面高程点为后视，以中桩两侧横断面方向地形特征点为前视，水准尺上读数至厘米。用皮尺分别量出各特征点到中桩的平距，量至分米。记录格式见表 11-6，表中按路线前进方向分左、右侧记录，以分式表示各测段的前视读数和平距。

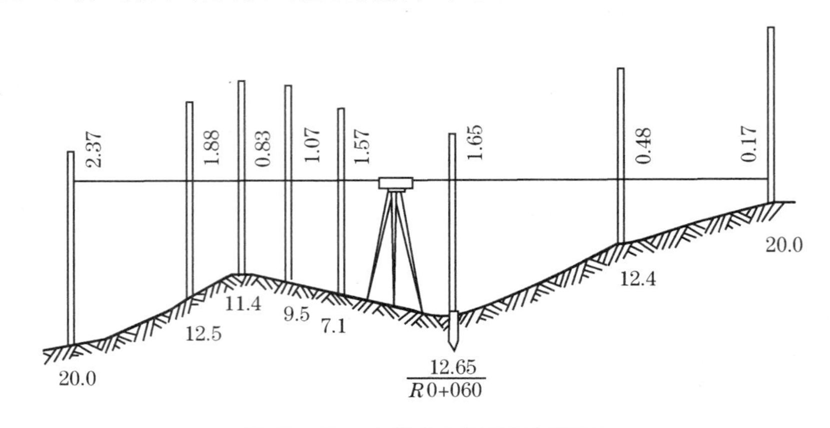

图 11-29　水准仪皮尺法测横断面

表 11-6　路线横断面测量纪录

前视读数/距离（左侧）					后视读数/桩号	前视读数/距离（右侧）	
2.37/20.0	1.88/12.5	0.83/11.4	1.07/9.5	1.57/7.1	12.65/R0+060	0.48/12.4	0.17/20.0

(2) 标杆皮尺法

如图 11-30 所示，A，B，C，… 为横断面方向上所选定的变坡点。将花杆立于 A 点，从中桩处地面将尺拉平量至 A 点的距离，并测出皮尺截于花杆位置的高度，即 A 点相对于中桩地面的高差。同法可测得 A—B，B—C，…的距离和高差，直至规定的横断面宽度为止。中桩一侧测完后再测另一侧。

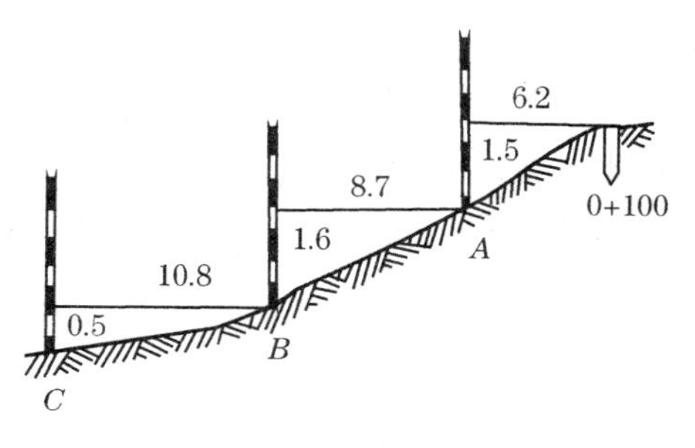

图 11-30 标杆皮尺法测横断面

(3) 经纬仪视距法

置经纬仪于中桩上，可直接用经纬仪定出横断面方向，而后量出至中桩地面的仪器高，用视距法测出各特征点与中桩间的平距和高差。此法适用于地形困难、山坡陡峻的路线横断面测量。

3) 横断面图的绘制

一般采用 1∶100 或 1∶200 的比例尺绘制横断面图。由横断面测量中得到的各点间的平距和高差，在毫米方格纸上绘出各中桩的横断面图。如图 11-31 所示，绘制时，先标定中桩位置，由中桩开始，逐一将特征点画在图上，再直接连接相邻点，即可绘出横断面的地面线。

横断面图画好后，将路面设计的标准断面图套到该实测的横断面图上。也可将路基断面设计线直接画在横断面图上，绘制成路基断面图，如图 11-32 所示。

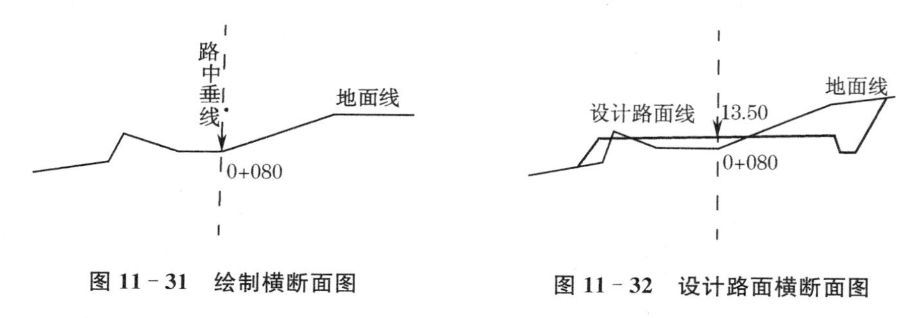

图 11-31 绘制横断面图

图 11-32 设计路面横断面图

11.5 道路施工测量

道路施工测量主要包括恢复道路中线测量、施工控制桩测设、路基边桩测设和竖曲线测设(在 11.3.4 已述)。

11.5.1 道路中线的恢复

从路线勘测，经过道路工程设计到开始道路施工的这段时间里，往往有一部分道路中线桩点被碰动或丢失。为了保证道路中线位置的准确可靠，施工前，应进行一次复核测量，并将已经丢失或碰动过的交点桩、里程桩等恢复和校正好，其方法与中线测量相同。

11.5.2 施工控制桩的测设

由于道路中线桩在施工中要被挖掉或堆埋，为了在施工中控制中线位置，需要在不易受施工破坏、便于引测、易于保存桩位的地方测设施工控制桩。测设方法有平行线法和延长线法。

1) 平行线法

平行线法是在设计的路基宽度以外，测设两排平行于中线的施工控制桩，如图 11-33 所示。控制桩的间距一般取 10～20 m。

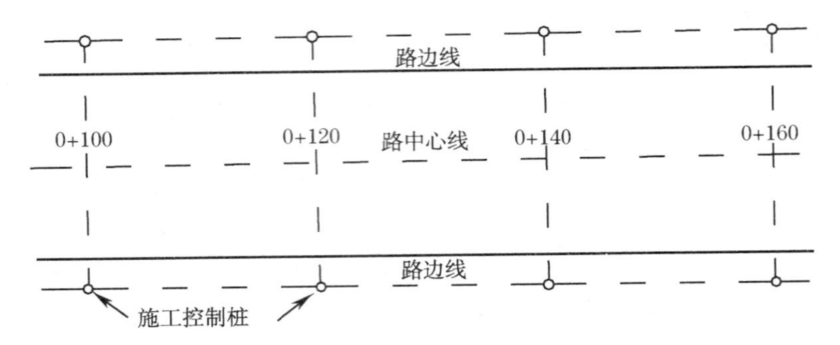

图 11-33 平行线法定施工控制桩

2) 延长线法

延长线法是在路线转折处的中线延长线上以及曲线中点至交点的延长线上测设施工控制桩，如图 11-34 所示。控制桩至交点的距离应量出并做记录。

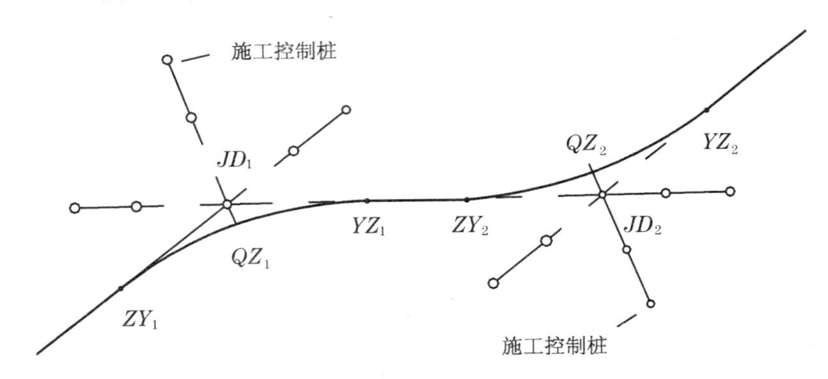

图 11-34 延长线法定施工控制桩

11.5.3 路基边桩的测设

路基施工前，要把路基设计的边坡与原地面相交的点测设出来。该点对于设计路堤为坡脚点，对于设计路堑为坡顶点。路基边桩的位置按填土高度或挖土深度、边坡设计坡度及横断面的地形情况而定。下面介绍一些常用的路基边桩测设数据获取及测设方法。

1) 图解法

在道路工程设计时，地形横断面及路基设计断面都已绘制在方格纸上，路基边桩的位置可用图解法求得，即在横断面设计图上量取中桩至边桩的距离，然后到实地按横断面方向用皮尺量出其位置。

2）解析法

解析法是通过计算求得路基中桩至边桩的距离。在平地和山区，计算和测设的方法不同，现分述如下：

（1）平坦地段路基边桩测设

填方路基称为路堤（图 11-35(a)），挖方路基称为路堑（图 11-35(b)）。

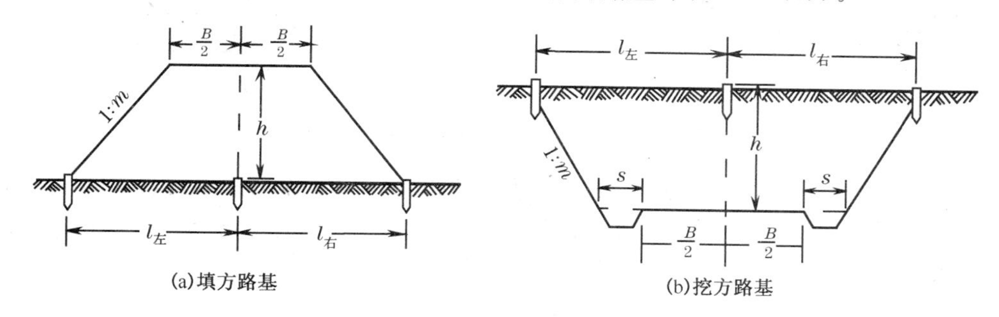

图 11－35　平坦地段路基边桩测设

路堤边桩至中桩的距离为

$$l_{左}=l_{右}=\frac{B}{2}+mh \tag{11-62}$$

路堑边桩至中桩的距离为

$$l_{左}=l_{右}=\frac{B}{2}+s+mh \tag{11-63}$$

式中：B——路基设计宽度；

$1/m$——路基边坡；

h——填土高度或挖土深度；

s——路堑边沟顶宽。

根据算得的距离，从中桩沿横断面方向量距，测设路基边桩。

（2）坡地路段路基边桩测设

如图 11-36(a)所示，在坡地上测设路基边桩，从图上可以看出，左、右边桩离中桩的距离为

$$l_{左}=\frac{B}{2}+s+mh_{左} \tag{11-64}$$

$$l_{右}=\frac{B}{2}+s+mh_{右} \tag{11-65}$$

式中：B、s、m 均由设计决定，故 $l_{左}$、$l_{右}$ 随 $h_{左}$、$h_{右}$ 而变。由于 $h_{左}$、$h_{右}$ 是边桩处地面与设计路基面的高差，但边桩位置是待定的，故 $h_{左}$、$h_{右}$ 均不能事先知道。在实际测设工作中，可采用逐渐趋近法。

如图 11-36(b)所示中，设路基左侧加沟顶宽度为 4.7 m，右侧为 5.2 m，中心桩挖深为 5.0 m，边坡坡度为 1∶1。现以左侧为例，说明山坡上边桩测设的逐渐趋近法。

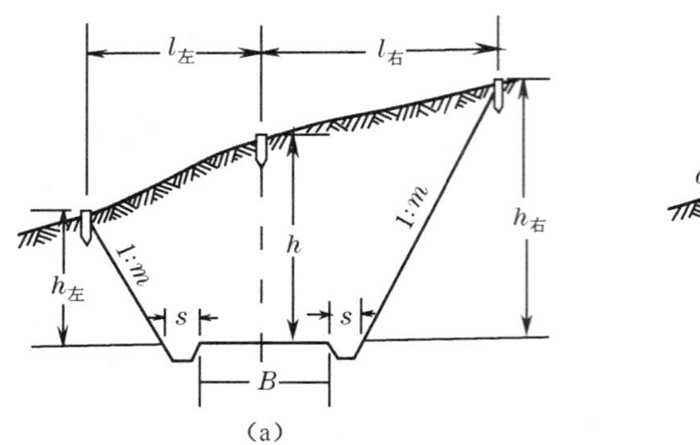

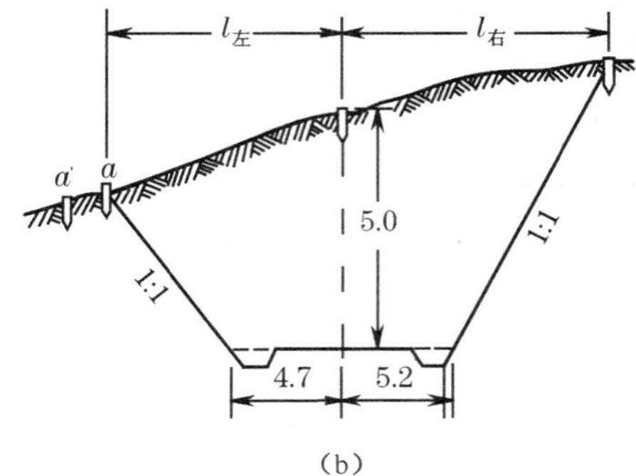

图 11-36　坡地上用逐渐趋近法测设边桩

① 估计边桩位置：若地面水平，则左侧边桩的距离应为(4.7 m+5.0 m)×1=9.7 m，实际情况是左侧地面较中桩处低，估计边桩处地面比中桩处地面低 1 m，则 $h_{左}=5\ \text{m}-1\ \text{m}=4\ \text{m}$，代入式(11-64)，得左边桩与中桩的近似距离：

$$l_{左}=4.7+4\times1=8.7(\text{m})$$

在实地量 8.7 m 平距，得 a'点。

② 实测高差：用水准仪测定 a'点与中桩之高差为 1.3 m，则 a'点距中桩之平距应为：

$$l_{左}''=4.7+(5.0-1.3)\times1=8.4(\text{m})$$

此值比初次估算值(8.7m)小，故正确的边桩位置应在 a'点的内侧。

③ 重估边桩位置：正确的边桩位置应在离中桩 8.4～8.7 m 之间，重新估计在距中桩 8.6 m 处地面定出 a 点。

④ 重测高差：测出 a 点与中桩的高差为 1.2 m，则 a 点与中桩之平距应为

$$l_{左}=4.7+(5.0-1.2)\times1=8.5(\text{m})$$

此值与估计值相符，故 a 点即为左侧边桩位置。

11.6　桥梁工程测量

11.6.1　桥梁工程测量概述

随着我国铁路、公路和城市道路等交通运输事业的发展，在江河上修建了大量桥梁。它们有铁路桥梁、公路桥梁、铁路公路两用桥梁等。陆地上的立交桥和高架道路也属于桥梁结构。

桥梁工程测量在桥梁勘测设计、建筑施工和运营管理期间都有着重要作用。其测量工作主要包括桥位勘测和桥梁施工测量两部分。

在桥梁的勘测设计阶段，需要测绘各种比例尺的地形图(包括水下地形图)、河床断面图，以及其他测量资料。

在桥梁的建筑施工阶段，需要建立桥梁平面控制网和高程控制网，进行桥墩、桥台定位和梁的架设等施工测量，以保证建造的位置质量。

在建成后的管理阶段，为了监测桥梁的安全运营，充分发挥其效益，需要定期进行变形

观测。

桥梁按其轴线长度一般分为特大桥(>500 m)、大桥(100～500 m)、中桥(30～100 m)和小桥(<30 m)四类。

桥位勘测的主要内容包括:桥位控制测量、桥位地形图测绘、桥轴线纵断面测量和桥轴线横断面测量等。

桥梁施工测量主要内容包括:平面控制测量、高程控制测量、墩台定位和轴线测设等。

11.6.2 小、中及大型桥梁施工测量

1) 小型桥梁施工测量

建造跨度较小的小型桥梁,一般用临时筑坝截断河流或选在枯水季节进行,以便于桥梁的墩台定位和施工。

(1) 桥梁中轴线和控制桩的测设

小型桥梁的中轴线一般由道路的中线来决定。如图 11-37 所示,先根据桥位桩号在道路中线上测设出桥台和桥墩的中心桩位 A、B、C 点,并在河道两岸测设桥位控制桩位 k_1、k_2、k_3、k_4 点;然后分别在 A、B、C 点上安置经纬仪,在与桥中轴线垂直的方向上测设桥台和桥墩控制桩位 a_1、a_2、…;b_1、b_2、…;c_1、c_2、…点,每侧要有两个控制桩。测设时的量距要用经过检定的钢尺,并加尺长、温度和高差改正,或用光电测距仪,测距精度应高于 1/5 000,以保证上部结构安装时能正确就位。

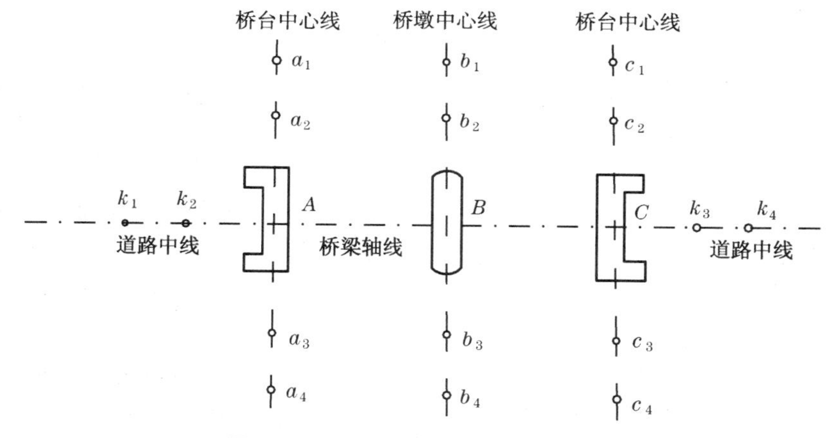

图 11-37 小型桥梁施工控制桩测设

(2) 基础施工测量

根据桥台中心线和桥墩的中心线定出基坑开挖边界线。基坑上口尺寸应根据坑深、坡度、土质情况和施工方法确定。基坑挖到一定深度后,应根据水准点高程在坑壁测设距基底设计面为一定高差(如 1 m)的水平桩,作为控制挖深及基础施工中掌握高程的依据。

基础完工后,应根据上述的桥位控制桩和墩、台控制桩用经纬仪在基础面上测设出墩、台中心及其相互垂直的纵、横轴线,根据纵、横轴线即可放样桥台、桥墩砌筑的外廓线,并弹出墨线,作为砌筑桥台、桥墩的依据。

2) 大、中型桥梁施工测量

建造大、中型桥梁时,因河道宽阔,桥墩要在河水中建造,且墩台较高、基础较深、墩间跨

距大、梁部结构复杂，因此，对桥轴线测设、墩台定位等要求精度较高。为此，需要在施工前布设平面控制网和高程控制网，用较精密的方法进行墩台定位和架设梁部结构。

（1）平面控制测量

桥梁平面控制网的图形一般为包含桥轴线的双三角形和具有对角线的四边形或双四边形，如图 11-38 所示（图中点划线为桥轴线）。如果桥梁有引桥，则平面控制网还应向两岸内边延伸。

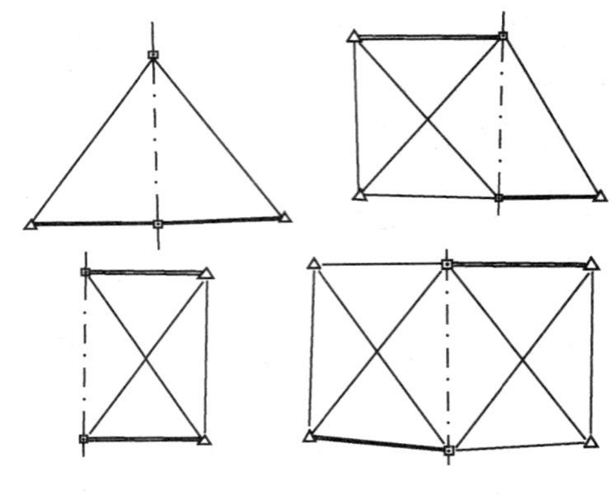
图 11-38　桥梁平面控制网

必须观测平面控制网中所有的角度，边长测量则可视实地情况而定，但至少需要测定两条边长。最后，计算各平面控制点（包括两个桥轴线点）的坐标。大型桥梁的平面控制网也可以用全球定位系统（GPS）测量技术布设。

（2）高程控制测量

在桥址两岸设立一系列基本水准点和施工水准点，用精密水准测量连测，组成桥梁高程控制网。在从河的一岸测到另一岸时，由于跨河距离较长，使水准仪瞄准水准尺时读数困难，且前、后视距相差悬殊，使水准仪的 i 角误差（视准轴不平行于水准管轴）和地球曲率影响都会增加。此时，可以采用跨河水准测量的方法或光电测距三角高程测量方法。

3）跨河水准测量

（1）跨河水准测量的场地布设

当水准测量路线通过宽度为各等级水准测量的标准视线长度两倍以上（五等为 200 m 以上）的江河、山谷等障碍物时，则应按跨河水准测量的要求进行。由于过河水准的前视、后视视线长度不能相等且相差很大，同时过河视线很长（数百米至几千米），因此仪器 i 角误差（对于微倾式水准仪是指水准管轴不平行于视准轴所产生的误差，而自动安平水准仪是指自动安平补偿器不完善所产生的误差）及地球曲率和大气折光对高差的影响很大。

为消除或减弱上述误差的影响，跨河水准测量应将仪器与水准尺在两岸的安置点位布设成图 11-39 所表示的形式。

图 11-39(a)、(b)中 I_1、I_2 和 b_1、b_2 分别为两岸仪器点和立尺点。过河视线 I_1b_2 和 I_2b_1 应尽量相等，且视线距水面的高度应符合规范要求。岸上视线 I_1b_1 和 I_2b_2 的长度不得短于 10 m，且应彼此相等。图 11-39(c)中 I_1、I_2 为仪器点或立尺点，而 b_1、b_2 为立尺点。I_1、I_2 分别观测高差 $h_{b_1I_2}$、$h_{b_2I_1}$，在两岸以一般水准测量方法分别测出高差 $h_{I_2b_2}$、$h_{I_1b_1}$，即可求得两立尺点 b_1、b_2 间的高差 $h_{b_1b_2}$。各等级跨河水准测量时，立尺点均应设置木桩。木桩不应短于 0.3 m，桩顶应与地面平齐，并钉以圆铆钉。

（2）跨河水准测量方法

跨河水准测量的方法有：倾斜螺旋法、经纬仪倾角法、光学测微法、水准仪直读法。下面只介绍水准仪直读法的观测步骤。

水准仪直读法采用 DS3 级水准仪和双面水准尺，适用于三、四等水准线路宽度约在 300 m 以下的河流，而且尚能直接在水准尺上读数的情况。

以图 11-39(b)的布设形式为例，采用一台仪器观测时，一测回的观测步骤如下：

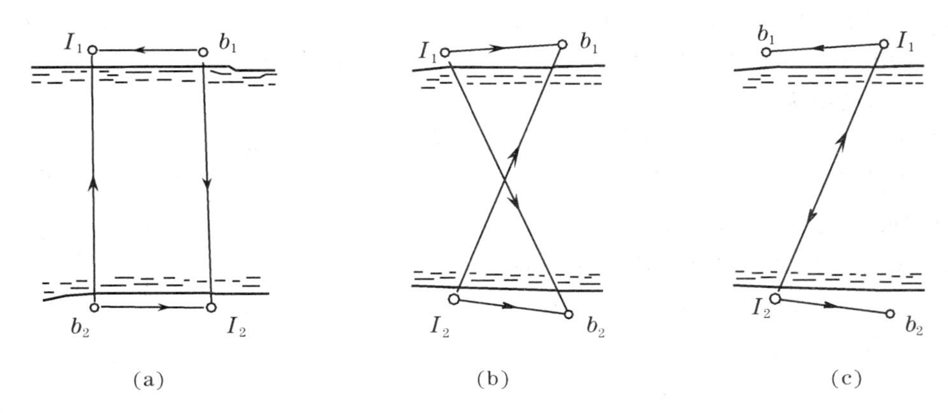

图 11－39　跨河水准测量测站和立尺点布设

① 在 I_1 安置水准仪，b_1 立水准尺，照准本岸 b_1，按中丝法读取黑、红面读数各一次。

② 在对岸 b_2 立水准尺，将 I_1 处水准仪照准对岸 b_2，按中丝法读取黑、红面读数各一次。以上①、②两项操作为上半测回。

③ 上半测回结束后，立即将水准仪移至对岸 I_2，同时将 b_1、b_2 点水准尺对调，按上半测回相反顺序，即"先对岸远尺、后本岸近尺"进行操作，完成下半测回。

以上操作组成一个测回，一般需观测两个测回。在有两台仪器作业的情况下，两台仪器同时从两岸各观测一个测回。两测回间高差不符值，三等不应超过 8 mm，四等不应超过 16 mm。在限差以内时，取两测回高差平均值作为最后结果；若超过限差应检查纠正或重测。

跨河水准测量的观测时间应选在无风、气温变化小的阴天进行观测；晴天观测时，上午应在日出后一小时起至九时半止，下午应在十五时起至日落前一小时止；观测时，仪器应用伞遮光，水准尺要用支架固定竖直稳固。

当河面较宽，观测对岸远尺进行直接读数有困难时，则采用特制的觇板，如图 11-40 所示。观测时，持尺者根据观测者的信号上下移动觇板，直至望远镜十字丝的横丝对准觇板上的红白相交处为止，然后由持尺者记下觇板指标线对应在水准尺上的读数。

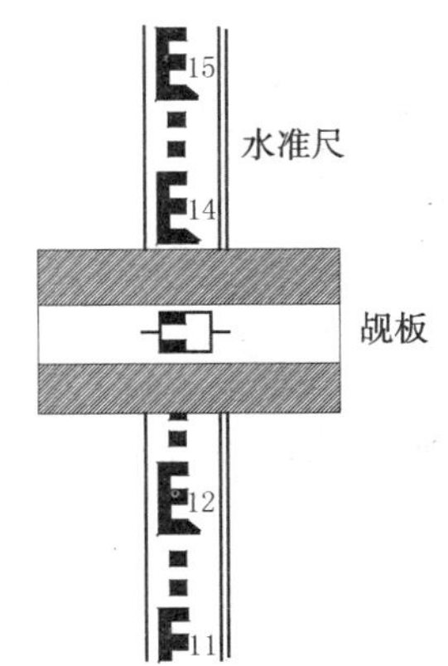

图 11－40　跨河水准测量的觇板

(3) 光电测距三角高程测量

在河的两岸布置 A、B 两个临时水准点，在 A 点安置全站仪，量取仪器高 i；在 B 点安置棱镜，量取棱镜高 l；将测站 A 点的高程、仪器高 i 和棱镜高 l 一并输入全站仪内，全站仪瞄准棱镜中心进行测量，测得 A、B 点间的高差。由于跨河的距离较长，高差测定受到地球曲率和大气垂直折光的影响。但是，大气的结构在短时间内不会变化太大，因此，可以采用对向观测的方法，有效地抵消地球曲率和大气垂直折光的影响。

4) 桥梁墩台定位测量

桥梁墩台定位测量是桥梁施工测量中的关键性工作。水中桥墩的基础施工定位时，采用方向交会法，这是由于水中桥墩基础一般采用浮运法施工，目标处于浮动中的不稳定状态，在其上无法使测量仪器稳定。在已稳固的墩台基础上定位，可以采用方向交会法、距离交会法或极坐标法。同样，桥梁上层结构的施工放样也可以采用这些方法。

（1）方向交会法

如图 11-41 所示，AB 为桥轴线，C、D 为桥梁平面控制网中的控制点，P_i 点为第 i 个桥墩设计的中心位置（待测设的点）。在 A、C、D 三点上各安置一台经纬仪。A 点上的经纬仪瞄准 B 点，定出桥轴线方向；C、D 两点上的经纬仪均先瞄准 A 点，并分别测设根据 P_i 点的设计坐标和控制点坐标计算的 α、β 角，以正倒镜分中法定出交会方向线。

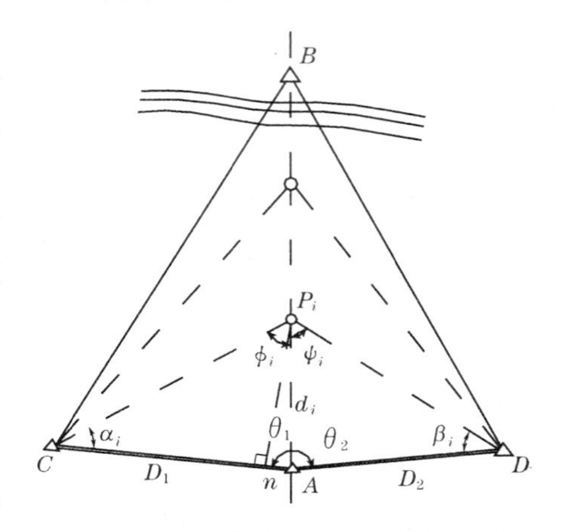

图 11-41　方向交会法测设桥墩位置

交会角 α_i、β_i 的计算：设 d_i 为 i 号桥墩中心 P_i 至桥轴线控制点 A 的距离，在设计中，基线 D_1、D_2 及角度 θ_1、θ_2 均为已知值，经桥墩中心 P_i 向基线 AC 作辅助线 $P_in \perp AC$，n 是垂足，则在直角三角形 CnP_i 中

$$\tan\alpha_i = \frac{P_in}{Cn} = \frac{d_i\sin\theta_1}{D_1 - d_i\cos\theta_1} \tag{11-66}$$

$$\alpha_i = \arctan\frac{d_i\sin\theta_1}{D_1 - d_i\cos\theta_1} \tag{11-67}$$

同理

$$\beta_i = \arctan\frac{d_i\sin\theta_2}{D_2 - d_i\cos\theta_2} \tag{11-68}$$

为了检核 α_i、β_i 可参照求算 α_i、β_i 的方法，计算 ϕ_i 及 ψ_i，即

$$\begin{cases} \phi_i = \arctan\dfrac{D_1\sin\theta_1}{d_i - D_1\cos\theta_1} \\ \psi_i = \arctan\dfrac{D_2\sin\theta_2}{d_i - D_2\cos\theta_2} \end{cases} \tag{11-69}$$

则计算检核公式为

$$\begin{cases} \alpha_i + \phi_i + \theta_1 = 180° \\ \beta_i + \psi_i + \theta_2 = 180° \end{cases} \tag{11-70}$$

由于测量误差的影响，从 C、A、D 三点指来的三条方向线一般不可能正好交会于一点，而构成误差三角形 $\triangle P_1P_2P_3$，如图 11-42 所示。如果误差三角形在桥轴线上的边长（P_1P_3）在容许范围之内（对于墩底放样为 2.5 cm，对于墩顶放样为 1.5 cm），则取 C、D 两点指来方向线的交点 P_2 在桥轴线上的投影 P_i 作为桥墩放样的中心位置。

在桥墩施工中，随着桥墩的逐渐筑高，中心位置的放样工作需要重复进行，且要求迅速和准确。为此，在第一次求得正确的桥墩中心位置 P_i 以后，将 CP_i 和 DP_i 方向线延长到对岸，设立固定的瞄准标志 C'、D'，如图 11-43 所示。以后每次作方向交会法放样时，从 C、D

点分别直接瞄准点 C'、D' 点，即可恢复对 P_i 点的交会方向。

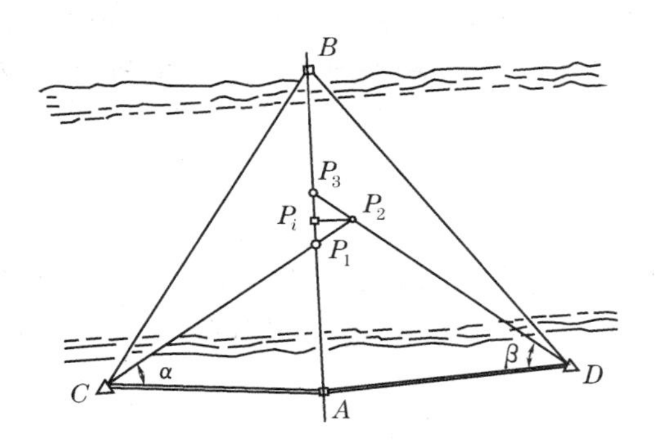

图 11－42　方向交会中的误差三角形

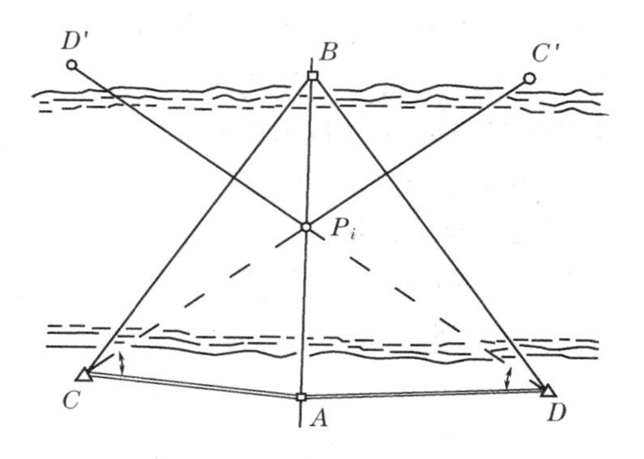

图 11－43　方向交会的固定瞄准标志

(2) 极坐标法

在使用经纬仪加测距仪或使用全站仪并在被测设的点位上可以安置棱镜的条件下，若用极坐标法放样桥墩中心位置，则更为精确和方便。对于极坐标法，原则上可以将仪器放于任何控制点上，按计算的放样数据——角度和距离测设点位。但是，在测设桥墩中心位置时，最好将仪器安置于桥轴线点 A 或 B 上，瞄准另一轴线点作为定向，然后指挥棱镜安置在该方向上测设 AP_i 或 BP_i 的距离，即可定桥墩中心位置 P_i 点。

5) 桥梁架设施工测量

架梁是桥梁施工十分重要的一道工序。桥梁梁部结构较复杂，要求对墩台方向、距离和高程有较高的精度测定，作为架梁的依据。

墩台施工时，对其中心点位、中线方向和垂直方向以及墩顶高程都作了精密测定，但当时是以各个墩台为单元进行的。架梁时需要将相邻墩台联系起来，考虑其相关精度，要求中心点间的方向距离和高差符合设计要求。

桥梁中心线方向测定，在直线部分采用准直法，用经纬仪正倒镜观测，刻划方向线。如果跨距较大(＞100 m)，应逐墩观测左、右角。在曲线部分，则采用测定偏角的方法。

相邻桥墩中心点间距离用光电测距仪观测，适当调整使中心点里程与设计里程完全一致。在中心标板上刻划里程线，与已刻划的方向线正交，形成墩台中心十字线。

墩台顶面高程用精密水准仪测定，构成水准路线，附合到两岸的基本水准点上。

大跨度钢桁架或连续梁如采用悬臂或半悬臂安装架设，则拼装开始前，应在横梁顶部和底部的中点作出标志，架梁时，用以测量钢梁中心线与桥梁中心线的偏差值。

在梁拼装开始后，应通过不断地测量以保证钢梁始终在正确的平面位置上，立面位置(高程)应符合设计的大节点挠度和整跨拱度的要求。

如果梁的拼装系自两端悬臂、跨中合拢，则合拢前的测量重点应放在两端悬臂的相对关系上，如中心线方向偏差、最近节点高程差和距离差要符合设计和施工的要求。

全桥架通后，作一次方向、距离和高程的全面测量，其成果资料可作为钢梁整体纵、横移动和起落调整的施工依据，称为全桥贯通测量。

11.6.3　桥梁变形观测

桥梁工程在施工和建成后的运营期间，由于各种内在因素和外界条件的影响，会产生各种变形：如桥梁的自重对基础产生压力，引起基础、墩台的均匀沉降或不均匀沉降，从而会使墩柱倾斜或产生裂缝；梁体在动荷载的作用下产生挠曲；高塔柱在日照和温度的影响下会产生周期性的扭转或摆动等。为了保证工程施工质量和运营安全，验证工程设计的效果，应对桥梁工程定期进行变形观测。

1）桥梁变形观测的内容

（1）垂直位移观测

垂直位移观测是对各桥墩、桥台进行沉降观测。沉降观测点沿墩台的外围布设。根据其周期性的沉降量，可以判断其是正常沉降，还是非正常沉降，是均匀沉降，还是不均匀沉降。

（2）水平位移观测

水平位移观测是对各桥墩、桥台在水平方向位移的观测。水平方向的位移分为纵向（桥轴线方向）位移和横向（垂直于桥轴线方向）位移。

（3）倾斜观测

倾斜观测主要是对高桥墩和斜拉桥的塔柱进行铅垂线方向的倾斜观测，这些构筑物的倾斜往往与基础的不均匀沉降有关联。

（4）挠度观测

挠度观测是对梁体在静荷载和动荷载的作用下产生的挠曲和振动的观测。

（5）裂缝观测

裂缝观测是对混凝土浇筑的桥台、桥墩和梁体上产生的裂缝的现状和发展过程的观测。

2）桥梁变形观测的方法

（1）常规测量仪器方法

用精密水准仪测定垂直位移，用经纬仪视准线法或水平角法测定水平位移，用垂准仪作倾斜观测等，都是属于用常规测量仪器进行变形观测的方法。

（2）专用仪器测量方法

用专用的变形观测仪器测定变形，如用准直仪测定水平位移，用流体静力水准仪测定挠度，用倾斜仪测定倾斜。

（3）摄影测量方法

用地面近景摄影测量方法对桥梁构件进行立体摄影（两台以上摄影机同时摄影），通过测量计算得到被测点的三维坐标，以计算变形量。

本章小结

通常道路是由直线和曲线组成的空间曲线。为了选择一条经济合理的路线，必须进行路线勘测。路线勘测一般分为初测和定测两个阶段。

初测阶段的任务是：在沿着路线可能经过的范围内布设导线，测量路线带状地形图和纵断面图，收集沿线地质、水文等资料，作纸上定线，编制比较方案，为初步设计提供依据。根据初步设计，选定某一方案，便可转入路线的定测工作。

定测阶段的任务是：在选定设计方案的路线上进行中线测量、纵断面和横断面测量以及局部地区的大比例尺地形图的测绘等，为路线纵坡设计、工程量计算等道路技术设计提供详细的测量资料。

初测和定测工作称为路线勘测设计测量。

当道路初步设计完成后，便可转入路线的定测工作。道路定测工作主要根据选定的设计方案，在实地的路线上，进行中线测量、纵断面和横断面测量。在中线测量中，要根据设计路线形状，测设直线、圆曲线、缓和曲线和竖曲线的起点、终点和交点等元素的位置。在中线测量完成后，要测绘其纵断面和横断面，为路线纵坡设计、工程量计算等道路技术设计提供详细的测量资料。

桥梁工程测量主要包括桥位勘测和桥梁施工测量两部分。

桥位勘测的主要内容包括：桥位控制测量、桥位地形图测绘、桥轴线纵断面测量和桥轴线横断面测量等。

桥梁施工测量主要内容包括：平面控制测量、高程控制测量、墩台定位和轴线测设等。

桥梁工程在施工和建成后的运营期间，由于各种内在因素和外界条件的影响，会产生各种变形。因此，要对桥梁工程定期进行变形观测。

习题与思考题

1. 道路工程测量包括哪些主要内容？

2. 何谓道路中线的转点、交点和里程桩？如何测设里程桩？

3. 试述穿线交点法测设交点的步骤。

4. 在道路中线测量中，设某交点 JD 的桩号为 2+172.32，测得右偏角 $\alpha=38°30'$，设计圆曲线半径 $R=210$ m。

(1) 计算圆曲线主点测设元素 T、L、E、J；

(2) 计算圆曲线主点 ZY、QZ、YZ 桩号；

(3) 设曲线上整桩距 $l_0=20$ m，计算该圆曲线细部点偏角法测设数据。

5. 按上题的圆曲线，设交点和圆曲线起点的坐标为

$$ZY\begin{cases}x: & 6\,344.517\\ y: & 5\,224.438\end{cases}\qquad JD\begin{cases}x: & 6\,433.749\\ y: & 5\,228.398\end{cases}$$

试计算用极坐标法测设圆曲线细部点的测设数据。

6. 按上题的圆曲线，计算用切线支距法测设圆曲线细部点的测设数据。

7. 路线纵、横断面测量的任务是什么？

8. 设路线纵断面图上的纵坡设计如下：$i_1=+1.5\%$，$i_2=-0.5\%$，变坡点的桩号为 3+460.00，其设计高程为 52.36 m。按 $R=3\,000$ m 设置凸形竖曲线，计算竖曲线元素 T、L、E 和竖曲线起点和终点的桩号。

9. 已知交点的里程桩号为 K21+476.21，转角 $\alpha_{右}=37°16'00''$，圆曲线半径 $R=300$ m，缓和曲线长 $l_0=60$ m，试计算该曲线的测设元素、主点里程，并说明主点的测设方法。

10. 桥梁工程测量包括哪些主要内容？

11. 桥梁平面控制网的布置有哪些形式？

12. 跨河水准测量与一般水准测量有哪些不同？

13. 桥墩定位有哪几种方法？

14. 桥梁变形观测有哪些内容？采用哪些观测方法？

12 管道工程测量

随着城市建设的发展，各种地上、地下和架空的市政公用设施将随之增多，从而形成一个完整的市政工程综合系统。为城市各项公用设施的设计、施工、竣工和运营管理各阶段所需要进行的测量工作称为市政工程测量。市政工程测量是在城市测量控制网和城市大比例尺地形图的基础上进行，各项市政工程的主要轴线点位，应采用城市的统一坐标和高程系统。城市道路网是城市平面布局的骨架，市政工程的用地范围，常以规划道路中线为依据来确定。规划道路中线的定线测量和以中线为依据确定建筑用地界址的拨地测量是市政工程测量的先行工序。

各个单项市政工程测量，多在其中线附近的带状范围内施测，具有线路工程测量的特点。市政工程建设各阶段的测量工作分为设计测量、施工测量、竣工测量和变形观测等，本章主要介绍市政工程测量中管道工程测量部分。管道工程是工业与民用建筑中的重要组成部分，有给水管道、排水管道、煤气管道、热力管道和电缆、输油管道等。管道工程测量的任务是：在设计前为管道工程设计提供地形图和断面图；在施工时按设计的平面位置和高程将管道位置测设于实地。

进行管道勘测设计，首先应分析原有地形图、管道平面图、断面图，并结合现场勘查，在图纸上选定拟建管道的主点（起点、终点、转折点）位置；然后进行管道中线测设和纵横断面图测量，为管道设计提供资料。施工时需进行管道施工测量。竣工后要进行竣工测量，作为维修管理的依据。由于管道大多敷设于地下，且纵横交错，因此必须严格按设计位置测设并且按规定校核。

当管道工程施工阶段分期进行，或与其他建（构）筑物有结构衔接时必须进行全面联测，其定位偏差必须经过调整后方可施工。调整原则是：

（1）建筑物内管道与建筑物外管道连接时，以建筑物内管道为准。

（2）建筑区内管道与建筑区外管道连接时，以建筑区内管道为准。

（3）新建管道与原有管道连接时，以原有管道为准。

（4）新建管道与原有建筑物关系不符时，以原有建筑物为准。

12.1 踏勘选线及中线测量

《工程测量规范》规定，铁路、公路、架空索道、架空送电线路、各种自流和压力管线的线路测量，应实行勘测、设计、施工（建设）单位的三结合，选定技术先进、经济合理的线路。线路的测量，一般分为踏勘选线和定测两个阶段。踏勘选线阶段是协同设计部门进行现场踏勘，确定线路方案，必要时应进行草测或实测带状地形图。定测阶段是在主体方案确定后，按选定的线路或根据设计坐标等数据在实地定线、测角、量距、设置曲线及断面测量等。当地形简单、方案选定的情况下，亦可一次进行测量。

12.1.1 踏勘选线

踏勘选线阶段包括资料收集、路线设计、现场踏勘调查和撰写踏勘报告等环节。

1）资料收集

为了满足踏勘选线的需要，应在踏勘之前收集以下基本资料：

（1）规划设计区域 1∶10 000（或 1∶5 000）、1∶2 000（或 1∶1 000）地形图，国家及有关部门设置的三角点、导线点、水准点资料，原有管线平面图和断面图等资料。

（2）沿线自然地理概况、工程地质、水文、气象、地震资料。

（3）沿线农林、水利、铁路、公路、电力、通讯、文物、环保等部门与本案有关系的规划、设计资料。

2）备选线路设计

根据工程可行性研究报告拟定的线路可行性方案，在收集的地形图上进行各可行性方案的研究，运用各种先进手段对路线方案做深入、细致的研究，经过对路线方案的初步比选，筛选出需要勘测的备选方案及现场需要重点调查和落实的问题。选线时应遵循以下原则：

（1）路线设计应使工程数量小、造价低、费用省、效益好，并有利于施工和养护。在工程量增加不大时，应尽量采用较高的技术指标，不应轻易采用最小指标或低限指标，也不应片面追求高指标。

（2）选线应同农田基本建设相配合，做到少占田地，并应尽量不占高产田、经济作物田或经济林园（如橡胶林、茶林、果园）等。

（3）应与周围环境、景观相协调，并适当照顾美观。注意保护原有自然状态和重要历史文物遗址。

（4）选线时应对工程地质和水文地质进行深入勘测，查清其对工程的影响。对于滑坡、崩塌、岩堆、泥石流、岩溶、软土、泥沼等严重不良地质地段和沙漠、多年冻土等特殊地区，应慎重对待。一般情况下应设法绕避；当必须穿过时，应选择合适的位置，缩小穿越范围，并采取必要的工程措施。

（5）选线应重视环境保护，注意由于管道运营所产生的影响与污染等问题，具体应注意以下几个方面：①路线对自然景观与资源可能产生的影响；②占地、拆迁房屋所带来的影响；③路线对城镇布局、行政区划、农业耕作区、水利排灌体系等现有设施造成分割而产生的影响；④对自然环境、资源的影响和污染的防治措施及其对策实施的可能性。

各类城市管线的走向、位置、埋设深度应当综合规划，并按照下列原则实施：

（1）沿道路建设管线，走向应平行于规划道路中心线，避免交叉干扰。

（2）同类管线原则上应当合并建设，性质相近的管线应当同沟敷设。

（3）新建管线应避让已建成的管线，临时管线应避让永久管线，非主要管线应避让主要管线；小管道应避让大管道，压力管道应避让重力管道，可弯曲的管道应避让不宜弯曲的管道。

（4）除管线相互交叉处外，各种管线不得重叠。

（5）新建城市管线不得擅自穿越、切割城市规划用地。

(6) 沿城市道路两侧的建筑，其专用管线及附属设施不得占压道路规划红线。

3) 现场踏勘调查

应组织专业技术人员并邀请当地政府和有关部门参加备选路线方案的现场踏勘工作。踏勘的主要内容和要求如下：

(1) 核查所搜集的地形图与沿线地形、地物有无变化，对拟定的路线方案有无干扰，并研究相应的路线调整方案。

(2) 核查沿线居民的分布、农田水利设施、主要建筑设施并研究相应的路线调整方案。

(3) 核查各种地上、地下管线、重要历史文物、名胜古迹、旅游风景区、自然保护区、景观区点等，应注意线路布设后，对环境和景观的影响。

(4) 对沿线重点工程和复杂的大、中桥、隧道、互通式立体交叉交通系统等，应逐一核查落实其位置与设置条件。

(5) 了解沿线地形、地貌、地物、通视、通行等情况。

踏勘选线工作应与当地政府或主管部门取得联系，对重要的线路方案、同地方规划或设施有干扰的方案，应征求相关部门的意见。

4) 撰写踏勘报告

上述三个环节完成之后，应撰写踏勘报告：

(1) 根据已掌握的资料，概略说明沿线的地形、河流、工程地质、水文地质、气象等情况，指出采用路线方案的理由。

(2) 提供沿线主要工程和主要建筑材料情况，提出市政工程测量中应注意的事项，需要进一步解决的问题等。

(3) 估计野外工作的困难程度和工作量，确定测绘队伍的组织及必需的仪器工具和其他装备，并编制野外工作计划和日程安排。

12.1.2 中线测量

中线测量即按照踏勘选线阶段确定的线路方案测设管线的主点和中桩位置。管线主点一般可根据原有建筑物用图解法进行定位，也可以根据控制点按主点坐标用解析法进行定位。

1) 主点测设

(1) 根据已有建筑物图解定位

在城市建筑区，管线一般与道路中心线或建筑物轴线平行或垂直。管道位置可以在现场直接选定，也可以在大比例尺地形图上设计。若主点附近有可靠的明显地物时，可根据管线与原有地物间的关系，用图解法获得测设数据。

如图 12-1 所示，在设计管道主点 A、B、C 附近，有道路、房屋及已有管道 MN。在图上量取长度 a、b、c、d、e、f、g、h 作为测没数据，便可用直角坐标法、距离交会等方法测设出 A、B、C 点。为使点位准确无误，测设时应有校核条件。如利用 a、b 测设 A 点后，以 c 作校核，利用 d、e 测设 B 点后，以 f 作校核，利用 g 测设 C 点后，以 h 作校核等。

(2) 根据测量控制点解析定位

若管线主点坐标是给定的，且附近有测量控制点时，可根据控制点坐标定位主点。图 12-2 中，A、B、C、D 为设计主点，M、N、P、Q、K 为控制点。根据控制点的坐标和主点的设计坐标反算线长 a、b、c、d、e、f 及角度 α_1、α_2、α_3、α_4，则可用极坐标法测设 A、D 点，用距离交会法测设 B 点，用角度交会法或距离交会法测设 C 点。以相邻主点间距离和转角的实测值和根据设计坐标反算值比较进行检核。

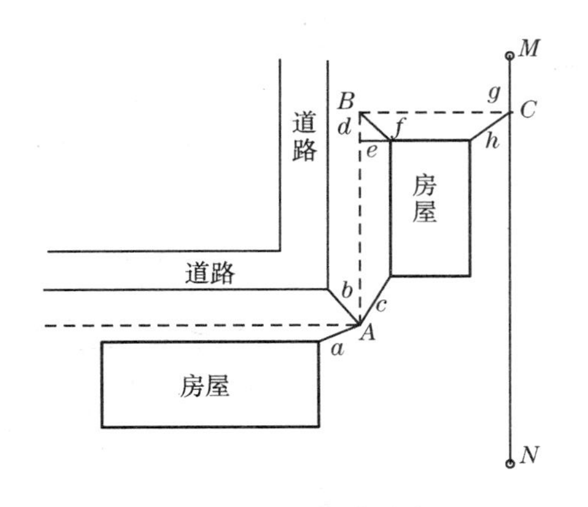

图 12－1　图解定位法

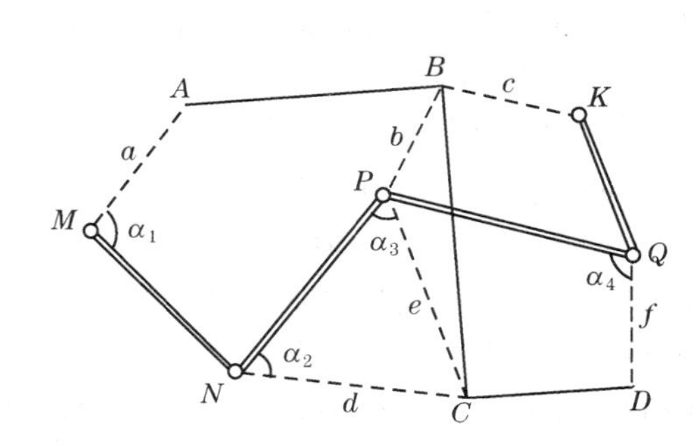

图 12－2　解析法定位主点

需要说明两点：①若线路精度要求较高时，一般采用解析法测设主点；②若设计线路附近控制点不足数时，应首先进行控制点补测或加密。

2）中桩测设

为了设计与施工的需要，管线长度测定、中线上某些特殊点的相对位置以及管线纵横断面图的测绘，从起点开始，沿中线方向各主点之间设置里程桩或中桩，这项工作称为中桩测设。里程桩是在中线测量的基础上进行设置的，一般采用边测量中线边设置里程桩。若用钢尺设置里程桩，应在相邻点间丈量两次，丈量的相对精度为 1/1 000，读数至厘米即可。里程桩分整桩和加桩两种。

（1）整桩

整桩指从起点开始每隔一整米数设置的里程桩。按《工程测量规范》规定，线路直线段上的中桩间距，应根据地形变化确定，一般不大于 50 m，因此，根据管线不同种类，整桩之间距离一般为 20 m、30 m 或 50 m。

（2）加桩

中线方向上整桩之间地形起伏变化处、水平方向变化处以及线路与建(构)筑物的交叉处要增设加桩。

为了方便计算，管线中桩均按管线起点到该桩的里程进行编号，并用红油漆写在木桩侧面。不同种类的管线起点也有不同规定，如排水管道起点为下游出水口；给水管道起点则为水源处；气、热管道以来气方向作为起点；电力管道则以电源为起点，等等。图 12-3 中自管道起点开始，每隔 50 m 设置一里程桩，如图中的 0＋150，＋号前为千米数，＋号后为米数，表示该里程桩离起点 150 m；图中的 0＋108、0＋309 为地物加桩；0＋083 为地形加桩。

3）转向角测量

转向角为管线方向转变处转变后的方向与原方向之间的水平夹角，也称偏角，角值一般为 0～90°，如图 12-3 中主点 B 处的 $\alpha_{左}$ 和主点 C 处的 $\alpha_{右}$ 分别表示左偏和右偏；也可以转折角 β_B 和 β_C 表示主点 B 和 C 处的转向角，但必须注意转折角的方向。若观测转向角 $\alpha_{左}$ 时，

将经纬仪安置于点 B，盘左瞄准点 A，读取水平度盘值，转动照准部瞄准目标 C，读取水平度盘值，两读数之差即为转向角值；倒转望远镜盘右位置重复上述过程，若两次观测结果符合限差要求，取其平均值作为该转向角的观测结果。如果管线主点位置以解析法确定时，应以解析计算结果为准，与实测值进行比较作为检核。

4）带状地形图的测绘

管道中桩测定后，应将其展绘到大比例尺的地形图上，标明各主点和中桩的位置以及管道转折角。当没有大比例尺地形图，或管道沿线地形起伏较大时，应在现场实测带状地形图，作为管道设计和绘制断面图的重要资料，这种带状地形图也叫里程桩手簿。实测带状地形图时一般测绘管线两侧各 20 m 的地物和地貌。测图时，可将管道主点作为测站点，用皮尺交会法或直角坐标法测绘地物，用视距法测绘地物和地形。测图比例尺按表 12-2 进行选择。

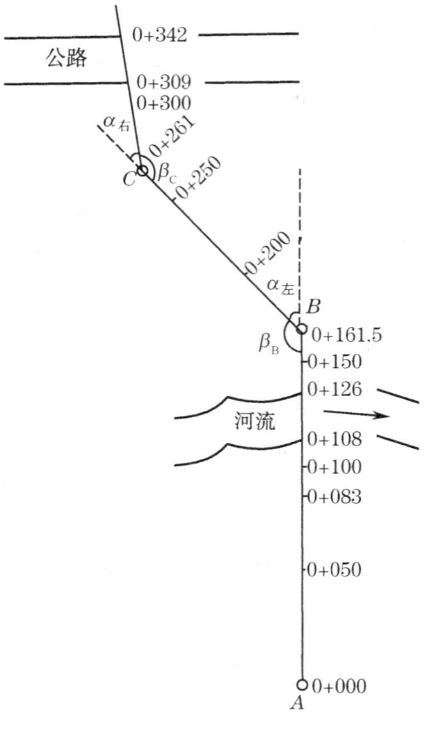

图 12-3 中桩示意图

12.2 管线纵、横断面测量

线路中线测量完成后，还要进行纵、横断面测量，以便为进一步进行施工图设计提供资料。纵断面测量，又称中线水准测量，它的任务是测定中线各里程桩的地面高程，绘制中线纵断面图，计算中桩填挖尺寸并且作为设计管道埋深、坡度及计算土方量的主要依据。横断面测量则是测定中桩两侧垂直于线路中线方向线上各特征点距中线的距离和高程，绘成横断面图，供设计时计算土石方量和施工时确定开挖边界之用。

12.2.1 纵断面测量

按照由整体到局部的测量顺序，纵断面测量分两步进行：首先沿线路方向设置水准点，建立路线的高程控制，称为基平测量；然后根据各水准点的高程，分段进行中桩水准测量，称为中平测量。视管线种类不同，基平测量可按三等或四等水准测量的精度要求进行；中平测量低于基平测量精度要求，若按等外水准要求进行，可只作单程观测；最后根据纵断面测量结果绘制纵断面图。

1）基平测量

基平测量时首先沿线路附近设立水准点，点位应选在稳固、醒目、易于引测以及施工干扰范围外不易遭受破坏的地方。点的间距一般为 2 km，复杂地段可每隔 1 km 增设一个，在桥梁两端、涵洞和隧道洞口附近均应设立水准点，根据需要在点位上埋设永久性或临时性标石。

高程系统一般采用1985国家高程基准，将起始水准点与附近国家水准点进行连测，以获取绝对高程；对于沿线其他水准点，也应尽可能与附近高等级水准点进行连测，以增强检核条件。路线附近如果没有国家水准点或无法与其连测，也可以附近标志性建筑物高程为参考，采用假定高程系统。

水准点连测通常采用往返观测，所测高差较差之允许值规定为

$$f_{h允} = \pm 30\sqrt{L}\text{mm} \tag{12-1}$$

对于大桥和涵洞两端的水准点，规定

$$f_{h允} = \pm 20\sqrt{L}\text{mm} \tag{12-2}$$

式中：L——水准路线长度，以千米为单位。

2）中平测量

中平测量一般附合于基平测量所测定的水准点，即以两相邻水准点之间为一测段，从一水准点出发，用普通水准测量方法逐个测出中桩的地面高程，然后附合于另一水准点上。观测时，在每一测站上先观测转点，再观测相邻两转点之间的中桩即中间点。由于转点起传递高程的作用，因此水准尺应竖立于较为稳固的桩顶或与桩顶等高的尺垫上，读数至毫米；中间点处水准尺立于紧靠中桩的地面上，读数至厘米即可。

图12-4和表12-1是由水准点$BM.1$到0+342的中平测量示意图和记录手簿，施测步骤为：

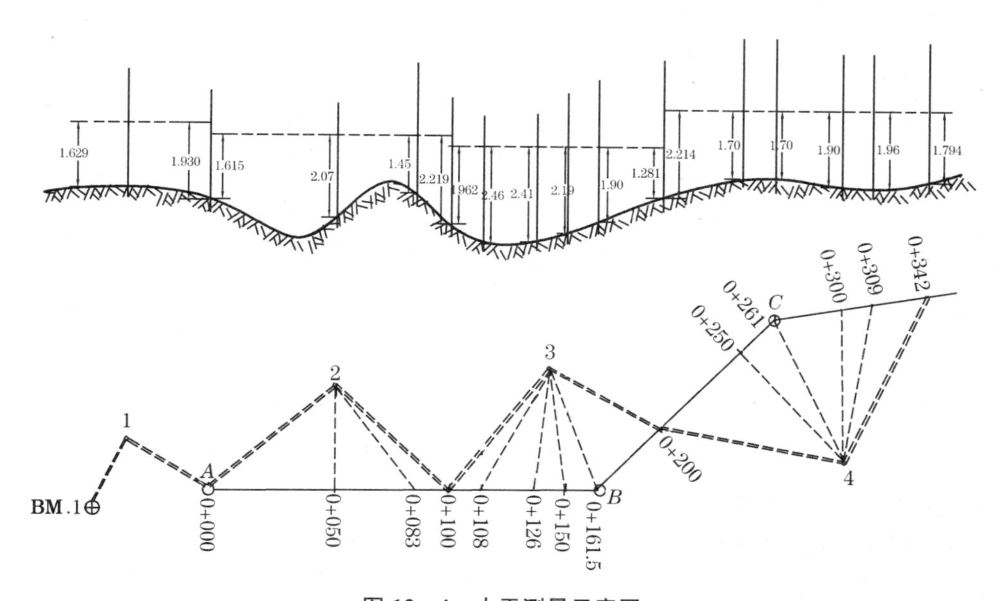

图12-4 中平测量示意图

（1）点1处安置水准仪，后视水准点BM.1，读数1.629，前视0+000，读数1.930。

（2）迁至测站2，后视0+000，读数1.615，前视0+100，读数2.219，仪器保持不动，先后将水准尺竖立于中间点0+050和0+083，分别读取中视读数2.07和1.45。

（3）依次将仪器迁至测站3和测站4上，重复步骤2，直至附合于另一水准点上。

将观测数据分别记录于表 12-1 中后视、前视和中视读数栏内，一个测段的中平测量，应进行下列各项计算：

表 12 - 1　纵断面水准测量记录手簿

日期　　　　　　年　　月　　日　　　　　　天气　　　　　　观测者　　　　　　记录者

测站	桩号	水准尺读数			高差		仪器视线高程	高程
		后视	前视	中视	+	−		
1	BM. 1	1.629				0.301		85.972
	0+000		1.930					85.671
2	0+000	1.615				0.604	87.286	85.671
	0+050			2.07				85.22
	0+083			1.45				85.84
	0+100		2.219					85.067
3	0+100	1.962			0.681		87.029	85.067
	0+108			2.46				84.57
	0+126			2.41				84.62
	0+150			2.19				84.84
	0+161.5			1.90				85.13
	0+200		1.281					85.748
4	0+200	2.214			0.42		87.962	85.748
	0+250			1.70				86.26
	0+261			1.70				86.26
	0+300			1.90				86.06
	0+309			1.96				86.00
	0+342		1.794					86.168
∑		7.420	7.224		+0.196			0.196
备注								

(1) 高差闭合差的计算

中平测量一般起闭于已知水准点，其高差闭合差对于一般管线应不大于$\pm 50\sqrt{L}$mm，其他管线视不同种类用途，可适当提高或放宽，如重力自流管线应不大于$\pm 40\sqrt{L}$mm，若闭合差在允许范围内，可不作调整。

(2) 中桩地面高程计算

设 BM. 1 点的高程为 85.972 m，首先根据测站 1 的后视读数和前视读数计算 0+000 的地面高程，然后根据式(12-3)计算各转点和中间点的高程。

$$
\begin{aligned}
&\text{视线高程}=\text{后视点高程}+\text{后视读数}\\
&\text{转点高程}=\text{视线高程}-\text{前视读数}\\
&\text{中间点高程}=\text{视线高程}-\text{中视读数}
\end{aligned}
\tag{12-3}
$$

(3) 检核计算

为了防止计算错误，一测段中平测量完成后应进行以下检核：

$$\sum 后 - \sum 前 = \sum h = H_{终} - H_{始} \tag{12-4}$$

表 12-1 中∑行高差栏为各测站高差之和，该数字应等于该行后视栏与前视栏计算值之差，也等于高程栏 0＋342 和 BM.1 两点高程之差，经计算均为 0.196 m，说明计算无误。

3）绘制纵断面图

一般在毫米方格纸上进行纵断面图的绘制，以管线的里程为横坐标，高程为纵坐标，高程比例尺应是水平比例尺的 10～20 倍，以明显反映地面起伏情况和坡度变化，各类管线纵横断面比例尺选择标准可参照表 12-2 确定。

表 12－2　线路测图的比例尺

线路名称	带状地形图	纵断面图		横断面图（水平、高程）
		水平	高程	
铁路	1：1000 1：2000	1：1000 1：2000	1：100 1：200	1：100 1：200
公路	1：2000 1：5000	1：2000 1：5000	1：200 1：500	1：100 1：200
架空索道	1：2000 1：5000	1：2000 1：5000	1：200 1：500	
自流管线	1：1000 1：2000	1：1000 1：2000	1：100 1：200	
压力管线	1：2000 1：5000	1：2000 1：5000	1：200 1：500	
架空送电线路		1：2000 1：5000	1：200 1：500	

以图 12-5 为例，介绍纵断面图的具体绘制步骤：

首先，在方格纸中央靠下部适当位置画一条水平线。在水平线下各栏依次注记管线设计坡度、埋深、地面高程、管底高程、各中桩之间的距离、桩号、管线平面图；在水平线上绘制管线的纵断面图。

第二步，按照水平比例尺，在管线平面图栏内标明各中桩的位置，桩号栏内标注各桩号，在距离栏内注明各桩之间的距离，在地面高程栏内注记各桩的地面高程。

第三步，根据中线测量阶段测绘的带状地形图在管线平面图栏绘制管线平面图，转向后的管线仍按原直线方向绘出，但应以箭头表示管线转折的方向；根据中平测量结果，在水平线上部按高程比例尺在中桩的对应位置确定各自的地面高程，并用直线连接相邻点，得到纵断面图。

第四步，根据设计要求，在纵断面图上绘出管线的设计线，在水平线下坡度栏内标注坡度方向，上坡、下坡和平坡分别以“/”、“\”和“—”表示，坡度方向线之上注记坡度值，以千分数表示，坡度方向线之下注记对应坡段的距离。

第五步，按照管线起点 0＋000 的管底高程（由设计部门给出）、设计坡度以及各中桩之间的距离，依次推求各桩的管底高程，如 0＋000 的管底高程为 83.62 m，管道坡度为－6‰，则 0＋050 的管底高程为 83.62 m－6× 50 mm＝83.32 m，地面高程与管底高程之差即为管线的埋深（有的管线称该项内容为填挖高度）。

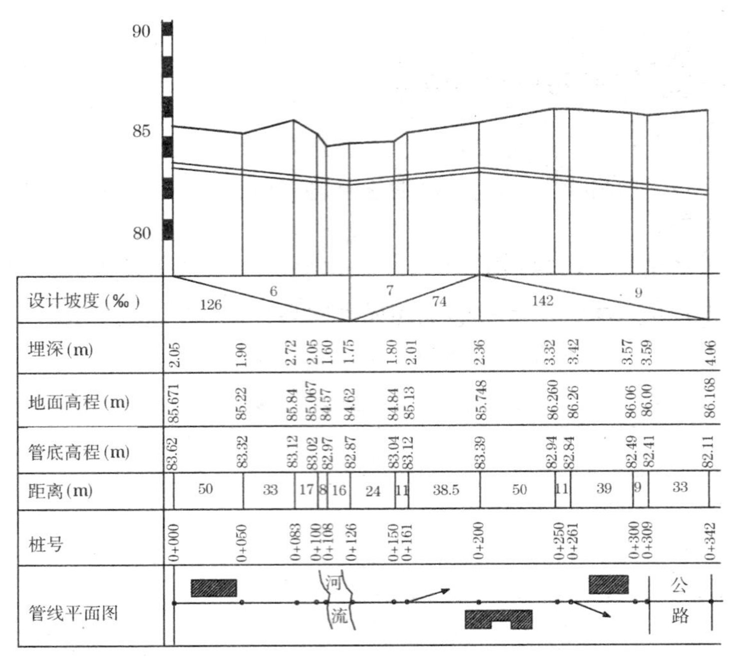

图 12-5　纵断面图绘制

除上述内容外，纵断面图上还应标出新旧管线连接与交叉处，地下建(构)筑物的位置以及桥涵的位置等内容。

12.2.2　横断面测量

在管线中线各里程桩(包括整桩和加桩)处，测定垂直于中线的方向线，观测该方向线上里程桩两侧一定范围内各坡度变化特征点的高程及特征点与该里程桩的距离，根据观测结果绘制断面图，这项工作称为横断面测量。横断面图反映了管线两侧的地面起伏情况，供设计时计算土石方量和施工时确定开挖边界用。横断面施测宽度由管道的直径、埋深以及工程的特殊要求共同确定，一般为每侧各 20 m。高差和距离观测结果精确到 0.05～0.1 m 即可满足一般管线工程要求，因此可采用简易工具和方法进行横断面测量以提高工作效率。

1) 横断面方向测定

横断面方向一般以方向架或经纬仪进行测定。如图 12-6 所示，方向架为一简易测量工具，由一根长越 1.2 m 的竖木杆支撑两根相互垂直的横木杆构成，横木杆中线两端各钉一个瞄准用的小钉。使用时将方向架置于中桩上，以其中一个方向瞄准相邻中桩，则另一方向为横断面施测方向。如果用经纬仪测定横断面方向，则可在需要测量横断面的中桩上安置经纬仪，后视相邻中桩，用正倒镜分中法测设与中线垂直的方向即为横断面方向。

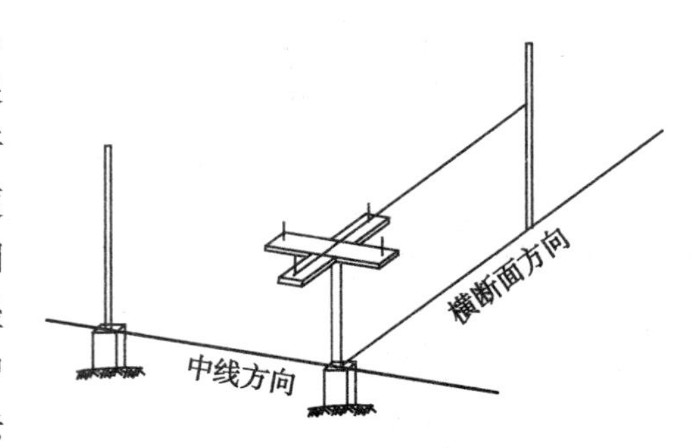

图 12-6　方向架法测定横断面方向

2) 横断面的测量方法

由于中平测量时已经测出中线上各中桩的地面高程，所以进行横断面测量时只要测出横断面方向上各特征点至中桩的水平距离和高差即可。常见的横断面测量方法有水准仪皮尺法、标杆皮尺法、经纬仪视距法和全站仪对边测量法等，下面分别加以介绍。

(1) 水准仪皮尺法

当横断面精度要求较高、横断面较宽且高差变化不大时，宜采用这种方法。这种方法可以与中平测量同时进行，特征点作为中间点看待，但要分别记录。如图 12-7 所示，水准仪安置后，以中桩为后视，其两侧横断面方向上各特征点为中视，读数至厘米，用皮尺分别量取各特征点至中桩的水平距离，量至分米即可。测量记录见表 12-3。

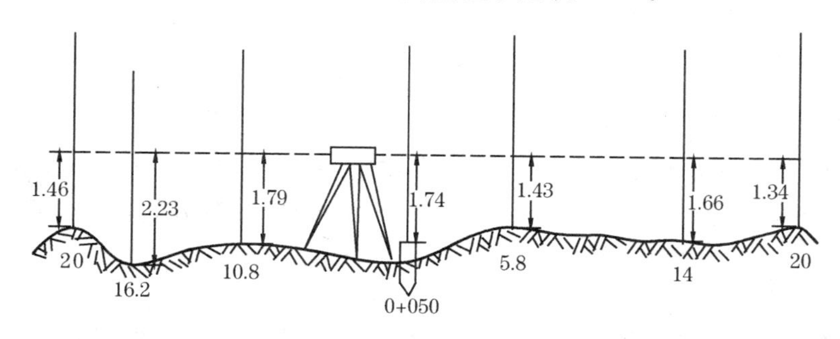

图 12-7　水准仪皮尺法测量横断面

表 12-3　横断面水准测量记录手簿

日期　　　　年　　月　　日　　　　天气　　　　观测者　　　　记录者

测站	桩号	水准尺读数			高差		视线高程	高程
		后视	前视	中视				
2	0+050	1.74					86.96	85.22
	左+10.8			1.79				85.17
	左+16.2			2.23				84.73
	左+20			1.46				85.50
	右+5.8			1.43				85.53
	右+14			1.66				85.30
	右+20			1.34				85.62

(2) 标杆皮尺法

如图 12-8 所示，在中桩 0+050 及其横断面方向各特征点上竖立标杆，从中桩沿左右两

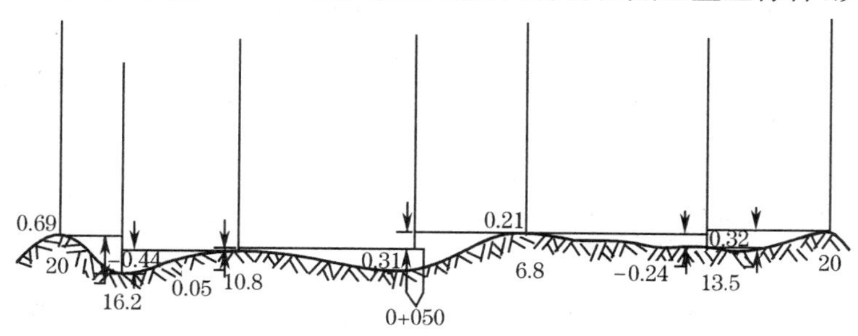

图 12-8　标杆皮尺法测量横断面

侧依次在相邻两点拉平皮尺丈量两点间水平距离，在标杆上直接读取两点间高差，测量数据直接记在示意图中或填入表 12-4 中。标杆也可以水准尺代替，该方法易于操作，但精度较低，适于精度要求较低的管线横断面测量。

表 12－4　标杆皮尺法横断面测量记录表

左侧(m)			桩号	右侧(m)		
…			…	…		
$\frac{0.69}{20}$	$\frac{-0.44}{16.2}$	$\frac{0.05}{10.8}$	0+050	$\frac{0.21}{6.8}$	$\frac{-0.24}{13.5}$	$\frac{0.32}{20}$
…			0+000	…		

表 12-4 中按管线前进方向分左侧和右侧，中间一列填写桩号，由下往上依次填写。分数中分母表示各特征点与中桩的水平距离，分子表示该两点间的高差，＋号表示上坡，－号表示下坡。

(3) 经纬仪视距法

将经纬仪安置在中桩上测定横断面方向后，量取仪器高 i，瞄准横断面方向上各地形特征点所立视距尺，分别读取上、中、下丝读数和竖直度盘读数，即可按照视距测量方法同时计算出各特征点至中桩的水平距离和高差。该方法适合于地形复杂、横坡较陡的管线横断面测量。

(4) 全站仪对边测量法

若测站 S 分别与 T_1、T_2 两目标点通视，不论 T_1 与 T_2 间是否通视，都可以测定它们之间的距离和高差，这种方法称为对边测量。全站仪对边测量法进行横断面测量时，在中桩上安置全站仪，瞄准横断面左侧第 1 个特征点上的棱镜，按距离测量键；然后依次瞄准第 2、第 3 个特征点，每次按对边测量键，都可以显示两点之间的水平距离和高差，同样方法进行右侧特征点间的水平距离和高差测量。该方法适用范围比较广，且观测精度高。

3) 横断面图的绘制

根据横断面观测结果，在毫米方格纸上手工绘制或计算机自动绘制横断面图。图 12-9 为手工绘制的某中桩横断面图。图中以中桩为坐标原点，水平距离为横坐标，高程为纵坐标；最下一栏为相邻特征点之间距离，其上一栏竖写的数字是特征点的高程。为了计算横断面的面积和确定管线开挖边界的需要，应设置相同的水平和高程比例尺。

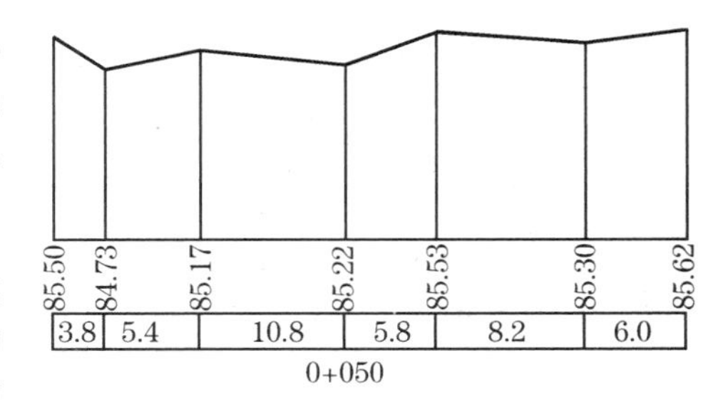

图 12－9　手工绘制的某中桩横断面图

12.3　管道施工测量

管道施工测量的任务是将管道中线及其构筑物按照图纸上设计的位置、形状和高程正确地在实地标定出来。一般而言，在施工前及施工过程中，均需要恢复中线、测设挖槽边线等，作为施工的依据；但各类管道按敷设位置不同，施工方法也不尽相同，多数采用明挖方法施工，但当管道穿过铁路、公路及重要建筑物时，为使交通不受影响、原有建筑物不受破坏，可采用管道顶进的方法进行施工，这种施工方法也叫顶管施工测量。

12.3.1 准备工作

在施工测量进行之前，一般应进行中线校核、施工控制桩测设和槽口放线等工作，为管线施工做好准备。

1）中线校核

如果设计阶段在地面上所标定的管道中线位置与管道施工所需要的管道中线位置一致，而且在地面上测定的管道起点、转折点、管道终点以及各整桩和加桩的位置无损坏、丢失，则在施工前只需进行一次检查测量即可。如管线位置有变化，则需要根据设计资料，在地面上重新定出各主点的位置，并进行中线测量，确定中线上各整桩和加桩的位置。

管道大多敷设于地下，为了方便检修，设计时在管道中线的适当位置一般应设置检查井。在施工前，需根据设计资料用钢卷尺在管道中线上测定检查井的位置，并以木桩标定。

2）施工控制桩测设

在施工时，管道中线上各整桩、加桩和检查井的木桩将被挖掉。为了在施工进程中随时恢复各类桩的位置，在施工前应在不受施工干扰、引测方便、易于保存桩位的地方测设中线控制桩和井位控制桩。中线控制桩一般测设在中线起止点及各转折点处的中线延长线上，井位控制桩测设在与中线垂直的方向上。图 12-10 中，点 1 为管道起点，点 3 为转折点，在中线延长线两端分别埋设两个中线控制桩；点 2、4、5 为中线上检查井位置，分别在与中线垂直的方向两侧各埋设两个检查井控制桩，利用这些控制桩可及时恢复中线的方向和各类桩的位置。

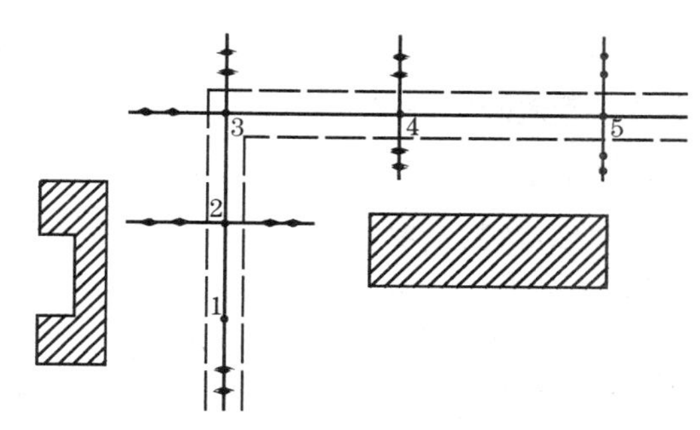

图 12-10 中线控制桩的测设

3）槽口放线

根据设计要求的管线埋深、管径和土质情况，计算开槽宽度，并在地面上用石灰线标明槽边线的位置，如图 12-10 中虚线所示。

当地面平坦，开槽断面如图 12-11(a)所示时，槽口半宽采用式(12-5)计算；如开槽断面为图 12-11(b)所示情形时，槽口半宽采用式(12-6)计算；当地面倾斜，横向坡度较大时，中线两侧槽口宽度会不一致，如图 12-11(c)所示，则应根据横断面图，用图解法或按式(12-6)和式(12-7)分别计算槽口两侧宽度。

$$d=b+mh \tag{12-5}$$

$$d=b+m_1h_1+c+m_2h_2 \tag{12-6}$$

$$d_1=b+m_1h_1+c+m_2h_3 \tag{12-7}$$

式中：d、d_1——槽口半宽；

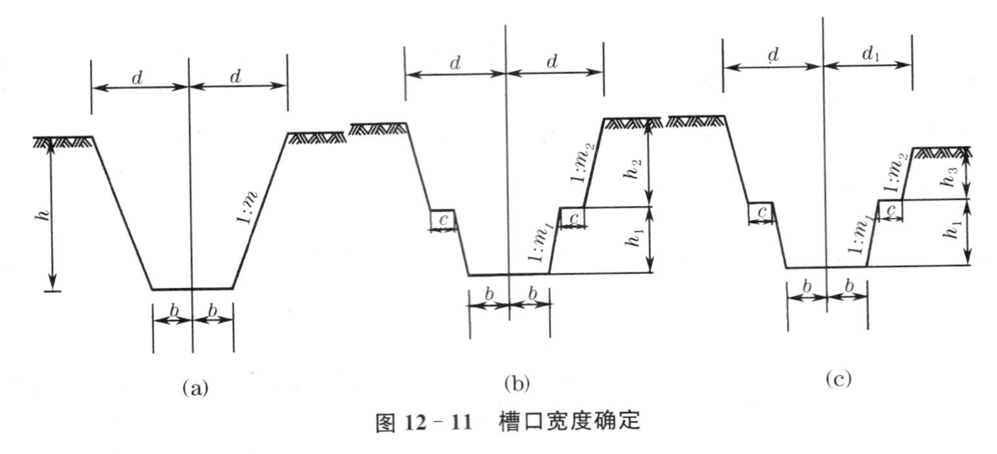

图 12-11　槽口宽度确定

b——槽底半宽；

$1:m$，$1:m_1$，$1:m_2$——管槽边坡的坡度；

c——工作面宽度；

h——挖深；

h_1——下槽挖深；

h_2、h_3——上槽挖深。

12.3.2　管道施工测量

管道施工测量的主要任务是根据工程进度的要求，测设控制管道中线和高程位置的施工测量标志，通常采取龙门板法和平行轴腰桩法。

1) 龙门板法

管道中线测量时，中桩之间的距离一般较大，管道施工时，应沿中线每隔 10～20 m 和检查井处加密设置龙门板，以保证管道位置和高程的正确。如图 12-12 所示，龙门板由坡度板和高程板组成，通常跨槽设置，板身牢固，板面水平。管道的施工包括挖槽和埋设管道，相应的测量工作主要是管道中线的测设和高程的测设。

(1) 管道中线的测设

中线测设时，将经纬仪安置在一端的中线控制桩上，瞄准另一端的中线控制桩，即得管道中线方向。固定仪器照准部，俯下望远镜，把管道中线投影到各坡度板上，并用小钉标明其位置，称为中线钉，如图 12-12 所示，各坡度板上中线钉的连线就是管道中线的方向。槽口开挖时，在各中线钉上吊垂球线，即可将中线位置投测到管槽内，以控制管道中线及其埋设。

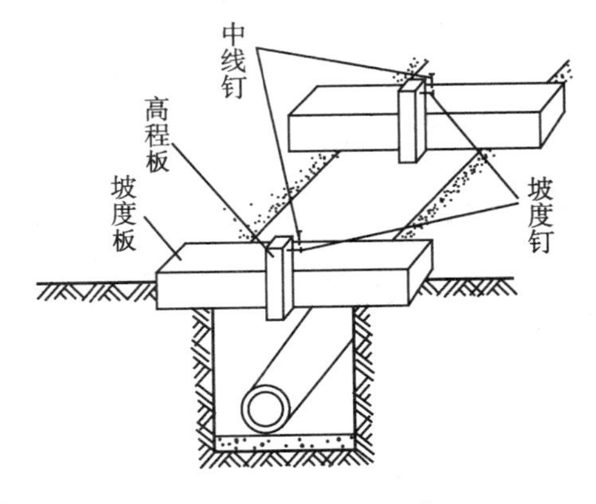

图 12-12　龙门板示意图

(2) 高程的测设

为了控制管槽的开挖深度和管道的埋设，安置水准仪于管道中线的一侧，后视附近的水准点，用视线高法测出各坡度板顶的高程。根据管道起点的管底设计高程、管道坡度和各坡度板之间的距离，可以计算出各坡度板处管底的设计高程。各坡度板顶高程与其对应管底设计高程之差即为由坡度板顶往下开挖的深度(实际开挖深度还应加上管壁和垫层的厚度),通常称为下返数。下返数不可能恰好为整数,且各坡度板的下返数也不一致,因此施工时以此数来检查各坡度板处的挖槽深度极不方便。如果能够使某一段管线内各坡度板的下返数为一预设的整分米数,该段管道施工时,施工人员只需用一木杆,其上标定预设下返数的位置,便可随时检查管槽是否已经挖到管底的设计高程。为此应对各坡度板加一调整数 ε,即

$$\varepsilon = C - (H_{板顶} - H_{管底}) \tag{12-8}$$

式中:ε——每一坡度板顶向上或向下量的调整数,上量为正,下量为负;

C——下返数的预设整分米数;

$H_{板顶}$、$H_{管底}$——分别表示坡度板顶高程与对应管底设计高程。

根据计算出的 ε,在高程板上自板顶用钢卷尺向上或向下量取 ε,以小钉标定其位置,该小钉称为坡度钉,见图 12-12。这样相邻坡度钉连线便与管底设计坡度平行,且高差为预设的下返数 C。

表 12-5 为坡度钉测设记录表,表中第 3 栏为管道的设计坡度,第 4 栏是根据管道起点的设计高程、设计坡度和相邻龙门板间距计算的管底高程,第 5 栏是由视线高法观测的板顶高程,第 6 栏为实际下返数,即第 5 栏与第 4 栏之差,第 8 栏是按公式(12-8)计算得的调整数 ε,最后一栏坡度钉高程等于板顶高程与调整数之和,即第 5 栏与第 8 栏之和,可以由第 4 栏与第 7 栏之和即管底高程与预设值 C 之和加以检核。

表 12-5 坡度钉测设记录表

板号	距离	坡度	管底高程	板顶高程	下返数	预设值 C	调整数 ε	坡度钉高程
1	2	3	4	5	6	7	8	9
0+000		−6‰	83.240	85.487	2.247	2.200	−0.047	85.440
0+010	10		83.180	85.402	2.222		−0.022	85.380
0+020	10		83.120	85.413	2.293		−0.093	85.320
0+030	10		83.060	85.366	2.306		−0.106	85.260
0+040	10		83.000	85.295	2.295		−0.095	85.200
0+050	10		82.940	85.152	2.212		−0.012	85.140
0+060	10		82.880	85.208	2.328		−0.128	85.080
⋮	⋮	⋮	⋮	⋮	⋮	⋮	⋮	⋮

龙门板上坡度钉的位置是管道施工时的高程标志,在坡度钉钉好后,应重新进行一次水准测量,检查是否有误。另外,由于在施工过程中龙门板可能经常会被碰动或因阴雨而下沉,所以应定期进行坡度钉的高程检查。

2) 平行轴腰桩法

当管道坡度较大、管道直线段较长、管径较小且精度要求不高时,可在中线的一侧或两侧设置一排平行于管道中线的轴线桩,桩位应位于槽口灰线之外,平行轴线与管道中线的距离为 a,各桩间距 10~20 m,各检查井位也应在平行轴线上设桩。当管道沟槽挖至一定深度时,为了控制管底高程,可根据平行轴线在槽坡上打一排木桩,使这排木桩的连线与中线平

行，这排桩称为腰桩，如图 12-13 所示。在腰桩上钉一小钉，并用水准仪测出各腰桩上小钉的高程。小钉高程与该处管底设计高程之差即为下返数。施工时只需用水准尺量取小钉到槽底的垂直距离与下返数进行比较，便可检查槽底是否挖到管底设计高程。

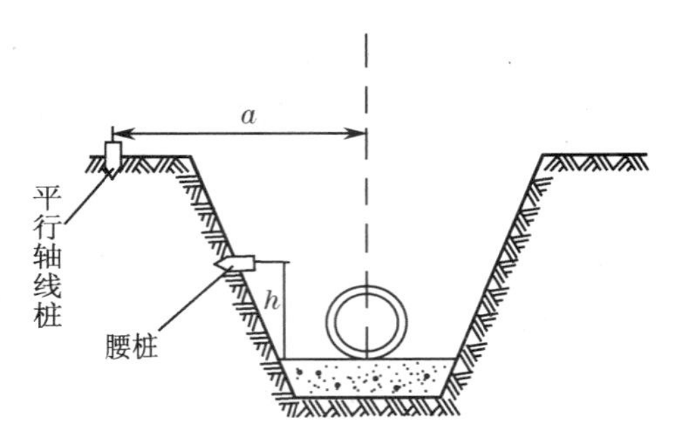

图 12-13　平行轴腰桩示意图

由于各腰桩的下返数不一致，给施工检查带来不便，可预设一整分米数作为下返数，按下式计算各腰桩的高程：

$$H_{腰}=H_{底}+C \tag{12-9}$$

式中：$H_{腰}$——腰桩高程；

$H_{底}$——管底设计高程；

C——下返数的预设值。

按 10.2.4 中测设已知 $H_{底}$ 高程的方法测设 $H_{腰}$，并以小钉标示其位置，此时各腰桩上小钉的连线便与设计坡度平行，且小钉的高程与对应管底设计高程之差均为下返数的预设值 C。

12.3.3　顶管施工测量

当地下管道穿过交通线路或其他重要建(构)筑物时，为了保障正常的交通运输、建(构)筑物的正常使用以及避免施工中大量繁杂的拆迁工作，一般不允许开槽施工，而是采用顶管施工的技术。顶管施工前应挖好工作坑，在工作坑内安放导轨，将管材放在导轨上，用顶镐的办法，将管材沿设计方向顶进土中，边顶进边从管内将土方挖出来，直到贯通。顶管施工测量的工作主要包括中线测设和高程测设。

1) 准备工作

顶管施工测量之前应设置中线控制桩、顶管中线桩、坑底临时水准点并安装导轨。

(1) 中线控制桩和顶管中线桩的设置

根据设计图上管线的要求，在工作坑前后设置两个中线控制桩，如图 12-14；然后确定开挖边界，当条件允许时，工作坑应尽量长些，以提高中线测设精度。工作坑开挖到设计高程后，根据地面上的管道中线控制桩，用经纬仪将管道中线引测到前后坑壁和坑底，并以大钉或木桩标示，此桩称为顶管中线桩，作为顶管的中线位置。

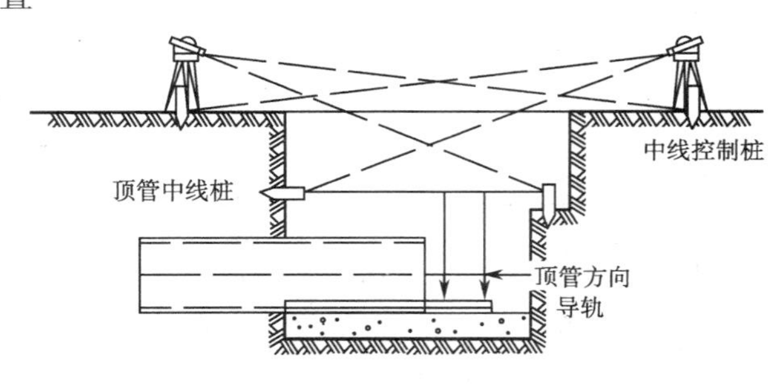

图 12-14　顶管施工测量

(2) 临时水准点的设置

为了控制管道按设计高程和坡度顶进，还应在工作坑内设置临时水准点。为便于检核，最好设置两个临时水准点。

(3) 导轨安装

导轨一般安装在方木或混凝土垫层上，垫层面的高程和纵坡都应当符合设计要求，为方便排水并减少管壁摩擦，其中线高程应稍低于两侧。根据导轨宽度安装导轨，根据顶管中线桩和临时水准点检查中心线和高程，然后固定导轨。

2) 中线测设

如图 12-14 所示，通过顶管中线桩拉一条细线，并在细线上挂两垂球，两垂球的连线即为管道方向；若坑底已经设置有顶管中线桩，可将经纬仪安置在坑底中线桩上，照准坑壁上中线桩，也可以指示顶管的中线方向。在管内前端水平放置一把木尺，尺长等于或略小于管径，使它恰好能放在管内。木尺上的分划以中央为零向两侧对称增加。如果两垂球的方向线与木尺上的零分划线重合，则说明管子中心在设计中线上；若不重合，则说明管子有偏差，偏差超过±1.5 cm 时，管子需要校正。

3) 高程测设

在顶管内待测点处竖立一略小于管径的标尺，水准仪安置在工作坑内，后视临时水准点，将算得的待测点高程与管底的设计高程进行比较，若不符值超过±1 cm，需要校正顶管。施工过程中，每顶进 0.5 m 进行一次中线和高程测量，以保证施工质量。当顶管施工长度较长时，需要分段施工：每 100 m 挖一个工作坑，采用对向顶管的施工方法；贯通时，管子错口不得超过 3 cm。

表 12-6 为顶管施工测量记录表。以 0+050 桩号开始的顶管施工测量观测数据为例，第 1 栏是根据 0+050 的管底设计高程、设计坡度和桩间距离推算出来的；第 3 栏是每顶进 0.5 m 时观测的管子中线偏差值；第 4 栏、第 5 栏分别为水准测量后视读数和。前视读数，即临时水准点和待测点处的水准尺读数；第 6 栏为待测点应有读数，即根据临时水准点处的视线高与待测点设计高程相减得到；第 7 栏为高程误差，即第 5 栏与第 6 栏之差。表中此项误差均未超过±1 cm 的限差要求。

表 12-6　顶管施工测量记录表

设计高程(管内壁)	桩号	中心偏差(m)	后视读数	前视读数	待测点应有读数	高程误差(m)	备注
1	2	3	4	5	6	7	8
82.640	0+050	0.000	0.695	0.684	0.683	0.001	水准点高程为 82.628m $i=-6‰$ 0+050 管底高程为 82.640
82.637	0+050.5	右 0.003	0.726	0.715	0.717	−0.002	
82.634	0+051	右 0.001	0.741	0.738	0.735	0.003	
82.631	0+051.5	左 0.002	0.689	0.691	0.686	0.005	
⋮	⋮	⋮	⋮	⋮	⋮	⋮	
82.580	0+060	右 0.004	0.717	0.765	0.765	0.000	
⋮	⋮	⋮	⋮	⋮	⋮	⋮	

4) 自动化顶管施工技术

对于距离长、直径大的大型管道施工，经常采用自动化顶管施工技术，不仅劳动强度大大降低，掘进速度也大为提高。该施工技术将激光水准仪安置在工作坑内，按照水准仪的操作步骤，调整好激光束的方向和坡度，用激光束监测顶管的掘进方向。在掘进机头上装置光电接收靶和自控装置。当掘进方向出现偏位时，光电接收靶便给出偏差信号，并通过液压纠偏装置自动调整机头方向，继续掘进。

12.3.4 管道竣工测量

管道竣工后，必须测绘管道竣工图，一方面可以全面反映管道施工后的成果；另外，这些资料对于竣工总平面图的编绘、管道的施工质量验收、管道运营后的管理和维修以及管道工程的改扩建都是必不可少的。竣工图的测绘必须在管道埋设后，回填土以前进行，包括管道竣工平面图和管道竣工断面图两项内容。

1）管道竣工平面图测绘

随着市政建设的高速发展，管道种类越来越多，为了管理方便，必须分类编绘单项管道竣工带状平面图，其宽度应至道路两侧第一排建筑物外 20 m，如无道路，其宽度根据需要确定。带状平面图的比例尺根据需要一般采用 1∶500～1∶2 000 的比例尺。

管道竣工平面图的测绘可以采用实地测绘和图解测绘两种方法进行。如果以有管道施测区域更新的大比例尺地形图时，可以利用已测定的永久性建筑物用图解法来测绘管道及其构筑物的位置；当地下管道竣工测量的精度要求较高时，可采用图根导线的要求测定管道主点的坐标，其与相邻控制点的点位中误差不应大于±5 cm，地下管线与邻近的地上建筑物、相邻管线、规划道路中心线的间距中误差不应大于图上的±0.5 mm。各类管道竣工平面图的测绘要点分别陈述如下：

（1）给水管道

测绘地面给水建（构）筑物及各种水处理设施。管道的结点处，当图上按比例绘制有困难时，可用放大的详图表示；管道的起始点、交叉点、分支点应注明坐标，变坡处应注明标高，变径处应注明管径和材料；不同型号的检查井应绘详图；还应测量阀门、消火栓以及排气装置等的平面位置和高程，并用规定的符号标明。

（2）排水管道

测绘污水处理构筑物、水泵站、检查井、跌水井、水封井、各种排水管道、雨水口、化粪池以及明渠、暗渠等。检查井应注明中心坐标、出入口管底标高、井底标高和井台标高，管底标高由管顶高程和管径、管壁厚度算得；管道应注明管径、材料和坡度；不同类型的检查井应绘出详图。

（3）自流管道

应直接测定管底高程，相对于临近高程的起始点，其高程中误差不应大于±2 cm。管道间距离应用钢尺丈量。如果管道互相穿越，在断面图上应表示出管道的相互位置，并注明尺寸。要依靠管线本身的特点进行检查。如自流形式的管线像雨水、污水管线，管内底高都是从高到低。如果出现异常，像反坡，可能是管底高程出现错误。又如雨污水等管线井距应该是固定的，如不固定时，就需要分析原因。

（4）输电及通讯线路

测绘总变电站、配电站、车间降压变电所、室外变电装置、柱上变压器、铁塔、电杆、地下电缆检查井等；通讯线路应测绘中继线、交接箱、分压盒、电杆、地下通讯电缆入口等。各种线路的起始点、分支点、交叉点的电杆应注明坐标，线路与道路交叉处应注明净空高，地下电缆应注明深度或电缆沟的沟底标高;各种线路应注明线径、导线数、电压等数据。各种输变电设备应注明型号和容量;测绘有关的建(构)筑物及道路。

(5) 原有管道

对于原有管道根据具体情况采用调查法、夹钳法、压线法、感应法等不同的探测方法。调查法分下井调查和不下井调查两种,一般用 2～5 m 钢卷尺、皮尺、直角尺、垂球等工具,量取管内直径、管底(或管顶)至井盖的高度和偏距,以确定管道中心线与检查井处的管道高度。一口井中有多个方向的管道,要逐个量取并测量其方向,以便连线,若有预留口应该注明。下井调查时必须事前分析掌握管道分布情况、了解基本常识并采取相应的防护措施。若检查井已被残土埋没无法寻找时,可用其他方法配合调查法进行。

图 12-15 为某给排水管道工程竣工平面图,图中标明了检查井的编号、井口高程、管底高程、井间距离以及管径等,还用专门的符号标明了阀门、消火栓、水表以及污水管道等。

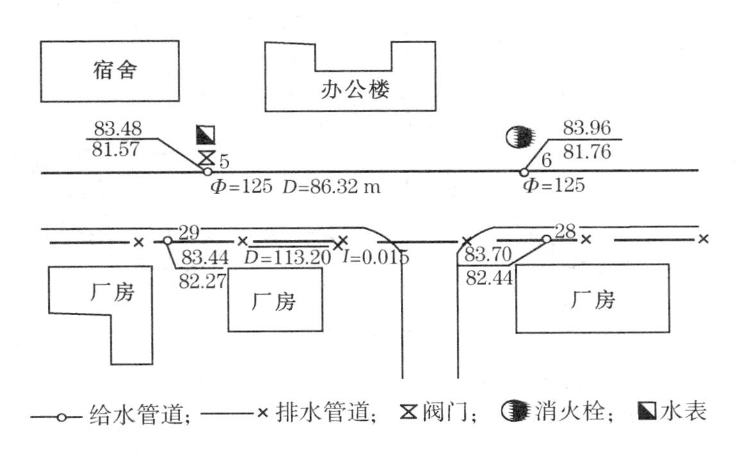

图 12-15 给排水管道竣工平面图

2) 管道竣工断面图测绘

设计施工图中通常都有管道断面图,包括管底埋深、桩号、距离、坡向、坡度、阀门、三通、弯头的位置与地下障碍等。绘竣工图时,应将所有与施工图不符之处准确地绘制出来,如管道各点的实际标高,管道绕过障碍的起止部位,各部尺寸,阀门、配件的位置标高等。绘制时,断面图与平面图应对应。应认真核对设计变更通知单、施工日志与测量记录,以实际尺寸为准。

本章小结

为城市各项公用设施的设计、施工、竣工和运营管理各阶段所需要进行的测量工作称为市政工程测量。各个单项市政工程测量,多在其中线附近的带状范围内施测,具有线路工程测量的特点。市政工程建设各阶段的测量工作分为设计测量、施工测量、竣工测量和变形观测等。由于道路桥梁工程测量在第 11 章已经作了详细分析,本章主要介绍了市政工程测量中管道工程测量部分。管道工程是工业与民用建筑中的重要组成部分。有给水管道、排水管道、煤气管道、热力管道和电缆、输油管道等。

管道工程测量的任务是:在设计前为管道工程设计提供地形图和断面图;在施工时按设

计的平面位置和高程将管道位置测设于实地。

进行管道勘测设计，首先应分析原有地形图、管道平面图、断面图，并结合现场勘查。在图纸上选定拟建管道的主点(起点、终点、转折点)位置；然后进行管道中线测设和纵横断面图测量，以及绘制纵横断面图，为管道设计提供资料。施工时需进行管道施工测量。竣工后要进行竣工测量，作为维修管理的依据。由于管道大多敷设于地下，且纵横交错，因此必须严格按设计位置测设并且按规定校核。

习题与思考题

1. 管道施工测量主要包括哪些工作？

2. 根据图 12-16 中的数据，完成以下工作：

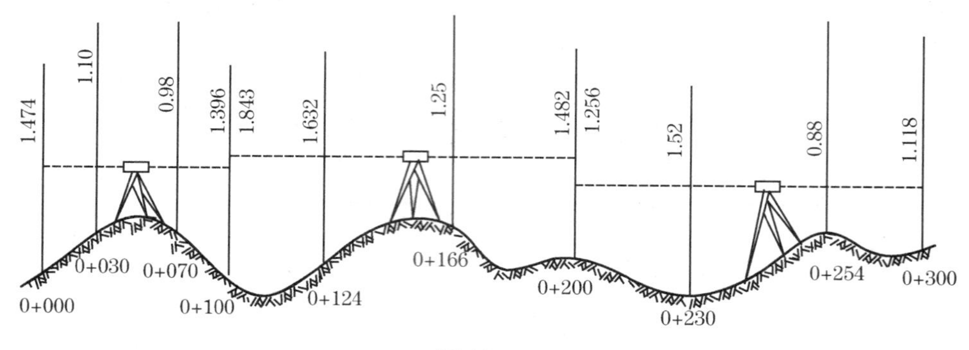

图 12－16

(1) 纵断面水准测量手簿的各项计算；

(2) 绘制水平比例尺为 1∶2 000，高程比例尺为 1∶200 的纵断面图；

(3) 已知起点 0＋000 桩地面高程为 22.485 m，其管底设计高程为 21.00 m，在纵断面图上设计一条坡度为－6‰的管线，并进行各项有关数据的计算和填写。

3. 某管道设计坡度为＋5‰，起点 0＋000 桩管底设计高程为 45.889 m，测得龙门板 0＋000、0＋010、0＋020、0＋030、0＋040 处板顶高程分别为 47.731 m、47.682 m、48.001 m、48.054 m、48.076 m。试选定下返数，完成坡度钉测设手簿的计算。

4. 管道竣工测量的目的及其内容是什么？简述管道竣工测量的特点以及竣工测量中的基本要求。

13　GPS 全球定位系统

13.1　概述

全球导航卫星系统（Global Navigation Satellite System，简称 GNSS）是目前世界上已有的全球卫星定位系统的统称，包括了各自独立发展的美国的 GPS、俄罗斯的 GLONASS、欧盟的 Galileo、中国的 Compass（北斗）等多个全球性的导航卫星系统。接收机也已有能同时接收多种导航卫星系统信息的兼容接收机。兼容接收机提高了卫星定位的可靠性和定位精度。由于美国的全球导航卫星系统建成时间早，应用广泛，技术成熟，下面主要介绍美国的全球导航卫星系统。

GPS（Global Positioning System）即全球定位系统，是由美国于 1993 年建成的卫星导航定位系统。该系统是伴随现代科学技术的迅速发展而建立起来的新一代精密卫星导航和定位系统，不仅具有全球性、全天候、连续的三维测速、导航、定位与授时功能，而且具有良好的抗干扰性和保密性。

GPS 除用于军事目的外，目前已广泛渗透到了经济建设和科学技术的许多领域，尤其是在大地测量学及其相关学科领域，如在地球动力学、海洋大地测量学、天文学、地球物理和资源勘探、航空与卫星遥感精密工程测量、变形监测、城市控制测量等方面的广泛应用，充分显示了这一卫星定位技术的高精度和高效益。测绘行业正进行着一场意义深远的变革，而测绘科学与技术也由此步入了一个崭新的时代。

与传统测绘相比，GPS 测量的优点是：

（1）功能多、用途广。不仅可以测量、导航，还可测速、测时。

（2）测量精度高。GPS 观测的精度要明显高于一般的常规测量手段，特别是长基线的观测精度。

（3）全球覆盖和全天候。在任何时间、任何地点、任何气候条件下，均可以进行 GPS 观测，大大方便了测量作业。

（4）快速、省时、高效率。采用快速静态定位方法，可以在数分钟内获得观测结果。观测精度要求不高时，可以进行实时 GPS 定位，观测时间更短。

（5）观测、处理自动化。GPS 的观测过程和数据处理过程均是高度自动化的。

13.1.1　GPS 的组成

GPS 主要由空间星座部分、地面监控部分和用户设备部分三大部分组成。

1）空间星座部分

GPS 的空间星座部分由 24 颗卫星组成，其中包括 21 颗工作卫星和 3 颗可随时启用的备用卫星。工作卫星分布在 6 个近圆形轨道面内，每个轨道面上有 4 颗卫星。卫星轨道面相对地球赤道面的倾角为 55°，各轨道平面升交点的赤经相差 60°。同一轨道上两卫星之间的升交角距相差 90°，轨道平均高度为 20 200 km，卫星运行周期为 11 小时 58 分。同时在地平线以上的卫星数目随时间和地点而异，最少为 4 颗，最多时达 11 颗，如图 13-1 所示。

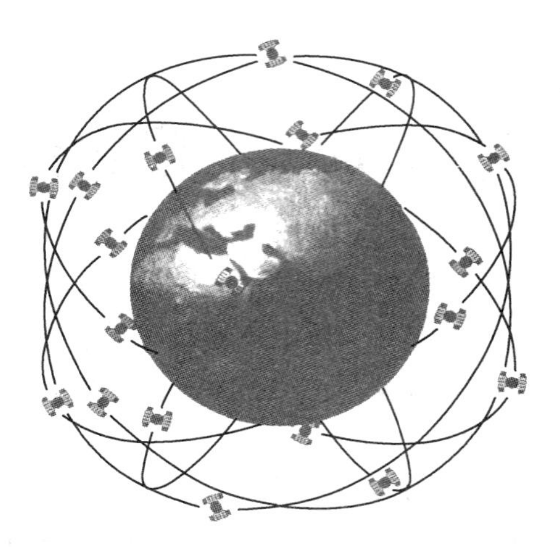

图 13-1 GPS 卫星星座

上述 GPS 卫星的空间分布，保障了在地球上任何地点、任何时刻均至少可同时观测到 4 颗卫星，加之卫星信号的传播和接收不受天气的影响，因此 GPS 是一种全球性、全天候的连续实时定位系统。

GPS 卫星的主要功能是：接收、存储和处理地面监控系统发射来的导航电文及其他有关信息；向用户连续不断地发送导航与定位信息，并提供时间标准、卫星本身的空间实时位置及其他在轨卫星的概略位置；接收并执行地面监控系统发送的控制指令，如调整卫星姿态和启用备用时钟、备用卫星等。

2) 地面监控部分

地面监控部分按其功能分为主控站、注入站和监测站。主控站负责协调和管理所有地面监控系统的工作，具体任务有：根据所有地面监测站的观测资料推算编制各卫星的星历、卫星钟差和大气层修正参数等，并把这些数据及导航电文传送到注入站；提供全球定位系统的时间基准；调整卫星状态和启用备用卫星等。

注入站的主要任务是通过一台直径为 3.6 m 的天线，将来自主控站的卫星星历、钟差、导航电文和其他控制指令注入相应卫星的存储系统，并监测注入信息的正确性。

监测站的主要任务是连续观测和接收所有 GPS 卫星发出的信号并监测卫星的工作状况，将采集到的数据连同当地气象观测资料和时间信息经初步处理后传送到主控站。

3) 用户设备部分

用户设备部分包括 GPS 接收机硬件、数据处理软件和微处理机及终端设备等。

GPS 信号接收机是用户设备部分的核心，一般由主机、天线和电源 3 部分组成。其主要功能是跟踪接收 GPS 卫星发射的信号并进行变换、放大和处理，以便测量出 GPS 信号从卫星到接收机天线的传播时间，解译导航电文，实时地计算出测站的三维位置，甚至三维速度和时间。GPS 接收机根据其用途可分为导航型、大地型和授时型；根据接收的卫星信号频率，又可分为单频(L_1)接收机和双频(L_1、L_2)接收机等。

在精密定位测量工作中，一般均采用大地型双频接收机或单频接收机。单频接收机适用于 10 km 左右或更短距离的精密定位工作，其相对定位的精度能达 5 mm+1 ppm·D(D 为基线长度，以 km 计)。而双频接收机由于能同时接收到卫星发射的两种频率的载波信号，故可进行长距离的精密定位工作，其相对定位的精度可优于 5 mm+1 ppm·D，但其结构复杂，价格昂贵。用于精密定位测量工作的 GPS 接收机，其观测数据必须进行后期处理，因此必须配有功能完善的后处理软件，才能求得所需测站点的三维坐标。

13.1.2 GPS 卫星信号与坐标系统

1) GPS 卫星信号

GPS 卫星发射两种频率的载波信号，即频率为 1 575.42 MHz 的 L_1 载波和频率为 1 227.60 MHz 的 L_2 载波，它们的频率分别是基本频率 10.23 MHz 的 154 倍和 120 倍，它们的波长分别为 19.03 cm 和 24.42 cm。在 L_1 和 L_2 上又分别调制着多种信号，这些信号主要有：

(1) C/A 码

C/A 码又称为粗捕获码，它被调制在 L_1 载波上，其码长为 1 023 位。由于每颗卫星的 C/A 码都不一样，因此，我们经常用它们的 PRN 码来区分它们。C/A 码是普通用户用以测定测站到卫星间距离的一种主要信号。

(2) P 码

P 码又被称为精码，它被调制在 L_1 和 L_2 载波上，其码长为 2.35×10^{14} 位，周期为七天。

(3) 导航信息

导航信息被调制在 L_1 载波上，包含有 GPS 卫星的轨道参数、卫星钟改正数和其他一些系统参数。用户一般需要利用此导航信息来计算某一时刻 GPS 卫星在地球轨道上的位置，导航信息也被称为卫星广播星历。

2) GPS 坐标系统

GPS 是全球性的定位导航系统，其坐标系统也必须是全球性的。为了使用方便，它是通过国际协议确定的，通常称为协议地球坐标系。目前，GPS 测量中所使用的协议地球坐标系统称为 WGS-84 世界大地坐标系(World Geodetic System)。

WGS-84 世界大地坐标系的几何定义是：原点是地球质心，Z 轴指向 BIH1984.0 定义的协议地球极(CTP)方向，X 轴指向 BIH1984.0 的零子午面和 CTP 赤道的交点，Y 轴与 Z 轴、X 轴构成右手坐标系。

在实际测量定位工作中，虽然 GPS 卫星的信号依据 WGS-84 坐标系，但求解的结果则是测站之间的基线向量或三维坐标差。在数据处理时，根据上述结果，并以现有已知点(三点以上)的坐标值作为约束条件，进行整体平差计算，得到各 GPS 测站点在当地现有坐标系中的实用坐标，从而完成 GPS 测量结果向国家大地坐标系或当地独立坐标系的转换。

13.2 GPS 定位的基本原理

GPS 进行定位的方法，根据用户接收机天线在测量中所处的状态来分，可分为静态定位和动态定位；若按定位的结果进行分类，则可分为绝对定位和相对定位。

所谓静态定位，即在定位过程中，接收机天线(待定点)的位置相对于周围地面点而言，处于静止状态。而动态定位正好与之相反，即在定位过程中，接收机天线处于运动状态，也就是说定位结果是连续变化的，如用于飞机、轮船导航定位的方法就属动态定位。

所谓绝对定位，是在 WGS-84 坐标系中，独立确定观测站相对地球质心绝对位置的方法。GPS 绝对定位又称单点定位，其优点是只需用一台接收机即可独立确定待求点的绝对坐标，且观测方便、速度快，数据处理也较简单。主要缺点是精度较低，目前仅能达到米级的定位精度。相对定位同样是在 WGS-84 坐标系中，确定的则是观测站与某一地面参考点之间的相对位置，或两观测站之间相对位置的方法。

各种定位方法还可有不同的组合，如静态绝对定位、静态相对定位、动态绝对定位、动态相对定位等。现就测绘领域中，最常用的静态定位方法的原理做一简单介绍。

利用 GPS 进行定位的基本原理，是以 GPS 卫星和用户接收机天线之间距离（或距离差）的观测量为基础，并根据已知的卫星瞬间坐标来确定用户接收机所对应的点位，即待定点的三维坐标 (x, y, z)。由此可见，GPS 定位的关键是测定用户接收机天线至 GPS 卫星之间的距离。

13.2.1 伪距测量

GPS 卫星能够按照卫星时钟发射测距码信号（即粗码 C/A 码或精码 P 码）。该信号从卫星发射经时间 t 后，到达接收机天线；用上述信号传播时间 t 乘以电磁波在真空中的速度 c，就是卫星至接收机的空间几何距离 ρ。

$$\rho = t \times c \tag{13-1}$$

实际上，由于传播时间 t 中包含有卫星时钟与接收机时钟不同步的误差、测距码在大气中传播的延迟误差等，由此求得的距离值并非真正的星站几何距离，习惯上称之为“伪距”，用 ρ' 表示，与之相对应的定位方法称为伪距法定位。

设信号发射和接收时刻的卫星和接收机时钟差改正数分别为 V_a 和 V_b，大气中电离层折射改正数为 δ_{ρ_I}，对流层折射改正数为 δ_{ρ_T}，则所求 GPS 卫星至接收机的真正空间几何距离 ρ 应为

$$\rho = \rho' + \delta_{\rho_I} + \delta_{\rho_T} - cV_a + cV_b \tag{13-2}$$

在伪距测量的观测方程中，若卫星时钟和接收机时钟改正数 V_a 和 V_b 已知，且电离层折射改正和对流层折射改正均可精确求得，那么测定伪距 ρ' 就等于测定了星站之间的真正几何距离，而卫星坐标 (x_s, y_s, z_s) 和接收机天线相位中心坐标 (x, y, z) 之间有如下关系：

$$\rho = \left[(x_s - x)^2 + (y_s - y)^2 + (z_s - z)^2\right]^{\frac{1}{2}} \tag{13-3}$$

卫星的瞬时坐标 (x_s, y_s, z_s) 可根据接收到的卫星导航电文求得，故式中仅有 3 个未知数，即待求点三维坐标 (x, y, z)。如果接收机同时对 3 颗卫星进行伪距测量，从理论上说，就可解算出接收机天线相位中心的位置。因此 GPS 单点定位的实质，就是空间距离后方交会。

实际上，在伪距测量观测方程中，由于卫星上配有高精度的原子钟，且信号发射瞬间的卫星时钟差改正数 V_a 可由导航电文中给出的有关时间信息求得。但用户接收机中仅配备一般的石英钟，在接收信号的瞬间，接收机的钟差改正数不可能预先精确求得。因此，在伪距法定位中，把接收机时钟差 V_b 作为未知数，与待定点坐标在数据处理时一并求解。由此可见，在实际单点定位工作中，在一个观测站上为了实时求解 4 个未知数 x、y、z 和 V_b，便至少需要 4 个同步伪距观测值 $\rho_i (i=1, 2, 3, 4)$。也就是说，至少必须同时观测 4 颗卫星。伪距法绝对定位原理的数学模型为：

$$[(x_s-x)^2+(y_s-y)^2+(z_s-z)^2]^{\frac{1}{2}}-c\times V_b=\rho_i'+\delta_{\rho_I}+\delta_{\rho_T}-c\times V_a \quad (i=1,2,3,4) \tag{13-4}$$

13.2.2 载波相位测量

载波相位测量顾名思义，是利用 GPS 卫星发射的载波为测距信号。由于载波的波长($\lambda_{L_1}=19$ cm，$\lambda_{L_2}=24$ cm)比测距码波长要短得多，因此对载波进行相位测量，可以得到较高的定位精度。

载波相位测量是测定卫星的载波信号在传播路程上的相位变化，解得卫星至接收机天线的距离。利用电磁波的相位法测距，通常只能测定不足一整周的相位差，无法确定整周数 N_0。如果观测是连续的，则初始时刻整周数 N_0 是一个未知数，各次观测的完整测量值中应含有相同的 N_0，称 N_0 为整周模糊度。

与伪距测量一样，考虑到卫星和接收机的钟差改正数 V_a、V_b 以及电离层折射改正 δ_{ρ_I} 和对流层折射改正 δ_{ρ_T} 的影响，可得到载波相位测量的基本观测方程为

$$\rho=\rho'+\delta_{\rho_I}+\delta_{\rho_T}-cV_a+cV_b+\lambda N_0 \tag{13-5}$$

与(13-2)式比较可看出，载波相位测量观测方程中，除增加了整周未知数 N_0 外，与伪距测量的观测方程在形式上完全相同。

13.2.3 相对定位

相对定位是目前 GPS 测量中精度最高的一种定位方法，它广泛用于高精度测量工作中，如图 13-2 所示。在介绍绝对定位方法时已叙及，GPS 测量结果中不可避免地存在着种种误差；但这些误差对观测量的影响具有一定的相关性，所以利用这些观测量的不同线性组合进行相对定位，便可能有效地消除或减弱上述误差的影响，提高 GPS 定位的精度，同时消除了相关的多余参数，也大大方便了 GPS 的整体平差工作。实践表明，以载波相位测量为基础，在中等长度的基线上对卫星连续观测 1～3 小时，其静态相对定位的精度可达 10^{-6}～10^{-7}。

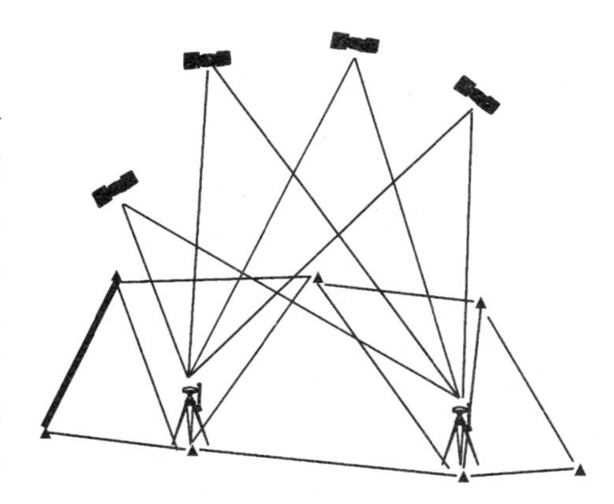

图 13-2　GPS 相对定位

静态相对定位的基本方法是用两台 GPS 接收机分别安置在基线的两端，固定不动，同步观测相同的 GPS 卫星，以确定基线端点在 WGS-84 坐标系中的相对位置或基线向量。由于在测量过程中，通过重复观测取得了充分的多余观测数据，从而改善了 GPS 定位的精度。

考虑到 GPS 定位时的误差来源，当前普遍采用的观测量线性组合方法称之为差分法，其具体形式有 3 种，即所谓的单差法、双差法和三差法，现分述如下。

1) 单差法

所谓单差，即不同观测站同步观测同一颗卫星所得到的观测量之差，也就是在两台接收

机之间求一次差，它是 GPS 相对定位中观测量组合的最基本形式。

单差法并不能提高 GPS 绝对定位的精度，但由于基线长度与卫星高度相比，是一个微小量，因而两测站的大气折光影响和卫星星历误差的影响，具有良好的相关性。因此，当求一次差时，必然削弱了这些误差的影响；同时消除了卫星钟的误差（因两台接收机在同一时刻接收同一颗卫星的信号，则卫星钟差改正数相等）。由此可见，单差法能有效地提高相对定位的精度，其求算结果应为两测站点间的坐标差，或称基线向量。

2）双差法

双差就是在不同测站上同步观测一组卫星所得到的单差之差，即在接收机和卫星间求二次差。

在单差模型中仍包含有接收机时钟误差，其钟差改正数仍是一个未知量。但是由于进行连续的相关观测，求二次差后，便可有效地消除两测站接收机的相对钟差改正数，这是双差模型的主要优点，同时也大大地减小了其他误差的影响。因此在 GPS 相对定位中，广泛采用双差法进行平差计算和数据处理。

3）三差法

三差法就是在不同历元，同步观测同一组卫星所得观测量的双差之差，即在接收机、卫星和历元间求三次差。

引入三差法的目的，就在于消除了模型中的整周未知数，这是三差法的主要优点。但由于三差模型中未知参数的数目较少，则独立的观测量方程的数目也明显减少，这对未知数的解算将会产生不良的影响，使精度降低。正是由于这个原因，通常将消除了整周未知数的三差法结果，仅用作前两种方法的初次解（近似值），而在实际工作中采用双差法更加适宜。

13.3 GPS 测量的设计与实施

GPS 测量的设计与实施的技术依据主要是 GPS 测量规范和测量任务书。

GPS 测量的外业工作主要包括选点、建立观测标志、野外观测以及成果质量检核等；内业工作主要包括 GPS 测量的技术设计、测后数据处理以及技术总结等。如果按照 GPS 测量实施的工作程序，则可分为技术设计、选点与建立标志、外业观测、成果检核与处理等阶段。

现将 GPS 测量中最常用的精密定位方法——静态相对定位方法的工作程序作一简单介绍。

13.3.1 GPS 网的技术设计

GPS 网的技术设计是一项基础性工作。这项工作应根据网的用途和用户的要求来进行，其主要内容包括精度指标的确定和网的图形设计等。

1）GPS 测量的精度指标

GPS 网的精度指标，通常是以网中相邻点之间的距离误差来表示，其具体形式为

$$\sigma=\sqrt{a^2+(b\times D)^2} \tag{13-6}$$

式中：σ——网中相邻点间的距离中误差（mm）；

a——固定误差(mm)；

b——比例误差(ppm)；

D——相邻点间的距离(km)。

精度指标的确定取决于网的用途，设计时应根据用户的实际需要和可以实现的设备条件，恰当地确定GPS网的精度等级。现将我国不同类级GPS网的精度指标列于表13-1，以供参阅(1997年发布)。

表13-1　GPS测量的精度指标

等级	固定误差 a(mm)	比例误差 $b(1\times10^{-6}/\text{ppm})$	最弱边长相对误差
二等	≤10	≤2	1/120 000
三等	≤10	≤5	1/80 000
四等	≤10	≤10	1/45 000
一级	≤10	≤10	1/20 000
二级	≤15	≤20	1/10 000

2) 网形设计

GPS网的图形设计就是根据用户要求，确定具体的布网观测方案，其核心是如何高质量低成本地完成既定的测量任务。通常在进行GPS网设计时，必须顾及测站选址、卫星选择、仪器设备装置与后勤交通保障等因素。当网点位置、接收机数量确定以后，网的设计就主要体现在观测时间的确定、网形构造及各点设站观测的次数等方面。

一般GPS网应根据同一时间段内观测的基线边，即同步观测边构成闭合图形(称同步环)。如图13-3所示，闭合图形可以是三角形(需三台接收机，同步观测三条边，其中两条是独立边)、四边形(需四台接收机)或多边形等，以增加检核条件，提高网的可靠性；然后，可按点连式、边连式和网连式这3种基本构网方法，将各种独立的同步环有机地连接成一个整体。由不同的构网方式，又可额外地增加若干条复测基线闭合条件(即对某一基线多次观测之差)和非同步图形(异步环)闭合条件(即用不同时段观测的独立基线联合推算异步环中的某一基线，将推算结果与直接解算的该基线结果进行比较，所得到的坐标差闭合条件)，从而进一步提高了GPS网的几何强度及其可靠性。关于各点观测次数的确定，通常应遵循“网中每点必须至少独立设站观测两次”的基本原则。应当指出，布网方案不是唯一的，工作中可根据实际情况灵活布网。

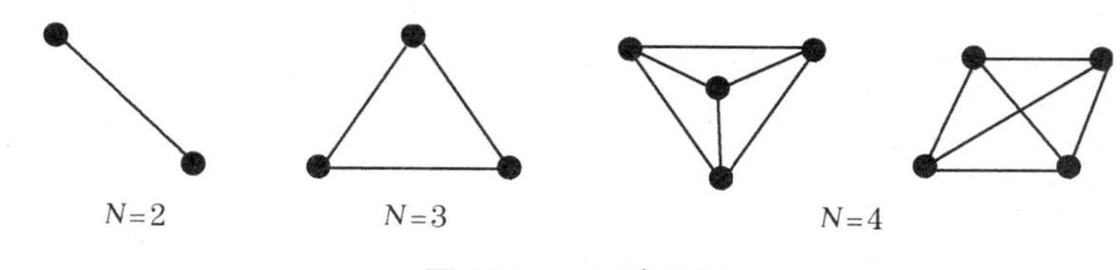

图13-3　同步图形

13.3.2　选点与建立标志

由于GPS测量观测站之间不要求通视，而且网形结构灵活，故选点工作远较常规大地测量简便,并且省去了建立高觇标的费用,降低了成本。但 GPS 测量又有其自身的特点,因此选点时,应满足以下要求:点位应选在交通方便、易于安置接收设备的地方,且视野开阔,以便于同常规地面控制网的联测;GPS 点应避开对电磁波接收有强烈吸收、反射等干扰影响的金属和其他障碍物体,如高压线、电台、电视台、高层建筑、大范围水面等。

点位选定后,应按要求埋置标石,以便保存。最后,应绘制点之记、测站环视图和 GPS 网选点图,作为提交的选点技术资料。

13.3.3 外业观测

外业观测是指利用 GPS 接收机采集来自 GPS 卫星的电磁波信号,其作业过程大致可分为天线安置、接收机操作和观测记录。外业观测应严格按照技术设计时所拟定的观测计划实施,只有这样,才能协调好外业观测的进程,提高工作效率,保证测量成果的精度。为了顺利地完成观测任务,在外业观测之前,还必须对所选定的接收设备进行严格的检验。

天线的妥善安置是实现精密定位的重要条件之一,其具体内容包括:对中、整平、定向并量取天线高。

接收机操作的具体方法步骤,详见仪器使用说明书。实际上,目前 GPS 接收机的自动化程度相当高,一般仅需按动若干功能键,就能顺利地自动完成测量工作;并且每做一步工作,显示屏上均有提示,大大简化了外业操作工作,降低了劳动强度。

观测记录的形式一般有两种:一种由接收机自动形成,并保存在机载存储器中,供随时调用和处理,这部分内容主要包括接收到的卫星信号、实时定位结果及接收机本身的有关信息。另一种是测量手簿,由操作员随时填写,其中包括观测时的气象元素等其他有关信息。观测记录是 GPS 定位的原始数据,也是进行后续数据处理的唯一依据,必须妥善保管。

13.3.4 GPS 作业模式

随着 GPS 技术的进步和接收机的迅速发展,GPS 在测量定位领域已得到了广泛应用。针对不同的领域和用户的不同要求,需要采用的具体测量方法是不一样的。下面对测绘行业中应用最广的 GPS 静态测量和实时动态测量的作业模式分别介绍如下。

1) GPS 静态定位

目前,GPS 静态定位在测量中被广泛用于大地测量、工程测量、地籍测量、物探测量及各种类型的变形监测等,在以上这些应用中,主要还是用于建立各种级别、不同用途的控制网。在这些方面,GPS 技术已基本上取代了常规的测量方法,成为了主要的测量手段。

作业方法:采用两台(或两台以上)GPS 接收机,分别安置在一条或数条基线的两端,同步观测 4 颗以上卫星,每时段长 45 分钟至 2 小时或更多。基线的定位精度可达 5 mm+1 ppm・ D,D 为基线长度(km)。

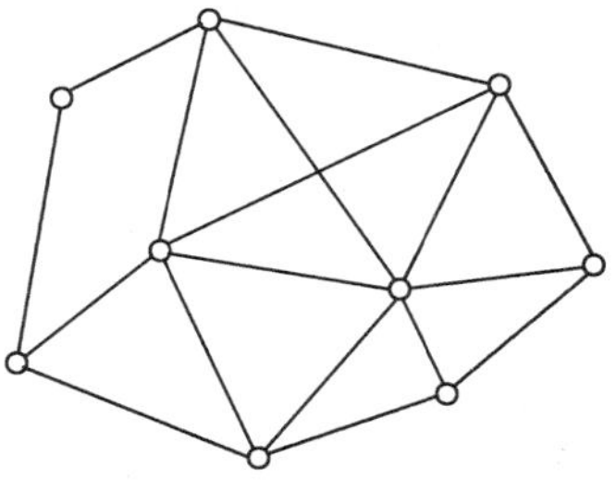

适用范围:建立全球性或国家级大地控制网,建立地壳运动监测网、建立长距离检校基线、进行岛屿与大陆联测、钻井定位及建立精密工程控制网等。

注意事项:所有已观测基线应组成一系列的封闭图形,如图 13-4 所示,以利于外业检核,提高成果可靠度,并且可以通

图 13-4 静态相对定位

过平差，有助于进一步提高定位精度。

2）实时动态（RTK）测量

实时动态（Real Time Kinematic，简称 RTK）测量技术，是 GPS 测量技术与数据传输技术相结合而构成的组合系统，是一种以载波相位观测量为根据的实时差分测量技术，它是 GPS 测量技术发展中的一个新突破。其基本思想是：在基准站上安置一台 GPS 接收机，对所有可见 GPS 卫星进行连续观测，并将其观测数据，通过无线电传输设备，实时地发送给用户观测站。在用户观测站上，GPS 接收机在接收 GPS 卫星信号的同时，通过无线电接收设备，接收基准站传输的观测数据，然后根据相对定位的原理，实时地计算并显示用户站的三维坐标及其精度，定位精度可达厘米级。用户观测站可处于暂时静止状态，也可处于运动状态。

GPS RTK 测量系统主要由 GPS 接收机、数据传输系统、软件系统三部分组成，如图 13-5 所示。

（1）GPS 接收机

GPS RTK 测量系统中至少应包含两台 GPS 接收机，其中一台安置于基准站上，另一台或若干台分别置于不同的用户流动站上。基准站应设在测区内较高位置，且观测条件良好的已知点上。在作业中，基准站的接收机应连续跟踪全部可见 GPS 卫星，并利用数据传输系统实时地将观测数据发送给用户站。GPS 接收机可以是单频或双频。当系统中包含多个用户接收机时，基准站上的接收机多采用双频接收机，其采样时间间隔应与流动站采样时间间隔相同。

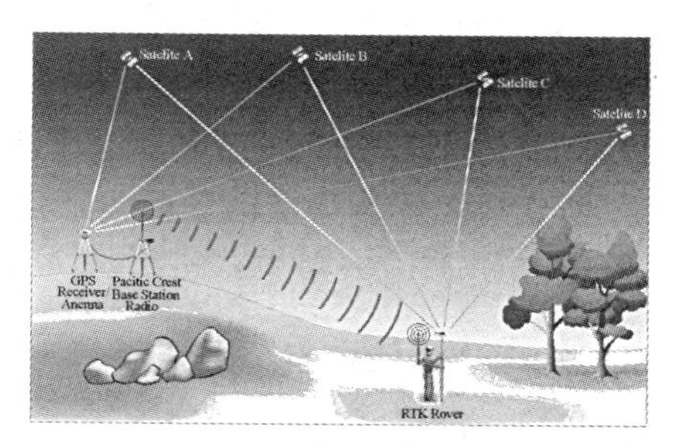

图 13-5 GPS RTK 测量系统

（2）数据传输系统

基准站同用户流动站之间的联系是靠数据传输系统（简称数据链）来实现的。数据传输设备是完成实时动态测量的关键设备之一，由调制解调器和无线电台组成。在基准站上，利用调制解调器将有关数据进行编码调制，然后由无线电发射台发射出去。在用户站上利用无线电接收机将其接收下来，再由解调器将数据还原，并送给用户流动站上的 GPS 接收机。

（3）RTK 测量软件系统

软件系统的功能和质量，对于保障实时动态测量的可行性、测量结果的可靠性及精度具有决定性的意义。实时动态测量软件系统应具备的基本功能为：

① 整周未知数的快速解算；

② 根据相对定位原理，实时解算用户站在 WGS-84 坐标系中的三维坐标；

③ 求解坐标系之间的转换参数，并进行坐标系统的转换；

④ 解算结果的质量分析；

⑤ 作业模式的选择与转换；

⑥ 测量结果的显示与绘图。

3）连续运行参考站系统（CORS）

RTK 技术是建立在流动站与基准站误差强相关这一假设的基础上的。当流动站离基准站较近（例如不超过 10～15 km）时，上述假设一般均能较好地成立，此时利用一个或数个历元的观测资料即可获得厘米级精度的定位结果。然而随着流动站和基准站间间距的增加，这种误差相关性将变得越来越差，定位精度就越来越低，数据通信也受到因作用距离拉长而干扰因素增多的影响。当流动站和基准站间的距离大于 15 km 时，常规 RTK 的单历元解一般只能达到分米级的精度。在这种情况下，为了获得高精度的定位结果就必须采取一些特殊的方法和措施，于是连续运行参考站系统便应运而生。

连续运行参考站系统（Continuous Operational Reference System，简称 CORS）由基准站网、数据处理中心、数据通信链路和用户部分（流动站）组成。一个基准站网可以包括若干个基准站，每个基准站上配备有双频全波长 GNSS 接收机、数据通信设备和气象仪器等。基准站的精确坐标一般可采用长时间 GNSS 静态相对定位等方法确定。基准站 GNSS 接收机进行连续观测，通过数据通信链实时将观测数据传送给数据处理中心，数据处理中心首先对各个站的数据进行预处理和质量分析，然后对整个基准站网数据进行统一解算，实时估计出网内的各种系统误差的改正项（电离层、对流层和轨道误差），建立误差模型。用户在观测时会实时发送概略坐标（GGA 数据）给数据处理中心，然后数据处理中心会根据用户送来的初始观测信息求出流动站上的系统误差改正数播发给用户，用来修正流动站上的观测结果，以获得流动站的精确坐标。基准站与数据处理中心间的数据通信可采用数字数据网 DDN 或无线通信等方式进行。流动站和数据处理中心间的双向数据通信则可通过移动电话的 GSM、GPRS 等方式进行。

13.3.5 成果检核与数据处理

观测成果的外业检核是确保外业观测质量，实现预期定位精度的重要环节。所以，当观测任务结束后，必须在测区及时对外业观测数据进行严格的检核，并根据情况采取淘汰或必要的重测、补测措施。只有按照 GPS 测量规范的要求，对各项检核内容严格检查，确保准确无误，才能进行后续的平差计算和数据处理。前已叙及，GPS 测量采用连续同步观测的方法，其数据之多、信息量之大是常规测量方法无法相比的。如按每 15 秒记录一组数据计算，1 小时的连续观测将有 240 组数据产生；同时，采用的数学模型、算法等形式多样，数据处理的过程相当复杂。在实际工作中，借助于电子计算机，使得数据处理工作的自动化达到了相当高的程度，这也是 GPS 能够被广泛使用的重要原因。

GPS 测量数据处理的基本步骤可划分如下：数据采集和实时定位；数据的粗加工；数据的预处理；基线向量解算；平差计算以及 GPS 成果或与地面网成果的联合处理。限于篇幅，数据处理和整体平差的方法不作详细介绍。GPS 测量数据处理的基本流程，如图 13-6 所示，可供参考。

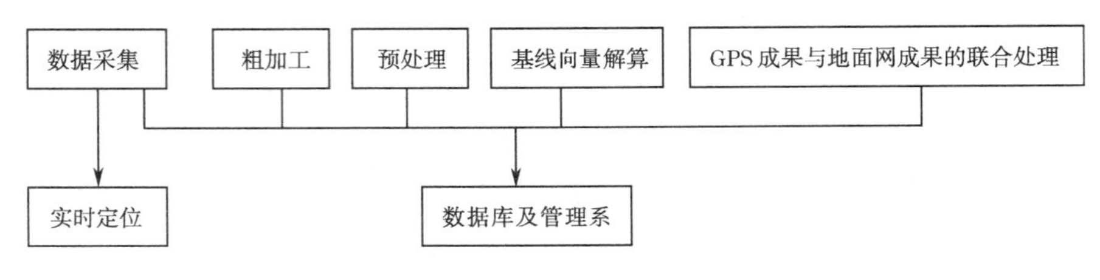

图 13-6　GPS 测量数据处理的基本流程图

本章小结

全球定位系统(GPS)由空间星座、地面监控和用户设备三部分组成。GPS 卫星发射 L_1 载波和 L_2 载波,在 L_1 和 L_2 上又分别调制着 C/A 码和 P 码信号及导航信息。前者作为 GPS 定位的基本观测量,后者用来计算某一时刻 GPS 卫星在地球轨道上的位置。GPS 测量使用 WGS-84 世界大地坐标系。

伪距测量是通过求得站星距离来定位的方法,而对载波进行相位测量,可以得到更高的定位精度。为消除和减弱 GPS 定位的各种误差,常采用差分法对 GPS 观测值进行数据处理,在实际计算中常采用双差法。

GPS 定位是以 GPS 卫星和接收机天线之间距离观测量为基础,根据已知的卫星瞬间坐标来确定用户接收机的三维坐标(x, y, z)。GPS 定位可分为静态和动态定位;按定位结果又可分为绝对定位和相对定位。观测模式有多种,常采用 GPS 静态相对定位和 RTK 技术。

习题与思考题

1. 名词解释:GPS 坐标系,静态定位,动态定位,绝对定位,相对定位,单差,双差,三差,同步观测环,异步观测环,RTK 技术,CORS。
2. 与传统测量相比,GPS 测量的优点是什么?
3. 简要说明 GPS 定位系统的构成及各部分的作用。
4. GPS 卫星有哪两种不同的载波?
5. 简述 GPS 定位的基本原理。
6. 什么叫伪距定位法?
7. GPS 绝对定位的实质是什么?
8. 为什么利用载波相位测量进行 GPS 定位可以得到较高的定位精度?
9. GPS 相对定位的作业模式有哪些?
10. GPS 数据处理一般分为哪几个步骤?

14 摄影测量与遥感

14.1 概述

传统的摄影测量学是利用光学摄影机摄影的像片，研究和确定被摄物体的形状、大小、位置、性质和相互关系的一门科学和技术。主要内容有：获取被摄物体的影像，研究单张和多张像片影像的处理方法，包括理论、设备和技术，以及将所测得的成果以图解形式或数字形式输出的方法和设备。

由于现代航天技术和电子计算机技术的飞速发展，摄影测量的学科领域更加扩大了，可以这样说，只要物体能够被摄成影像，都可以使用摄影测量技术，以解决某一方面的问题。这些被摄物体可以是固体的、液体的，也可以是气体的；可以是静态的，也可以是动态的；可以是微小的（电子显微镜下放大几千倍的细胞），也可以是巨大的宇宙星体。这些灵活性使得摄影测量学成为可以多方面应用的一种测量手段和数据采集与分析的方法。由于具有非接触传感的特点，自 20 世纪 70 年代以来，从侧重于解译和应用角度，科学家们又提出了“遥感”一词。

20 世纪 70 年代以来，美国陆地资源卫星（Landsat）上天后，遥感技术获得了极为广泛的应用。由于它在资源勘察和环境监护等方面效益很高，很快地得到了全世界的重视。在遥感技术中，除了使用可进行黑白摄影、彩色摄影、彩红外摄影的框幅式摄影机外，还使用了全景摄影机、光机扫描仪（红外、多光谱）、CCD（电荷耦合器件）固体扫描仪及合成孔径测视雷达（SAR）等。它们提供比黑白像片丰富得多的影像信息。各种空间飞行器作为传感器平台，围绕地球长期运转，为我们提供大量的多时相、多光谱、多分辨率的丰富影像信息。而且所有的航天传感器也可以用于航空遥感。于是摄影测量发展为摄影测量与遥感。为此，国际摄影测量与遥感学会（ISPRS）于 1988 年在日本京都召开的第十六届大会上作出定义：“摄影测量与遥感乃是对非接触传感器系统获得的影像及其数字表达进行记录、量测和解译，从而获得自然物体和环境的可靠信息的一门工艺、科学和技术。”简言之，它是影像信息获取、处理、分析和成果表达的一门信息科学。

摄影测量与遥感的主要特点是在像片上进行量测和解译，无需接触物体本身，因而很少受自然和地理条件的限制，而且可摄得瞬间的动态物体影像。像片及其他各种类型影像均是客观物体或目标的真实反映，信息丰富、逼真，人们可以从中获得所研究物体的大量几何信息和物理信息。

摄影测量与遥感的主要任务是用于测绘各种比例尺地形图、建立地形数据库，并为各种地理信息系统的土地信息系统提供基础数据。因此，摄影测量与遥感在理论、方法和仪器设备方面的发展都受到地形测量、地图制图、数字测图、测量数据库的地理信息系统的影响。

14.2 摄影测量基本知识及应用

摄影测量学有多种分类方法：按距离远近可分为航天摄影测量、航空摄影测量、地面摄影测量、近景摄影测量和显微摄影测量；按用途可分为地形摄影测量和非地形摄影测量；按技术处理手段可分为模拟法摄影测量、解析法摄影测量和数字摄影测量。本章主要介绍与地形测量联系最紧密、最通用的航空摄影测量的理论，以及摄影测量领域的新技术——数字摄影测量的基本知识。

14.2.1 航空摄影测量

航空摄影测量简称航测，它是利用从飞机上摄取的地表像片（航摄像片）为依据进行量测和判释，从而确定地面上被摄物体的大小、形状和空间位置，获得被摄地区的地形图（线划地形图、影像地形图）或数字地面模型。

航空摄影测量是目前测绘大面积地形图最主要、最有效的方法。这种方法可将大量外业测量工作改到室内完成，具有成图快、精度均匀、成本低、不受气候季节限制等优点。我国现有的 1∶10 000～1∶100 000 国家基本地形图都是采用航空摄影测量方法测绘的。近十年，由于国民经济建设的快速发展及国外新技术（新设备）的引进，航空摄影测量已广泛应用于工程建设和城市大、中比例尺地形图的测绘。

1）航空摄影和航摄像片的基本知识

（1）航空摄影

航空摄影就是利用安置在飞机底部的摄影机，按一定的飞行高度、飞行方向和规定的摄影时间间隔，对地面进行连续的重叠摄影。

航空摄影机又称航摄仪，其构造原理与普通照相机基本相同。航摄像片影像范围的大小叫像幅。通常采用的像幅有 18 cm×18 cm，23 cm×23 cm 等，像幅四周有框标标志。相对框标的连线为像片坐标轴，其交点为坐标原点，依据框标可以量测出像点坐标。

航空摄影得到的像片要能覆盖整个测区地面，相邻的像片必须要有一定的重叠度。沿航线方向的重叠，称为航向重叠或纵向重叠，如图 14-1*A* 所示。相邻航线间的重叠，称为旁向重叠或横向重叠，如图 14-1*B* 所示。航摄规范规定航向重叠为 53%～60%，旁向重叠为 15%～30%。另外，还要求航摄像片的倾斜角（即摄影光轴与铅垂线的夹角）不大于 3°；像片的航偏角（即像片边缘与航线方向的夹角）一般不大于 6°。

（2）航摄像片比例尺

航摄像片上某两点间的距离和地面上相应两点间水平距离之比，称为航摄像片比例尺，用 $1/M$ 表示，如图 14-2 所示。当像片和地面水平时，同一张像片上的比例尺是一个常数。

$$\frac{1}{M}=\frac{f}{H} \tag{14-1}$$

式中：f——航摄仪的焦距；

H——航高(指相对航高)。

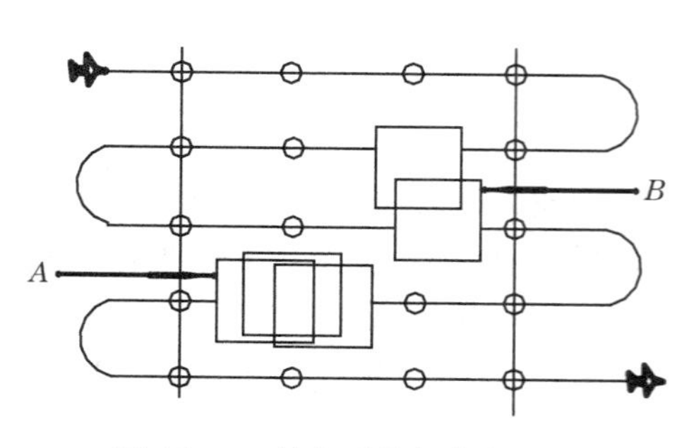

图 14－1　航向重叠与旁向重叠

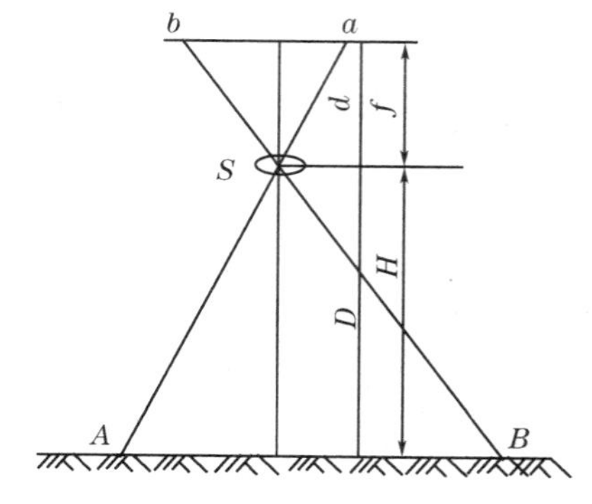

图 14－2　航摄像片比例尺

当地面有起伏或像片对地面有倾斜时，像片上各部分的比例尺就不一致了。对一架航摄仪来说，f 是固定值，要使各像片比例尺一致，还必须保持同一航高。但飞机受气流波动等影响，在平静的大气条件下，同一航线的航高差别应保持在 ± 20 m 以内；对不利情况，一般不允许超过 ± 50 m。

(3) 像片的方位元素

像片的方位元素是指描述投影光束形状及所处空间方位的必要参数，分为内方位元素和外方位元素。

① 内方位元素

描述投影中心对像平面位置关系的参数称为内方位元素。具体包括 3 个，即主距 f 及像主点 m 在像平面坐标系中的坐标(x_m，y_m)。需要说明的是，像主点即是物镜主光轴与像平面的交点，而像平面坐标系是在像片平面内以框标连线交点为原点的平面坐标 $O-xy$，如图 14-3 所示。

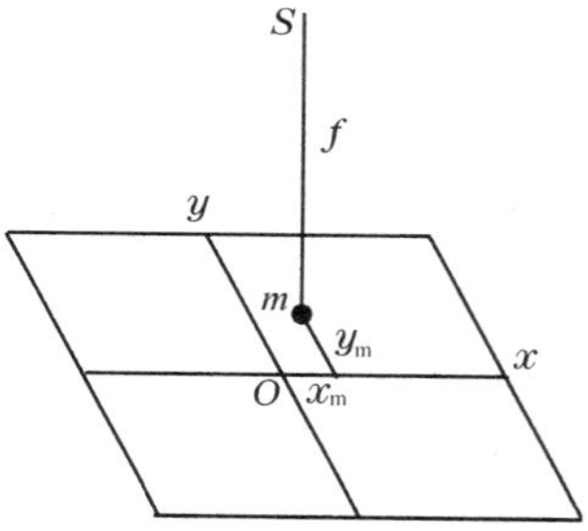

内方位元素决定了投影光束的形状。对某摄影机而言，(f，x_m，y_m)是定值，用户在航摄资料中可以直接抄得。

图 14－3　内方位元素

② 外方位元素

描述像片的空间方位的参数称为外方位元素。具体包括 6 个，即 3 个线元素和 3 个角元素。线元素确定了拍摄瞬间投影中心 S 在地面坐标系中的坐标(X_S，Y_S，Z_S)，角元素则确定了像片面在地面坐标系中的姿态角(ψ，ω，κ)，如图 14-4 所示。当然，角元素的描述方法不只图示一种。

外方位元素决定了投影光束在空间的方位，但外方位元素一般未知，需根据在像片上构像的地面控制点反算。

(4) 共线方程

共线条件是中心投影构像的数学基础，也是各种摄影测量处理方法的重要理论基础。例如单像空间后方交会、双像空间前方交会以及光束法区域网平差等一系列问题的原理，都是以共线条件作为出发点的，只是随着所处理问题的具体情况不同，共线条件的表达形式和使用方法也有所不同。

中心投影的共线条件方程为

$$\begin{cases} x-x_m=-f\dfrac{a_1(X-X_S)+b_1(Y-Y_S)+c_1(Z-Z_S)}{a_3(X-X_S)+b_3(Y-Y_S)+c_3(Z-Z_S)} \\ y-y_m=-f\dfrac{a_2(X-X_S)+b_2(Y-Y_S)+c_2(Z-Z_S)}{a_3(X-X_S)+b_3(Y-Y_S)+c_3(Z-Z_S)} \end{cases} \tag{14-2}$$

式中：(x, y)——像点 a 在像平面坐标系 $O-xy$ 中的坐标；

(X, Y, Z)——物点 A 在地面坐标系 $D-XYZ$ 中的坐标；

(X_S, Y_S, Z_S)——投影中心 S 在地面坐标系 $D-XYZ$ 中的坐标；

(f, x_m, y_m)——像片内方位元素；

$(a_1, a_2, a_3, b_1, b_2, b_3, c_1, c_2, c_3)$——像片的九个方向余弦，其根据外方位元素的三个角元素(ψ, ω, κ)求得。

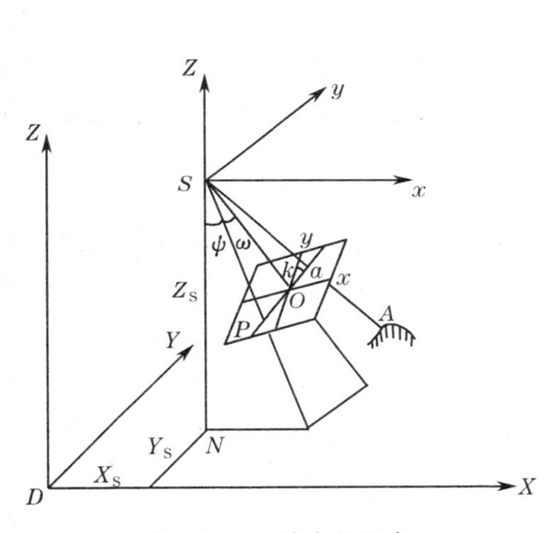

图 14-4　外方位元素

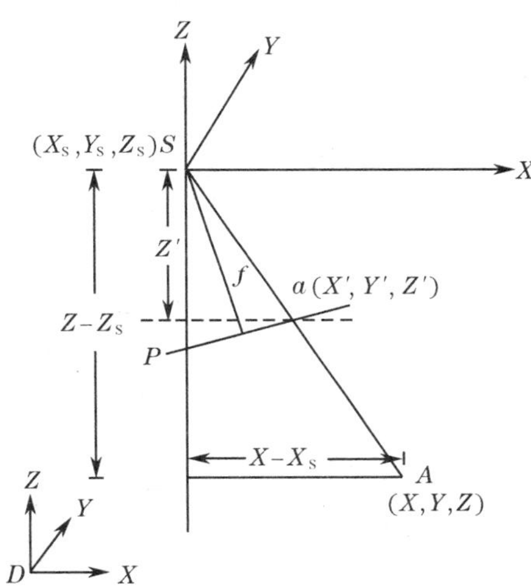

图 14-5　共线条件方程

式(14-2)中，表达了物点 A、像点 a 及投影中心 S 三点共线的事实，建立了物像间的投影关系，如图 14-5 所示。这是摄影测量中最基本、最重要的作业公式，也称为构像方程式。

共线条件方程的应用主要有：

① 单像空间后方交会和多像空间前方交会；

② 解析空中三角测量光束法平差中的基本数学模型；

③ 构成数字投影的基础；

④ 计算模拟影像数据(已知影像内外方位元素和物点坐标求像点坐标)；

⑤ 利用数字高程模型(DEM)与共线方程制作正射影像；

⑥ 利用 DEM 与共线方程进行单幅影像测图等。

2) 像点位移与像片纠正

(1) 倾斜误差

由于像片的倾斜而引起的像点位移所产生的误差，称为倾斜误差。如图 14-6 所示，当摄影像片倾斜时，本来在水平像片上的 a_0、b_0、c_0、d_0 四个像点顺次连接形成一个矩形，由于像片倾斜产生位移，则在倾斜像片上相应形成一个梯形，图 14-6 中 a_0a，b_0b，…即为倾斜误差。因为有倾斜误差的存在，会使像片各处的比例尺不一致。对于平坦地区的倾斜像片，航摄内业中可用少量的地面已知控制点，采取像片纠正的方法来消除倾斜误差。

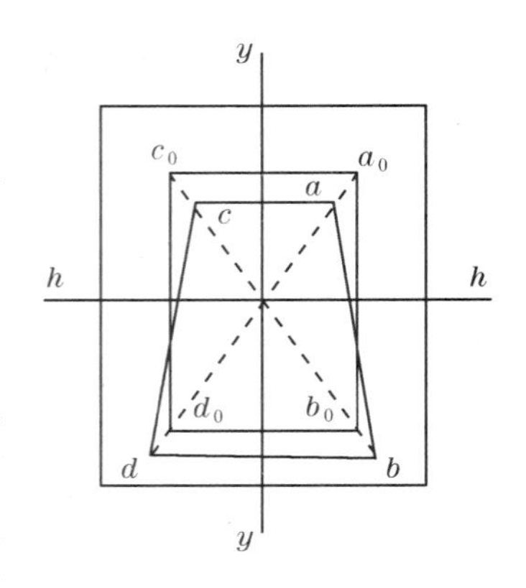

图 14-6　像片倾斜误差

(2) 投影误差

由于地面起伏引起像点在像片上发生位移所产生的误差，称为投影误差。如图 14-7 所示，A、B 为两个地面点，它们对基准面 T_0 的高差为 $+h_a$ 和 $-h_b$，A_0 和 B_0 为地面点在基准面 T_0 上的铅垂投影，a、b 为地面点在像片上的中心投影。线段 aa_0、bb_0 即为由地面起伏而引起的在中心投影像片上产生的像点位移，即投影误差。

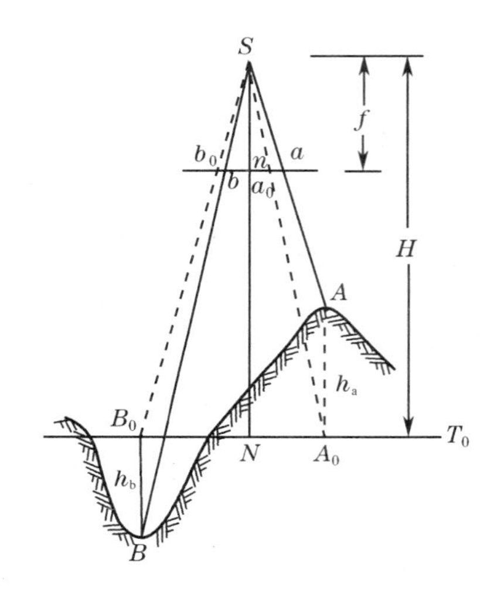

图 14-7　像片的投影误差

(3) 像片纠正

摄影像片与像片平面图存在如下差异：摄影像片存在由于像片的倾斜而引起倾斜误差；由于地面起伏引起投影误差；不同像片摄影时由于航高差而引起的不同像片的比例尺不一致。

为了消除摄影像片与像片平面图存在的差异，需要消除竖直摄影的像片因像片倾斜引起的像点位移和限制或消除地形起伏引起的投影误差，并将影像归化为成图比例尺而进行的工作称为像片纠正。其实质就是将像片的中心投影变换为成比例尺正射投影。实现这一变换的关键就是建立确定像点与相应平面图上的点对应关系。可按投影变换用中心投影方法建立。

像片纠正按常用的原理和方法，可分为常规纠正、微分纠正和数字纠正。

14.2.2　数字摄影测量

数字摄影测量的发展起源于摄影测量自动化的实践，即利用相关技术，实现真正的自动化测图。最早涉及摄影测量自动化的研究可追溯到 1930 年，但并未付诸实施。直到 1950 年，由美国工程兵研究发展实验室与 Bausch and Lomb 光学仪器公司合作研制了第一台自动化摄影测量测图仪。当时是将像片上灰度的变化转换成电信号，利用电子技术实现自动化。这种努力经过了许多年的发展历程，先后在光学投影型、机械型或解析型仪器上实施，例如 B8-Stereomat、Topocart 等。也有一些专门采用 CRT 扫描的自动摄影测量系统，如 UNAMACE、GPM 系统等。与此同时，摄影测量工作者也试图将由影像灰度转换成的电信号再转变成数字信号(即数字影像)，然后，由电子计算机来实现摄影测量的自动化过程。数字摄影测量是摄影测量自动化的必然产物。

随着计算机技术及其应用的发展以及数字图像处理、模式识别、人工智能、专家系统以及计算机视觉等学科的不断发展，数字摄影测量的内涵已远远超过了传统摄影测量的范围，现已被公认为摄影测量的第三个发展阶段。数字摄影测量与模拟、解析摄影测量的最大区别在于：它处理的原始信息不仅可以是像片，更主要的是数字影像（如 SPOT 影像）或数字化影像；它最终是以计算机视觉代替人眼的立体观测，因而它所使用的仪器最终将是通用计算机及其相应外部设备，特别是当代，工作站的发展为数字摄影测量的发展提供了广阔的前景；其产品是数字形式的，传统的产品只是该数字产品的模拟输出。表 14-1 列出了摄影测量三个发展阶段的特点。

表 14-1　摄影测量三个发展阶段的特点

发展阶段	原始资料	投影方式	仪　器	操作方式	产　品
模拟摄影测量	像片	物理投影	模拟测图仪	作业员手工	模拟产品
解析摄影测量	像片	数字投影	解析测图仪	机助作业员操作	模拟产品 数字产品
数字摄影测量	像片 数字化影像 数字影像	数字投影	计算机	自动化操作＋ 作业员的干预	数字产品 模拟产品

1）数字摄影测量的定义

对数字摄影测量的定义，目前在世界上主要有两种观点。

第一种认为数字摄影测量是基于数字影像与摄影测量的基本原理，应用计算机技术、数字影像处理、影像匹配、模式识别等多学科的理论与方法，提取所摄对象用数字方式表达的几何与物理信息的摄影测量学的分支学科。这种定义在美国等国家称为软拷贝摄影测量（Softcopy Photogrammetry）。中国著名摄影测量学者王之卓教授称之为全数字摄影测量（All Digital Photogrammetry 或 Full Digital Photogrammetry）。这种定义认为，在数字摄影测量中，不仅其产品是数字的，而且其中间数据的记录以及处理的原始资料均是数字的，所处理的原始资料自然是数字影像。

另一种广义的数字摄影测量定义则只强调其中间数据记录及最终产品是数字形式的，即数字摄影测量是基于摄影测量的基本原理，应用计算机技术，从影像（包括硬拷贝与数字影像或数字化影像）提取所摄对象用数字方式表达的几何与物理信息的摄影测量分支学科。这种定义的数字摄影测量包括计算机辅助测图（常称为数字测图）与影像数字化测图。

2）计算机辅助测图

计算机辅助测图是利用解析测图仪或模拟光机型测图仪与计算机相连的机助（或机控）系统，进行数据采集、数据处理，形成数字高程模型 DEM 与数字地图，最后输入相应的数据库。

3）影像数字化测图

影像数字化测图是利用计算机对数字影像或数字化影像进行处理，由计算机视觉（其核心是影像匹配与影像识别）代替人眼的立体量测与识别，完成影像几何与物理信息的自动提取。按对影像进行数字化的程度，又可分为混合数字摄影测量与全数字摄影测量。

（1）混合数字摄影测量

混合数字摄影测量通常是在解析测图仪上安装一对 CCD 数字相机，对要进行量测的局部影像进行数字化，由数字相关（匹配）获得点的空间坐标。

（2）全数字摄影测量

全数字摄影测量（也称软拷贝摄影测量）处理的是完整的数字影像，若原始资料是像片，则首先利用影像数字化仪对影像进行完全数字化。利用传感器直接获取的数字影像可直接进入计算机，或记录在磁带上，通过磁带机输入计算机。由于自动影像解释仍然处于研究阶段，因而目前全数字摄影测量主要是生成数字地面模型（DTM）与正射影像图。其主要内容包括：方位参数的解算、沿核线重采样、影像匹配、解算空间坐标、内插数字表面模型（如DTM）、自动绘制等值线、数字纠正产生正射影像及生成带等值线的正射影像图等。

（3）实时摄影测量

当影像获取与处理几乎同时进行，并在一个视频周期内完成，这就是实时摄影测量，它是全数字摄影测量的一个分支。当前，实时摄影测量被用于视觉科学，如计算机视觉、机器视觉及机器人视觉等。

数字摄影测量的分类组成如图 14-8 所示。

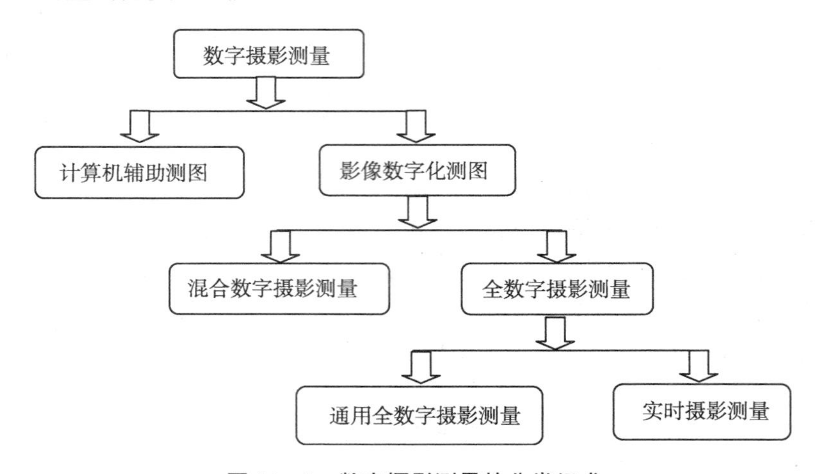

图 14-8　数字摄影测量的分类组成

14.3　遥感基本知识及应用

14.3.1　遥感的基本概念

1）遥感的定义

遥感（Remote Sensing，简称 RS），顾名思义，就是遥远地感知，是在不直接接触的情况下，对目标或自然现象远距离探测和感知的一种技术。自然界有各种遥感现象，如蝙蝠利用发射、接收超声波，在漆黑的环境中可判明障碍物的距离、方位和性质，从而可在夜间自由地飞翔；人眼经过接收物体反射或发射的可见光来感知和记忆各种物体；医学上的 X 光拍照等。这些都是具有遥远的感知一定信息的能力，从广义上讲，都属于遥感的范畴。

但这里所要研究的是狭义的遥感，即指电磁波遥感。人类通过大量的实践，发现地球上每一个物体都在不停地吸收、发射和反射信息和能量，其中有一种人类已经认识到的形式——电磁波，并且发现不同物体的电磁波特性是不同的。遥感就是根据这个原理来探测地表物体对电磁波的反射和其发射的电磁波，从而提取这些物体的信息，完成远距离识别物体。

遥感技术包括遥感器(或称传感器)技术，信息传输技术，信息处理、提取和应用技术，目标信息特征的分析与测量技术，等等。可以说，遥感技术是在物理学基础上发展起来的，是空间技术、应用光学技术、无线电电子技术、计算机技术等相结合的一门新技术。

遥感的观测对象主要是地球表层的各类地物，也包括大气、海洋和地下矿藏中各种不同的成分。地球表层各类地物都具有两种特征：一是空间几何特征，一是物理、化学、生物的属性特征。这两种特征都可以利用遥感的手段进行获取。

2) 遥感的特点

遥感技术是 20 世纪 70 年代起迅速发展起来的一门综合性探测技术。遥感技术发展速度之快与应用广度之宽是始料不及的。经过短短三四十年的发展，遥感技术已广泛应用于资源与环境的调查及监测、军事应用、城市规划等多个领域。究其原因，在于遥感具有客观性、时效性、宏观性、综合性、经济性等特点。下面将详细介绍遥感的主要特点和特性。

(1) 探测范围大

185 km×185 km 范围的探测只需要 5 分钟，与传统野外测量相比较节约了大量时间。遥感用航摄飞机飞行高度为 10 km 左右，陆地卫星的卫星轨道高度达 910 km 左右，从而，可及时获取大范围的信息。例如，一张陆地卫星图像，其覆盖面积可达 30 000 km^2。这种展示宏观景象的图像，对地球资源和环境分析极为重要。遥感技术所获取信息量极大，其处理手段也是人力难以胜任的。例如 Landsat 卫星的 TM 图像(如图 14-9)，一幅覆盖 185 km×185 km 地面面积，像元空间分辨率为 30 m，像元光谱分辨率为 28 位的图，其数据量约为 6 000×6 000＝36 MB。若将 6 个波段全部送入计算机，其数据量为：36 MB×6＝216 MB。

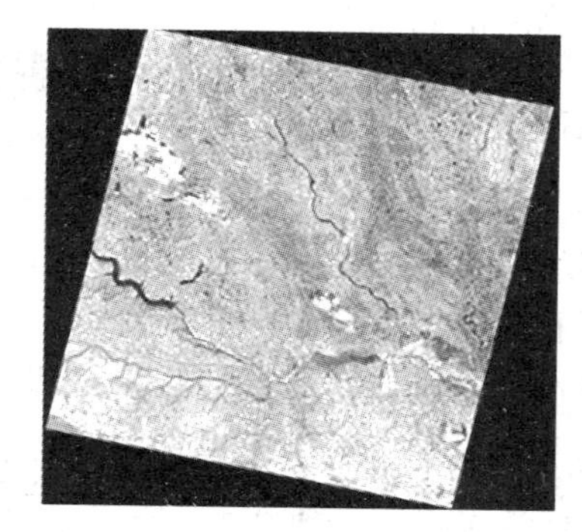

图 14-9　TM 影像

(2) 资料新、成图快

由于卫星围绕地球运转，从而能及时获取所经地区的各种自然现象的最新资料，以便更新原有资料，或根据新旧资料变化进行动态监测，这是人工实地测量和航空摄影测量无法比拟的。例如，陆地卫星，每 16 天可覆盖地球一遍，NOAA 气象卫星每天能收到两次图像。Meteosat 每 30 分钟获得同一地区的图像。

(3) 收集资料方便

在地球上有很多地方,自然条件极为恶劣,人类难以到达,如沙漠、沼泽、高山峻岭等。采用不受地面条件限制的遥感技术,特别是航天遥感可方便及时地获取各种宝贵资料。

(4) 获取信息的手段多,信息量大

根据不同的任务,遥感技术可选用不同波段和遥感仪器来获取信息。例如采用可见光探测物体,也可采用紫外线、红外线和微波探测物体。利用不同波段对物体不同的穿透性,还可获取地物内部信息。例如,地面深层、水的下层、冰层下的水体、沙漠下面的地物特性等,微波波段还可以全天候的工作。

此外,遥感还具有全局性、方便性、灵活性、现势性和动态性等特性。遥感所具有的这些优势,导致其应用领域将会更加广泛。

3) 遥感技术发展概况

遥感技术是 20 世纪 70 年代迅速发展起来的一门新技术。它综合了空间、电子、光学、计算机等科学技术的最新成果,是现代科学技术的一个重要组成部分。尤其在近 20 多年来,遥感技术获得了迅猛的发展,它作为一种空间技术,经历了地面遥感、航空遥感和航天遥感 3 个阶段。

1962 年第一颗地球资源卫星发射成功标志着空间遥感技术进入一个新的阶段。1964 年美国开始进行遥感的地面试验;1972 年美国发射了地球资源技术卫星 ERTS-1(后改名为 Landsat);1986 年法国发射了 SPOT 卫星,其图像分辨率比美国陆地卫星高;1999 年美国发射 IKONOS 卫星,空间分辨率提高到 1 m。地球与太空之间的距离大大地缩短了。特别是近几年出现了卫星系列,则能适时地对地球进行观察,从而建立一系列的信息数据库,使资源调查、动态监测、科学管理等进入了一个新的阶段。

在此期间,我国遥感技术的发展也十分迅速。我国不仅可以直接接收、处理美国 Landsat 和法国的 SPOT 卫星的遥感信息,而且具有航空航天遥感信息采集的能力,能够自行设计、制造航空摄影机、全景摄影机、红外扫描仪、合成孔径侧视雷达等多种用途航空航天遥感仪器和用于地物波谱测定的仪器。1988 年 9 月我国成功地利用“长征四号”发射了“风云一号”气象卫星。1999 年 10 月中国成功发射资源卫星一号。这标志着我国空间技术和遥感技术已跨入世界先进行列。

4) 遥感技术原理

遥感技术是以电磁波辐射理论为基础而用于探测目的。目前遥感技术应用的波谱段主要是紫外线～微波的范围,包括紫外线、可见光、红外线和微波 4 种波谱段。电磁波辐射具有波动性,主要表现为电磁波能产生干扰、衍射、偏振、散射等现象。电磁波辐射又具有粒子性,其传播表现为光子组成的粒子流运动。遥感技术就是利用电磁波这两方面特性来探测目标发出的电磁波辐射信息(如图 14-10)。

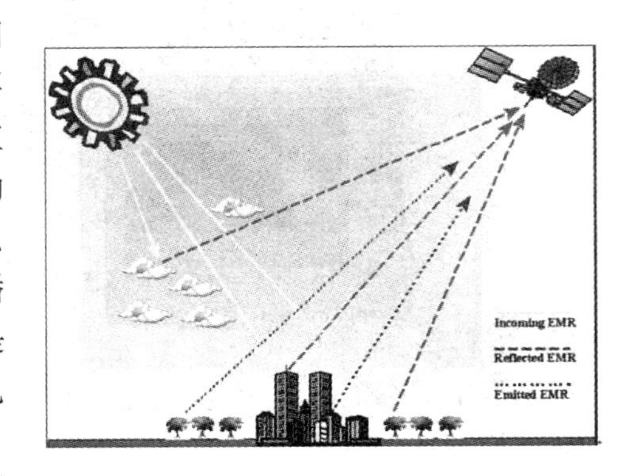

图 14-10 遥感技术原理

任何地物由于其种类、特征和环境条件的不同,而具有完全不同的电磁波反射、发射、透射等辐射特性。地物反射电磁波波谱特征不尽相同，表现在反射强度和波谱曲线的形态两个方面。地物发射电磁波波谱特征与它的物质结构中电子运动过程分子振动、转动过程的共同作用用密切相关。物体对于外来电磁波的透射能力，因电磁波的波长和物体性质而异。遥感技术利用地物反射、发射和透射电磁波信息及环境因素的物理特征作为判释、识别目标的基础。

5）遥感技术系统

遥感技术系统由四部分构成（如图 14-11）：

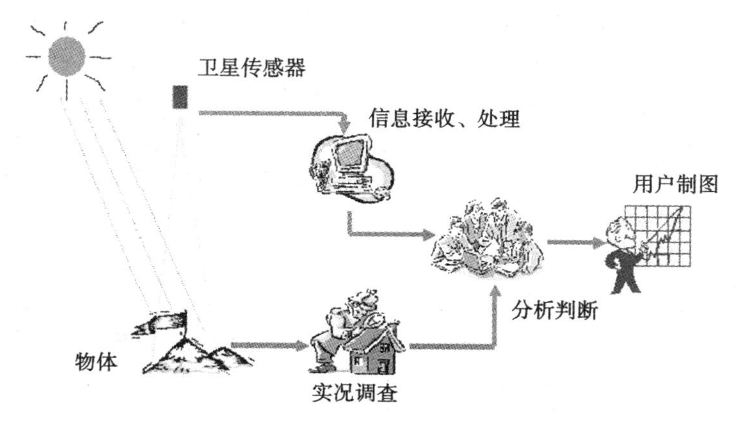

图 14-11　遥感技术系统

（1）空间信息采集系统

空间信息采集系统主要包括遥感平台和遥感器两部分。遥感平台是运载遥感器并为其提供工作条件的工具，即安放遥感仪器的载体。它可以是航空飞行器（如飞机、气球等）或航天飞行器（如人造卫星、宇宙飞船、航天飞机等）。遥感器是指收集、记录被测目标的特征信息（反射或发射电磁波）并发送至地面接收站的设备。

（2）地面传输、接收和预处理系统

空间数据传输与接收是空间信息获取和空间数据应用中必不可少的中间环节。

卫星地面接收站的主要任务是接收、处理、存档和分发各类地球资源卫星数据。保存和记录图像数据后，地面站要依靠计算机系统进行图像预处理。预处理的主要目的是对信息所含有的噪声和误差进行辐射校正和几何校正、图像的分幅和注记（如地理坐标网等），为用户提供信息产品，如光学图像或计算机用的数字数据磁带。

（3）地面实况调查系统

地面实况调查系统主要包括在空间遥感信息获取前所进行的地物波谱特征（地物反射电磁波及发射电磁波的特性）测量和在空间遥感信息获取的同时所进行的与遥感目的有关的各种遥测数据的采集（如区域的环境和气象等数据）。

（4）信息提取与分析应用系统

遥感信息提取是从遥感图像（包括数字遥感图像）等遥感信息中有针对性地提取感兴趣的专题信息，以便在具体领域应用或辅助用户决策。

14.3.2 遥感技术的分类及应用

1) 遥感技术的分类

遥感技术的分类方法很多，按照不同的标准可以得到不同的分类结果。

遥感技术按遥感仪器所选用的波谱性质可分为：电磁波遥感技术、声学（如声呐）遥感技术、物理场（如重力场和磁场）遥感技术等。电磁波遥感技术是利用各种物体反射或发射出不同特性的电磁波去进行遥感的。它又分为可见光、红外光和微波等遥感技术。

按照感测目标的能源作用可分为：主动式遥感技术和被动式遥感技术。所谓主动式遥感技术是采用人工辐射源向物体发射一定能量和一定波长的电磁波，接收其回波达到遥感目的。被动遥感技术是直接接收目标物反射和发射的电磁波达到遥感的目的。

按照遥感使用的运载工具可分为：航天遥感技术、航空遥感技术和地面遥感技术等。

按照遥感应用领域可分为：地球资源遥感技术、环境遥感技术、气象遥感技术和海洋遥感技术等。

2) 遥感技术的应用

自 1972 年美国发射第一颗陆地卫星以来，空间遥感技术得到了迅速发展和广泛应用。应用范围向农业、林业、地质、水文、海洋、工程建设、城市规划、环境保护、制图、考古和军事等领域不断拓宽，尤其与地理信息系统相结合，应用遥感技术已获得显著的经济效益与社会效益，下面对其在若干领域的具体应用作一些简单介绍。

(1) 地形图测绘与基础地理信息系统的更新

航天遥感图像可直接用于测绘地形图，当前主要被用来测绘、修编、修测中小比例尺的地形图，制作影像地图和各种专题图，以及为地理信息系统提供动态的空间数据。它是地理信息系统基础资料和更新的重要手段。

(2) 土地利用现状调查与动态监测

我国的土地利用详查图是基于 1∶10 000 比例尺绘制的，而且是使用航片或者卫片制成 1∶10 000 正射影像图进行调绘制成。

(3) 农、林业的调查与监测

遥感技术在农业中的应用主要表现为：利用遥感技术可以进行土地资源的调查与监测；可以识别各类农作物，计算其种植面积，并根据作物生长情况估计产量；在作物生长过程中，可以利用遥感技术分析其长势，及时进行灌溉、施肥和收割等；当农作物受害时，可以及时预报和组织防治工作，等等。

遥感技术在林业中的应用主要表现为可以清查森林资源、监测森林火灾和病虫害。

(4) 洪水监测与预报

洪水泛滥造成水灾时，往往需要弄清淹没范围和界线，以便及时采取抗洪救灾措施。

(5) 水文学和水资源研究中的应用

遥感技术既可观测水体本身的特征和变化又能对其周围的自然地理条件及人文活动的影响提供全面的信息，为深入研究自然环境和水文现象之间的相互关系，进而揭露水在自然界的运动变化规律，创造有利条件。又由于卫星遥感对自然界环境动态监测比常规方法更全面、仔细、精确，且能获得全球环境动态变化的大量数据与图像，这对于研究区域性的水文过程，乃至全球的水文循环、水量平衡等重大水文课题具有无比的优越性。

遥感技术在水文学和水资源研究方面的应用主要有:水资源调查、水文情报预报和区域水文研究。

(6) 工程地质、矿产调查方面的应用

卫星像片应用于水利工程建筑、铁道工程、工厂选址等大型工程,收到了明显的效果。

遥感技术为地质研究和勘查提供了先进的手段,可为矿产资源调查提供重要依据和线索,对高寒、荒漠和热带雨林地区的地质工作提供了有价值的资料。

(7) 环境监测中的应用

目前,环境污染已成为一些国家的突出问题,利用遥感技术可以快速、大面积监测水污染、大气污染和土地污染以及各种污染导致的破坏和影响。

随着遥感技术在环境保护领域中的广泛应用,一门新的科学——环境遥感诞生了。环境遥感是利用遥感技术揭示环境条件变化、环境污染性质及污染物扩散规律的一门科学。

(8) 城市规划与管理

城市是一个聚集的人类社会与特定地域空间紧密结合的整体。城市遥感调查的任务在于为城市规划和建设管理提供多方面的地理基础信息和其他与城市发展有关的分析资料,诸如城市的自然状况、旅游资源开发、景观布局与视域分析、城市的热场、微波通信受限地理因素、城市区域自然状况等。这些信息资料的作用在于使规划、建设和管理工作者从不同的角度、不同的层次去观察、剖析、认识、改造和建设城市,建立和运用城市的各种专题数据库和信息系统。

中国遥感影像图见图 14-12。

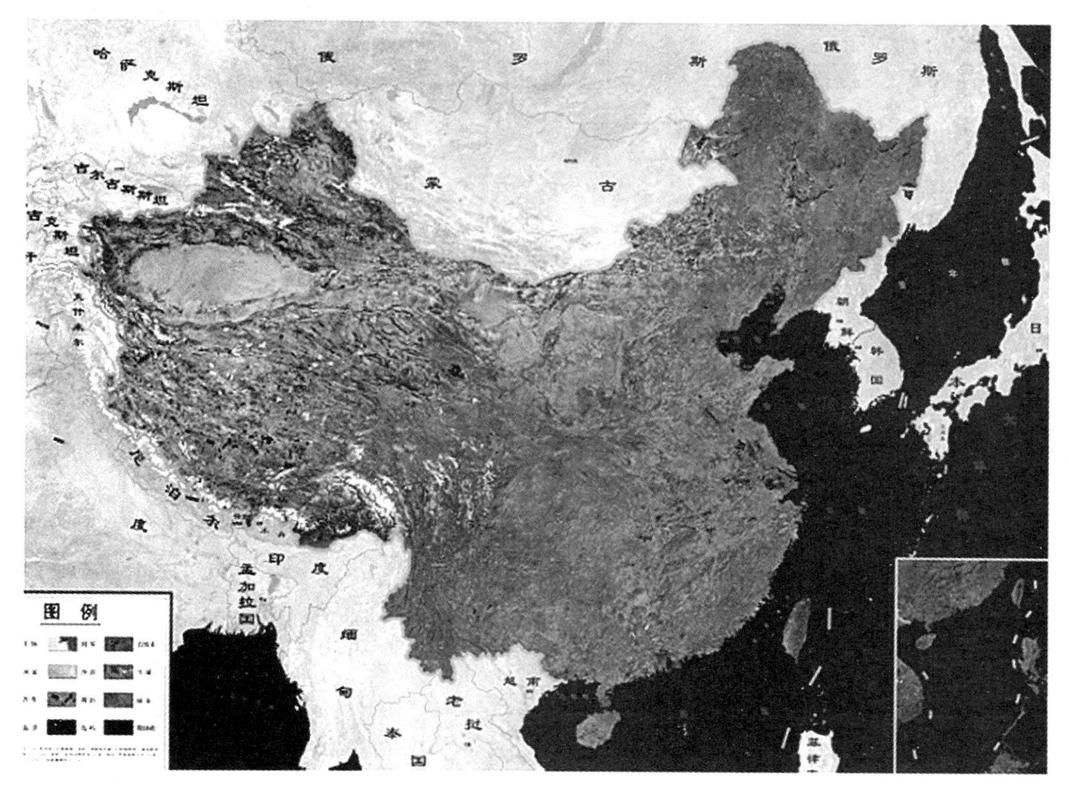

图 14-12　中国遥感影像图

本章小结

本章主要对摄影测量与遥感进行概述性的介绍，首先提出了摄影测量与遥感的定义，明确了它们既具有一定的相关性，同时也具有各自的特点。接着，针对摄影测量及遥感进行分别的介绍。

首先介绍摄影测量的基本知识，重点讲述了摄影测量中重要的测量手段——航空摄影测量的基本原理和技术。接着对摄影测量中新技术——数字摄影测量进行概述和说明。

本章还讲解了遥感的基本知识及应用。重点介绍了遥感的定义及特点、遥感的系统构成、遥感的原理，以及遥感的分类方法，最后列举了遥感在一些领域应用的情况，充分说明了遥感具有广阔的应用前景。

习题与思考题

1. 摄影测量的主要分类有哪些？
2. 什么叫像片的内、外方位元素？画图说明。
3. 什么叫数字摄影测量？其组成有哪些？
4. 什么是遥感和遥感技术？它有哪些主要类型？
5. 遥感具有哪些特点和特性？

15 地理信息系统及应用

15.1 概述

15.1.1 地理信息

地理信息是指表征地理圈或地理环境固有要素或物质的数量、质量、分布特征、联系和规律的数字、文字、图像和图形等的总称。总体上，地理信息可以归结为自然环境信息和社会经济信息两大方向。地理信息属于空间信息，其位置的识别是与数据联系在一起的，这是地理信息区别于其他类型信息的一个显著标志。

空间信息是指所研究对象的空间定位与地理分布有关的信息，即指研究对象的位置、数量、质量、分布特征、相互联系与制约等。空间信息由空间数据表达。简单地说，空间信息就是指具有定位数据的信息。例如，大到世界各大洲、各国家的地理分布，小到一幢房屋、一棵树，由于它们有定位数据（如用 x、y、z 坐标表示），所以都属于空间信息的范畴；而图书情报、财务等方面的信息，由于没有定位数据，就不属于空间信息。

15.1.2 地理信息系统

地理信息系统（Geographic Information System，简写 GIS）是一种以采集、储存、管理、分析和描述整个或部分地球表面（包括大气层在内）与空间和地理分布有关的数据的信息系统。

地理信息系统处理、管理的对象是多种地理空间实体数据及其关系，包括空间定位数据、图形数据、遥感图像数据、属性数据等，用于分析和处理在一定地理区域内分布的各种现象和过程，解决复杂的规划、决策和管理问题。

可将地理信息系统的特点归纳如下：

（1）GIS 的物理外壳是计算机化的技术系统，它又由若干个相互关联的子系统构成，如数据采集子系统、数据管理子系统、数据处理和分析子系统、图像处理子系统、数据产品输出子系统等。这些子系统的优劣直接影响着 GIS 的硬件平台、功能、效率、数据处理的方式和产品输出的类型。

（2）GIS 的操作对象是空间数据，即具有点、线、面、体三维要素的地理实体。空间数据的最根本特点是每一个数据都按统一的地理坐标进行编码，实现对其定位、定性和定量的描述，这是 GIS 区别于其他类型信息系统的根本标志，也是其技术难点之所在。

(3) GIS 的技术优势在于它的数据综合、模拟与分析评价能力，可以得到常规方法或普通信息系统难以得到的重要信息，实现地理空间过程演化的模拟和预测。

(4) GIS 与测绘学和地理学有着密切的关系。大地测量、工程测量、矿山测量、地籍测量、航空摄影测量和遥感技术为 GIS 中的空间实体提供了各种不同比例尺和精度的定位数据；电子速测仪、GPS 全球定位技术、解析或数字摄影测量工作站、遥感图像处理系统等现代测绘技术的使用，可直接、快速和自动地获取空间目标的数字信息，为 GIS 提供丰富和更为实时的信息源，并促使 GIS 向更高层次发展。

(5) GIS 按研究的范围大小可分为全球性的、区域性的和局部性的；按研究内容的不同可分为综合性的与专题性的。

15.2 地理信息系统的组成

完整的 GIS 主要由四个部分组成，即计算机硬件系统、计算机软件系统、地理空间数据库和系统管理与操作人员，如图 15-1 所示。其核心部分是计算机软硬件系统，空间数据库反映了 GIS 的地理内容，而管理人员和用户则决定系统的工作方式和信息表示方式。

15.2.1 计算机硬件系统

计算机硬件是计算机系统中的实际物理装置的总称，可以是电子的、电的、磁的、机械的、光的元件或装置，是 GIS 的物理外壳，系统的规模、精度、速度、功能、形式、使用方法甚至软件都与硬件有极大的关系，受硬件指标的支持或制约。GIS 由于其任务的复杂性和特殊性，必须由计算机设备支持。GIS 硬件配置一般包括四个部分(如图 15-2 所示)：

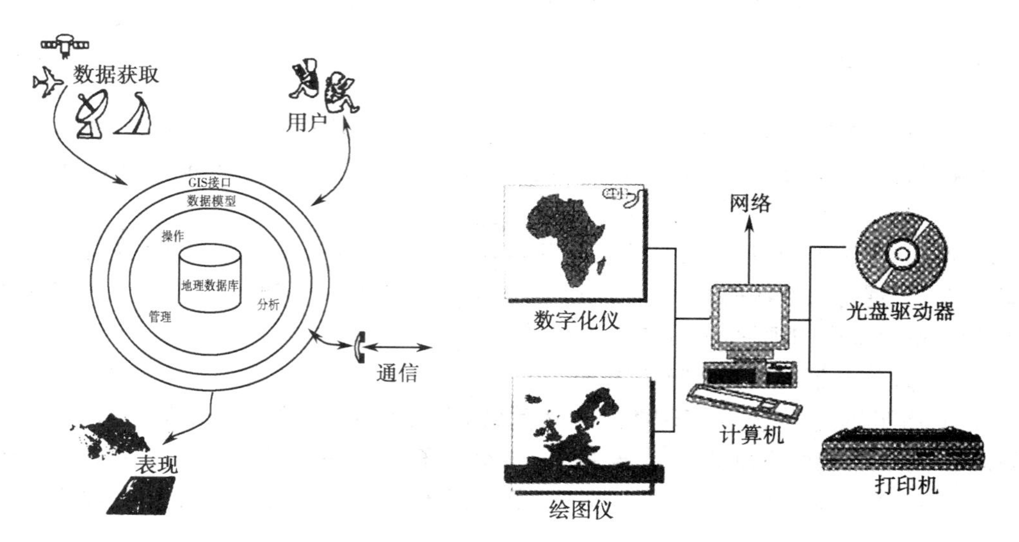

图 15-1 地理信息系统的组成　　图 15-2 GIS 硬件配置

(1) 计算机主机：含显示器、键盘、鼠标等。

(2) 数据输入设备：数字化仪、图像扫描仪、手写笔、光笔、键盘、通信端口等。

(3) 数据存储设备：光盘刻录机、磁带机、光盘、移动硬盘、磁盘阵列等。

(4) 数据输出设备：笔式绘图仪、喷墨绘图仪（打印机）、激光打印机等。

15.2.2 计算机软件系统

计算机软件系统是指GIS运行所必需的各种程序，通常包括计算机系统软件、GIS软件和其他支撑软件以及应用分析程序。其配置如图15-3所示。

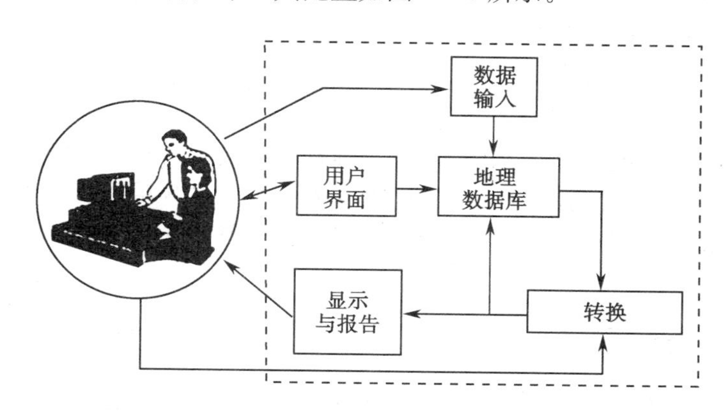

图15-3 GIS软件配置

1) 计算机系统软件

由计算机厂家提供的、为用户开发和使用计算机提供方便的程序系统，通常包括操作系统、汇编程序、编译程序、诊断程序、库程序以及各种维护使用手册、程序说明等，是GIS日常工作所必需的。

2) GIS软件和其他支撑软件

可以是通用的GIS软件，也可包括数据库管理软件、计算机图形软件包、CAD、图像处理软件等。

GIS软件按功能可分为以下几类：

(1) 数据输入

将系统外部的原始数据（多种来源、多种形式的信息）传输给系统内部，并将这些数据从外部格式转换为便于系统处理的内部格式的过程。数据输入方式与使用的设备密切相关，常有三种形式：①手扶跟踪数字化仪的矢量跟踪数字化；② 扫描数字化仪的光栅扫描数字化；③ 键盘输入。

(2) 数据存储与管理

数据存储和数据库管理涉及地理元素（表示地表物体的点、线、面）的位置、连接关系及属性数据如何构造和组织等。用于组织数据库的计算机系统称为数据管理系统（DBMS）。空间数据库的操作包括数据格式的选择和转换、数据的连接、查询、提取等。

(3) 数据分析与处理

数据分析与处理是指对单个或多个图件及其属性数据进行分析运算和指标量测。在这种操作中，以一幅或多幅图输入，而分析计算结果则以一幅或多幅新生成的图件表示，在空间定位上仍与输入的图件一致，故可称为函数转换。

(4) 数据输出与表示

数据输出与表示是指将地理信息系统内的原始数据或经过系统分析、转换、重新组织的数据以某种用户可以理解的方式提交给用户。如以地图、表格、数字或曲线的形式表示于某种介质上，或采用 CRT(Cathode Ray Tub)显示器、胶片拷贝、点阵打印机、笔式绘图仪等输出，也可以将结果数据记录于磁盘等存储介质设备或通过通信线路盘等存输到用户的其他计算机系统。

(5) 用户接口模块

用户接口模块用于接收用户的指令、程序或数据，是用户和系统交互的工具，主要包括用户界面、程序接口与数据接口。

3) 应用分析程序

应用分析程序是系统开发人员或用户根据地理专题或区域分析模型编制的用于某种特定应用任务的程序，是系统功能的扩充与延伸。在优秀的 GIS 工具支持下，应用程序的开发应是透明的和动态的，与系统的物理存储结构无关，随着系统应用水平的提高而不断优化和扩充。

15.2.3 地理空间数据

地理空间数据是 GIS 的操作对象，是 GIS 所表达的现实世界经过模型抽象的实质性内容。地理空间数据实质上就是指以地球表面空间位置为参照，描述自然、社会和人文经济景观的数据，主要包括数字、文字、图形、图像和表格等。这些数据可以通过数字化仪、扫描仪、键盘、磁带机或其他系统输入 GIS，数据资料和统计资料主要是通过图数转换装置转换成计算机能够识别和处理的数据。图形资料可用数字化仪输入，图像资料多采用扫描仪输入，由图形或图像获取的地理空间数据以及由键盘输入或转储的地理空间数据，都必须按一定的数据结构将它们进行存储和组织，建立标准的数据文件或地理数据库，才便于 GIS 对数据进行处理或提供用户使用。不同用途的 GIS，其地理空间数据的种类、精度都是不同的，但基本上都包括三种互相联系的数据类型。

(1) 某个已知坐标系中的位置，即几何坐标，标识地理实体在某个已知坐标系(如大地坐标系、直角坐标系、极坐标系、自定义坐标系)中的空间位置，可以是经纬度、平面直角坐标、极坐标，也可以是矩阵的行、列数等。

(2) 实体间的空间相关性，即拓扑关系，表示点、线、面实体之间的空间联系，如网络结点与网络线之间的枢纽关系、边界线与面实体间的构成关系、面实体与岛或内部点的包含关系等。

(3) 地理属性，即常说的非几何属性或简称属性(Attribute)，是与地理实体相联系的地理变量或地理意义。属性分为定性和定量的两种，前者包括名称、类型、特性等，后者包括数量和等级。定性描述的属性如岩石类型、土壤种类、土地利用类型、行政区划等，定量的属性如面积、长度、土地等级、人口数量、降雨量、河流长度、水土流失量等。非几何属性一般是经过抽象的概念，通过分类、命名、量算、统计得到。任何地理实体至少有一个属性，而地理信息系统的分析、检索和表示主要是通过属性的操作运算实现的，因此，属性的分类系统、量算指标对系统的功能有较大的影响。

15.2.4 系统管理和操作人员

人是地理信息系统中的重要构成因素，GIS 不同于一幅地图，而是一个动态的地理模型，仅有系统软件硬件和数据还构不成完整的地理信息系统，需要人进行系统组织、管理和维护以及数据更新、系统扩充完善、应用程序开发，并采用地理分析模型提取多种信息。

地理信息系统必须置于合理的组织联系中，如图 15-4 所示。如同生产复杂产品的企业一样，组织者要尽量使整个生产过程形成一个整体。要做到这些，不仅要在硬件和软件方面投资，还要在适当的组织机构中重新培训工作人员和管理人员方面投资，使他们能够应用新技术。近年来，硬件设备连年降价而性能则日趋完善与增强，但有技能的工作人员及优质廉价的软件仍然不足，只有在对 GIS 合理投资与综合配置的情况下，才能建立有效的地理信息系统。

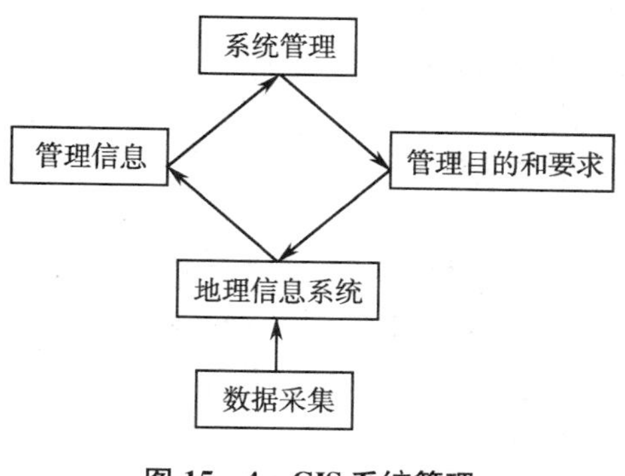

图 15-4 GIS 系统管理

15.3 地理信息系统的应用

15.3.1 地理信息系统的发展概况

在世界范围内，由于计算机的软硬件均得到飞速的发展，网络已进入千家万户，地理信息系统已成为许多机构必备的工作系统，尤其是政府决策部门在一定程度上由于受地理信息系统影响而改变了现有机构的运行方式、设置与工作计划等。另外，社会对地理信息系统认识普遍提高，需求大幅度增加，从而导致地理信息系统应用的扩大与深化。国家级乃至全球性的地理信息系统已成为公众关注的问题，例如地理信息系统已列入美国政府制定的“信息高速公路”计划，美国前副总统戈尔提出的“数字地球”战略也包括地理信息系统。毫无疑问，地理信息系统将发展成为现代社会最基本的服务系统。

我国地理信息系统方面的工作自 20 世纪 80 年代初才开始。以 1980 年中国科学院遥感应用研究所成立全国第一个地理信息系统研究室为标志，在几年的起步发展阶段中，我国地理信息系统在理论探索、硬件配制、软件研制、规范制订、区域试验研究、局部系统建立、初步应用试验和技术队伍培养等方面都取得了进步，积累了经验，为在全国范围内展开地理信息系统的研究和应用奠定了基础。

地理信息系统进入发展阶段的标志是从第七个五年计划开始。地理信息系统研究作为政府行为，正式列入国家科技攻关计划，开始了有计划、有组织、有目标的科学研究、应用实验和工程建设工作。许多部门同时开展了地理信息系统研究与开发工作，如全国性地理信息系统（或数据库）实体建设、区域地理信息系统研究和建设、城市地理信息系统、地理信息系统基础软件或专题应用软件的研制和地理信息系统教育培训。

自 20 世纪 90 年代起，地理信息系统步入快速发展阶段。执行地理信息系统和遥感联合科技攻关计划，强调地理信息系统的实用化、集成化和工程化，力图使地理信息系统从初步发展时期的研究实验、局部应用走向实用化和生产化，为国民经济重大问题提供分析和决策依据。努力实现基础环境数据库的建设，推进国产软件系统的实用化、遥感和地理信息系统技术一体化。

15.3.2 地理信息系统的数据获取与处理

地理信息系统的一个重要的部分就是数据。GIS中没有了数据，便成了无米之炊。也可以说，地理空间数据是地理信息系统的血液，如同汽油是汽车的血液一样。实际上整个地理信息系统都是围绕空间数据的采集、加工、存储、分析和表现展开的。空间数据源、空间数据的采集手段、生产工艺、数据的质量都直接影响到地理信息系统应用的潜力、成本和效率。

1）地理信息系统的数据源

通常，根据实际应用的需要，来寻找并确定数据源。地理数据的获取手段很多，其中现代的测量学（包括全球定位系统）、定点观测、航空和航天遥感、统计调查等均是数据采集的重要手段，如图15-5所示。

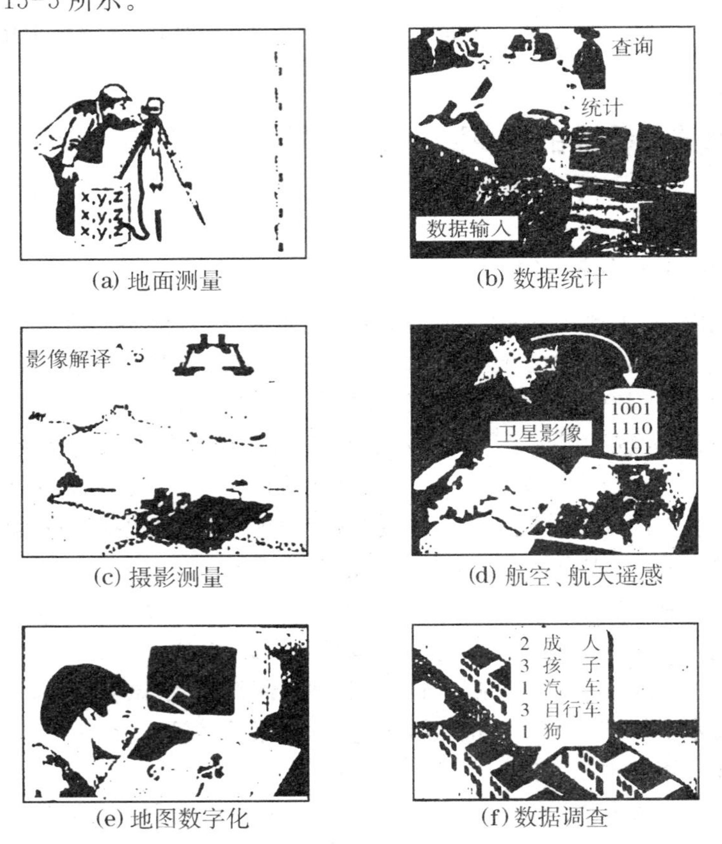

(a) 地面测量　(b) 数据统计　(c) 摄影测量　(d) 航空、航天遥感　(e) 地图数字化　(f) 数据调查

图15-5 地理信息系统的数据源

确定地理信息系统的数据源是地理信息系统建立数据库的第一步。地理信息系统的数据源是多种多样的，按照不同的指标，可以有不同的数据分类。

从总体上分类，地理信息系统的数据可以分为图形图像数据与文字数据两大类。其中，文字数据包括各类调查报告、文件、统计数据、实际数据与野外调查的原始记录等，具体如人口数据、经济数据、土壤成分、环境数据等；图形图像数据包括现有的地图、工程图、规划图、照片、航空与遥感影像等。

具体地讲，可以分为以下几种类型：

(1) 地图

各种类型的地图是地理信息系统最主要的数据源。因为地图是地理数据的传统描述形式，是具有共同参考坐标系统的点、线、面的二维平面形式的表示。地图上实体间的空间关系直观，而且实体的类别或属性可以用各种不同的符号加以识别和表示。其方法是地图的数字化，如地图手扶跟踪数字化、地图扫描矢量化。

(2) 摄影与遥感影像数据

摄影与遥感影像是地理信息系统中一个极其重要的信息源。通过像片和遥感影像可以快速、准确地获得大面积的、综合的各种专题信息，航测、遥感影像还可以取得周期性的资料，这些都为 GIS 提供了丰富的信息。但是因为每种航测、遥感影像都有其自身的成像规律和变形规律，所以对其应用要注意影像的纠正、影像的分辨率、影像的解译特征等方面的问题。

(3) 统计数据

国民经济的各种统计数据常常也是地理信息系统的数据源，如人口数据、国民生产总值等。

(4) 实测数据

各种实测数据，如野外数据采集的全站仪(电子平板)测量、GPS 定位测量，特别是一些 GPS 点位数据、地籍测量数据常常是地理信息系统中很准确和现势性很强的数据。

(5) 数字数据

目前，随着各种专题图件的制作和各种 GIS 系统的建立，直接获取数字图形数据和属性数据的可能性越来越大。数字数据也成为 GIS 数据源中不可缺少的一部分。但是对数字数据的采集需注意数据格式的转换和数据精度、可信度的问题。

(6) 各种文字报告和立法文件

各种文字报告和立法文件在一些管理类的系统中，有很大的应用。如在城市规划管理信息系统中，各种城市管理法规及规划报告在规划管理工作中起着很大的作用。

不同方式获取的数据源，需要采用不同的处理方式，使其成为地理信息系统中有用的数据。

2) 地理信息系统的数据输入

数据输入是对数据进行必要编码和写入数据库的操作过程。任何 GIS 都必须考虑空间数据和属性数据(非空间数据)两方面数据的输入。GIS 应用的首要问题是所有输入的数据都必须转换为与特定系统数据格式相一致的数据结构，因此迫切需要通过先进的计算机全自动录入或数据采集技术为 GIS 提供可靠的数据。现在已经形成标准数字地理数据集合格式，数据转换的自动方法已经开始使用，数据采集的数字方法已能直接用于产生数字文件。

(1) 空间数据的输入

空间数据主要指图形实体数据。空间数据输入则是通过各种输入设备完成图数转化的过程，将图形信号离散成计算机所能识别和处理的数据信号的过程。通常在GIS中用到的图形数据类型，包括各种地图、航天航空像片、遥感数据和野外点采样数据（数字测图、GPS定位）等。用户可以依据如何应用图形数据、图形数据的类型、现有设备状况、现有人力资源状况和经济状况等因素综合考虑，选用单一方法或几种方法结合起来输入所需要的图形数据。空间数据的采集，可以说是长期制约地图数据库与地理信息系统建设的“瓶颈”，也是当前国内外研究的热点和难点。实现空间数据的快速采集与更新，必须解决3个问题：一是图形图像识别的智能化；二是多种信息源数据采集的技术集成；三是数据资源的共享。其中，难度最大、最迫切需要解决的是第一个问题。下面介绍几种常用方法。

① 键盘输入

就是通过手工在计算机终端上输入数据。实际上就是将图形元素点、线、面实体的地理位置数据（各种坐标系中的坐标）通过键盘输入到数据文件或程序中去。实体坐标可以用地图上的坐标网或将其他格网覆盖在材料上量取，这是最简单又不用任何特殊设备的图形数据输入法。

② 手扶跟踪数字化输入

a. 数字化仪

数字化仪由电磁感应板（操作平台）和坐标输入控制器（游标）组成。普通地图可用胶带纸固定在操作平台上，当游标放到操作平台上时，由于电磁感应，游标在图上的相对位置就会转变成电信号。靠预先设计好的软件，传输给计算机的电信号能以光标的形式显示在图形显示器上，操作者按动游标上的按钮，坐标数据就记录在计算机中了。目前，市场上数字化仪的规格按其可处理的图幅面积来划分，有A0、A1、A3等幅面。典型的用于制图的数字化仪是A0规格的，其幅面为1.0 m×1.5 m。对于一般应用而言，A1幅面的数字化仪也可以满足对0.5 m×0.5 m常规地图的数字化。

b. 数字化过程

根据GIS软件所提供的数字化仪设备驱动程序和数字化仪的类型，做好数字化仪安装工作，给数字化仪加电，将准备好的数字化原图固定于数字化桌上，输入原图的比例尺，定义用户坐标系（原点和坐标轴），确定地图投影方式，选择数字化方式，确定数字化范围，即可用游标将（x、y）最小值的点和（x、y）最大值的点数字化。数字化时必须按照不同的专题内容，分文件、分图层有顺序地数字化，幅面较大的图件，可分块数字化。

c. 数字化方式

数字化有两种基本方式：点方式和流方式。点方式数字化时，只要将游标十字丝交点对准数字化原图上要数字化的点，按下游标上相应的按键，就可记录该点的（x、y）坐标。点方式主要用于采集单个点和控制曲线形态的特征点（端点、极值点、拐点），如控制点、三角点、水准点、独立地物中心点以及折线的始点、终点、转折点，居民地街区拐角点等。流方式数字化时，将游标十字丝交点沿曲线从起点移动到终点，让它以等时间间隔或等距离间隔方式记录曲线上一系列密集的离散点坐标。对于不规则的曲线图形，如河流、等高线、海岸线等，常使用流方式数字化。

d. 矢量到栅格数据的转换

要按一定的分辨率一个像元一个像元地将地图输入到栅格数据库要花很多时间，目前主要采用矢量数据输入，即把图边上多边形网、线网等分成线元素（边界），用适当的程序就可以把线元素转换成任何一种分辨率的栅格数据形式。当然，矢量到栅格的转换会不可避免的引起信息损失和各种误差。

e. 数字化的精度

数字化精度受数字化仪误差、数字化方式、操作人员人为误差、编稿原图误差等多种因素的影响。选取数字化仪时应注意到数字化仪的实际分辨率与标定分辨率往往不一致，一般都要低 1 至 2 个分辨单位。实践证明，最大偏差不应超过 3～6 个分辨单位，即标定分辨率为 0.025 mm 的数字化仪，测试时的最大偏差应在 0.07～0.15 mm 范围内。

③ 扫描数字化仪输入

a. 扫描仪

除少数特殊产品外，绝大多数扫描仪是按栅格方式扫描后将图像数据交给计算机来处理的。扫描仪可分为滚筒(卷纸)式、平板式、CCD 直接摄像式三种。普通的扫描仪大都按灰度分类扫描，高级的可按颜色分类扫描。因光学、电子、机械技术的发展和相互作用，扫描仪的成本正在迅速下降，但扫描仪仍比数字化仪昂贵得多。

b. 扫描数字化前的准备

a) 原图准备。由于扫描数字化是采样头对原图进行扫描，凡扫到需要色时记录一个数(例如“1”)，扫到不需要色时就记录另一个数(例如“0”)。为提供扫描数字化，首先要选择色调分明、线画实在而不膨胀的地图作为原图；其次要在图上精确划定数字化的范围，标出坐标原点；最后要清理图面，如修净污点，连好线画上的断头等。b) 选择数据记录格式。扫描数字化仪的数据记录格式有两种，一种是数字格式，也就是每个网格记录一个二进制数“0”或“1”，它适用于对黑白或彩色线画地图的数字化；一种是连续格式，每个网格记录一个灰度值(0～255 个灰阶)，它适用于对像片进行数字化。c) 选择光孔的孔径。扫描仪采样头中透光孔的孔径有多种规格，例如：12.5 μm×12.5 μm，25 μm×12.5 μm，50 μm×25 μm ，50 μm×40 μm，100 μm×100 μm。孔径用来控制网格的大小，也就是用以控制分辨率，孔径越小，网格就越小，分辨率就越高，数据量也就越大。d) 计算坐标差。当原图经过定向，固定在滚筒(或平台)上之后，要算出扫描仪原点和原图原点之差，以便控制记录装置。

c. 栅格扫描数据到矢量数据的转化

栅格到矢量的转换计算主要用于将像元阵列变成线数据，将栅格扫描数据变成文本和线画，当栅格数据用笔式绘图仪输出时，也需要首先转换成矢量数据。从扫描仪输出的数据由一系列记录图像存在或不存在的像元组成。这种数据的矢量化处理比一般栅格数据的矢量化处理要复杂些。

d. 其他类型的自动数字化仪器

为了满足大量幅面大、内容又复杂的数字化材料的快速数字化要求，在上述扫描仪的基础上发展了一些新型数字化仪器，例如，视频数字化仪、解析测图仪。人们之所以对自动扫描如此感兴趣，主要原因是从一定程度上来说，数字化是传统制图过渡到数字制图的重要问题之一。

④ 现有数据转换

任何信息系统都要利用已有数据，以减轻信息收集、编码、输入的工作量。除了利用本单位、本部门的现成资料外，利用常用的、通用的社会共享数据已成为一种趋势。特别是在发达国家，有很多政府机构或私人公司已经开始向社会公开提供数据服务，这种服务大致有

5类信息：基本数字化地图、自然资源数据、地面数字高程、遥感数据以及与人口统计相结合的空间、属性和地址数据。这些数据服务可以减少在数据收集与数据输入方面付出的劳动，对GIS的普及起到了促进作用。

现有的数据转换输入，从计算机的角度来看难度虽不大，但在技术上需解决分类、编码、格式等标准化问题。特别是卫星遥感得到的数据，其格式不一定与资源环境信息系统数据库的一致，还需进行各种必要的预处理才能输入数据库。这些预处理包括调整分辨率和像元形状、地图投影交换、数据记录格式等，使数据保持与数据库的要求一致。

（2）非空间属性数据的输入

非空间关联属性有时称为特征编码或简单地称为属性，是那些需要在系统中处理的空间实体的特征数据，但它本身不属于空间数据类型。例如道路可以数字化为一组连续的像素或矢量表示的线实体，并可用一定的颜色、符号或数据位置等作为系统的空间数据表示出来，道路类型则可按常规制图符号表示。那么道路的非空间关联属性数据则指用户还希望知道的道路宽度、表面类型、建筑日期、入口覆盖、水管、电线、特殊交通规则、每小时的车辆流量等。属性数据的输入可在图形的适当位置键入，但数据量较大时一般都与空间数据分开输入且分别存储，将属性数据首先输入一个顺序文件，经编辑、检查无误后转存数据库的相应文件或表格。这是大量输入时的常用方法。

（3）空间数据和非空间数据的连接

空间数据输入时虽然可以直接在图形实体上附加一个特征编码或识别符，但这样交互式地输入大量复杂的非空间数据，其效率就降低了，空间和非空间数据连接的较好方法是用特殊程序把非空间属性数据与已数字化的点、线、面空间实体连接在一起。这样只要求空间实体带有唯一性的识别符即可，识别符可以手工输入（手工输入简单识别符，不至于严重影响数字化速度），也可以由程序自动生成并与图形实体的坐标存储在一起。

非空间属性数据的数据项目很多，应把属于同一个实体的所有数据项放在同一个记录中，并将记录的顺序号或某一特征数据项作为该记录的识别符或关键字。它和图形的识别符都是空间与非空间数据的连接及相互检索的联系纽带。

3）地理信息系统的数据处理

用数字化仪、扫描仪、坐标几何等方法输入GIS中的外部数据文件时，其数据往往在数据结构、数据组织、数据表达上和用户自己的信息系统不一致，因此，数据往往先存入临时数据文件，经过适当转换后才进入正式的数据库中。其数据的转换量往往很大，另外，在转换以后，还要纠正出现的某些误差或不符合规定的数据，即通过数据格式转换、图形坐标转换、图形拼接、拓扑生成等一系列的数据和图形处理后，正式进入GIS数据库中，建立起具有相互联系的数据库，来实现GIS的各种功能的应用。

15.3.3 地理信息系统的应用

地理信息系统正逐渐成为国家宏观决策和区域多目标开发的重要技术工具，也成为与空间信息有关各行各业的基本工具。地理信息系统的主要应用有：

（1）测绘与地图制图

地理信息系统技术源于机助制图。它为测绘与地图制图带来了一场革命性的变化。这种变化集中体现在：地图数据获取与成图的技术流程发生了根本的改变；地图的成图周期大大缩短;地图成图精度大幅度提高;地图的品种大大丰富。数字地图、网络地图、电子地图等一批崭新的地图形式为广大用户带来了巨大的应用便利。测绘与地图制图进入了一个崭新的时代。

(2) 资源管理

资源清查是地理信息系统最基本的职能,这时系统的主要任务是将各种来源的数据会集在一起,并通过系统的统计和覆盖分析功能,按多种边界和属性条件,提供区域多种条件组合形式的资源统计和进行原始数据的快速再现。以土地利用类型为例,可以输出不同土地利用类型的分布和面积,如按不同高程带划分的土地利用类型、不同坡度区内的土地利用现状,以及不同时期的土地利用变化等,为资源的合理利用、开发和科学管理提供依据。再如,美国资源部和威斯康星州合作建立了以治理土壤侵蚀为主要目的多用途专用的土地GIS。该系统通过收集耕地面积、湿地分布面积、季节性洪水覆盖面积、土壤类型、专题图件信息、卫星遥感数据等信息,建立了威斯康星地区潜在的土壤侵蚀模型,据此,探讨了土壤恶化的机理,提出了合理的改良土壤方案,达到对土壤资源进行保护的目的。

(3) 城乡建设

在一个城市范围内,GIS可用于土地管理、房地产经营、污染治理、环境保护、交通规划、管线管理、市政工程服务和城市规划等。如在城市与区域规划中,要处理许多不同性质和不同特点的问题,它涉及资源、环境、人口、交通、经济、教育、文化和金融等多个地理变量和大量数据。地理信息系统的数据库管理有利于将这些数据信息归并到统一系统中,最后进行城市与区域多目标的开发和规划,包括城镇总体规划、城市建设用地适宜性评价、环境质量评价、道路交通规划、公共设施配置,以及城市环境的动态监测等。这些规划功能的实现,是以地理信息系统的空间搜索方法、多种信息的叠加处理和一系列分析软件加以保证的。我国大城市数量居于世界前列,根据加快中心城市的规划建设,加强城市建设决策科学化的要求,利用地理信息系统作为城市规划、管理和分析的工具,具有十分重要的意义。例如,北京某测绘部门以北京市大比例尺地形图为基础图形数据,在此基础上综合叠加地下及地面的八大类管线(包括上水、污水、电力、通信、燃气、工程管线等)以及测量控制网、规划路等基础测绘信息,形成一个测绘数据的城市地下管线信息系统,从而实现了对地下管线信息的全面的现代化管理,为城市规划设计与管理部门、市政工程设计与管理部门、城市交通部门与道路建设部门等提供地下管线及其他测绘部门的查询服务。

(4) 全球动态监测

在全球范围内,利用地理信息系统,借助遥感遥测的数据,对全球进行动态监测,可以有效地用于病虫害防治、森林火灾的预测预报、洪水灾情监测和洪水淹没损失的估算,为救灾抢险和防洪决策提供及时准确的信息。如联合国粮农组织(FAO)在意大利建立了遥感与GIS中心,负责对欧洲和非洲的农作物生产的病虫害防治提供实时的监测技术服务。再如1994年的美国洛杉矶大地震,就是利用ARC/INFO进行灾后应急响应决策支持,成为大都市利用GIS技术建立防震减灾系统的成功范例。又如通过对横滨大地震的震后影响做出评估,建立各类数字地图库,如地质、断层、倒塌建筑等图库,把各类图层进行叠加分析得出对应急有价值的信息。该系统的建成使有关机构可以对像神户一样的大都市大地震做出快速响应,最大限度地减少伤亡和损失。又如,据我国大兴安岭地区的研究,通过普查分析森林火灾实况,统计分析十几万个气象数据,从中筛选出气温、风速、降水、温度等气象要素、春秋两季植被生长情况和积雪覆盖程度等 14 个因子，用模糊数学方法建立数学模型，建立微机信息系统的多因子的综合指标森林火险预报方法，对预报火险等级的准确率可达 73％以上。

（5）环境保护

利用 GIS 技术建立环境监测、分析及预报信息系统，为实现环境监测与管理的科学化、自动化提供最基本的条件。在区域环境质量现状评价过程中，利用 GIS 技术的辅助，实现对整个区域的环境质量进行客观地、全面地评价，以反映出区域中受污染的程度以及空间分布状态。例如，1998 年 3 月，由欧共体支持的企业协会开始利用 Internet 网络和基于 Internet 的 GIS 软件——Autodesk 公司的 MapGuide，向商家和政府机构提供关键信息，以便解决环境问题。使用网络 GIS 技术，全欧洲的地区政府和机构可以共享地图和基于地图的信息。

（6）野生动植物保护

世界野生动物基金会采用 GIS 空间分析功能，利用 ARC/INFO 作为“老虎与人类”保护项目的主要技术工具。它采用 ARC/INFO 在实地进行数据采集，分析老虎的重要栖息地，对老虎的种类、数量、猎物、生态系统等进行综合分析，并把分析的结果和地图发布给当地政府和其他组织，为他们制定和实施法律提供帮助。GIS 帮助世界最大的猫科动物改变它目前濒于灭种的境地，取得了很好的应用效果。

（7）军事国防

一切战略的、战役的或战术的行动都离不开战场的地理环境，诸军（兵）种联合作战更是如此，而 GIS 在获取、存储、处理和分析空间地理环境信息并辅助决策方面具有特殊的地位和作用，西方国家对这一领域的研究和应用表现出了极大的兴趣，并给予了高度的重视。现代战争的一个基本特点就是“3S”技术被广泛地运用到从战略构思到战术安排的各个环节，它往往在一定程度上影响了战争的成败。

（8）宏观决策支持

地理信息系统利用拥有的数据库，通过一系列决策模型的构建和比较分析，为国家宏观决策提供依据。例如系统支持下的土地承载力的研究，可以解决土地资源与人口容量的规划。我国在三峡地区研究中，通过利用地理信息系统和机助制图的方法，建立环境监测系统，为三峡宏观决策提供了建库前后环境变化的数量、速度和演变趋势等可靠的数据。

总之，GIS 目前已广泛应用于地图制作与生产、区域地质调查、矿产资源调查、基础地质研究、环境评价、公安侦破、土地调查、地籍管理、市政设施管理、行政管理等与空间信息有关的众多领域。地理信息系统正越来越成为国民经济各有关领域必不可少的应用工具，相信它的不断成熟与完善将为社会的进步与发展做出更大的贡献。

本章小结

本章介绍了近十几年被广泛关注的一个信息管理系统——地理信息系统（GIS），它是一个特定的十分重要的空间信息系统。

地理信息系统是在计算机硬、软件系统支持下，对整个或部分地球表层（包括大气层）空间中的有关地理分布数据进行采集、存储、管理、运算、分析、显示和描述的技术系统。

GIS 主要由四个部分构成，即计算机硬件系统、计算机软件系统、地理空间数据和系统管理与操作人员。

地理空间数据是GIS的操作对象，主要包括数字、文字、图形、图像和表格等。

地理信息系统的一个重要的部分就是数据。实际上整个地理信息系统都是围绕空间数据的采集、加工、存储、分析和表现展开的。

地理信息系统，被广泛地应用到社会、政治、经济、军事等领域。

习题与思考题

1. 什么是地理信息？什么是空间信息？
2. 什么是地理信息系统？它由哪几部分组成？
3. 地理信息系统的硬件由哪几部分组成？软件按功能可分为哪几类？
4. 地理信息系统有哪些数据来源？空间数据输入主要有哪几种方法？
5. 地理信息系统在学术上主要有哪几种观点？
6. 简述地理信息系统的作用和用途。

参考文献

[1] 建筑变形测量规范(JGJ 8—2007). 北京:中国建筑工业出版社,2007
[2] 测绘基本术语(GB/T 14911—2008). 北京:中国标准出版社,2008
[3] 工程测量基本术语标准(GB/T 50228—2011). 北京:中国计划出版社,2011
[4] 公路全球定位系统(GPS)测量规范(JTJ/T 066—98). 北京:人民交通出版社,1998
[5] 工程测量规范(GB 50026—2007). 北京:中国计划出版社,2007
[6] 公路勘测规范(JTJ 061—2007). 北京:人民交通出版社,2007
[7] 城市测量规范(CJJ/T 8—2011). 北京:中国建筑工业出版社,2012
[8] 1∶500 1∶1 000 1∶2 000 地形图图式(GB/T 20257.1—2007). 北京:中国标准出版社,2008
[9] 1∶500 1∶1 000 1∶2 000 地形图要素分类与代码(GB/T 14804－93). 北京:测绘出版社,1994
[10] 华锡生,田林亚. 测量学. 南京:河海大学出版社,2001
[11] 张慕良,叶泽荣. 水利工程测量. 北京:水利水电出版社,1992
[12] 过静珺. 土木工程测量. 武汉:武汉理工大学出版社,2003
[13] 潘正风,杨正尧. 数字测图原理和方法. 武汉:武汉大学出版社,2002
[14] 武汉测绘科技大学《测量学》编写组. 测量学. 3 版. 北京:测绘出版社,2000
[15] 祝国瑞,等. 地图学. 武汉:武汉大学出版社,2004
[16] 张正禄. 工程测量学. 武汉:武汉大学出版社,2002
[17] 合肥工业大学等四校合编. 测量学. 4 版. 北京:中国建筑工业出版社,1995
[18] 顾孝烈,鲍峰,程效军. 测量学. 上海:同济大学出版社,1999
[19] 朱爱民,郭宗河,等. 土木工程测量. 北京:机械工业出版社,2005
[20] 岳建平,张序,赵显富,等. 工程测量. 北京:科学出版社,2006
[21] 杨正尧,等. 测量学. 北京:化学工业出版社,2005
[22] 覃辉,等. 土木工程测量. 上海:同济大学出版社,2004
[23] 刘星,吴斌,等. 土木测量学. 重庆:重庆大学出版社,2004
[24] 梁盛智,等. 测量学. 重庆:重庆大学出版社,2002
[25] 李生平,等. 建筑工程测量. 武汉:武汉工业大学出版社,1997
[26] 张坤宜,等. 交通土木工程测量. 武汉:武汉大学出版社,2003
[27] 杨晓明,等. 数字测图(内外业一体化). 北京:测绘出版社,2005
[28] 王侬,等. 现代普通测量学. 北京:清华大学出版社,2001
[29] 翟翊,等. 现代测量学. 北京:解放军出版社,2003
[30] 邹永廉,等. 土木工程测量. 北京:高等教育出版社,2004

[31] 吴信才,等.地理信息系统原理与方法.北京:电子工业出版社,2002
[32] 邬伦,等.地理信息系统.北京:电子工业出版社,2002
[33] 刘基余,李征航,王跃虎,等.全球定位系统原理及其应用.北京:测绘出版社,1995
[34] 刘大杰,施一民,过静珺.全球定位系统(GPS)的原理与数据处理.上海:同济大学出版社,1997
[35] 许其凤.GPS卫星导航与精密定位.北京:解放军出版社,1994
[36] 周中谟,易杰军.GPS卫星测量原理与应用.北京:测绘出版社,1992
[37] 党星海,郭宗河,郑加柱.工程测量.北京:人民交通出版社,2006
[38] 孔祥元,梅是义.控制测量学.武汉:武汉大学出版社,2003
[39] 谭荣一.测量学.北京:人民交通出版社,1995
[40] 宁津生,陈俊勇,李德仁,等.测绘学概论.2版.武汉:武汉大学出版社,2004
[41] 张祖勋,张剑清.数字摄影测量学.武汉:武汉测绘科技大学出版社,1996
[42] 张剑清,潘励,王树根.摄影测量学.武汉:武汉大学出版社,2003
[43] 李德仁,周月琴,等.摄影测量与遥感导论.北京:测绘出版社,2001
[44] 梅安新,彭望禄,秦其明,等.遥感导论.北京:高等教育出版社,2001
[45] 王世俊,马凤堂.摄影测量学.北京:测绘出版社,1995